U0210711

过程工业故障诊断

吴 斌 于春梅 李 强 著

科学出版社
北 京

内 容 简 介

本书针对过程工业变量多、耦合强的特点，侧重介绍多元统计类方法在过程工业故障诊断中的应用，详细介绍主元分析法、Fisher 判据分析、部分最小二乘法、独立元分析等分析方法之间的区别和联系；针对一般多元统计方法难以解决非线性问题的缺点，对其进行核化处理，揭示几种核化多元统计方法之间的关系和本质；提出故障特征的选择以及小样本问题的解决方法，并给出不同方法的模式稳定性比较，为选择算法参数提供参考依据；最后介绍基于解析模型和基于信号处理的方法在故障诊断中的应用。

本书可作为过程工业及其自动化、控制理论与控制工程等相关专业研究生课程的参考书，也可供从事过程工业故障检测与诊断的研究人员和工程技术人员参考。

图书在版编目(CIP)数据

过程工业故障诊断 / 吴斌，于春梅，李强著. —北京：科学出版社，2011

ISBN 978-7-03-032585-3

Ⅰ. 过… Ⅱ. ①吴…②于…③李… Ⅲ. ①过程工业-故障诊断 Ⅳ. ①T

中国版本图书馆 CIP 数据核字(2011)第 214476 号

责任编辑：张海娜 / 责任校对：张怡君

责任印制：徐晓晨 / 封面设计：耕者设计工作室

科学出版社 出版

北京东黄城根北街16号

邮政编码：100717

http://www.sciencep.com

北京厚诚则铭印刷科技有限公司 印刷

科学出版社出版 各地新华书店经销

*

2012 年 1 月第 一 版 开本：B5(720×1000)

2021 年 1 月第二次印刷 印张：15 1/2

字数：297 000

定价：108.00元

(如有印装质量问题，我社负责调换)

前　言

过程工业是国民经济发展的重要支柱产业之一，为了保障设备的安全运行，提高生产效率，改善产品质量，特别是尽可能避免灾难性事故的发生，对其进行故障诊断十分必要。对故障诊断而言，常用的方法有基于解析模型的方法、基于定性知识的方法和基于历史数据的方法（包括基于信号处理方法和多元统计类方法）三种。其中，基于解析模型的方法是由控制理论发展而来，理论体系已经非常完善，但其需要已知对象的解析模型，这在实际工业过程中很难办到。利用定性知识进行故障诊断时，定性知识的组合数会随着系统规模的扩大发生级数爆炸，从而影响其在复杂系统中的实用性。基于历史数据的方法中，基于信号处理的方法在旋转机械设备的故障诊断中取得了较好的应用效果，但并不适用于过程工业。多元统计类方法是通过对过程测量数据的分析和解释，判断过程所处的运行状态。由于不需要数学模型，且适合处理变量多、耦合强的情况，因而特别适用于过程工业的故障诊断；而近几年发展起来的核方法又为其处理非线性问题提供了可行的解决方案。

本书主要介绍多元统计类方法及其核化算法在过程工业故障诊断中的应用，揭示几种多元统计方法和核化多元统计方法直接的关系，并针对基于核的分类器设计、核参数的优化问题、核化后产生的小样本问题、算法稳定性问题等进行研究讨论。为完整性起见，本书还将简要介绍基于解析模型的方法和基于信号处理的方法。

本书共分 9 章。第 1 章为绪论，概述过程工业故障诊断的研究意义及研究进展。第 2 章介绍主元分析法、Fisher 判据分析法、部分最小二乘法、典型相关分析法、独立元分析法等多元统计方法。第 3 章给出算法可以核化的条件以及各种多元统计方法的核化算法，并且推导这些核化方法之间的关系；为适应核算法，推导出基于核的 Bayes 决策函数以用于核化算法的故障诊断并直接用于多故障诊断问题。第 4 章研究将特征选取方法应用于过程工业故障诊断以降低计算复杂度、提高诊断效果的方法，提出一种基于显著性检验和优化准则结合的双向可增删特征选取方法。第 5 章研究正则化多元统计方法的核化以解决小样本问题，做出正则化前后的故障诊断效果比较，并与 SVM 方法进行比较。第 6 章研究几种算法的模式稳定性，证明 Bayes 函数和核 Bayes 函数作为分类函数算法稳定性的上界，并提出衡量算法稳定性的实用指标，得出算法稳定性与正则化参数、主元数量以及样本长度的一些关系。第 7 章和第 8 章分别介绍基于解析模型的方法和基于信号处理的方法。第 9 章总结本书的主要研究内容并指出需要进一步深入研究的工作。

由于作者水平有限,书中难免存在疏漏和不妥之处,热忱希望各位专家和广大读者批评指正。

目　录

第1章 绪　　论

1.1 概　　述

1.1.1 研究意义

过程工业也称流程工业，是指加工制造流程性物质产品的现代制造业，其特点是以处理连续或间歇物料流、能量流为主，产品多以大批量的形式生产。生产和加工方法主要有化学反应、分离、混合等，涉及石化、炼油、化工、冶金、制药、食品、造纸等行业，是制造业的重要组成部分。

据估计，2008 年全球过程工业的年产值超过 10 万亿美元，其中，仅化工产业就超过 2.6 万亿美元。根据《2008 年中国统计年鉴》，2007 年按行业分，国有及国有控股企业工业总产值 119 685.65 亿元，工业增加值 39 970.46 亿元。其中，过程工业总产值共计 83 057.96 亿元，占总产值的 69.40%，工业增加值 28 252.14 亿元，占总量的 70.68%。

过程工业在我国国民经济中的地位亦十分重要。从我国 2007 年工业统计数据来看，工业总产值、工业增加值等主要经济指标，石油和化学工业均居全国第 1 位，其实现利润占全国工业利润的 23%。在我国 22 家骨干企业中，过程工业企业约占 1/3；在 71 家重点企业中，过程工业企业约占 1/2[1]。在 2009 年全球 500 强的企业中，中国石油化工集团公司居第 9 位、中国石油天然气集团公司居第 13 位。由此可见，过程工业是国家的重要支柱产业、国家财税收入的主要来源，其发展状况直接影响国家的经济基础。

一个基本的事实是，对过程工业而言，其生产环境往往十分复杂，尤其是化工、石油、冶金等行业，通常处于高温高压或低温真空的环境，甚至有爆炸、毒气泄漏的危险。一旦发生事故不仅会造成重大的经济损失，还会造成人员伤亡。例如，1984 年 12 月位于印度博帕尔市的美国碳化物公司农药厂发生的毒气泄漏事件，仅 2 天就造成 2500 余人丧生，另有 60 万人受到毒气不同程度的伤害，到 1994 年死亡人数已达 6495 人，还有 4 万人濒临死亡，成为世界工业史上最大的恶性事故[2]。

在我国，相关的恶性事故也时有发生，如“南京炼油厂万吨汽油罐火灾爆炸事故”、“河北省迁安化肥厂 ϕ1400mm 尿素合成塔爆炸事故”、“陕西兴化集团硝铵装置特别重大爆炸事故”等都给了我们惨痛的教训；尤其是 2005 年 11 月 14 日发生的“吉林双苯厂苯胺装置硝化单元着火爆炸事故”以及 2008 年 8 月发生的“广西宜州化工厂爆炸事故”，不仅造成了严重的经济损失和人员伤亡，同时对周边环境也造成了难以弥补的伤害。根据美国国家统计局提供的资料，1980 年美国工业设备的维修费用达 2460 亿美元，其中约 750 亿美元是由于过剩维修而造成的浪费，约占当年美国税收的十分之一[3]。

故障自动诊断技术就是为适应工程需要而形成和发展起来的。它根据传感器所获得的系统信息，结合系统的先验知识，对已经发生或者可能发生的故障进行分析预报，并确定故障的类别、部位、程度和原因。以自动故障诊断来代替操作员的判断可增加设备运行的安全性，保证产品质量并降低成本，尤其是可以最大限度地避免严重的过程颠覆事故。另外，广泛推行故障诊断技术有利于从根本上改变我国现行的“定期维修”体制，并逐步走向科学的“视情维修”体制。据调查，日本应用故障诊断技术后，事故发生率减少了 70％，维修费用降低了 25％～50％；英国对 2000 个大型企业的调查表明，采用状态监测和故障诊断技术后，每年大约可以节省维修费用 3 亿英镑，而故障诊断系统的成本仅为 0.5 亿英镑；美国 Pekrul 发电厂的经济效益分析表明，实施状态监测和故障诊断技术的投入产出比高达 1∶36[3,4]。可见，故障诊断技术在现代工业过程中发挥着越来越重要的作用[5]。

20 世纪 80 年代后期，随着计算机技术和网络技术的迅速发展，过程工业控制中出现了多学科的相互渗透与交叉，信号处理技术、计算机技术、通信技术及计算机网络与自动控制技术的结合使过程控制开始突破自动化孤岛模式，出现了集控制、优化、调度、管理、经营于一体的综合自动化新模式。20 世纪 90 年代，随着计算机技术的日新月异，计算机集成生产系统(computer integrated manufacturing system, CIMS)的研究已成为自动化领域的一个前沿课题。我国著名学者褚健、孙优贤、柴天佑等对此表示了极大关注[1,6]。国外大型过程企业、特别是石油化工企业均十分重视信息集成技术的应用，纷纷以极大的热情和精力，构架工厂级、公司级甚至超公司级的信息集成系统。综合自动化的总体结构可以分成三层结构：以过程控制系统(process control system，PCS)为代表的基础自动化层、以生产过程制造执行系统(manufacturing execution system，MES)为代表的生产过程运行优化层及以企业资源管理(enterprise resource planning，ERP)为代表的企业生产经营优化层。

一般而言，过程工业企业对综合自动化技术的需求主要关注四个问题，即安全、低成本、高效率以及提高竞争力。在所有这些问题中，安全始终是根本前提。然而过程工业的多样性和复杂性增大了对其进行故障诊断的难度，使得过程监测及故障诊断成为控制领域最具挑战性的研究方向之一。近十多年来，故障检测和诊断已经成为众多学者和研究人员研究的热点问题，并且正在蓬勃发展。能否有效地监测过程运行的状态、快速检测过程中发生的故障，并做出准确的诊断是大家努力的共同目标。

1.1.2　故障诊断的任务

故障诊断的任务(图 1.1)包括故障建模、故障检测、故障分离与辨识(故障诊断)、故障的评价与决策四个方面内容[7]。故障建模就是根据先验信息和输入输出关系,建立系统故障的数学模型。故障检测就是判断系统是否发生了故障,并确定故障发生的时间。故障诊断就是在检测故障后,进一步判断故障类型、大小、故障发生的位置和时间,包括故障分离和辨识两部分。故障的评价与决策就是判断故障的严重程度,以及故障对系统的影响和发展趋势。评价一个故障诊断系统的性能指标主要有故障检测的快速性、故障的误报率和漏报率、故障诊断的准确性、检测和诊断的鲁棒性等。

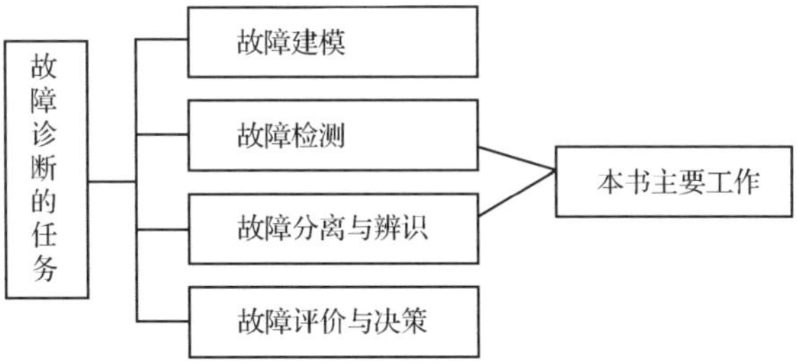

图 1.1　故障诊断的任务

虽然上述几个方面内容可以在一个过程故障诊断任务中实施,但这并非总是必需,也没有必要把这四个部分工作全部自动化。比如并不是对所有系统都需要建立故障的模型,故障评价与决策可以由工作人员根据情况人工作出等。本书主要针对故障检测和故障诊断进行。

1.1.3　故障诊断的实现过程

故障检测和诊断系统的实现过程主要由数据采集、数据预处理、故障检测和故障诊断四个部分组成[8]。

数据采集的主要手段是利用传感器或其他测量装置测量系统中各相关变量,对于动态系统,测量数据通常以等间隔离散形式给出。采集过程中采样间隔的选择,是系统设计中的一个关键因素。采样周期越短,获得的过程信息越多,但采样周期过短,将增加不必要的计算负担。因此应依据实际情况综合考虑,合理选择。

数据处理过程有三个任务:去除变量、标准化、剔除野点。

去除变量即去除训练集中与过程信息不相关的变量或预先知道的不适当的变量。

标准化的目的是避免个别变量在过程诊断方法中占主导地位。标准化包括两个步骤:均值中心化和归一化。均值中心化即对每个变量减去样本均值,归一化将均值中心化处理后的数据除以其方差,即将每个变量标定到单位方差,以使每个变量被赋予相等的权重。新的过程数据的标准化同样使用来自训练集的均值和方差。

野点即不正确的测量值。这些值可能会严重影响诊断结果。明显的野点可通过绘图直接目测来去除,也有一些更精确的方法可以剔除野点,如基于统计阈值的方法等。

故障检测首先从测量数据中提取能反映系统异常变化或故障特征的信息,判断系统是否发生了故障,并确定故障发生的时间。依据处理方式的不同,通常将故障检测分为在线检测和离线检测两大类。在线检测是对过程运行状态进行实时的检测。

故障诊断是在故障检测的基础上,进一步确定故障类型和导致故障的原因。

在没有特殊说明的情况下,本书的工作是在已经进行了数据处理的基础上进行的。

故障诊断系统的实现过程如图 1.2 所示。

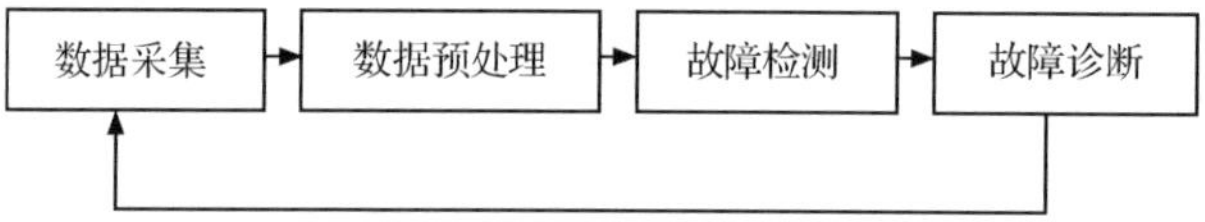

图 1.2　故障诊断系统的实现过程

1.1.4　故障诊断方法分类

目前,已有很多故障诊断方法,不同的学者从不同的角度将故障诊断方法进行了不同的分类。Frank 将故障诊断分为基于解析模型的方法、基于信号处理的方法和基于知识的方法[9]。随着多元统计方法在故障检测和诊断中的广泛应用,这种分类方法已显得不够全面。Venkatasubramanian 等总结了大量文献,将故障诊断方法分为基于定量模型的方法、基于定性模型的方法和基于历史数据的方法[10]。这种分类将以往一贯归于基于知识的神经网络、专家系统等方法划为基于历史数据的方法,虽有其合理性,但不太符合科研人员的常规理解。蒋丽英[11]在 Frank[9]的基础上,考虑到近年来诊断技术的发展,将故障诊断方法分成四类,即基于解析模型的方法、基于知识的方法、基于信号处理的方法和基于数据驱动的方法。本书对故障诊断的分类方法不作深入研究,而是借鉴上述各种文献,并考虑到基于信号处理的方法和基于历史数据方法的相似性,将故障诊断方法分为基于解析模型的方法、基于定性知识的方法和基于历史数据的方法[12](图 1.3)。

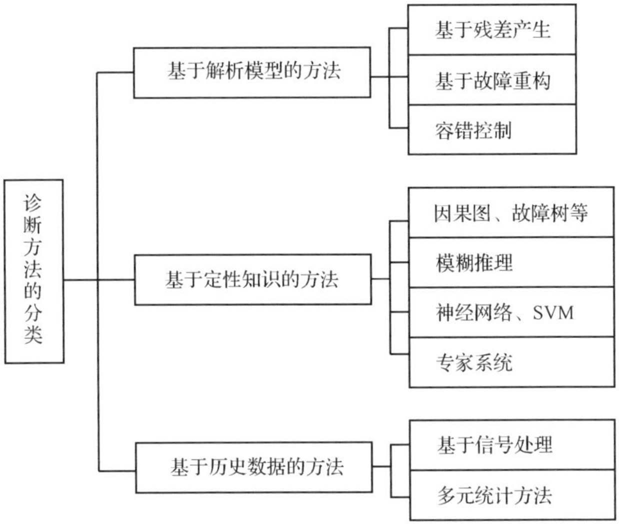

图 1.3 故障诊断方法的分类

随着非线性理论、先进算法、信号处理、人工智能及模式识别等技术的进步，过程工业的故障诊断技术已有了很大的发展，并且由于不同学科之间的相互交叉和联系，实际上不同故障诊断方法之间存在着广泛的交叉和联系。

1.2 基于解析模型的方法

基于解析模型的故障诊断方法主要包括两部分：一是残差的产生；二是残差评价或者决策，这部分一般采用统计决策方法[13,14]。根据产生残差的方法不同，又可将其分为基于观测器或滤波器的方法、等价空间法和参数估计法三种[9]。

基于观测器方法的基本思想是首先重构被控过程的状态，并与实际系统的可测状态比较产生残差，然后采用适当的检验方法从残差中检测故障。在确定性系统或者没有干扰的条件下，龙伯格(Luenberger)观测器可以较好地估计出受控系统的实际状态。当系统存在随机干扰时，著名的卡尔曼滤波器(Kalman filter，KF)设计方法可以得到状态的较好估计，若系统为非线性，则可以采用扩展卡尔曼滤波器(extended Kalman filter，EKF)来实现状态估计。但 KF 和 EKF 均需要已知干扰的统计特性。由于扰动的特性在实际中不易得到，上述观测器和滤波器的应用受到一定的限制。进一步研究当系统存在不确定性或未知输入或干扰时，采取适当措施以避免误判，这就是鲁棒故障检测问题或未知输入观测器问题[14,15]。

等价空间法的主要思想是通过系统的真实测量检查分析冗余关系的等价性。一旦超出预先设定的误差界限，就说明系统中已经发生了故障。这种方法特别适于维数较低的冗余测量信号较多的过程，以提高可靠性。等价空间法一般只适用于线性系统，也有学者将其推广到非线性不强的系统。Patton 和 Chen 已经证明等价空间法和基于观测器的方法在一定条件下是等价的[16]。

基于参数估计的故障诊断方法的基本思想是：过程的故障通常可以反映为过程中某些物理参数的变化，通过模型参数与过程参数之间的关系，对过程数学模型中参数进行估计来检测所发生的故障。这种方法对于微小和缓变的故障通常十分有效。参数估计方法根据参数的变化构成残差检测故障；也可以说参数估计方法直接根据参数的变化检测故障，不需构造残差序列。参数估计法对参数变化型故障有效，但是，大多数情况下，模型参数和物理参数之间的关系很难求解，甚至不可能求解，这可能是参数估计法不如基于观测器的方法应用广泛的原因。

近几年的一个较新的思路是直接重构故障信号，而不像以往通过残差的方法来检测故障。这些方法不仅可检测故障，同时可实现故障辨识。例如，Patton 及其研究小组应用等价输出映射概念重构故障信号，而非通过残差信号来检测故障的发生[17]。Kabore 等用非线性观测器技术设计诊断滤波器，系统通过一个非线性变换解耦，观测器用来产生残差信号。对观测器引入一个额外输入，当残差由额外输入控制为 0 时，就得到时变故障的直接估计。利用估计出的故障向量，可得到容错控制器保证闭环系统的稳定性[18]。Jiang 等将非线性系统通过状态变换成为两个子系统，其中一个不受故障影响，对此可以设计出稳定的观测器进行状态估计；而另一个子系统受故障影响，且其状态可测。对第一个系统设计观测器，则可从第二个子系统得到故障的估计。基于对不确定性的不同假设可以得到滑模（鲁棒）观测器并给出了决策逻辑[19]。

Polycarpou 及其研究小组将故障表示为状态、输入、输出的非线性函数，取得了一系列研究成果[20~22]。

容错控制（fault tolerant control，FTC）是系统对故障的容忍技术，是随着解析冗余的故障诊断技术的发展而发展起来的。如果执行器、传感器或元部件发生故障时，控制系统仍然是稳定的，并具有可接受的特性，就称此控制系统为容错控制系统。容错控制的思想起源于[22] Niederlinski 提出的完整性控制[23]。后来随着容错控制技术的发展，一般将其分为被动容错控制和主动容错控制两大类。主动容错控制即对发生的故障进行主动处理，在故障发生后通过重新调整控制器参数，或者改变控制器的结构，实现对故障的容错功能。多数主动容错控制需要故障检测与诊断（fault detection and diagnosis，FDD）子系统，少部分虽不需 FDD 子系统，但需要已知各种故障的先验知识。很大程度上，主动容错控制系统的性能取决于 FDD 子系统的性能。被动容错控制是指在设计控制器时，考虑已知故障的影响。被动容错控制大致可以分成可靠镇定、完整性镇定与联立镇定三种类型。使用多个补偿器进行可靠镇定的概念是 Siljak[24] 于 1980 年最先提出的，随后一些学者又对其进行了深入研究。联立镇定问题于1982年开始被研究。被动容错控制的优点是不需增加额外设备和故障诊断环节，没有故障反映时间；缺点是其只对已知故障有效，且设计的控制器比较保守。近几年来，鲁棒容错控制和非线性系统的容错控制已经成为研究热点[25~29]。

1.3 基于定性知识的方法

基于定性知识的方法主要有有向图法、故障树法以及专家系统、模糊系统、神经网络等。由于不需要系统的精确数学模型，且随着人工智能技术的发展和计算机计算能力的飞速提高，这些方法的应用受到了广泛的关注。

有向图(signed digraph，SDG)提供了图形化表示定性模型的有效方法，SDG既能有效地表达复杂系统的故障知识，又具有灵活的推理方式和有效的推理算法，因而得到了较为广泛的应用。典型的SDG有三种类型的节点：一为只有输出弧的节点，它们代表可独立变化的故障变量；二为既有输入又有输出的节点，通常称为过程变量；三为只有输入弧的节点，通常称为输出变量，它们不影响其他变量。SDG既可以从数学模型而来，也可以根据操作数据或者经验获得。1979年，Iri等[30]首先将SDG用于故障诊断并从中得到了因果图。1980年，Umeda等[31]给出由过程的微分方程得到SDG的方法，但应用较为复杂。1985年，Shiozaki等[32]提出了条件弧问题并延伸了有向弧的概念[33]，从传统的三级模式延伸到五级模式，即节点的状态由原来的三种增加到五种，这使得即使不知道具体的定量信息也可以应用SDG，而在三级模式下定量信息至关重要。1987年，Kramer等[34]提出基于规则的SDG并应用于故障诊断。之后，不断有针对SDG的改进算法出现，Chang等[35]提出了从几个方面简化SDG模型的原则以提高故障诊断的分辨率。到20世纪90年代后期，基于SDG的大型诊断系统开始出现。由美国Honeywell公司联合包括七大石油公司、两家著名软件公司和两所著名大学，在美国国家标准和技术院资助下，开展了“非正常事件指导和信息系统”的开发计划；该系统的分析结果能够在Amoco公司催化裂化(FCCU)流程动态仿真试验平台上加以验证。它是国际上第一个实时的大型工业过程的诊断系统[36,37]。Vanderbilt大学的Pdaalkar、大阪石油公司开发的PICS，以及麻省理工学院的Oyelyee等使用因果推理的图论模型开发的MIDAS系统，也都在实际应用中取得了很好的效果[38,39]。

专家系统是指利用领域专家的知识去解决专业实际问题的智能系统。其基本组成部分包括知识库/推理机和人/专家系统界面。故障诊断专家系统作为专家系统中的一个分支，是人们根据长期的实践经验或者关于系统的先验信息等设计出的用于解决系统故障诊断问题的系统。该系统主要包括基于浅知识的故障诊断专家系统和基于深知识的故障诊断专家系统[40]。基于浅知识的故障诊断专家系统是以启发式经验知识为基础，直接将症状与诊断结论对应。该方法灵活、直观、推理速度快，但不能对知识库中没有的情况进行判断。基于深知识的故障诊断专家系统是建立在某个模型基础之上的，比如结构内部特定的约束关系或者具有明确科学依据的知识。但这种方法推理速度慢，且需要诊断对象每个环节的输入输出关系，因而对于复杂大系统很难开发深知识故障诊断专家系统。Kramer 等[34]将深浅知识结合起来，把深层知识通过 SDG 转化成产生式规则以有效诊断故障。

Polycarpou 等对基于知识的非线性故障诊断方法进行了研究，对故障的可检测性进行了分析，得到可检测故障的范围，计算了缓变和突变故障检测时间的上界，得出该上界随某些设计参数的增大而单调减小的结论[41]。

将模糊概念用于故障诊断的最基本应用是建立故障与征兆的模糊规则库，再根据测试数据进行模糊推理，这个规则库类似于专家系统中的知识库。还有一些则从其他角度着手。Ballé 等利用 T-S 模糊模型得到标称过程的特征参数，与由递推参数估计所得的结果比较得到代表系统状态的重要特征[42]。Wu 针对连续非线性系统的执行器故障，基于 T-S 模糊模型，采用改进的线性矩阵不等式(linear matrix inequality，LMI)方法设计次优线性二次型(linear quadratic，LQ)模糊控制器，使闭环模糊控制系统在正常工况和执行器故障下均保持稳定性[43]。

近年来对模糊模型的研究还有不少是针对降低模糊规则复杂度的，如Patton 等采用高阶奇异值分解降低 T-S 模型的复杂度，并将其用于某糖厂的执行器故障诊断[44]。

神经网络以其高度的并行分布式处理、自组织、自学习能力和极强的非线性映射能力，在系统辨识、模式识别、信号处理、图像识别等众多领域取得了令人鼓舞的进展，在故障诊断领域也毫无例外地得到了广泛应用。一种典型的应用是以神经网络逼近故障征兆样本集或故障数据样本集与故障类别之间的非线性映射关系，再将训练好的网络用于测试数据的故障诊断；也有的应用是直接将神经网络在系统辨识中的应用照搬过来，将神经网络作为系统正常运行时的解析模型，以产生残差；还有的应用是将神经网络用于故障决策部分等。近十年蓬勃发展起来的支持向量机(support vector machine，SVM)也在故障诊断领域崭露头角。而神经网络、SVM 与其他方法的结合也是近几年的研究热点。Chen 等提出了一种可用来检测旋转机械系统缓变故障的智能方法。该方法用小波变换技术结合函数逼近模型来提取故障特征、神经网络故障分类，并采用一种新的学习方法简化学习过程[45]。Guo 用进化计算的方法提取特征，作为神经网络分类器和 SVM 的输入来识别六种齿轮工作状态，分类精度、鲁棒性均得到显著提高[46]。Lv 等将多层 SVM 分类器用于电力变压器的故障诊断，该方法首先对油中的五种故障气体进行预处理，提取六个故障特征，作为 SVM 的输入，训练后对四种类型故障进行辨识[47]。Polycarpou 提出基于神经网络的容错控制，首先自动检测和辨识故障的发生，再用基于神经网络的容错控制器补偿故障的影响[48]。

1.4 基于历史数据的方法

基于历史数据的方法不依赖于过程数学模型，其思路是从历史数据中提取特征，作为关于系统的先验知识；根据所得到的先验知识和采集的过程数据来确定是否有故障发生，并进一步确定故障的类型、大小和原因。这种方法以基于信号处理的方法和多元统计方法为主。

1.4.1 基于信号处理的方法

基于信号处理方法的基本思想是，当系统发生故障时，相关的信号幅值、相位、频率等将会发生种种异常。例如，当机械系统尤其是旋转机械系统发生故障时，其振动信号包括频率、幅值或相位通常会发生明显异常，由此即可判断故障的发生、严重程度等。但这种方法在干扰、噪声等不确定因素影响下，会造成判断失误。传统的基于平稳、高斯分布信号的频谱分析法、相关法、傅里叶特征提取等，在设备状态监测与故障诊断中发挥着巨大作用，仍是目前最常用的故障特征提取方法之一。近 20 年来发展迅猛的适于非平稳、非高斯信号的小波分析、Hilbert-Huang 变换、盲信号分析、混沌、分形等也已成为研究的热点，取得了许多有价值的研究成果，并有不少成功应用的实例[49~52]。小波分析方法克服了短时傅里叶变化的固定分辨率的问题，通过多分辨率分析方式来获得信号的时频信息。Hilbert-Huang 变换于 1998 年由美国宇航局 Norden E. Huang 等提出，该方法利用经验模态分解实现复杂信号的平稳化处理，再进行 Hilbert 变换获取信号的瞬时频率等信息，克服了小波变换中的小波母函数选择问题，被认为是对傅里叶变换为基础的线性和稳态谱分析的重大突破。与以往的分析方法不同，Hilbert-Huang 变换没有固定的先验基底，而是自适应的。其优良性质已经注定其在工程振动信号分析处理中广泛的应用前景。盲源分离(blind source separation, BSS)技术是在多个源信号及其混合方式未知的情况下，仅通过传感器信号分析来获取隐含在其中的源信息，在单一振动源提取上具有明显的优势。在机械设备振动信号分析与状态监测中，传感器获得的测量信号可能是由多个设备振动信号混合而成的，采用传统分析方法难以准确获取单一设备的振动信息，而 BSS 技术则可有效解决这个问题，通过 BSS 技术可以从测量信号中分离出独立源信息，从而实现单一设备振动信号的提取。需要说明，独立元分析法(independent component analysis, ICA)是一种常用的 BSS 方法，在本书中我们更多地将其归于多元统计方法中，并对其进行核化处理。

1.4.2 多元统计方法

多元统计方法将多变量高维数据空间投影到相对独立的低维空间，以降低分析难度。这些方法不需要精确的数学模型，可用于处理高维相关数据的情况。而过程工业系统正具有数据量大、数据之间相关性强的特点，且模型很难建立，所以采用多元统计方法来进行故障检测与诊断是比较合适的。这其中包括主元分析法(principal component analysis，PCA)、部分最小二乘法(partial least-squares，PLS)、因子分析法(factor analysis，FA)及后来提出的规范变量分解法(canonical variate analysis，CVA)、Fisher 判据分析法(Fisher discriminant analysis，FDA)等[8,53,54]及 ICA。PCA 最初由 Pearson 提出，1947 年 Hotelling 对 PCA 进行了改进，成为目前被广泛应用的方法。PLS 最早由 Wold 等提出，后来 Wold 和他的同事对其进行了系列改进。1936 年，Fisher 的著名论文提出了线性可分的方法，也就是著名的 FDA，其思路是寻找一个子空间，在这个子空间中各类别能较好地分开。这是最早使用模式识别中的分类思想对故障进行分类的文献[53]。ICA 最初用来处理鸡尾酒会问题，由于非高斯性的缘故，ICA 较晚得到广泛应用。目前 PCA、PLS、FDA、典型相关分析法(CCA)和 ICA 已被广泛采用。

PCA 使用单一数据矩阵(一般为过程变量 X)来分析，它的基本思想是将数据依次投影到方差最大的方向、次大的方向，直到方差最小的方向，取其中方差较大的部分作为主要成分(主元)而忽略其他部分以达到降低维数的目的。主元可通过对数据矩阵的方差阵进行奇异值分解(SVD)来获得。有时(如产品质量控制)可能还有另外的数据组(如产品质量 Y)，希望能由 X 来预测和检测 Y 的变化，这时就可采用 PLS 进行。PLS 在对输入输出数据进行低维空间投影的同时考虑输入与输出之间的关系，投影后输入输出数据的协方差最大[55]。投影完成后则采用 Hotelling T^2 统计量和平方预测误差 Q 统计量(或称 SPE 统计量)，对过程进行统计监测和故障诊断。由于在故障诊断系统中，一般不存在所谓的输出矩阵 $\boldsymbol{Y}$，因而在 PLS 用于故障诊断领域时，通常 $\boldsymbol{Y}$ 由 1 和 0 组成，其中，1 代表类内成员，0 代表非类成员。CCA 最早也是由 Hotelling 提出，它是利用变量对之间的相关关系来反映数据之间的整体相关性的已知方法。与 PCA 相似，CCA 也是通过构造原变量的适当线性组合提取不同信息，其基本思想是分别对不同组别数据进行组合，使组合后的数据之间相关性最大；不同点在于 PCA 着眼于考虑变量的“分散性”信息，而 CCA 则立足于识别和量化变量之间的统计相关性。ICA 与 PCA 一样，属于典型的非因果关系方法：一方面，ICA 不需要变换后的独立成分满足正交条件；另一方面，ICA 不仅去除了变量之间的相关性而且还包含了高阶统计特性。再者，ICA 得到的独立元满足统计意义上的独立性特点。因而，ICA 比传统的统计控制方法包含了更多有用的信息。ICA 在盲源信号分离、生物医学信号处理、混合语音信号分离等方面已得到较好的应用，近年来不少研究人员将其用于故障诊断领域，也取得了较好的效果。现有的多元统计方法，如PCA、FDA、PLS和ICA及其各种改进方法均在各个领域有广泛应用。

1.4.3　多元统计方法与模式识别方法的关系

表面看来，故障诊断技术、模式识别方法及多元统计方法三者似乎没有太多必然联系。故障诊断的首要任务是依据压缩后的过程信息或借助直接从测量数据中提取的反映过程异常变化或系统故障特征的信息，判断系统运行过程是否发生了异常变化，并确定异常变化或系统故障发生的时间。模式识别是一门以应用数学为理论基础，利用计算机应用技术解决实际分类及识别问题(识别源自同一类别属性或模式)的学问。而多元统计方法则将高维数据空间投影到相对独立的低维空间，再对数据进行分类或者应用各种统计量来判别系统(数据)是否发生异常。多元统计方法是一种常用的故障诊断方法，也是常用的模式识别方法。

解决模式识别问题的步骤可分为数据采集、特征选择或特征提取、模式分类。而从本质上来说，故障诊断可看成是从数据中识别有价值的知识的方法。这里的数据指的是任何观测和测量；这里的知识指数据之间的关系和数据内部的模式等抽象概念，这类知识能使我们对新数据作出预测或对数据中内在的关系作出推断。可以看出，从数据中识别有价值的知识本质上讲就是特征提取；对新数据作出预测或对数据中内在的关系作出推断实际上就是进行模式分类。因此，故障诊断与模式识别二者有本质的相似性，实现步骤也基本相同。

再从模式识别方法和多元统计方法两者的适用领域看。模式识别因其明确的问题定义、严格的数学基础、坚实的理论框架和广泛的应用价值，获得越来越多的重视，并成为人工智能、机器学习、计算机视觉等学科的中心研究内容之一。模式识别的实际应用已遍及生物身份验证、DNA序列分析、图像理解、语音识别、信息检索、数据挖掘和信号处理等领域。而多元统计方法最早与化学计量学的发展密切相关。由于其依赖于过程数据而不是过程的精确解析模型，所获的理论成果和方法能较快地应用于实际工业过程，因而多元统计方法也成为解决工业过程尤其是大规模工业过程监控问题最为广泛的方法。

在模式识别的文献中，一般将多元统计方法作为统计模式识别的方法来介绍；而有关过程监测的文献则将其作为一种数据驱动的方法来介绍，对模式识别方法鲜有提及。这可能是由于工业过程监控与模式识别或者机器学习等实际应用领域的不同或者两个领域的研究人员之间缺乏沟通而造成的。

通过以上分析得出结论：多元统计方法可以统一到统计模式识别的框架中；采用模式分类进行故障诊断的方法可以从另一个角度看成是模式识别方法在故障诊断中的应用体现，三者的关系如图1.4所示。

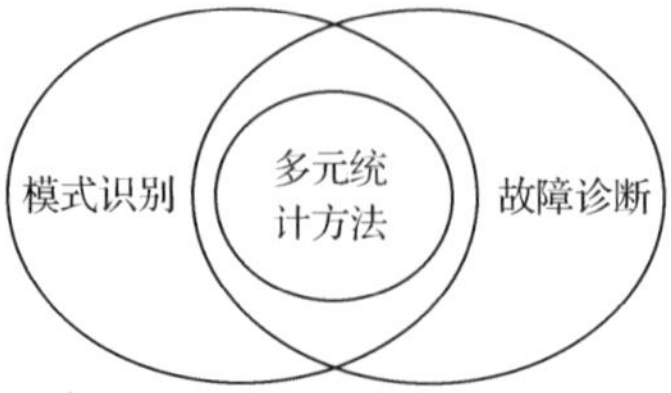

图 1.4 多元统计方法与模式识别方法的关系

本书侧重于采用多元统计方法在故障检测、诊断中的应用，也可以看成是模式识别方法在故障诊断领域的应用。

1.5 过程工业故障诊断研究进展

过程工业物流和能量流连续生产过程往往伴随着物理化学反应、生化反应、相变过程及不确定性和突变性等因素，因而是一个十分复杂的工业大系统。其特点表现在以下几个方面。

(1) 多变量、强耦合。过程工业的测量系统中都包含较多的过程变量，而且过程变量之间相互关联、相互耦合，任何一个变量的变化都可能会引起其他变量的变化，从而使因果关系错综复杂。这就增加了过程故障诊断的困难程度和复杂程度。

(2) 非线性。严格地讲，所有工业过程都存在非线性。对于非线性程度较弱的系统，在一定的范围内可以当做线性系统来处理，对于非线性程度较强的系统，采用线性化的处理方法时常会产生很大的偏差，甚至会得出完全错误的结论。

(3) 对象不确定性。在过程工业生产过程中，往往同时进行着物理、化学、生物反应，过程的内部机理十分复杂，难以用常规的工具建立精确的数学模型。即使可以建立数学模型，通常也十分复杂，很难求解。

因而在过程工业故障诊断中多元统计方法得到了广泛应用。当然，正如 1.2 节所述，当系统模型可以得到时，基于模型的方法总能给出最佳的结果。基于信号处理的方法已经在旋转机械、液压系统及机械制造的质量控制等方面取得较好的应用效果。而随着人工智能/计算机技术等相关领域的发展，基于知识的方法也在各行各业取得了骄人的成绩，但近 20 年发展起来的神经网络、SVM 等与多元统计方法均可归为模式识别方法类。因此，本书将专门对基于解析模型的方法和基于信号处理的方法作简要回顾，以使读者对故障诊断的各种方法的优缺点有一个更清晰的认识。这里，我们主要针对多元统计方法进行论述[56]。

1.5.1 多元统计方法应用于非线性问题

如上所述，由于多元统计方法不需要精确的数学模型就可以处理高维相关数据的情况，因而在过程工业故障诊断中应用十分广泛。但是一般多元统计方法如PCA、FDA，对工程中出现的非线性问题往往不能得到满意的结果。因为在非线性情况下，“小成分”也可能包含重要信息[57]。基于此，不少学者提出了解决方案，这些方法大致可分为三类：一为基于神经网络的方法；二为基于核的方法；三为综合方法。

Kramer是较早采用神经网络解决非线性PCA问题的学者之一，他于1992年提出采用基于神经网络的非线性主元分析法(nonlinear PCA，NLPCA)。该网络共五层，分别为输入层、投影层、瓶颈层、重构层和输出层，瓶颈层的输出代表非线性主元[58]。但这种方法训练困难，投影层、瓶颈层、重构层节点数量难以确定。一般认为，Dong和McAvoy提出的基于主曲线和神经网络的NLPCA是一种较好的解决方案。他们以Hastie和Stuetzle在1989年提出的主曲线为基础，应用两个三层神经网络分别实现主元提取和重构[59]。David等先用线性PCA去除数据冗余，再用自联想神经网络(auto-associative neural network，AANN)辨识NLPCA[60]。其优点是AANN使用更少的变量，且变量独立，主元预处理有利于神经网络的训练。Fourie和Vaal则提出了一种基于小波分解和输入训练神经网络的在线非线性多尺度主元分析方法，对过程进行监测和故障检测[61]。

基于核的方法也是一种比较新的方法，它首先由一个非线性影射函数将输入空间投影到高维特征空间，再在特征空间应用线性PCA、FDA等算法。该方法由Schölkopf等提出[62]。Lee等将基于核化主元分析(kernel PCA，KPCA)的故障检测和辨识方法与以往的方法比较，得出易于理解和实现的结论[63]，并且，还基于能量逼近概念提出一种新的故障检测指标，并基于鲁棒重构误差计算得到新的故障辨识方法[63]；随后，该小组又对其故障辨识方法进行了改进[65]，并提出了基于动态KPCA(dynamic KPCA，DKPCA)的非线性动态过程监测方案[66]，但是该小组的工作侧重于故障的检测，对故障诊断涉及很少。

1.5.2 核多元统计方法在过程工业应用中的几个关键问题

基于核的方法首先由一个非线性影射函数将输入空间投影到高维特征空间，再在特征空间应用线性算法。核多元统计方法可以适应过程工业变量多、维数高、耦合强、非线性、模型不易获取等特点；但在进行故障诊断时，有以下几个关键问题必须解决：

(1) 核化方法的计算复杂度远远高于线性方法，如何降低算法运行时间、提高诊断的快速性？

(2) 与线性算法相比,核化方法的稳定性降低了,如何衡量并保证?

(3) 核化方法会产生更为严重的小样本问题,如何解决?

(4) 核参数的选择如何进行?

这些问题实际上是核化方法的共性问题,只是在过程工业的故障诊断中显得更为突出。

1. 计算复杂度问题

核化算法计算有一个关键步骤,也就是核矩阵计算,构造核矩阵 $\boldsymbol{K}$ 所需的计算复杂度为 $O(nl^2)$(l 为样本数量,n 为过程变量数)。由于过程工业数据变量数 n 一般都很大,因此计算量很大。如果能在算法执行之前先降低训练样本的维数 n,显然可以降低核矩阵 $\boldsymbol{K}$ 的计算时间,提高故障诊断的效率。特征选择方法从原始空间选择子集,保留的是原始特征变量的组合。合理使用特征选择方法,不仅可以降低数据维数,减少计算量,还可以去除冗余信息,使分类结果更可靠。一直以来,众多学者对此问题进行了大量研究,提出了许多行之有效的方法[67,68]。

特征选择的两个主要因素一是选择准则(主要影响精度),二是搜索算法(主要影响速度)。对于选择准则,一般采用可分性准则或基于时频分析的方法。如 Hu、Li、Gonzalez 等将时频分析方法应用于故障诊断及分类,有效改善了系统故障诊断效果[69~71]。Guo 等基于可分性测度,来测试所选特征对分类的有效性,也取得了较好的结果[72]。

搜索算法可分为穷尽搜索、顺序搜索和随机搜索,三者各有优缺点。穷尽搜索能得到问题的最优解,但相当耗时,不是所有问题都适合;顺序搜索和随机搜索一般不能得到最优解,但计算时间可大幅缩短[73]。Nakariyakul 等结合顺序前向浮点选择(sequential forward floating selection, SFFS)和顺序后向浮点选择(sequential backward floating selection, SBFS)策略,并增加了劣解替代策略,以消除“嵌套效应”[73]。Ververidis 等以 Bayes 分类器(假设特征满足多元高斯分布)的正确分类率为准则,提出一个快速的 SFFS 变量,搜索计算时间大为减少[74]。这些文献或者提出了新的准则,或者采用了新的搜索方法,有效降低了计算复杂度,但是也存在问题:一是对特征数量,一般都是预先设定,这在实际系统中难以确定;二是从结构上来说都没有考虑对候选群的初步筛选,增加了搜索复杂度;三是搜索方法中没有考虑前后向增加或减少数量的一般确定规则,很难推广到实际系统。

2. 算法稳定性问题

算法稳定性或模式稳定性是衡量算法好坏的重要指标。如果算法对具体的训练数据不敏感,而只对数据的分布敏感,那么这种算法在统计性质上是稳定的,或者说识别的模式是稳定的。一个稳定的模式分析算法可以从具体的训练样本中学习数据源的基本特性或共有特性;当学习的模式能对将来的观测作出正确预测时,则表示算法的泛化性能及模式适用性良好。从这个角度看,算法的模式稳定性和算法的泛化能力之间有很强的相关性。作为一种衡量尺度,最著名的当属Vapnik-Chervonenkis 维数,简称 VC 维。Mansour、Rokach 等用 VC 维估算决策树和 oblivious 决策树(oblivious decision trees,ODTs)的泛化误差的界,Fröhlich 等提出用 VC 维在 SVM 中指导基于特征集划分的遗传算法(GA)特征选择[75~77]。Rokach 提出 GA,每个划分均用 VC 维估算[78]。然而,VC 维在特征空间为无穷维时通常为无穷大,这个界就失去了意义[79]。而如何计算或估计 VC 维,目前尚无特别有效的方法。为了克服这些问题,不少学者提出了一些其他的复杂性度量[79,80]。Bartlett 等提出了 Rademacher 复杂性的概念[81],并依此度量学习模型的复杂性,得到了一些学习问题风险的界。但这些界都是基于线性分类器的核方法的界,当采用 Bayes 分类器时,情况将如何变化,目前相关的研究结果很少。我们将研究 Bayes 分类函数类模式稳定的界,并提出衡量算法稳定性的直观指标。

3. 离散度矩阵的病态问题

正则化是解决矩阵病态问题的一种有效途径。对于正则化 FDA 的核化,典型的方法是转化为广义特征值问题的求解[82, 83],但这种方法对 FDA 的改进方法不适用。我们将推导其他的正则化算法的核化方案,使得 FDA 的各种改进算法可方便地推广到核化算法。我们还将建立正则化 FDA 的核化与 SVM 方法之间的关系,并给出正则化参数选取的一些原则。

4. 核参数的选择问题

目前,大多采用交叉检验和网格搜索方法来确定核参数,最近,也有采用特征空间的类内距离来确定核参数的方法,使计算时间大大减少[84]。但这些方法大多没有考虑算法稳定性指标。我们将把关于模式稳定性的研究结果融合到核参数的选择过程。

5. 多故障诊断问题

目前的多类分类算法可以分为两类:一类是构造和结合多个两类分类问题进行多类分类;另一类是在所有的训练样本上同时将多类分开。前者又分为 1 对 1 方法(1-against-1)、1 对多(1-against-rest)方法、二叉树方法等。后者主要是针对 SVM 进行的,除了理论分析上的困难外,由于计算能力的限制,只进行了有限的实验比较[85~87]。其指导思想看起来简单,但由于它的最优化问题求解过程太复杂,计算量太大,尤其当类别数目较多时,该方法的训练速度很低,时间太长,实现起来比较困难，分类精度也不占优势，因此尚未被广泛应用。

目前，文献中很少有专门针对核多元统计方法的多类分类问题的研究，其中原因可能是大家一般都认为其适合检测而不适合诊断或分类。对于核 Fisher 判据分析法(KFDA)多类分类的研究文献一般都起源于离散度矩阵的奇异性引起的数值计算问题。这其中，一类是用矩阵奇异值分解方法求解向量[88, 89]；一类直接对指标作改进。Song 等提出最大散度差准则，与 Fisher 准则不同的是，最大散度差准则采用广义散度差——类间离散度减去类内离散度乘以一个系数，作为投影后数据的可分性度量，而不再沿用广义 Rayleigh 商[90,91]。而无论采用何种改进方法，都只影响判别向量的计算，至于分类器的设计，则仍然采用已有的方案，如最近邻法、二叉树法等[88,92,93]。

Chiang 等对多元统计方法在过程工业中的应用进行了深入的研究[8,54,94,95]，他们提出的多故障诊断方案[8]利用不同类的信息构成降维矩阵，直接进行多故障的诊断，方法值得借鉴，但目前尚没有将其推广到核空间。

1.6 本书内容安排

本书着重研究多元统计方法及其改进算法在过程工业故障诊断中的应用，具体的内容安排如下。

第 1 章：绪论。概述过程工业故障诊断的研究意义及研究进展，简要介绍不同故障诊断方法及其适用领域，重点对多元统计方法在过程工业故障诊断中的国内外研究现状进行综述，指出核多元统计方法在应用中的一些关键问题即本书的主要研究内容。

第 2 章：过程工业故障检测与诊断的多元统计方法。介绍 PCA、FDA、PLS、CCA、ICA 等多元统计方法的基本原理，并针对分类问题，对 CCA 方法作变形以适应故障诊断问题；比较几种方法的异同；给出用 T^2 和 Q 统计量进行故障检测的方法以及利用 Bayes 分类器进行故障诊断的原理和具体实施步骤；研究 Bayes 函数分类效果优于线性分类函数的原因，为后续各章采用 Bayes 分类函数作为分类器提供理论依据；指出由于过程工业一般都存在较强的非线性，通常 PCA、FDA、PLS 和 CCA 效果均不理想。

第 3 章：过程工业故障诊断的核化多元统计方法。给出算法可以核化的条件以及 PCA、FDA、PLS、CCA 和 ICA 的核化算法 KPCA、KFDA、核部分最小二乘法(KPLS)、核典型相关分析法(KCCA)和 ICA 的两种核化方法 KCOCO 和 KMI。其中，KCCA 和 KCOCO 还给出适合分类的形式，推导出这些核化方法之间的关系；为适应核算法，推导基于核的 Bayes 决策函数以用于核化算法的故障诊断并直接用于多故障诊断问题；将该方法与常用的 1 对 1 方法进行仿真比较。

第4章：过程工业故障诊断的特征选取方法。研究将特征选取方法应用于过程工业故障诊断以降低计算复杂度、提高诊断效果的方法，提出一种基于显著性检验和优化准则结合的双向可增删特征选取方法，对KPCA、KFDA、KPLS、KCCA、KCOCO和KMI等核化多元统计方法进行不提取特征、小波包提取特征和本书的特征提取方法几种情形下的仿真比较研究。

第5章：过程工业故障诊断的小样本问题。研究正则化FDA、PLS和CCA的核化以解决小样本问题，推导几种不同的正则化KFDA方法以及正则化KPLS和KCCA方法，指出几种方法的不同点及各自的优缺点，并给出几种核化算法之间的关系；比较正则化前后的故障诊断效果，并与SVM方法进行比较。

第6章：算法的模式稳定性。研究几种算法的模式稳定性，证明Bayes和核Bayes函数作为分类函数的算法稳定性的上界，并提出衡量算法稳定性的实用指标，得出算法稳定性与正则化参数、主元数量以及样本长度的一些关系。

第7章：基于解析模型的故障诊断。介绍传感器故障、执行器故障、状态故障等的故障模型，并以此为基础，对状态估计法、参数估计法、等价空间法等进行较为详细的介绍；针对双水箱系统的故障，从诊断时间、抗干扰能力等方面比较不同方法的优缺点。

第8章：基于信号处理的故障诊断。介绍时域分析、频域分析、时-频分析、盲源信号分离等方法，包括傅里叶方法、小波变换方法、Hilbert-Huang变换方法以及几种盲源信号分离方法，并针对典型机械故障给出仿真算例。

第9章：总结与展望。描述本书的总体结构框架，总结本书的主要研究内容；指出需要进一步深入研究的工作。

参考文献

[1] 褚健，孙优贤．流程工业综合自动化技术发展的思考．http://www.mie.org.cn/download/qk/no-6.htm，2002.

[2] 石希．震惊世界的印度博帕尔毒气泄漏惨案．http://pic.people.com.cn/GB/tupian/247/7610/7611/5918517.html.1984.

[3] 孙长飞．旋转机械状态监测与故障诊断系统的开发．西安：西安建筑科技大学硕士学位论文，2005.

[4] 陈克兴，李川奇．设备状态监测与故障诊断技术．北京：科学技术文献出版社，1991.

[5] 何清波．多元统计分析在设备状态监测诊断中的应用研究．合肥：中国科技大学博士学位论文，2007.

[6] 柴天佑．中国的流程工业从大国走向强国．http://industry.ccidnet.com/art/883/20050723/293145_3.html，2005.

[7] Isermann R，Ballé P. Trends in the application of model-based fault detection and diagnosis of technical processes. Control Engineering Practice，1997，5(5)：709-719.

[8] Chiang L H. Fault Detection and Diagnosis for Large-scale Systems. Urbana：University of Illinois at Urbana-champaign. Ph. D. Thesis，2001.

[9] Frank P M. Fault diagnosis in dynamic systems using analytical and knowledge-based redundant—a sur-

vey and some new results. Automatic, 1990,26(3): 459-747.

[10] Venkatasubramanian V, Rengaswamy R, Yin K, et al. A review of process fault detection and diagnosis part I: Quantitative model-based methods. Computers and Chemical Engineering, 2003, 27 (1): 293-311.

[11] 蒋丽英. 基于 FDADPLS 方法的流程工业故障诊断研究. 杭州:浙江大学博士学位论文,2005.

[12] 于春梅,张洪才. 工业过程故障诊断方法的研究进展. 合肥工业大学学报(自然科学版), 2008, 31 (1): 13-16.

[13] Frank P M, Ding S X, Marcu T. Model-based fault diagnosis in technical processes. Transactions of the Institution of Measurement and Control, 2000,22 (1):57-101.

[14] Chen J, Patton R J. Robust model-based fault diagnosis for dynamic systems. Boston,Dordrecht,London:Kluwer Academic Publishers, 1999.

[15] Frank P M, Ding X. Survey of robust residual generation and evaluation methods in observer-based fault detection systems. Journal of Process Control, 1997, 7(6): 403-424.

[16] Patton R, Chen J. A review of parity space approaches to fault diagnosis for aerospace systems. Journal of Guidance Control and Dynamics, 1994,(17):278-285.

[17] Edwards C,Spurgeon S K,Patton R J. Sliding mode observers for fault detection and isolation. Automatica,2000,36 (4):541-553.

[18] Kabore P, Wang H. Design of fault diagnosis filters and fault-tolerant control for a class of nonlinear systems. IEEE Transactions on Automatic Control, 2001,46(11):1805-1810.

[19] Jiang B, Staroswiecki M, Cocquempot V. Fault estimation in nonlinear uncertain systems using robust/sliding-mode observers. IEE Process Control Theory Application, 2004,151(1):29-37.

[20] Polycarpou M M. Fault accommodation of a class of multivariable nonlinear dynamical systems using a learning approach. IEEE Transactions on Automatic Control, 2001,46(5):736-742.

[21] Trunov A B, Polycarpou M M. Automated fault diagnosis in nonlinear multivariable systems using a learning methodology. IEEE Transactions on Neural Networks,2000, 11(1):91-101.

[22] Zhang X, Polycarpou M M, Parisini T. A robust detection and isolation scheme for abrupt and incipient faults in nonlinear systems. IEEE Transactions on Automatic Control, 2002,47(4):576-593.

[23] Niederlinski A. A heuristic approach to the design of interacting multivariable systems. Automatica, 1971,7(4):691-701.

[24] Siljak D D. Reliable control using multiple control systems. International Journal of Control, 1980, 31: 303-329.

[25] Mohammed O, Mohammed C, Ahmed H. Robust observer-based fault-tolerant control for vehicle lateral dynamics. International Journal of Vehicle Design, 2008, 48(3/4):173-189.

[26] Benosman M, Lum K Y. Passive actuators' fault-tolerant control for affine nonlinear systems. IEEE Transactions on Control Systems Technology, 2010,18(1):152-163.

[27] Qu Z, Ihlefeld C M, Jin Y, et al. Robust fault-tolerant self-recovering control of nonlinear uncertain systems. Automatica, 2003,39(10):1763-1771.

[28] Claudio B, Alberto I, Lorenzo M, et al. Implicit fault-tolerant control: Application to induction motors. Automatica, 2004,40(3):355-371

[29] Zhang X, Parisini T, Polycarpou M M. Adaptive fault-tolerant control of nonlinear uncertain systems: An information-based diagnostic approach. IEEE Transactions on Automatic Control, 2004,49(8):

1259-1273.

[30] Iri M, Aoki K, O'Shima E, et al. An algorithm for diagnosis of system failures in the chemical process. Computers and Chemical Engineering, 1979,3 (1/4): 489-493.

[31] Umeda T, Kuriyama T, O'shima, E, et al. A graphical approach to cause and effect analysis of chemical processing systems. Chemical Engineering Science, 1980,35 (12): 2379-2388.

[32] Shiozaki J, Matsuyama H, O'Shima E, et al. An improved algorithm for diagnosis of system failures in the chemical process. Computers and Chemical Engineering,1985,9 (3):285-293.

[33] Shiozaki J, Matsuyama H, Tano K, et al. Fault diagnosis of chemical processes by the use of signed, directed graphs: Extension to five-range patterns of abnormality. International Chemical Engineering, 1985,25 (4): 651-659.

[34] Kramer M A, Palowitch B L. A rule based approach to fault diagnosis using the signed directed graph. American Institute of Chemical Engineers Journal,1987,33 (7):1067-1078.

[35] Chang C C, Yu C C. Online fault diagnosis using the signed directed graph. Industrial & Engineering Chemistry Research,1990,29(7):1290-1299.

[36] Vaidhyanathan R, Venkatasubramanian V. Experience with an expert system for automated HAZOP analysis. Computers and Chemical Engineering,1996,20(SuPPI.):1589-1594.

[37] Venkatasubramanian V, Zhao J, Viswanathan S. Intelligent systems for HAZOP Analysis of complex process plants. Computers and Chemical Engineering,2000,24(9):2291-2302.

[38] Mylaraswamy D, Venkatasubramanian V. A hybrid framework for large scale process fault diagnosis. Computers and Chemical Engineering, 1997,21(Suppl.):935-940.

[39] Dash S, Venkatasubramanian V. Challenges in the industrial applications of fault diagnostic systems. Computers and Chemical Engineering,2000,24(2):785-791.

[40] Venkatasubramanian V, Rengaswamy R, Yin K, et al. A review of process fault detection and diagnosis, part II: Qualitative models and search strategies. Computers and Chemical Engineering, 2003, 27(2): 313-326.

[41] Polycarpou M M, Trunov A B. Learning approach to nonlinear fault diagnosis: Detectability analysis. IEEE Transactions on Automatic Control, 2000, 45(4):806-812.

[42] Ballé P, Isermann R. Fault detection and isolation for nonlinear processes based on local linear fuzzy models and parameter estimation,Proceedings of the American Control Conference,Pennsylvania, 1998: 1605-1609.

[43] Wu H N. Reliable LQ fuzzy control for continuous-time nonlinear systems with actuator faults. IEEE Transactions on Systems, Man and Cybernetics—Part B: Cybernetics, 2004, 34(4):1743-1752.

[44] Annamária R, Várkonyi K, Péter B, et al. Anytime fuzzy modeling approach for fault detection systems. Instrumentation and Measurement Technology Conference. Vail, CO, USA, 2003:1611-1616.

[45] Chen C Z, Mo C T. A method for intelligent fault diagnosis of rotating machinery. Digital Signal Processing, 2004,14(3): 203-217.

[46] Guo H, Jack L B, Nandi A K. Feature generation using genetic programming with application to fault classification. IEEE Transactions on Systems, Man and Cybernetics—Part B: Cybernetics, 2005, 35(1):89-99.

[47] Lv G, Cheng H, Zhai H, et al. Fault diagnosis of power transformer based on multi-layer SVM classifier. Electric Power Systems Research, 2005,74(1): 1-7.

[48] Polycarpou M, Zhang X, Xu R, et al. A neural network based approach to adaptive fault tolerant flight control. Proceedings of the 2004 IEEE International Symposium on Intelligent Control System, Taipei, 2004:61-66.

[49] Guan H, Zhang Y, Han J, et al. Auto-identifying diagnostic symptom of nonlinear vibration. International Journal of Plant Engineering and Management, 2003, 8(1):25-27.

[50] Capdessus C, Sidahmed M, Lacoume J L. Cyclostationary process: Application in gear faults early diagnosis. Mechanical Systems and Signal Processing, 2000, 14 (3):371-385.

[51] 蒋东翔,黄文虎,徐世昌．分形几何及其在旋转机械故障诊断中的应用．哈尔滨工业大学学报,1996, 28(2):27-31.

[52] 何学文．基于支持向量机的故障智能诊断理论与方法研究．长沙:中南大学博士学位论文,2004.

[53] Fisher R A. The use of multiple measurements in taxonomic problems. Annals of Eugenics, Part Ⅱ, 1936, 7(2):179-188.

[54] Russell E L, Chiang L H, Braatz R D. Data-Driven Techniques for Fault Detection and Diagnosis in Chemical Processes. London :Springer Verlag, 2000.

[55] 王惠文.偏最小二乘回归方法及其应用.北京:国防工业出版社,1999.

[56] 于春梅,杨胜波,陈馨,等．多元统计方法在故障诊断中的应用综述.计算机工程与应用,2007,43(8): 205-208.

[57] Xu L, Oja E, Suen C Y. Modified hebbian learning for curve and surface fitting. Neural Networks, 1992, 5(3): 441-457.

[58] Kramer M A. Autoassociative neural networks. Computers and Chemical Engineering, 1992, 16(4):313-328.

[59] Dong D, McAvoy T J. Nolinear principal component analysis—based on principal curves and neural networks. Computers and Chemical Engineering, 1996, 2(1): 65-78.

[60] Antory D, Kruger U, Irwin G W, et al. Industrial process monitoring using nonlinear principal component models. Second IEEE International Conference on Intelligent Systems, Kine, 2004: 293-298.

[61] Fourie S H, Vaal P D. Advanced process monitoring using an on-line non-linear multiscale principal component analysis methodology. Computers and Chemical Engineering, 2000, 24(2-7):755-760.

[62] Schölkopf B, Smola A, Müller K. Nonlinear component analysis as a kernel eigenvalue problem. Neural Computation, 1998, 10 (5): 1299-1399.

[63] Lee J M, Yoo C K, Choi S W, et al. Nonlinear process monitoring using kernel principal component analysis. Chemical Engineering Science, 2004, 59(1):223-234.

[64] Choi S W, Lee C, Lee J M, et al. Fault detection and identification of nonlinear processes based on kernel PCA. Chemometrics and Intelligent Laboratory Systems, 2005, 75(1):55-67.

[65] Cho J H, Lee J M, Choi S W, et al. Fault identification for process monitoring using kernel principal component analysis. Chemical Engineering Science, 2005, 60(1):279-288.

[66] Choi S W, Lee I B. Nonlinear dynamic process monitoring based on dynamic kernel PCA. Chemical Engineering Science, 2004, 59(24) :5897-5908.

[67] Huang C L, Wang C J. A GA-based feature selection and parameters optimization for support vector machines. Expert Systems with Applications, 2006, 31(2):231-240.

[68] Chen S M, Shie J D. A new method for feature subset selection for handling classification problems. The 2005 IEEE International Conference on Fuzzy Systems, Reno, 2005:183-188.

[69] Hu Q, He Z, Zhang Z, et al. Fault diagnosis of rotating machinery based on improved wavelet package transform and SVMs ensemble. Mechanical Systems and Signal Processing,2006,21(2):1-18.

[70] Li D, Pedrycz W, Pizzi N J. Fuzzy wavelet packet based feature extraction method and its application to biomedical signal classification. IEEE Transactions on Biomedical Engineering, 2005,52(6):1132-1139.

[71] Gonzalez G D, Paut R, Cipriano A, et al. Fault detection and isolation using concatenated wavelet transform variances and discriminant analysis. IEEE Transactions on Signal Processing, 2006, 54(5): 1727-1736.

[72] Guo B, Damper R I, Gunn S R, et al. A fast separability-based feature-selection method for high-dimensional remotely sensed image classification. Pattern Recognition, 2008,41(5):1653-1662.

[73] Nakariyakul S, Casasent D P. An improvement on floating search algorithms for feature subset selection. Pattern Recognition,2008, 42(9):1932-1940.

[74] Ververidis D, Kotropoulos C. Fast and accurate sequential floating forward feature selection with the Bayes classifier applied to speech emotion recognition. Signal Processing, 2008,88(12): 2956-2970.

[75] Mansour Y, McAllester D. Generalization bounds for decision trees//Proceedings of the 13th Annual Conference on Computer Learning Theory. San Francisco:Morgan Kaufmann,2000:69-80.

[76] Rokach L, Maimon O. Feature set decomposition for decision trees. Journal of Intelligent Data Analysis, 2005,9 (2):131-158.

[77] Fröhlich H, Chapelle O, Schölkopf B. Feature selection for support vector machines using genetic algorithms. International Journal of Artificial Intelligent Tools, 2004 , 13(4) :791-800.

[78] Rokach L. Genetic algorithm-based feature set partitioning for classification problems. Pattern Recognition, 2008,41(5):1676-1700.

[79] 陈将宏. Rademacher复杂性与支持向量机学习风险．湖北大学学报(自然科学版), 2005,27(2): 126-129.

[80] Mendelson S. A few notes on statistical learning theory. Lecture Notes in Computer Science. London: Springer, 2003.

[81] Gine E, Mason D M, Wellner J A. Rademacher Processes and Bounding the Risk of Function Learning in High Dimensional Probability II. Rensselaer: Hamilton Printing Company,1999.

[82] Mika S, Rätsch G, Weston J, et al. Fisher discriminant analysis with kernels. IEEE International Workshop on Neural Networks for Signal Processing IX,Madison, 1999:41-48.

[83] Friedman J H. Regularized discriminant analysis. JASA, 1989,84(3):165-175.

[84] Wu K P, Wang S D. Choosing the kernel parameters for support vector machines by the inter-cluster distance in the feature space. Pattern Recognition, 2009,42(5):710-717.

[85] Qi H N, Yang J G, Zhong Y W, et al. Multi-class SVM based remote sensing image classification and its semi-supervised improvement scheme. Proceedings of the Third International Conference on Machine Learning and Cybemetics,Shanghai, 2004:3146-3151.

[86] 安金龙,王正欧,马振平．一种新的支持向量机多类分类方法．信息与控制, 2004, 33(3):262-267.

[87] Wang A, Yuan W, Liu J, et al. A study of a multi-class classification algorithm of SVM combined with ART. Third International Conference on Natural Computation (ICNC 2007),Haikou,2007:59-63.

[88] Liu C. Capitalize on dimensionality increasing techniques for improving face recognition grand challenge performance. IEEE Transactions on Pattern Analysis and Machine Intelligence, 2006, 28(5):725-730.

[89] Shi W Y, Guo Y F, Jin C, et al. An improved generalized discriminant analysis for large-scale data

set. Seventh International Conference on Machine Learning and Applications,San Diego,2008:769-772.

[90] Song F X,Cheng K,Yang J Y,et al. Maximum scatter difference,large margin linear projection and support veetor machines. Acto Automatica sinica,2004,30(6):890-896.

[91] 宋枫溪,杨静宇,刘树海,等. 基于多类最大散度差的人脸表示法. 自动化学报, 2006,32(3):378-385.

[92] 杨国鹏,余旭初,陈伟,等. 基于核 Fisher 判别分析的高光谱遥感影像分类. 遥感学报, 2008,12(4):579-584.

[93] 孔锐,张冰. 基于核 Fisher 判决分析的高性能多类分类算法. 计算机应用, 2005,25(6):1327-1329.

[94] Chiang L H, Russell E L, Braatz R D. 工业系统的故障检测与诊断. 段建民译. 北京:机械工业出版社,2003.

[95] Chiang L H, Russell E L, Braatz R D. Fault diagnosis in chemical processes using Fisher discriminant analysis, discriminant partial least squares, and principal component analysis. Chemometrics and Intelligent Laboratory Systems, 2000,50(2):243-252.

第 2 章　过程工业故障检测与诊断的多元统计方法

2.1 引　　言

如前所述，过程工业的生产过程往往伴随着物理、化学、生化反应以及相变等多种复杂变化。为了生产的安全及产品质量，通常都会配备相当数量的测量设备，包括各种传感器及显示、记录装置。如何从这些传感器及显示、记录装置提供的数据中提取有用信息，确保生产安全、高效，确保产品质量，一直是有关部门及技术人员高度关注的问题。实践表明，多元统计方法是解决上述问题的一种有效手段。

为了便于阅读及后续描述，本章将介绍多元统计方法包括 PCA 和 FDA 的基本原理，以及用 T^2 和 Q 统计量进行故障检测的方法和利用 Bayes 分类器进行故障诊断的原理和具体实施步骤；证明线性分类函数与 Bayes 分类函数的关系，说明 Bayes 分类函数分类效果优于线性分类函数的原因，为后面各章采用 Bayes 分类器提供依据。

2.2 多元统计方法

2.2.1 PCA

PCA 是在过程工业的建模、故障检测等方面已获得广泛应用的一种多元统计分析方法[1,2]，它通过将多变量高维数据空间投影到相对独立的低维空间，得到最大化数据方差的正交投影轴以达到消除数据相关性的目的。

设输入矩阵 $\boldsymbol{X} \in \mathbf{R}^{l \times n}$，其中每一列对应一个观测变量，每一行对应一个样本。矩阵 $\boldsymbol{X}$ 可以分解为

$$\boldsymbol{X} = \boldsymbol{t}_1 \boldsymbol{p}_1^{\mathrm{T}} + \boldsymbol{t}_2 \boldsymbol{p}_2^{\mathrm{T}} + \cdots + \boldsymbol{t}_n \boldsymbol{p}_n^{\mathrm{T}} = \boldsymbol{T}\boldsymbol{P}^{\mathrm{T}} \tag{2.1}$$

其中，$\boldsymbol{p}_i \in \mathbf{R}^n$ 为负荷向量，$\boldsymbol{p}_i = [p_{i1}, p_{i2}, \cdots, p_{in}]^{\mathrm{T}}$；$\boldsymbol{t}_i \in \mathbf{R}^l$ 为得分向量，$\boldsymbol{t}_i = [t_{i1}, t_{i2}, \cdots, t_{il}]^{\mathrm{T}}$；相应地，$\boldsymbol{P} = [\boldsymbol{p}_1, \boldsymbol{p}_2, \cdots, \boldsymbol{p}_n]$ 为负荷矩阵，$\boldsymbol{T} = [\boldsymbol{t}_1, \boldsymbol{t}_2, \cdots, \boldsymbol{t}_n]$ 为得分矩阵，代表 $\boldsymbol{X}$ 在负荷方向的投影。得分向量和负荷向量皆互相正交，且负荷向量为单位向量，即

$$\boldsymbol{t}_i^{\mathrm{T}} \boldsymbol{t}_j = 0, \quad \boldsymbol{p}_i^{\mathrm{T}} \boldsymbol{p}_j = 0, \quad i \neq j \tag{2.2}$$

$$\boldsymbol{p}_i^{\mathrm{T}} \boldsymbol{p}_j = 1, \quad i = j \tag{2.3}$$

将式(2.1)两边同时右乘 $\boldsymbol{p}_i$，并将式(2.2)和式(2.3)代入，得

$$\boldsymbol{t}_i = \boldsymbol{X}\boldsymbol{p}_i \quad 或 \quad \boldsymbol{T} = \boldsymbol{X}\boldsymbol{P} \tag{2.4}$$

如果将得分向量按长度进行排列，即 $\|\boldsymbol{t}_1\| > \|\boldsymbol{t}_2\| > \cdots > \|\boldsymbol{t}_n\|$；那么，负荷向量 $\boldsymbol{p}_1$ 将代表数据 $\boldsymbol{X}$ 变化最大的方向，$\boldsymbol{p}_2$ 与 $\boldsymbol{p}_1$ 正交并代表数据 $\boldsymbol{X}$ 变化次大的方向，以此类推，$\boldsymbol{p}_n$ 代表数据 $\boldsymbol{X}$ 变化最小的方向。

矩阵 $\boldsymbol{X}$ 的变化主要体现在最前面的几个负荷向量方向上，$\boldsymbol{X}$ 在后面负荷方向上的投影(即得分)往往是由噪声引起的，因此，可将数据近似表示为

$$\boldsymbol{X} \approx \boldsymbol{t}_1\boldsymbol{p}_1^{\mathrm{T}} + \boldsymbol{t}_2\boldsymbol{p}_2^{\mathrm{T}} + \cdots + \boldsymbol{t}_a\boldsymbol{p}_a^{\mathrm{T}} = \boldsymbol{T}_a\boldsymbol{P}_a^{\mathrm{T}}, \quad a < n \tag{2.5}$$

其中，$\boldsymbol{T}_a$ 代表矩阵 $\boldsymbol{T}$ 的前 a 列；$\boldsymbol{P}_a$ 代表矩阵 $\boldsymbol{P}$ 的前 a 行。

处理后的数据去除了原数据间的相关性，降低了维数，且降低了干扰的影响。

根据数学结论[3]，对输入数据阵 $\boldsymbol{X}$ 的方差阵 $\boldsymbol{S} = \dfrac{1}{n-1}\boldsymbol{X}^{\mathrm{T}}\boldsymbol{X}$ 作奇异值分解，可获得负荷矩阵 $\boldsymbol{P}$。即

$$\boldsymbol{S} = \boldsymbol{P}\boldsymbol{\Sigma}\boldsymbol{P}^{\mathrm{T}} \tag{2.6}$$

其中，$\boldsymbol{\Sigma} \in \mathbf{R}^{n\times n}$ 为对角阵，其对角线上的元素由大到小按序排列，为 $\boldsymbol{X}$ 在新坐标 $\boldsymbol{P}$ 相应方向上的方差。

PCA 得到最大化数据方差的正交投影轴，能提供不相关特征，其对数据压缩问题是最优的；但对判别问题不是最优，这是因为它未考虑类间差异。换句话说，来自不同类的样本 PCA 是同样对待的，主导特征向量包含了不同类别数据的共同信息，这对区分数据不是最优的。通常，小的特征值可能包含更多对区分类别数据有用的信息。

PCA 也可以由优化问题来得到。设 $\boldsymbol{x}_i \in \mathbf{R}^{1\times n}(i = 1,2,\cdots,l)$ 为数据矩阵 $\boldsymbol{X}$ 的行向量，即一个样本向量。现在，最小化数据点与其在向量 $\boldsymbol{w}$ 上投影的距离，即考虑优化问题

$$\min_{\boldsymbol{w}} J(\boldsymbol{w}) = \sum_{i=1}^{l}\|\boldsymbol{x}_i - \boldsymbol{x}_i\boldsymbol{w}\boldsymbol{w}^{\mathrm{T}}\|^2 \tag{2.7}$$

$$\text{s.t.} \quad \boldsymbol{w}^{\mathrm{T}}\boldsymbol{w} = 1$$

目标函数化简为

$$J(\boldsymbol{w}) = \sum_{i=1}^{l}\|\boldsymbol{x}_i - \boldsymbol{x}_i\boldsymbol{w}\boldsymbol{w}^{\mathrm{T}}\|^2 = \sum_{i=1}^{l}\boldsymbol{x}_i\boldsymbol{x}_i^{\mathrm{T}} - \boldsymbol{x}_i\boldsymbol{w}\boldsymbol{w}^{\mathrm{T}}\boldsymbol{x}_i^{\mathrm{T}} \tag{2.8}$$

优化问题转化为

$$\min_{\boldsymbol{w}} J(\boldsymbol{w}) = \max\sum_{i=1}^{l}\boldsymbol{x}_i\boldsymbol{w}\boldsymbol{w}^{\mathrm{T}}\boldsymbol{x}_i^{\mathrm{T}} = \max\sum_{i=1}^{l}\|\boldsymbol{x}_i\boldsymbol{w}\|^2 \tag{2.9}$$

引入拉格朗日乘子，得到拉格朗日方程

$$L(\boldsymbol{w},\lambda) = -\sum_{i=1}^{l}\|\boldsymbol{x}_i\boldsymbol{w}\|^2 + \lambda(\boldsymbol{w}^{\mathrm{T}}\boldsymbol{w} - 1) \tag{2.10}$$

分别求该函数关于 $\boldsymbol{w}$ 和 λ 的微分

$$\frac{\partial L}{\partial \boldsymbol{w}} = -\boldsymbol{X}^{\mathrm{T}}\boldsymbol{X}\boldsymbol{w} + \lambda\boldsymbol{w} = \boldsymbol{0} \tag{2.11}$$

$$\frac{\partial L}{\partial \lambda} = \boldsymbol{w}^{\mathrm{T}}\boldsymbol{w} - 1 = 0 \tag{2.12}$$

这样 $\boldsymbol{w}$ 的解满足以下特征方程

$$\boldsymbol{X}^{\mathrm{T}}\boldsymbol{X}\boldsymbol{w} = \lambda\boldsymbol{w}, \quad \boldsymbol{w}^{\mathrm{T}}\boldsymbol{w} = 1 \tag{2.13}$$

因此，PCA 也可以看成寻找一个投影向量 $\boldsymbol{w}$，使得数据与其在 $\boldsymbol{w}$ 上投影的距离平方和最小。

需要说明的是，在使用 PCA 时要求首先对数据进行规范化处理，以消除由于量纲的不同而产生的数据淹没现象。而规范化后数据的方差阵即为原始数据的相关矩阵，故可直接由相关矩阵进行奇异值分解来得到负荷矩阵。

PCA 也可以通过非线性迭代部分最小二乘算法（nonlinear iterative partial least squares，NIPALS）来计算。该算法最早由瑞典统计学家 Wold 提出，并用于 PCA 中主元的计算，而后推广到 PLS。它首先计算第一个得分向量 $\boldsymbol{t}_1$ 和第一个负荷向量 $\boldsymbol{p}_1$，然后将它们的外积从矩阵 $\boldsymbol{X}$ 中减掉，得到一个误差矩阵 $\boldsymbol{E}$。再从误差矩阵 $\boldsymbol{E}$ 中计算 $\boldsymbol{X}$ 的第二个得分向量 $\boldsymbol{t}_2$ 和第二个负荷向量 $\boldsymbol{p}_2$，即

$$\boldsymbol{E}_1 = \boldsymbol{X} - \boldsymbol{t}_1\boldsymbol{p}_1 \tag{2.14}$$

$$\boldsymbol{E}_2 = \boldsymbol{E}_1 - \boldsymbol{t}_2\boldsymbol{p}_2 \tag{2.15}$$

这样迭代计算下去，即可得到 $\boldsymbol{X}$ 的所有主元，NIPALS 的计算步骤可以总结为以下几点：

(1) 初始化 $\boldsymbol{t}_1$（可随机选择 $\boldsymbol{X}$ 的任意列）；

(2) $\boldsymbol{p}_1^{\mathrm{T}} \leftarrow \boldsymbol{t}_1^{\mathrm{T}}\boldsymbol{X}/(\boldsymbol{t}^{\mathrm{T}}\boldsymbol{t})$；

(3) $\boldsymbol{p}_1^{\mathrm{T}} \leftarrow \boldsymbol{p}_1^{\mathrm{T}}/\|\boldsymbol{p}\|$；

(4) $\boldsymbol{t}_1 \leftarrow \boldsymbol{X}\boldsymbol{p}_1/\|\boldsymbol{p}\|$；

(5) 重复步骤(2)～步骤(4)直到收敛；

(6) $\boldsymbol{X} \leftarrow \boldsymbol{X} - \boldsymbol{t}_1\boldsymbol{p}_1^{\mathrm{T}}$，得到新的误差阵，重复计算。

NIPALS 已经得到了广泛应用，与 SVD 方法相比其数值计算精度较高，但计算时间较长。

在将 PCA 用于过程故障诊断时，输入矩阵中将包含多类故障数据，假设一共有 c 类故障，输入矩阵将是一个维数为 $l \times n$ 的扩展矩阵，其中，$l = l_1 + l_2 + \cdots + l_c$，$l_i(i = 1,2,\cdots,c)$ 为 c 类故障的样本数。

2.2.2　FDA

FDA 是一种适合于故障分类的方法。考虑 n 维样本，类 1 的观测个数为 l_1

个，表示为

$$\boldsymbol{X}_1 = \{\boldsymbol{x}_{11}, \boldsymbol{x}_{12}, \cdots, \boldsymbol{x}_{1l_1}\} \in \mathbf{R}^{n \times l_1} \tag{2.16}$$

类 2 的观测个数为 l_2 个，表示为

$$\boldsymbol{X}_2 = \{\boldsymbol{x}_{21}, \boldsymbol{x}_{22}, \cdots, \boldsymbol{x}_{2l_2}\} \in \mathbf{R}^{n \times l_2} \tag{2.17}$$

类间离散度矩阵定义为

$$\boldsymbol{S}_b = (\boldsymbol{m}_1 - \boldsymbol{m}_2)(\boldsymbol{m}_1 - \boldsymbol{m}_2)^{\mathrm{T}} \in \mathbf{R}^{n \times n} \tag{2.18}$$

其中，$\boldsymbol{m}_1 \in \mathbf{R}^n, \boldsymbol{m}_2 \in \mathbf{R}^n$ 分别为两类数据的均值向量。

类内离散度矩阵定义为

$$\boldsymbol{S}_w = \sum_{i=1}^{l_1}(\boldsymbol{x}_{1i} - \boldsymbol{m}_1)(\boldsymbol{x}_{1i} - \boldsymbol{m}_1)^{\mathrm{T}}/l_1 + \sum_{i=1}^{l_2}(\boldsymbol{x}_{2i} - \boldsymbol{m}_2)(\boldsymbol{x}_{2i} - \boldsymbol{m}_2)^{\mathrm{T}}/l_2 \in \mathbf{R}^{n \times n} \tag{2.19}$$

FDA 寻找从原始 n 维空间到新空间的线性变换 $\boldsymbol{w}$，使得 $\boldsymbol{w}^{\mathrm{T}}\boldsymbol{S}_b\boldsymbol{w}$ 尽量大，同时 $\boldsymbol{w}^{\mathrm{T}}\boldsymbol{S}_w\boldsymbol{w}$ 尽可能小，即 FDA 最大化 Fisher 准则函数

$$J(\boldsymbol{w}) = \frac{\boldsymbol{w}^{\mathrm{T}}\boldsymbol{S}_b\boldsymbol{w}}{\boldsymbol{w}^{\mathrm{T}}\boldsymbol{S}_w\boldsymbol{w}} \tag{2.20}$$

由矩阵论的知识容易看出，解 $\boldsymbol{w}$ 为广义特征方程 $\boldsymbol{S}_b\boldsymbol{w} = \lambda\boldsymbol{S}_w\boldsymbol{w}$ 的主导特征值解。如果 $\boldsymbol{S}_w$ 非奇异，解可表示为

$$\boldsymbol{w} = \boldsymbol{S}_w^{-1}(\boldsymbol{m}_1 - \boldsymbol{m}_2) \tag{2.21}$$

由于 $\boldsymbol{S}_b$ 为向量的外积，其秩为 1，这样，方程 $\boldsymbol{S}_b\boldsymbol{w} = \lambda\boldsymbol{S}_w\boldsymbol{w}$ 只有一个特征向量解(一个非 0 特征值)。基于同样的原因，c 类问题最多只有 $c-1$ 个特征向量。

对高维数据，类内离散度矩阵 $\boldsymbol{S}_w$ 往往是病态的(如果 $l < n$ 则为奇异)。这样数据的微小变化会使得 $\boldsymbol{S}_w^{-1}$ 和解 $\boldsymbol{w}$ 发生大的变化，即其对噪声非常敏感从而导致较差的泛化能力。

为了进一步理解，设 $\boldsymbol{S}_w$ 的秩为 n，它有 n 个非 0 特征向量，对 $\boldsymbol{S}_w$ 进行谱分解得

$$\boldsymbol{S}_w = \sum_{i=1}^{n}\lambda_i\boldsymbol{v}_i\boldsymbol{v}_i^{\mathrm{T}} \tag{2.22}$$

易得其逆为

$$\boldsymbol{S}_w^{-1} = \sum_{i=1}^{n}\frac{\boldsymbol{v}_i\boldsymbol{v}_i^{\mathrm{T}}}{\lambda_i} \tag{2.23}$$

其中，$\lambda_i(i = 1, \cdots, n)$ 为 $\boldsymbol{S}_w$ 的特征值。这样，FDA 的解成为

$$\boldsymbol{w} = \sum_{i=1}^{n}\frac{\boldsymbol{v}_i\boldsymbol{v}_i^{\mathrm{T}}}{\lambda_i}(\boldsymbol{m}_1 - \boldsymbol{m}_2) = \sum_{i=1}^{n}\frac{\boldsymbol{v}_i^{\mathrm{T}}(\boldsymbol{m}_1 - \boldsymbol{m}_2)}{\lambda_i}\boldsymbol{v}_i \tag{2.24}$$

可见，最小的特征值对解 $\boldsymbol{w}$ 的影响最大，而与最小特征值对应的特征向量往往是不可靠的(训练数据微小变化将导致其大的变化)。并且，如果 $\boldsymbol{S}_w$ 奇异，与 0 特

征值对应的特征向量是任意的(除非有正交限制)。这样就不能正确表达真实数据,导致泛化能力变差。

由上面的分析可知,FDA 当 $\boldsymbol{S}_w$ 奇异(小样本情况,即样本数量小于样本维数)时不能应用。一个简单直接的尝试是用 $\boldsymbol{S}_w$ 的伪逆 $\boldsymbol{S}_w^+$ 代替其逆,但是,最大化 $\boldsymbol{S}_w^+\boldsymbol{S}_b$ 并不能保证 Fisher 判据仍然最优。

另一种方法是先用特征选择(提取)方法降低维数,再在降维空间应用 FDA。一个标准的解决方案是首先用 PCA 降维,使得 $\boldsymbol{S}_w$ 在降维空间可逆。然后在降维的 PCA 特征空间采用 FDA(通常将其称为 PCA/FDA 方法)[4]。

首先,原始数据用 PCA 降维,产生新的类间离散度矩阵

$$\boldsymbol{S}_{b1} = \boldsymbol{P}_a^{\mathrm{T}}\boldsymbol{S}_b \mathrm{P}_a \tag{2.25}$$

和新的类内离散度矩阵

$$\boldsymbol{S}_{w1} = \boldsymbol{P}_a^{\mathrm{T}}\boldsymbol{S}_w \boldsymbol{P}_a \tag{2.26}$$

其中,$\boldsymbol{P}_a \in \mathbf{R}^{n\times a}$,其列为 $\boldsymbol{X}$ 的 a 个主导特征向量。在降维 PCA 空间中 FDA 的解满足

$$\max_{\boldsymbol{w}} J(\boldsymbol{w}) = \frac{\boldsymbol{w}^{\mathrm{T}}\boldsymbol{P}_a^{\mathrm{T}}\boldsymbol{S}_b \boldsymbol{P}_a\boldsymbol{w}}{\boldsymbol{w}^{\mathrm{T}}\boldsymbol{P}_a^{\mathrm{T}}\boldsymbol{S}_w \boldsymbol{P}_a\boldsymbol{w}} \tag{2.27}$$

新的 FDA 的解为 $\boldsymbol{P}_a\boldsymbol{w}$,最终 PCA/FDA 特征为标量 $z = \boldsymbol{w}^{\mathrm{T}}\boldsymbol{P}_a^{\mathrm{T}}\boldsymbol{x}$。PCA/FDA 方法比 FDA 方法泛化能力好,但初始的 PCA 降维步骤可能丢失对故障分类有用的判别信息。因为为了避免丢失信息,PCA 必须保留 $n-1$ 个主元,然而 PCA/FDA 的第一步仅保留 $n-c$ 个主元,当 c 较大时这将损失太多信息(这里,c 是类别数,n 是样本维数)。

近年来,一些子空间方法被广泛研究。一个众所周知的零空间方法是 FDA+PCA。当 $\boldsymbol{S}_w$ 满秩时,该方法计算 $\boldsymbol{S}_w^{-}\boldsymbol{S}_b$ 的最大特征向量以构成变换矩阵,否则将执行两阶段过程。首先,数据被变换到 $\boldsymbol{S}_w$ 的零空间 $\boldsymbol{V}_0$,然后试图在 $\boldsymbol{V}_0$ 中最大化类间离散度,这一步通过对 $\boldsymbol{V}_0$ 中类间散度矩阵执行 PCA 来完成。虽然这种方法可解决小样本问题,但因为其在 $\boldsymbol{S}_w$ 的零空间而非原始输入空间最大化类间散度,因而是次优的。比如说,当 $n-c$ 与维数 l 接近时,FDA+PCA 的性能显著下降。原因是这种情况下零空间 $\boldsymbol{V}_0$ 的维数很小,当我们试图在 $\boldsymbol{V}_0$ 中提取分类向量时太多信息丢失了;而且 FDA+PCA 还需计算 $\boldsymbol{S}_w$ 的秩,这由于浮点操作的不精确而难以计算;FDA+PCA 的另一个问题是确定 $\boldsymbol{S}_w$ 的零空间的计算复杂度很高。一个更有效的零空间方法是:首先移去 $\boldsymbol{S}_t$(总离散度矩阵)的零空间(已经证明这是 $\boldsymbol{S}_w$ 和 $\boldsymbol{S}_b$ 共同的零空间,且对判别没有用),这样就在低维投影空间执行 FDA+PCA。直接 FDA 是另外一种子空间方法,该方法直接去除 $\boldsymbol{S}_b$ 的零空间,这通过先对角化实现,这和传统的同时对角化过程顺序相反。直接 FDA 也可以对 $\boldsymbol{S}_t$ 操作而不是 $\boldsymbol{S}_w$,这时直接 FDA 与 PCA+FDA 等价。

还有一种常用的解决方案是对 FDA 作正则化处理。正则化技术是专门为了处理不适定问题而提出来的数学方法,正则项对应于欲求系数向量的 2 范数或 1 范数,其作用是控制算法的泛化能力、提高数值计算的稳定性、改善迭代算法的收敛性。经正则化处理后的 FDA 问题重新描述为

$$\max_{\boldsymbol{w}} J(\boldsymbol{w}) = \frac{\boldsymbol{w}^{\mathrm{T}} \boldsymbol{S}_b \boldsymbol{w}}{\boldsymbol{w}^{\mathrm{T}} (\boldsymbol{S}_w + \mu \boldsymbol{I}) \boldsymbol{w}} \tag{2.28}$$

其中,μ 为实常数,用来控制泛化能力。这样,除了原来的类内离散度矩阵用 $\boldsymbol{S}_w + \mu \boldsymbol{I}$ 置换,其解与一般 FDA 方法完全相同。由于这种方法使用简单,应用最为广泛。

2.2.3 PLS

PLS[5,6] 和 PCA 一样,也是一种降维技术,都采用得分变量作为原始变量线性组合的代替,不同之处在于得分变量的提取方法不同。简而言之,PCA 产生的权重矩阵反映的是输入 $\boldsymbol{X}$ 之间的协方差,而 PLS 产生的权重矩阵反映的是输入 $\boldsymbol{X}$ 与输出 $\boldsymbol{Y}$ 之间的协方差。换句话说,PLS 对输出变量矩阵也进行降维分解,得到输出变量矩阵的得分矩阵,再对输入与输出的得分矩阵进行线性回归,由此构造的便是隐变量空间(latent variables space)。因此,PLS 又称为特征结构投影法(project to latent structure)[7]。

虽然 PLS 最初不是为分类和判别问题而设计,但也可以通过适当变化达到分类目的。

考虑输入数据 $\boldsymbol{X} \in \mathbf{R}^{l \times n}$ 和输出数据 $\boldsymbol{Y} \in \mathbf{R}^{l \times c}$,$l$ 为样本数量,n 为变量数,c 为故障类别数。为了将 PLS 用于判别目的,设输出 $\boldsymbol{Y}$ 形为

$$\boldsymbol{Y} = \begin{bmatrix} 1 & 0 & 0 & \cdots & 0 \\ \vdots & \vdots & \vdots & & \vdots \\ 1 & 0 & 0 & \cdots & 0 \\ 0 & 1 & 0 & \cdots & 0 \\ \vdots & \vdots & \vdots & & \vdots \\ 0 & 1 & 0 & \cdots & 0 \\ \vdots & \vdots & \vdots & & \vdots \\ 0 & 0 & 0 & \cdots & 1 \\ \vdots & \vdots & \vdots & & \vdots \\ 0 & 0 & 0 & \cdots & 1 \end{bmatrix} \tag{2.29}$$

其中,$\boldsymbol{Y}$ 的元素取 0 或 1,第 i 列对应第 i 类故障,每类故障的样本数为 l_i,$l_1 + l_2 + \cdots + l_c = l$。

如 PCA,首先对数据 $\boldsymbol{X}$ 和 $\boldsymbol{Y}$ 进行规范化处理,分别进行分解,得(外部关系)

$$\boldsymbol{X} = \boldsymbol{T}_a\boldsymbol{P}_a^{\mathrm{T}} + \boldsymbol{E}, \quad a < n \tag{2.30}$$

$$\boldsymbol{Y} = \boldsymbol{U}_a\boldsymbol{Q}_a^{\mathrm{T}} + \boldsymbol{F}, \quad a < n \tag{2.31}$$

其中,$\boldsymbol{E}$ 和 $\boldsymbol{F}$ 为提取主元后的误差矩阵。内部关系为

$$\boldsymbol{U}_a = \boldsymbol{T}_a\boldsymbol{B}, \quad \boldsymbol{u}_k = \boldsymbol{b}_k\boldsymbol{t}_k \tag{2.32}$$

$$\boldsymbol{b}_k = \boldsymbol{u}_k^{\mathrm{T}}\boldsymbol{t}_k/(\boldsymbol{t}_k^{\mathrm{T}}\boldsymbol{t}_k) \tag{2.33}$$

PLS 的预测模型为

$$\boldsymbol{Y} = \boldsymbol{U}_a\boldsymbol{Q}_a^{\mathrm{T}} + \boldsymbol{F}^* = \boldsymbol{T}_a\boldsymbol{B}\boldsymbol{Q}_a^{\mathrm{T}} + \boldsymbol{F}^* \tag{2.34}$$

外部关系中,$\boldsymbol{E}$ 和 $\boldsymbol{F}$ 为残差矩阵,$\boldsymbol{F}^*$ 为 PLS 模型的预测误差。内部关系中,$\boldsymbol{T}_a\boldsymbol{B}$ 就是 $\boldsymbol{U}_a$ 的预测,$\boldsymbol{B}$ 是描述模型内部关系的回归矩阵,联系 $\boldsymbol{T}_a$ 和 $\boldsymbol{U}_a$ 的传递关系,其为对角阵,元素为 PLS 内部关系的回归参数。外部关系即为对 $\boldsymbol{X}$ 和 $\boldsymbol{Y}$ 的主元分析,但主元的计算考虑了内部关系的回归,这是与 PCA 的不同之处。

由于式(2.30)和式(2.31)是在 $\boldsymbol{X}$,$\boldsymbol{Y}$ 各自独立的情况下计算的,未考虑输入输出之间的关系,这样,提取后的得分之间并不一定存在较强的对应关系,这对建模是很不利的。为了使 $\boldsymbol{U}$ 能最大限度地由 $\boldsymbol{T}$ 解释,在对 $\boldsymbol{X}$ 和 $\boldsymbol{Y}$ 进行投影的同时,要考虑投影后数据的协方差最大。即

$$\max \operatorname{cov}(\boldsymbol{t},\boldsymbol{u}) = \max_{\boldsymbol{w},\boldsymbol{v}} \operatorname{cov}(\boldsymbol{X}\boldsymbol{w},\boldsymbol{Y}\boldsymbol{v}) = \max_{\boldsymbol{w},\boldsymbol{v}} \boldsymbol{w}^{\mathrm{T}}\boldsymbol{X}^{\mathrm{T}}\boldsymbol{Y}\boldsymbol{v} \tag{2.35}$$

分别对 $\boldsymbol{w}$,$\boldsymbol{v}$ 求导并令其为 0,得

$$\begin{aligned} \boldsymbol{X}^{\mathrm{T}}\boldsymbol{Y}\boldsymbol{v} &= \lambda_1\boldsymbol{w} \\ \boldsymbol{Y}^{\mathrm{T}}\boldsymbol{X}\boldsymbol{w} &= \lambda_2\boldsymbol{v} \end{aligned} \tag{2.36}$$

进一步可推得

$$\begin{aligned} \boldsymbol{X}^{\mathrm{T}}\boldsymbol{Y}\boldsymbol{Y}^{\mathrm{T}}\boldsymbol{X}\boldsymbol{w} = \lambda\boldsymbol{w} \quad &\Rightarrow \quad \boldsymbol{X}\boldsymbol{X}^{\mathrm{T}}\boldsymbol{Y}\boldsymbol{Y}^{\mathrm{T}}\boldsymbol{t} = \lambda\boldsymbol{t} \\ \boldsymbol{Y}^{\mathrm{T}}\boldsymbol{X}\boldsymbol{X}^{\mathrm{T}}\boldsymbol{Y}\boldsymbol{v} = \lambda\boldsymbol{v} \quad &\Rightarrow \quad \boldsymbol{Y}\boldsymbol{Y}^{\mathrm{T}}\boldsymbol{X}\boldsymbol{X}^{\mathrm{T}}\boldsymbol{u} = \lambda\boldsymbol{u} \end{aligned} \tag{2.37}$$

其中,$\lambda = \lambda_1\lambda_2$;$\boldsymbol{t} = \boldsymbol{X}\boldsymbol{w}$;$\boldsymbol{u} = \boldsymbol{Y}\boldsymbol{v}$。忽略尺度因子

$$\begin{aligned} \boldsymbol{u} &= \boldsymbol{Y}\boldsymbol{v} = \boldsymbol{Y}\boldsymbol{Y}^{\mathrm{T}}\boldsymbol{X}\boldsymbol{w} = \boldsymbol{Y}\boldsymbol{Y}^{\mathrm{T}}\boldsymbol{t} \\ \boldsymbol{t} &= \boldsymbol{X}\boldsymbol{w} = \boldsymbol{X}\boldsymbol{X}^{\mathrm{T}}\boldsymbol{Y}\boldsymbol{v} = \boldsymbol{X}\boldsymbol{X}^{\mathrm{T}}\boldsymbol{u} \end{aligned} \tag{2.38}$$

这样,求解 $\boldsymbol{t}$,$\boldsymbol{u}$,$\boldsymbol{w}$ 的问题即转化为求解 $\boldsymbol{X}\boldsymbol{X}^{\mathrm{T}}\boldsymbol{Y}\boldsymbol{Y}^{\mathrm{T}}$、$\boldsymbol{Y}\boldsymbol{Y}^{\mathrm{T}}\boldsymbol{X}\boldsymbol{X}^{\mathrm{T}}$ 和 $\boldsymbol{X}^{\mathrm{T}}\boldsymbol{Y}\boldsymbol{Y}^{\mathrm{T}}\boldsymbol{X}$ 的特征向量问题。

类似于 2.2.1 中提到的 NIPALS,PLS 也可以由数学方法迭代求解。(该算法标准化 $\boldsymbol{u}$ 和 $\boldsymbol{t}$,而非 $\boldsymbol{w}$)

(1) 初始化 $\boldsymbol{u}$(可随机,可选择 $\boldsymbol{Y}$ 的任意列);

(2) $\boldsymbol{w} = \boldsymbol{X}^{\mathrm{T}}\boldsymbol{u}$;

(3) $\boldsymbol{t} = \boldsymbol{X}\boldsymbol{w}$,$\boldsymbol{t} \leftarrow \boldsymbol{t}/\|\boldsymbol{t}\|$;

(4) $\boldsymbol{c} = \boldsymbol{Y}^{\mathrm{T}}\boldsymbol{t}$;

(5) $\boldsymbol{u} = \boldsymbol{Y}\boldsymbol{c}$,$\boldsymbol{u} \leftarrow \boldsymbol{u}/\|\boldsymbol{u}\|$;

(6) 重复步骤(2)～步骤(5)直到收敛;

(7) $\boldsymbol{X} \leftarrow \boldsymbol{X} - \boldsymbol{t}\boldsymbol{t}^{\mathrm{T}}\boldsymbol{X}, \boldsymbol{Y} \leftarrow \boldsymbol{Y} - \boldsymbol{t}\boldsymbol{t}^{\mathrm{T}}\boldsymbol{Y}$。

与 PCA 一样,PLS 也可以由优化最小二乘问题的解得到。考虑优化问题

$$\min_{\boldsymbol{w},\boldsymbol{v}} J(\boldsymbol{w},\boldsymbol{v}) = \sum_{i=1}^{l} \| \boldsymbol{x}_i - \boldsymbol{x}_i\boldsymbol{w}\boldsymbol{w}^{\mathrm{T}} \|^2 + \| \boldsymbol{y}_i - \boldsymbol{y}_i\boldsymbol{v}\boldsymbol{v}^{\mathrm{T}} \|^2 + \| \boldsymbol{x}_i\boldsymbol{w} - \boldsymbol{y}_i\boldsymbol{v} \|^2 \tag{2.39}$$

同样可以用拉格朗日乘子法得到与式(2.38)相同的解。

就分类而言,PLS 比 PCA 优越。PLS 适合于过定义判别问题,然而如果数据不存在共线性,直接使用 FDA 或其他标准判别过程即可。PCA 的目标函数考虑总的变化量,而 PLS 的目标函数包含组间和交叉乘的微小变化。当组别可较好区分且类内方差结构不复杂时,PCA 可较好地分类;当判别为目标时,PLS 对多重共线性数据更为可靠。PLS 可看成有指导特征提取,而 PCA 为无指导特征提取。

2.2.4 CCA

CCA 是利用变量对之间的相关关系来反映两组指标之间的整体相关性的多元统计分析方法。它的基本原理是:为了从总体上把握两组指标之间的相关关系,分别在两组变量中提取有代表性的两个综合变量(分别为两个变量组中各变量的线性组合),利用这两个综合变量之间的相关关系来反映两组指标之间的整体相关性。该方法从两组变量的情况开始,再推广到多变量情形。

对于两变量 $\boldsymbol{x}_1, \boldsymbol{x}_2 \in \mathbf{R}^n$ 问题,CCA 寻找投影向量 $\boldsymbol{\xi}_1, \boldsymbol{\xi}_2$ 使投影后的相关性最大。即

$$\begin{aligned}\rho(\boldsymbol{x}_1, \boldsymbol{x}_2) &= \max_{\xi_1,\xi_2} \operatorname{corr}(\boldsymbol{\xi}_1^{\mathrm{T}}\boldsymbol{x}_1, \boldsymbol{\xi}_2^{\mathrm{T}}\boldsymbol{x}_2) \\ &= \max_{\xi_1,\xi_2} \frac{\operatorname{cov}(\boldsymbol{\xi}_1^{\mathrm{T}}\boldsymbol{x}_1, \boldsymbol{\xi}_2^{\mathrm{T}}\boldsymbol{x}_2)}{(\operatorname{var}\boldsymbol{\xi}_1^{\mathrm{T}}\boldsymbol{x}_1)^{1/2}(\operatorname{var}\boldsymbol{\xi}_2^{\mathrm{T}}\boldsymbol{x}_2)^{1/2}} = \max_{\xi_1,\xi_2} \frac{\boldsymbol{\xi}_1^{\mathrm{T}}\boldsymbol{C}_{12}\boldsymbol{\xi}_2}{(\boldsymbol{\xi}_1^{\mathrm{T}}\boldsymbol{C}_{11}\boldsymbol{\xi}_1)^{1/2}(\boldsymbol{\xi}_2^{\mathrm{T}}\boldsymbol{C}_{22}\boldsymbol{\xi}_2)^{1/2}}\end{aligned} \tag{2.40}$$

$\boldsymbol{C} = \begin{bmatrix} \boldsymbol{C}_{11} & \boldsymbol{C}_{12} \\ \boldsymbol{C}_{21} & \boldsymbol{C}_{22} \end{bmatrix}$ 为 $\boldsymbol{x}_1, \boldsymbol{x}_2$ 的协方差矩阵。

分别对 $\boldsymbol{\xi}_1, \boldsymbol{\xi}_2$ 求导得

$$\begin{aligned}\boldsymbol{C}_{12}\boldsymbol{\xi}_2 &= \frac{\boldsymbol{\xi}_1^{\mathrm{T}}\boldsymbol{C}_{12}\boldsymbol{\xi}_2}{\boldsymbol{\xi}_1^{\mathrm{T}}\boldsymbol{C}_{11}\boldsymbol{\xi}_1}\boldsymbol{C}_{11}\boldsymbol{\xi}_1 \\ \boldsymbol{C}_{21}\boldsymbol{\xi}_1 &= \frac{\boldsymbol{\xi}_1^{\mathrm{T}}\boldsymbol{C}_{12}\boldsymbol{\xi}_2}{\boldsymbol{\xi}_2^{\mathrm{T}}\boldsymbol{C}_{22}\boldsymbol{\xi}_2}\boldsymbol{C}_{22}\boldsymbol{\xi}_2\end{aligned} \tag{2.41}$$

规范化 $\boldsymbol{\xi}_1, \boldsymbol{\xi}_2$,使 $\boldsymbol{\xi}_1^{\mathrm{T}}\boldsymbol{C}_{11}\boldsymbol{\xi}_1 = 1, \boldsymbol{\xi}_2^{\mathrm{T}}\boldsymbol{C}_{22}\boldsymbol{\xi}_2 = 1$,CCA 转化为以下广义特征值问题

$$\begin{bmatrix} \mathbf{0} & \boldsymbol{C}_{12} \\ \boldsymbol{C}_{21} & \mathbf{0} \end{bmatrix}\begin{bmatrix} \boldsymbol{\xi}_1 \\ \boldsymbol{\xi}_2 \end{bmatrix} = \rho\begin{bmatrix} \boldsymbol{C}_{11} & \mathbf{0} \\ \mathbf{0} & \boldsymbol{C}_{22} \end{bmatrix}\begin{bmatrix} \boldsymbol{\xi}_1 \\ \boldsymbol{\xi}_2 \end{bmatrix} \tag{2.42}$$

对式(2.42)简化,得

$$\boldsymbol{C}_{12}\boldsymbol{\xi}_2 = \rho\boldsymbol{C}_{11}\boldsymbol{\xi}_1 \tag{2.43}$$

$$\boldsymbol{C}_{21}\boldsymbol{\xi}_1 = \rho \boldsymbol{C}_{22}\boldsymbol{\xi}_2 \tag{2.44}$$

变形得

$$\boldsymbol{\xi}_2 = \boldsymbol{C}_{22}^{-1}\boldsymbol{C}_{21}\boldsymbol{\xi}_1/\rho \tag{2.45}$$

代入式(2.43)，得

$$\boldsymbol{C}_{12}\boldsymbol{C}_{22}^{-1}\boldsymbol{C}_{21}\boldsymbol{\xi}_1/\rho = \rho \boldsymbol{C}_{11}\boldsymbol{\xi}_1 \tag{2.46}$$

化简得

$$\boldsymbol{C}_{11}^{-1}\boldsymbol{C}_{12}\boldsymbol{C}_{22}^{-1}\boldsymbol{C}_{21}\boldsymbol{\xi}_1 = \rho^2 \boldsymbol{\xi}_1 \tag{2.47}$$

若 $\boldsymbol{C}_{11}$ 和 $\boldsymbol{C}_{22}$ 均可逆，则可以由求解式(2.47)的特征值问题求解 $\boldsymbol{\xi}_1$ 及 $\boldsymbol{\xi}_2$。若 $\boldsymbol{C}_{11}$ 或 $\boldsymbol{C}_{22}$ 不可逆，比如向量的维数 n 大于样本长度，则无法直接求解。与 FDA 相似，正则化方法是解决该问题的首选方案，在介绍之前，我们先对式(2.42)作一点变形以便于推广到多变量情形。回到式(2.42)，该问题有 $2n$ 个特征值 $\{\rho_1, -\rho_1, \cdots, \rho_n, -\rho_n\}$。对式(2.42)两边同时加上

$$\begin{bmatrix} \boldsymbol{C}_{11} & \boldsymbol{0} \\ \boldsymbol{0} & \boldsymbol{C}_{22} \end{bmatrix}\begin{bmatrix} \boldsymbol{\xi}_1 \\ \boldsymbol{\xi}_2 \end{bmatrix} \tag{2.48}$$

该问题变成以下形式

$$\begin{bmatrix} \boldsymbol{C}_{11} & \boldsymbol{C}_{12} \\ \boldsymbol{C}_{21} & \boldsymbol{C}_{22} \end{bmatrix}\begin{bmatrix} \boldsymbol{\xi}_1 \\ \boldsymbol{\xi}_2 \end{bmatrix} = (1+\rho)\begin{bmatrix} \boldsymbol{C}_{11} & \boldsymbol{0} \\ \boldsymbol{0} & \boldsymbol{C}_{22} \end{bmatrix}\begin{bmatrix} \boldsymbol{\xi}_1 \\ \boldsymbol{\xi}_2 \end{bmatrix} \tag{2.49}$$

其特征值为 $\{1+\rho_1, 1-\rho_1, \cdots, 1+\rho_n, 1-\rho_n\}$。

寻找最大广义特征值 $\lambda_{\max} = 1+\rho_{\max}$ 等价于寻找最小广义特征值 $\lambda_{\min} = 1-\rho_{\max}$，$\rho_{\max}$ 为第一典型相关。实际上，$\lambda_{\min}$ 介于 0 和 1 之间，这提供了将两变量问题直接推广到多变量问题的途径。因而，寻找最小广义特征值问题更为方便。

相似地，可将 CCA 推广到多变量问题。设输入训练样本 $\boldsymbol{x}_1, \boldsymbol{x}_2, \cdots, \boldsymbol{x}_l \in \mathbf{R}^n$，多变量的 CCA 等价于寻找以下问题的最小广义特征值

$$\begin{bmatrix} \boldsymbol{C}_{11} & \boldsymbol{C}_{12} & \cdots & \boldsymbol{C}_{1l} \\ \boldsymbol{C}_{21} & \boldsymbol{C}_{22} & \cdots & \boldsymbol{C}_{2l} \\ \vdots & \vdots & & \vdots \\ \boldsymbol{C}_{l1} & \boldsymbol{C}_{l2} & \cdots & \boldsymbol{C}_{ll} \end{bmatrix}\begin{bmatrix} \boldsymbol{\xi}_1 \\ \boldsymbol{\xi}_2 \\ \vdots \\ \boldsymbol{\xi}_l \end{bmatrix} = \lambda \begin{bmatrix} \boldsymbol{C}_{11} & \boldsymbol{0} & \cdots & \boldsymbol{0} \\ \boldsymbol{0} & \boldsymbol{C}_{22} & \cdots & \boldsymbol{0} \\ \vdots & \vdots & & \vdots \\ \boldsymbol{0} & \boldsymbol{0} & \cdots & \boldsymbol{C}_{ll} \end{bmatrix}\begin{bmatrix} \boldsymbol{\xi}_1 \\ \boldsymbol{\xi}_2 \\ \vdots \\ \boldsymbol{\xi}_l \end{bmatrix} \tag{2.50}$$

简记为

$$\boldsymbol{C}\boldsymbol{\xi} = \lambda \boldsymbol{D}\boldsymbol{\xi} \tag{2.51}$$

与 PCA 一样，将 CCA 应用于过程工业故障诊断时，由于测量变量众多，每一类故障数据均为多样本组成的数据矩阵，因而输入数据为包含多样本的扩展矩阵，故障诊断的首要任务就是求出各特征向量 $\boldsymbol{\xi}$ 组成的降维矩阵。可以看出，如果输入训练样本正交且规范，那么 $\boldsymbol{D}$ 矩阵退化为单位阵，而 $\boldsymbol{C}$ 为输入数据的方差阵，因而，此时 CCA 等价于 PCA。

还有一种将 CCA 用于分类的变形是与 PLS 用于判别方法一样，定义与类别

对应的输出矩阵形如式(2.29)。此时,将输入数据集中于矩阵 $\boldsymbol{X}$,并设输入矩阵 $\boldsymbol{X}$ 的协方差阵为 $\boldsymbol{C}_{xx}$,输出矩阵 $\boldsymbol{Y}$ 的协方差阵为 $\boldsymbol{C}_{yy}$,输入与输出的互协方差矩阵为的 $\boldsymbol{C}_{xy}$ 和 $\boldsymbol{C}_{xy}$,则根据前面的结论,要求的投影向量为特征方程

$$\boldsymbol{C}_{xy}\boldsymbol{C}_{yy}^{-1}\boldsymbol{C}_{yx}\boldsymbol{\xi}_1 = \rho\boldsymbol{C}_{xx}\boldsymbol{\xi}_1 \tag{2.52}$$

的特征向量。不幸的是,在 $\boldsymbol{Y}$ 形如式(2.29)时,$\boldsymbol{C}_{yy}$ 的秩为 $c-1$,因而不能直接求出 $\boldsymbol{C}_{yy}$ 的逆。文献[7]采用 c 逆代替 $\boldsymbol{C}_{yy}$ 的逆求解该特征值问题。在 2.3.1 节我们将对该问题进一步说明。

对于小样本情形,常用正则化方案来解决。以两变量情形为例,定义正则化相关系数为

$$\begin{aligned}\rho(x_1,x_2) &= \max_{\xi_1,\xi_2}\frac{\operatorname{cov}(\boldsymbol{\xi}_1^{\mathrm{T}}\boldsymbol{x}_1,\boldsymbol{\xi}_2^{\mathrm{T}}\boldsymbol{x}_2)}{(\operatorname{var}\boldsymbol{\xi}_1^{\mathrm{T}}\boldsymbol{x}_1+\mu\|\boldsymbol{\xi}_1\|^2)^{1/2}(\operatorname{var}\boldsymbol{\xi}_2^{\mathrm{T}}\boldsymbol{x}_2+\mu\|\boldsymbol{\xi}_2\|^2)^{1/2}} \\ &= \max_{\xi_1,\xi_2}\frac{\boldsymbol{\xi}_1^{\mathrm{T}}\boldsymbol{C}_{12}\boldsymbol{\xi}_2}{(\boldsymbol{\xi}_1^{\mathrm{T}}(\boldsymbol{C}_{11}+\mu\boldsymbol{I})\boldsymbol{\xi}_1)^{1/2}(\boldsymbol{\xi}_2^{\mathrm{T}}(\boldsymbol{C}_{22}+\mu\boldsymbol{I})\boldsymbol{\xi}_2)^{1/2}}\end{aligned} \tag{2.53}$$

得出其解为下式最大特征值对应的特征向量

$$\begin{bmatrix}\boldsymbol{0} & \boldsymbol{C}_{12}\\ \boldsymbol{C}_{21} & \boldsymbol{0}\end{bmatrix}\begin{bmatrix}\boldsymbol{\xi}_1\\ \boldsymbol{\xi}_2\end{bmatrix} = \rho\begin{bmatrix}\boldsymbol{C}_{11}+\mu\boldsymbol{I} & \boldsymbol{0}\\ \boldsymbol{0} & \boldsymbol{C}_{22}+\mu\boldsymbol{I}\end{bmatrix}\begin{bmatrix}\boldsymbol{\xi}_1\\ \boldsymbol{\xi}_2\end{bmatrix} \tag{2.54}$$

或者

$$\begin{bmatrix}\boldsymbol{C}_{11} & \boldsymbol{C}_{12}\\ \boldsymbol{C}_{21} & \boldsymbol{C}_{22}\end{bmatrix}\begin{bmatrix}\boldsymbol{\xi}_1\\ \boldsymbol{\xi}_2\end{bmatrix} = (1+\rho)\begin{bmatrix}\boldsymbol{C}_{11}+\mu\boldsymbol{I} & \boldsymbol{0}\\ \boldsymbol{0} & \boldsymbol{C}_{22}+\mu\boldsymbol{I}\end{bmatrix}\begin{bmatrix}\boldsymbol{\xi}_1\\ \boldsymbol{\xi}_2\end{bmatrix} \tag{2.55}$$

多变量情况可作类似变形。

2.2.5 ICA

ICA 最初用来处理鸡尾酒会问题,由于非高斯性的缘故,ICA 较晚得到广泛应用。作为近年来迅速发展起来的一种新的统计信号处理方法,与传统的统计方法相比,一方面,ICA 不需要变换后的独立成分满足正交条件;另一方面,ICA 不仅去除了变量之间的相关性而且还包含了高阶统计特性。再者,ICA 得到的独立成分分量满足统计意义上的独立性特点。因而,ICA 比传统的统计方法包含了更多有用的信息。ICA 在盲源信号分离、生物医学信号处理、混合语音信号分离等方面已得到较好的应用[8]。

ICA 可以看成 PCA 和 FA 的拓展。通常来讲,随机量的微分熵越大,其独立性越小;互信息越小,独立性越小;似然比越大,其独立性越小。ICA 就是通过比较随机量微分熵的大小或互信息的大小或似然比的大小确定其独立性,并依此提取独立的成分。其估计方法也相应地分为互信息最小化方法,负熵极大化方法,极大似然比估计方法。与 PCA 不同,ICA 提取的隐变量(独立元)是完全正交独立的。且由于 ICA 监控对数据要求比 PCA 要低,因此理论上推广性比 PCA 要好。

设输入矩阵 $\boldsymbol{X} \in \mathbf{R}^{l \times n}$，其每一列对应一个观测变量，每一行对应一个样本，$\boldsymbol{S}$ 为独立元组成的矩阵。其中，l 为样本数，n 为变量个数。$\boldsymbol{X}$ 可以分解为

$$\boldsymbol{X}^{\mathrm{T}} = \boldsymbol{AS} + \boldsymbol{E}^{\mathrm{T}} \tag{2.56}$$

其中，$\boldsymbol{X}^{\mathrm{T}} = [\boldsymbol{x}_1, \boldsymbol{x}_2, \cdots, \boldsymbol{x}_l]$，$\boldsymbol{x}_i \in \mathbf{R}^n$，$\boldsymbol{A} \in \mathbf{R}^{n \times d}$，$\boldsymbol{S} \in \mathbf{R}^{d \times l}$，$\boldsymbol{E} \in \mathbf{R}^{l \times n}$ 为误差阵。

ICA 问题即由观测 $\boldsymbol{X}$ 估计 $\boldsymbol{A}$ 和 $\boldsymbol{S}$（建立 ICA 模型最关键的问题），进而得到分离矩阵 $\boldsymbol{W} = \boldsymbol{A}^{-1}$ 和重构矩阵 $\hat{\boldsymbol{S}}$。独立组分 $\hat{\boldsymbol{S}} = \boldsymbol{WX}$（当 $\boldsymbol{W} = \boldsymbol{A}^{-1}$ 时，$\hat{\boldsymbol{S}}$ 为 $\boldsymbol{S}$ 的最佳估计）。

与 PCA 类似，在执行 ICA 之前，同样需对数据进行中心化和白化。中心化使均值为 0，白化对观测数据进行线性变换，使变换后的向量互不相关，同时新向量的协方差矩阵为单位阵。白化的目的是去除变量间的交叉相关。

设某个采样点获得的随机变量 $\boldsymbol{x}$ 的协方差矩阵为 $\boldsymbol{R}_x = \boldsymbol{E}\{\boldsymbol{xx}^{\mathrm{T}}\}$，$\boldsymbol{x}$ 为 $\boldsymbol{X}$ 的行向量，则

$$\boldsymbol{R}_x = \boldsymbol{U\Lambda U}^{\mathrm{T}} \tag{2.57}$$

其中，$\boldsymbol{U} \in \mathbf{R}^{n \times l}$；白化模型为 $\boldsymbol{z} = \boldsymbol{Qx} = \boldsymbol{QAs} = \boldsymbol{Bs}$；$\boldsymbol{Q} = \boldsymbol{\Lambda}^{-1/2}\boldsymbol{U}^{\mathrm{T}}$；$\boldsymbol{B}$ 为分离矩阵；$\boldsymbol{s}$ 为 $\boldsymbol{S}$ 的行向量。由于 $\boldsymbol{E}\{\boldsymbol{zz}^{\mathrm{T}}\} = \boldsymbol{I} = \boldsymbol{BE}\{\boldsymbol{ss}^{\mathrm{T}}\}\boldsymbol{B}^{\mathrm{T}}$，所以 $\boldsymbol{B}$ 为正交矩阵。这样就把求 $\boldsymbol{n} \times \boldsymbol{r}$ 的 $\boldsymbol{A}$ 矩阵简化为求较少变量的矩阵 $\boldsymbol{B}$。可以得到估计值

$$\hat{\boldsymbol{s}} = \boldsymbol{B}^{\mathrm{T}}\boldsymbol{z} = \boldsymbol{B}^{\mathrm{T}}\boldsymbol{Qx} \tag{2.58}$$

$\boldsymbol{B}$ 和 $\boldsymbol{W}$ 满足以下关系

$$\boldsymbol{W} = \boldsymbol{B}^{\mathrm{T}}\boldsymbol{Q} \tag{2.59}$$

建立 ICA 的关键步骤是获取独立元，即用不同的目标函数对随机变量的独立性进行度量，并通过优化算法使其独立性达到最大，从而使得 ICA 的各分量尽可能相互统计独立。由统计理论中的中心极限定律可知，“多个独立随机变量的混合信号趋近于高斯分布”；因此，在模型中若干个独立源信号的混合信号比任何一个源信号都应该更接近高斯分布。于是，可以使用分离信号的非高斯性作为分离信号之间的独立性测度，即某个分离出的信号的非高斯性越强，该信号就越不可能是独立源信号的混合信号，也就越接近某个单独的源信号。这样当所有分离出来的信号的非高斯性都达到最大时，每个分离出的信号也就越接近不同的单个源信号，分离过程也就完成。这就是模型中使用分离出的信号的非高斯性作为独立性测度的原理。

获得独立元的算法很多，如传统的梯度下降法。1997 年，芬兰赫尔辛基大学学者 Hyvarinen 等提出了基于四阶统计量的算法，并于 2001 年进行改进简化，该算法也被称为 FastICA[9,10]。FastICA 属于批处理算法，采用对确定数据块学习的方式调整分离矩阵系数，其收敛速度快，是以三次方的(或至少是二次的)速度收敛，而普通的 ICA 收敛速度仅仅是线性的。已经有不少学者对 FastICA 的收敛速度、稳定性进行了仿真试验并得到了证实[11]，其不需要学习步长参数，且可按不同

要求实现独立变量的依次提取。FastICA 有基于峭度、基于似然最大和基于负熵最大等形式。这里,我们给出基于负熵最大的算法。它以负熵最大作为一个搜寻方向,可以实现顺序地提取独立元,充分体现了投影追踪(projection pursuit)这种传统线性变换的思想,此外,该算法采用了定点迭代的优化算法,使得收敛更加快速、稳健。

在 FastICA 算法中,利用下面的迭代公式可以求得 $\boldsymbol{W}$:

(1) 随机选择全向量初始值 $\boldsymbol{w}$;

(2) $\boldsymbol{W}^*(k)=\boldsymbol{E}\{\boldsymbol{x}g(\boldsymbol{W}(k-1)^{\mathrm{T}}\boldsymbol{x})\}-\boldsymbol{E}\{\dot{g}(\boldsymbol{W}(k-1)^{\mathrm{T}}\boldsymbol{x})\}\boldsymbol{W}$($\boldsymbol{x}$ 事先白化);

(3) $\boldsymbol{W}(k)=\boldsymbol{W}^*(k)/\|\boldsymbol{W}^*(k)\|$;

(4) 若未收敛,转步骤(2),否则输出 $\boldsymbol{w}(k)$。

重复上述过程,分离下一个独立元,直到所有独立元分离。

该方法独立分量可以一个一个地估计,FastICA 的性能可以通过选择适当的非线性函数 g 达到最优,得到稳健和最小方差的算法。g 函数的选择通常要求不要增长太快,且具有较强的鲁棒性。一般可选择 g 为

$$g(u)=\tanh(au) \tag{2.60}$$

$$g(u)=u\exp(-au^2/2) \tag{2.61}$$

$$g(u)=u^3 \tag{2.62}$$

2.3 多元统计方法之间关系的统一框架

2.3.1 几种多元统计方法的关系

首先来看一下另一种形式的 FDA,准则函数为

$$J(\boldsymbol{w})=\frac{\boldsymbol{w}^{\mathrm{T}}\boldsymbol{S}_b\boldsymbol{w}}{\boldsymbol{w}^{\mathrm{T}}\boldsymbol{S}_t\boldsymbol{w}} \tag{2.63}$$

这里 $\boldsymbol{S}_t$ 是类内离散度矩阵与类间离散度矩阵之和,即

$$\boldsymbol{S}_t=\boldsymbol{S}_b+\boldsymbol{S}_w \tag{2.64}$$

显然,最大化式(2.63)的解 $\boldsymbol{w}$ 为广义特征方程 $\boldsymbol{S}_b\boldsymbol{w}=\lambda_t\boldsymbol{S}_t\boldsymbol{w}$ 的主导特征值解。容易得出

$$\boldsymbol{S}_b\boldsymbol{w}=\lambda_t(\boldsymbol{S}_b+\boldsymbol{S}_w)\boldsymbol{w}\quad\Rightarrow\quad\boldsymbol{S}_b\boldsymbol{w}=\frac{\lambda_t}{1-\lambda_t}\boldsymbol{S}_w\boldsymbol{w} \tag{2.65}$$

可见,式(2.20)与式(2.63)的解 $\boldsymbol{w}$ 方向相同,两者的特征值关系为

$$\lambda=\frac{\lambda_t}{1-\lambda_t} \tag{2.66}$$

考虑基于判别的 CCA 问题式(2.52)[12]。设中心化矩阵 $\boldsymbol{P}=\boldsymbol{I}-\frac{1}{l}\mathbf{1}_l\mathbf{1}_l^{\mathrm{T}}$,则

$\boldsymbol{C}_{xx} = \frac{1}{l-1}\boldsymbol{X}^{\mathrm{T}}\boldsymbol{PX}, \boldsymbol{C}_{yy} = \frac{1}{l-1}\boldsymbol{Y}^{\mathrm{T}}\boldsymbol{PY}, \boldsymbol{C}_{xy} = \frac{1}{l-1}\boldsymbol{X}^{\mathrm{T}}\boldsymbol{PY}, \boldsymbol{C}_{yx} = \boldsymbol{C}_{xy}^{\mathrm{T}}$，已知 $\boldsymbol{P}$ 对称且 $\boldsymbol{P}\cdot\boldsymbol{P} = \boldsymbol{P}$[7]。

用 $\boldsymbol{C}_{yy}$ 的 c 逆代替 $\boldsymbol{C}_{yy}$ 的逆，记为 $\boldsymbol{C}_{yy}^{c}$，则

$$\boldsymbol{C}_{xy}\boldsymbol{C}_{yy}^{c}\boldsymbol{C}_{yx} = \frac{1}{l-1}\boldsymbol{X}^{\mathrm{T}}\boldsymbol{PY}\left(\frac{1}{l-1}\boldsymbol{Y}^{\mathrm{T}}\boldsymbol{PY}\right)^{c}\frac{1}{l-1}\boldsymbol{Y}^{\mathrm{T}}\boldsymbol{PX} \tag{2.67}$$

$$\boldsymbol{C}_{xy}\boldsymbol{C}_{yy}^{c}\boldsymbol{C}_{yx} = \frac{1}{l-1}\boldsymbol{X}^{\mathrm{T}}[\bar{\boldsymbol{Y}}(\bar{\boldsymbol{Y}}^{\mathrm{T}}\bar{\boldsymbol{Y}})^{c}\bar{\boldsymbol{Y}}^{\mathrm{T}}]\boldsymbol{X} \tag{2.68}$$

其中，$\bar{\boldsymbol{Y}} = \boldsymbol{PY}$。取 $\boldsymbol{Z}$ 矩阵为 $\boldsymbol{Y}$ 矩阵的前 $c-1$ 列，并设 $\boldsymbol{C}_{zz}$ 为其协方差矩阵，再构造矩阵 $\boldsymbol{C}_{yi} = \begin{bmatrix} \boldsymbol{C}_{zz}^{-1} & \boldsymbol{0}_{c-1} \\ \boldsymbol{0}_{c-1}^{\mathrm{T}} & 0 \end{bmatrix}$。由于 $\boldsymbol{C}_{yy}\boldsymbol{C}_{yi}\boldsymbol{C}_{yy} = \boldsymbol{C}_{yy}$，所以矩阵 $\boldsymbol{C}_{yi}$ 可选为 $\boldsymbol{C}_{yy}$ 的 c 逆。$\boldsymbol{C}_{xy}\boldsymbol{C}_{yy}^{c}\boldsymbol{C}_{yx} = \frac{1}{l-1}\boldsymbol{S}_b$，而 $\boldsymbol{C}_{xx} = \frac{1}{l-1}\boldsymbol{S}_t$，所以问题(2.52)变为

$$\boldsymbol{S}_b\boldsymbol{\xi}_1 = \rho\boldsymbol{S}_t\boldsymbol{\xi}_1 \tag{2.69}$$

这与 FDA 的问题(2.63)等价。因而，当采用判别式求 CCA 向量，且用 $\boldsymbol{C}_{yy}$ 的 c 逆代替 $\boldsymbol{C}_{yy}$ 的逆时，CCA 向量即为 FDA 向量。

CCA 和 FDA 的关系还可以通过重新排列输入和输出矩阵来得到验证[13]。将矩阵 $\boldsymbol{X} \in \mathbf{R}^{l\times n}$ 和 $\boldsymbol{Y} \in \mathbf{R}^{c\times n}$ 扩展成 $\boldsymbol{X}, \boldsymbol{Y} \in \mathbf{R}^{cl_1^2\times n}$，这里 l_1 为各类样本数，方便起见，设每类有相同的样本数量，c 为类别数，n 为被测变量的个数，$l = cl_1$ 为总样本个数。$\boldsymbol{X}$ 和 $\boldsymbol{Y}$ 分别形如

$$\boldsymbol{X} = [x_1^1, \cdots, x_{l_1}^1, x_1^1, \cdots, x_{l_1}^1, \cdots, x_1^1, \cdots, x_{l_1}^1, x_1^2, \cdots, x_{l_1}^2, \cdots, x_1^c, \cdots, x_{l_1}^c]^{\mathrm{T}} \tag{2.70}$$

$$\boldsymbol{Y} = [x_1^1, \cdots, x_1^1, x_2^1, \cdots, x_2^1, \cdots, x_{l_1}^1, \cdots, x_{l_1}^1, x_1^2, \cdots, x_1^2, \cdots, x_{l_1}^c, \cdots, x_{l_1}^c]^{\mathrm{T}} \tag{2.71}$$

其中，$x_i^j \in \mathbf{R}^n, i = 1,2,\cdots,l_1, j = 1,2,\cdots,c$。这种排列的 $\boldsymbol{X}$ 和 $\boldsymbol{Y}$ 的组成元素完全相同，只是顺序不同，$\boldsymbol{Y}$ 的每一行对于 $\boldsymbol{X}$ 中一个样本，且对应的向量属于同一类。$\boldsymbol{X}$ 的前 l_1 行为第一类样本数据的顺序排列，相当于原排列的 $\boldsymbol{X}_1$，然后将第一类样本重复 l_1 次，接着用同样的方法排列第二类数据，直到第 c 类数据。$\boldsymbol{Y}$ 则每个 l_1 行的数据重复，第一个 l_1 行为第一类的第一个样本 x_1^1，第二个 l_1 行为第一类的第二个样本 x_2^1，第 l_1 个 l_1 行为第一类的第 l_1 个样本 $x_{l_1}^1$，这样，第一类数据排完，用相同的方法排列第二类数据，直到第 c 类。在这种情况下，可以容易地得出

$$\boldsymbol{C}_{xx} = \boldsymbol{C}_{yy} = \boldsymbol{S}_t, \quad \boldsymbol{C}_{xy} = \boldsymbol{C}_{yx} = \boldsymbol{S}_b \tag{2.72}$$

根据前面的结论，CCA 向量为以下方程的最大特征值对应的特征向量

$$\boldsymbol{C}_{xx}^{-1}\boldsymbol{C}_{xy}\boldsymbol{C}_{yy}^{-1}\boldsymbol{C}_{yx}\boldsymbol{\xi}_1 = \lambda\boldsymbol{\xi}_1 \quad \Rightarrow \quad \boldsymbol{S}_t^{-1}\boldsymbol{S}_b\boldsymbol{S}_t^{-1}\boldsymbol{S}_b\boldsymbol{\xi}_1 = \lambda_{\mathrm{CCA}}\boldsymbol{\xi}_1 \tag{2.73}$$

由于

$$\boldsymbol{S}_t^{-1}\boldsymbol{S}_b\boldsymbol{w} = \lambda_t\boldsymbol{w}$$

$$\boldsymbol{S}_t^{-1}\boldsymbol{S}_b\boldsymbol{S}_t^{-1}\boldsymbol{S}_b\boldsymbol{\xi}_1 = \lambda\boldsymbol{\xi}_1 \quad \Rightarrow \quad \boldsymbol{S}_t^{-1}\boldsymbol{S}_b\boldsymbol{S}_t^{-1}\boldsymbol{S}_b\boldsymbol{\xi}_1 = \boldsymbol{S}_t^{-1}\boldsymbol{S}_b\lambda_t\boldsymbol{\xi}_1 = \lambda_t^2\boldsymbol{\xi}_1 = \lambda_{\mathrm{CCA}}\boldsymbol{\xi}_1 \tag{2.74}$$

得出 $\lambda_{\mathrm{CCA}} = \lambda_t^2$。即在 $\boldsymbol{X}$ 和 $\boldsymbol{Y}$ 形如式(2.70)和式(2.71)时，对应的 CCA 向量与 FDA 向量等价，且特征值存在如式(2.74)的对应关系。

PCA、PLS、CCA 和 FDA 等几种方法都是基于原始数据空间，通过构造一组新的变量降低原始数据空间维数，从映射空间中提取主要变化信息用于统计分析和故障诊断。PCA 通过确定一系列相互正交的负荷向量，并按照在负荷向量方向的方差大小来排列，所以它获取数据的变化度为最优的，但由于 PCA 考虑的是数据的总体方差，而不考虑类间差异，因而在类间差异较小的情形 PCA 不能得到满意的分类；而 FDA 则按照最大化类间离散度同时最小化类内离散度的准则确定了一系列线性变换向量，从各类数据最大程度的分离这点上来说是最优的。CCA 则根据数据相关度的大小来排序。与它们不同，PLS 还同时考虑了输出与输入的关系，其基于的思路是输入与输出的协方差最大。为了比较几种方法在分析数据时的不同，这里给出 PCA、FDA、PLS 用于两组拉长数据时的情形。图 2.1 为原始数据；图 2.2 和图 2.3 为数据在 PCA 第一主元的投影图，前者为数据未进行规范化处理的情形，后者则对数据进行了预处理；图 2.4 为数据在第一个 FDA 向量的投影图；图 2.5 和图 2.6 为数据在第一个 PLS 向量和 CCA 向量的投影图。

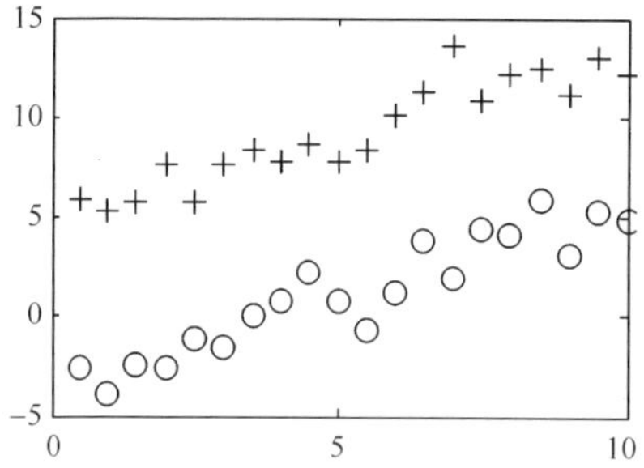

图 2.1　原始数据图

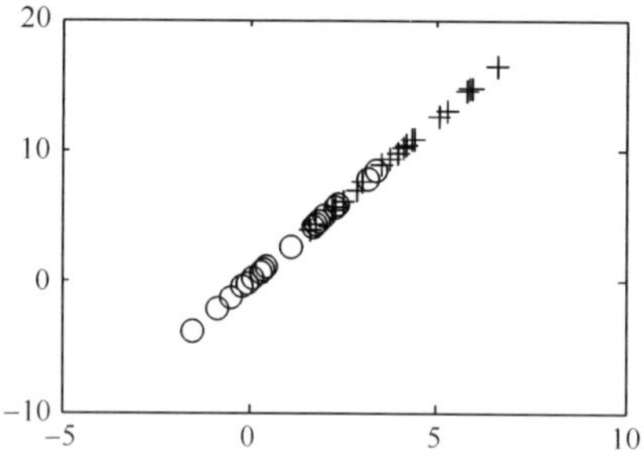

图 2.2　PCA 第一主元方向数据影射图(未归一化数据)

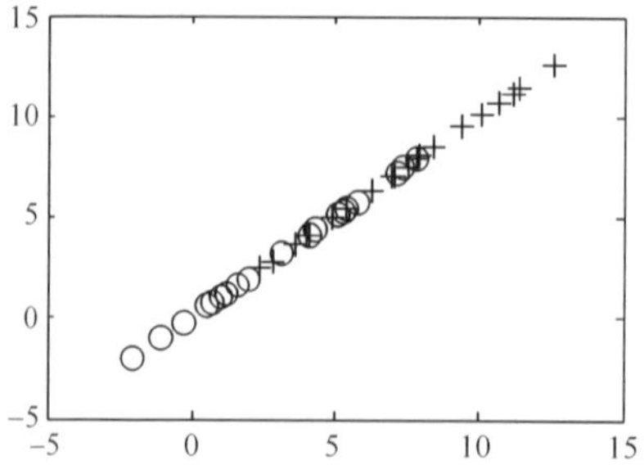

图 2.3　PCA 第一主元方向数据影射图(归一化数据)

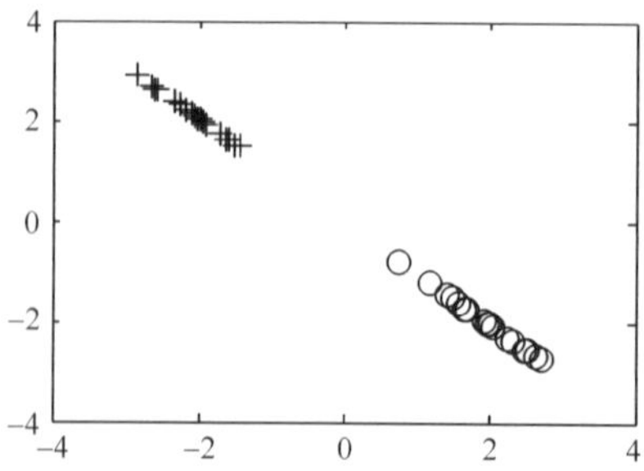

图 2.4　FDA 数据影射图

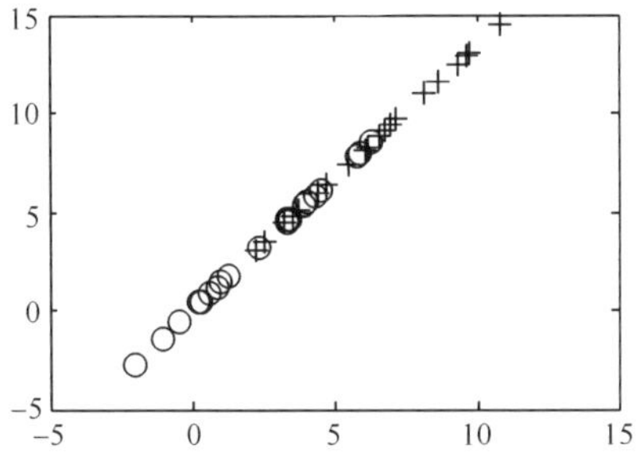

图 2.5　PLS 数据影射图

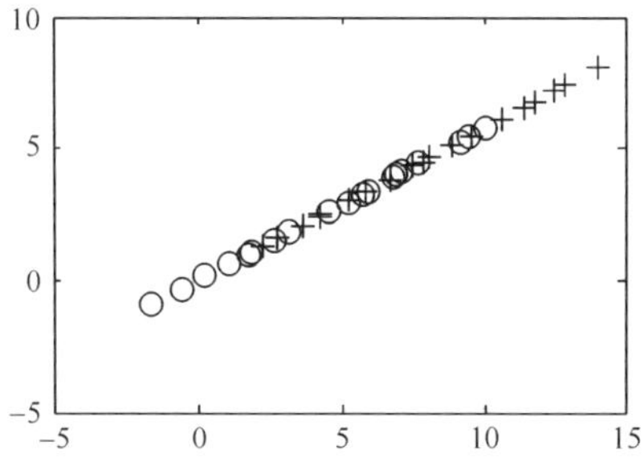

图 2.6　CCA 数据影射图

从图 2.4 中可以看出，FDA 第一个向量即可实现该两类的分离，而其余几种均不行；PLS 比 PCA 稍好；如果数据未进行预处理，那么 PCA 的投影轴会产生偏转。

从数学角度出发，无论是 PCA、PLS 还是 CCA、FDA 都可以通过优化问题的稳定点来计算它们的负荷向量、得分向量或者判别向量。下面给出几种方法的统一框架。

2.3.2　瑞利商下的统一

考虑最大化瑞利商(Rayleigh quotient)问题[14]

$$\max_{\boldsymbol{w}} J(\boldsymbol{w}) = \frac{\boldsymbol{w}^{\mathrm{T}}\boldsymbol{A}\boldsymbol{w}}{\boldsymbol{w}^{\mathrm{T}}\boldsymbol{B}\boldsymbol{w}} \tag{2.75}$$

其中，$\boldsymbol{A}$，$\boldsymbol{B}$ 为对称矩阵，且 $\boldsymbol{B}$ 为正定矩阵。当取 $\boldsymbol{A}$ 为输入数据的方差阵，$\boldsymbol{B}$ 为单位阵时，最大化瑞利商问题的解与 PCA 的解等价。当 $\boldsymbol{A}$ 取类间离散度矩阵 $\boldsymbol{S}_b$，$\boldsymbol{B}$ 取类内离散度矩阵 $\boldsymbol{S}_w$ 或总离散度矩阵时，即得到 FDA。或者说，当数据的类内离散度矩阵为单位阵或其倍数时，PCA 和 FDA 是完全等价的。由于过程工业采集来的数据一般是高度相关的，每类的数据分布不均匀，因此可以想象，将 PCA 和 FDA 用于相同的过程会有比较明显的区别。对于 CCA，$\boldsymbol{A}$ 为输入数据的方差阵，$\boldsymbol{B}$ 为对角阵，且对角线上元素由方差阵的对角线元素构成。如果数据已经作归一化处理，那么，$\boldsymbol{B}$ 矩阵退化为单位阵，此时，CCA 与 PCA 等价。由前面的推导可知，PLS 也可转化为特征值问题。当 $\boldsymbol{A}$ 矩阵为 $\boldsymbol{X}^{\mathrm{T}}\boldsymbol{Y}\boldsymbol{Y}^{\mathrm{T}}\boldsymbol{X}$，$\boldsymbol{B}$ 为单位阵时，得到输入的投影向量 $\boldsymbol{w}$；当 $\boldsymbol{A}$ 矩阵为 $Y^{\mathrm{T}}XX^{\mathrm{T}}Y$，$\boldsymbol{B}$ 为单位阵时，得到输出的投影向量 $\boldsymbol{v}$。

2.3.3　优化问题的转化

广义瑞利商的最大化问题可转化为广义特征值问题[14]

$$\boldsymbol{A}\boldsymbol{w} - \lambda\boldsymbol{B}\boldsymbol{w} = \boldsymbol{0} \tag{2.76}$$

由于 $\boldsymbol{B}$ 正定，可将上述问题转化为标准特征值问题

$$\boldsymbol{B}^{-1}\boldsymbol{A}\boldsymbol{w} = \lambda\boldsymbol{w} \tag{2.77}$$

$\boldsymbol{B}^{-1}\boldsymbol{A}$ 不一定是对称阵，该特征向量一般来说不是正交的。

将式(2.77)作简单变换，得

$$\boldsymbol{B}^{-1/2}\boldsymbol{A}\boldsymbol{B}^{-1/2}\boldsymbol{v} = \lambda\boldsymbol{v} \tag{2.78}$$

其中，$\boldsymbol{v} = \boldsymbol{B}^{1/2}\boldsymbol{w}$；$\boldsymbol{w} = \boldsymbol{B}^{-1/2}\boldsymbol{v}$。

现在由于 $\boldsymbol{B}^{-1/2}\boldsymbol{A}\boldsymbol{B}^{-1/2}$ 是对称矩阵，所以可以利用对称矩阵的性质找到一组标准正交特征向量解 λ_i，$\boldsymbol{v}_i$。解的形式为 $\boldsymbol{w}_i = \boldsymbol{B}^{-1/2}\boldsymbol{v}_i$，其中，$\boldsymbol{v}_1,\cdots,\boldsymbol{v}_l$ 是标准正交特征向量。瑞利商可以写成

$$\rho = \frac{\boldsymbol{w}^{\mathrm{T}}\boldsymbol{A}\boldsymbol{w}}{\boldsymbol{w}^{\mathrm{T}}\boldsymbol{B}\boldsymbol{w}} = \frac{(\boldsymbol{B}^{1/2}\boldsymbol{w})^{\mathrm{T}}\boldsymbol{B}^{-1/2}\boldsymbol{A}\boldsymbol{B}^{-1/2}(\boldsymbol{B}^{1/2}\boldsymbol{w})}{\|\boldsymbol{B}^{1/2}\boldsymbol{w}\|^2} \tag{2.79}$$

也就是说，广义瑞利商可看成用 $\boldsymbol{B}^{1/2}$ 映射后新空间中的特征值问题。

2.4　故障的检测和辨识

2.4.1　基于 T^2 统计量和 Q 统计量的故障检测

T^2 统计量用来对多元过程数据进行故障检测。假定式(2.6)中矩阵 $\boldsymbol{\Sigma}$ 可逆，则 Hotelling 的 T^2 统计量由下式给出[15]

$$T^2 = \boldsymbol{x}^{\mathrm{T}}\boldsymbol{P}\boldsymbol{\Sigma}^{-1}\boldsymbol{P}^{\mathrm{T}}\boldsymbol{x} \tag{2.80}$$

可见，较小奇异值的不精确性对 T^2 统计量影响巨大；而且，较小奇异值通常信噪比较小，因而容易产生计算偏差。这种情况下，计算 T^2 统计量应该只保留与较大奇异值对应的负荷向量。如果只取 a 个与较大奇异值对应的负荷向量，则低维空间的 T^2 统计量由下式计算

$$T^2 = \boldsymbol{x}^{\mathrm{T}}\boldsymbol{P}_a\boldsymbol{\Sigma}_a^{-1}\boldsymbol{P}_a^{\mathrm{T}}\boldsymbol{x} \tag{2.81}$$

其中，$\boldsymbol{\Sigma}_a$ 包含 $\boldsymbol{\Sigma}$ 的前 a 行和前 a 列。可见，T^2 统计量提供了与主元显著相关的过程信息。

如果假定观测值是从多元正态分布中随机抽取的，则可以基于显著性水平 α 来确定 T^2 统计量的阈值。如果再假定样本均值向量和协方差矩阵分别与真实的均值向量和协方差矩阵相等，则 T^2 统计量服从自由度为 a 的 χ^2 分布，其阈值为

$$T_\alpha^2 = \chi_\alpha^2(a) \tag{2.82}$$

如果实际的协方差矩阵是从样本协方差矩阵估计而来，那么，T^2 统计量的阈值为

$$T_\alpha^2 = \frac{a(n-1)(n+1)}{n(n-a)}F_\alpha(a, n-a) \tag{2.83}$$

其中，$F_\alpha(a, n-a)$ 是指自由度为 a 和 $n-a$ 的 F 分布的置信度为 $1-\alpha$ 的分位点。

当数据量很大时，两个阈值相互逼近。考虑到本书中协方差矩阵是从样本协方差矩阵估计而来，故使用式(2.83)来计算 T^2 统计量的阈值。

由于 T^2 统计量只反映了前 a 个奇异值对应的得分，而不能反映最小的 $n-a$ 个奇异值对应的部分，因而引入平方预测误差(square prediction error，SPE)统计量来描述观测值相对于低维 PCA 表示的偏差。SPE 统计量通常也称为 Q 统计量，其计算式为

$$Q = [(\boldsymbol{I} - \boldsymbol{P}\boldsymbol{P}^{\mathrm{T}})\boldsymbol{x}]^{\mathrm{T}}(\boldsymbol{I} - \boldsymbol{P}\boldsymbol{P}^{\mathrm{T}})\boldsymbol{x} \tag{2.84}$$

Q 统计量的阈值计算式可近似为

$$Q_\alpha = \theta_1\left[\frac{h_0 C_\alpha \sqrt{2\theta_2}}{\theta_1} + 1 + \frac{\theta_2 h_0 (h_0 - 1)}{\theta_1^2}\right]^{1/h_0} \tag{2.85}$$

其中，$h_0 = 1 - \dfrac{2\theta_1\theta_3}{3\theta_2^2}$；$\theta_i = \sum\limits_{j=a+1}^{n} \lambda_j^i (i = 1,2,3)$；$C_\alpha$ 是置信度为 $1-\alpha$ 的正态分布分位点。

以上两种统计量均可以用来检测故障。统计量提供新的测量量是否可由 PCA 模型很好地描述的量度；当 Q 统计量发生较大变化时，说明 PCA 统计模型所代表的正常工况下的变量关系被破坏，有过程故障发生；当 T^2 统计量变化较大而 Q 统计量相对变化不明显时，说明变量间的关系基本满足，但过程或工况发生了变换，也提示有过程故障发生。两种统计量一起使用可以发挥它们各自的优点[16]。需要说明的是，T^2 统计量和 Q 统计量对于 PLS 模型同样适用[17]。

T^2 统计量和 Q 统计量均可以对过程中的故障进行检测，检测出故障后通常还需进一步诊断故障，贡献图法[18,19]是多元统计类方法常用的一种故障诊断方案，它反映了各个变量的变化对系统统计模型的影响程度，通过比较各变量的贡献率，分析异常变量，从而实现故障分离。对 T^2 统计量，可以根据每个变量对于数据的 T^2 统计量的贡献大小，判定出各个变量的变化，从而确定出故障源。同样，对于 Q 统计量，可以计算出各个变量对于残差的 Q 统计量的贡献值，显然对于 Q 统计量贡献较大的变量最有可能发生故障。

基于贡献图的故障诊断方法虽然简单，但是它只能显示出一组与故障相关联系统变量，不能直接判别故障或者给出故障产生的原因，往往需要工作人员根据经验进行合理的判断。本书将不采用贡献图法来进行故障诊断，而是根据多元统计方法得到降维矩阵(由各投影向量组成)，再利用 Bayes 分类器直接进行故障诊断。

2.4.2　基于 I^2 统计量的故障检测

对于 ICA，同样可用基于统计量的方法对实际过程进行故障检测，其故障诊断步骤如下：计算分离矩阵 $\boldsymbol{W}_a$，计算正常工况下数据对应的独立组分 S 和在线新数

据对应的独立组分，比较二者的置信限。我们也可以将故障检测过程分为建立离线模型和故障检测两部分。

建立离线模型阶段包括收集数据、预处理、独立元变换得到独立变量分离系数、选取重要独立元、建立正常工况独立元模型、设置阈值。

故障检测阶段包括计算实时数据的特征统计值、将当前统计值与预设阈值比较、判断过程运行状况、正常继续检测、异常故障识别。

选取重要独立元是建立离线模型的关键，可以采用对分离矩阵的行进行排序的方法。设

$$\boldsymbol{L}_i = \sqrt{\boldsymbol{W}_{i,1} + \boldsymbol{W}_{i,2} + \cdots + \boldsymbol{W}_{i,l}} \tag{2.86}$$

若

$$\frac{\boldsymbol{L}_1 + \boldsymbol{L}_2 + \cdots + \boldsymbol{L}_a}{\boldsymbol{L}_1 + \boldsymbol{L}_2 + \cdots + \boldsymbol{L}_d} \geqslant 85\% \tag{2.87}$$

其中，d 为原独立元个数，则 a 为选择的重要独立元个数。

Lee 等[20,21]提出了基于 ICA 的几种统计量，I^2、I_e^2 和 SPE。假设用 $\boldsymbol{W}_a$ 表示重要独立元的分离矩阵，$\boldsymbol{W}_e = \boldsymbol{W} - \boldsymbol{W}_a$ 为余下的部分，$\boldsymbol{x}_{\text{new}}$ 为某时刻的新数据，那么，新的独立元向量分别为

$$\hat{\boldsymbol{s}}_{\text{new}a}(k) = \boldsymbol{W}_a \boldsymbol{x}_{\text{new}}(k) \tag{2.88}$$

$$\hat{\boldsymbol{s}}_{\text{new}e}(k) = \boldsymbol{W}_e \boldsymbol{x}_{\text{new}}(k) \tag{2.89}$$

I^2 统计量定义为

$$I^2(k) = \hat{\boldsymbol{s}}_{\text{new}a}(k)^{\mathrm{T}} \hat{\boldsymbol{s}}_{\text{new}a}(k) \tag{2.90}$$

I_e^2 统计量定义为

$$I_e^2(k) = \hat{\boldsymbol{s}}_{\text{new}e}(k)^{\mathrm{T}} \hat{\boldsymbol{s}}_{\text{new}e}(k) \tag{2.91}$$

SPE 统计量用来表征模型外残差的变化，在采样的第 k 时刻定义为

$$\text{SPE}(k) = (\boldsymbol{x}_{\text{new}}(k) - \hat{\boldsymbol{x}}_{\text{new}}(k))^{\mathrm{T}} (\boldsymbol{x}_{\text{new}}(k) - \hat{\boldsymbol{x}}_{\text{new}}(k)) \tag{2.92}$$

$$\hat{\boldsymbol{x}}_{\text{new}}(k) = \boldsymbol{Q}^{-1} \boldsymbol{B}_a \hat{\boldsymbol{s}}_{\text{new}a}(k) = \boldsymbol{Q}^{-1} (\boldsymbol{W}_a \boldsymbol{Q}^{-1})^{\mathrm{T}} \boldsymbol{W}_a \boldsymbol{x}_{\text{new}}(k) \tag{2.93}$$

I^2 统计量为所选重要独立元的平方总和，表征模型的内部变化，I_e^2 统计量为重要独立元之外的独立元的平方总和，I_e^2 统计的优点是当选择的独立元的个数不恰当时，能够补偿选择的误差。

由于经过计算分离出的独立元信号不服从高斯分布，所以不能用某一个特殊的近似分布确定 I^2、I_e^2 和 SPE 控制限，需要采用其他的方法来确定。Lee 等[21]采用核密度估计的方法确定控制限。

2.4.3 基于 Bayes 分类器的故障辨识

设有 c 类数据，则 Bayes 分类器分别计算 c 个判别函数并将观测值归于最大判别值对应的类别。即，若 $g_j(\boldsymbol{x}) > g_i(\boldsymbol{x}), \forall i \neq j$，则观测属于类 j。

显然，判别函数的选择不唯一。因为，如果 $f(\cdot)$ 为单调递增函数，将 $g_j(\boldsymbol{x})$ 替换为 $f(g_j(\boldsymbol{x}))$ 分类结果不变。对最小错误率分类，下列函数结果相同

$$g_j(\boldsymbol{x}) = P(\omega_j \mid \boldsymbol{x}) = p(\boldsymbol{x} \mid \omega_j)P(\omega_j) \Big/ \sum_{i=1}^{c} p(\boldsymbol{x} \mid \omega_i)P(\omega_i) \tag{2.94}$$

$$g_j(\boldsymbol{x}) = p(\boldsymbol{x} \mid \omega_j)P(\omega_j) \tag{2.95}$$

$$g_j(\boldsymbol{x}) = \ln p(\boldsymbol{x} \mid \omega_j) + \ln P(\omega_j) \tag{2.96}$$

其中，$P(\omega_j)$ 为数据属于故障类 ω_j 的先验概率；$p(\boldsymbol{x} \mid \omega_j)$ 为观测在故障类 ω_j 条件下的概率密度函数；$P(\omega_j \mid \boldsymbol{x})$ 为故障类 ω_j 的后验概率。

若数据服从正态分布，样本方差阵和样本均值向量分别为 $\boldsymbol{S}_j$ 和 $\boldsymbol{m}_j$，观测变量个数为 l_j，并定义 χ_j 为属于故障类 ω_j 的数据向量集，即

$$p(\boldsymbol{x} \mid \omega_j) \sim N(\boldsymbol{m}_j, \boldsymbol{S}_j) \tag{2.97}$$

$$\boldsymbol{m}_j = \frac{1}{l_j} \sum_{x \in \chi_j} \boldsymbol{x} \tag{2.98}$$

$$\boldsymbol{S}_j = \frac{1}{l_j - 1} \sum_{x \in \chi_j} (\boldsymbol{x} - \boldsymbol{m}_j)(\boldsymbol{x} - \boldsymbol{m}_j)^{\mathrm{T}} \tag{2.99}$$

则

$$p(\boldsymbol{x} \mid \omega_j) = \frac{1}{(2\pi)^{n/2} \det(\boldsymbol{S}_j)^{1/2}} \exp\left[-\frac{1}{2}(\boldsymbol{x} - \boldsymbol{m}_j)^{\mathrm{T}} \boldsymbol{S}_j^{-1} (\boldsymbol{x} - \boldsymbol{m}_j)\right] \tag{2.100}$$

选择式(2.96)作为分类函数，得 Bayes 分类函数为

$$g_j(\boldsymbol{x}) = -\frac{1}{2}(\boldsymbol{x} - \boldsymbol{m}_j)^{\mathrm{T}} \boldsymbol{S}_j^{-1} (\boldsymbol{x} - \boldsymbol{m}_j) - \frac{n}{2} \ln 2\pi - \frac{1}{2} \ln[\det(\boldsymbol{S}_j)] + \ln P(\omega_j) \tag{2.101}$$

如果将上述结果用于 PCA、FDA 或 PLS 等多元统计方法的故障分类，则降维空间的样本均值向量和样本方差阵分别为

$$\boldsymbol{m}_{fj} = \frac{1}{l_j} \sum_{x \in \chi_j} \boldsymbol{w}_a^{\mathrm{T}} \boldsymbol{x} = \boldsymbol{w}_a^{\mathrm{T}} \boldsymbol{m}_j \tag{2.102}$$

$$\boldsymbol{S}_{fj} = \frac{1}{l_j - 1} \sum_{x \in \chi_j} (\boldsymbol{w}_a^{\mathrm{T}} \boldsymbol{x} - \boldsymbol{m}_{fj})(\boldsymbol{w}_a^{\mathrm{T}} \boldsymbol{x} - \boldsymbol{m}_{fj})^{\mathrm{T}} = \boldsymbol{w}_a^{\mathrm{T}} \boldsymbol{S}_j \boldsymbol{w}_a \tag{2.103}$$

这样，所得的分类函数为

$$\begin{aligned} g_{fj}(\boldsymbol{x}) &= -\frac{1}{2}(\boldsymbol{w}_a^{\mathrm{T}} \boldsymbol{x} - \boldsymbol{m}_{fj})^{\mathrm{T}} \boldsymbol{S}_{fj}^{-1} (\boldsymbol{w}_a^{\mathrm{T}} \boldsymbol{x} - \boldsymbol{m}_{fj}) - \frac{1}{2} \ln[\det(\boldsymbol{S}_{fj})] + \ln P(\omega_j) \\ &= -\frac{1}{2}(\boldsymbol{x} - \boldsymbol{m}_j)^{\mathrm{T}} \boldsymbol{w}_a (\boldsymbol{w}_a^{\mathrm{T}} \boldsymbol{S}_j \boldsymbol{w}_a)^{-1} \boldsymbol{w}_a^{\mathrm{T}} (\boldsymbol{x} - \boldsymbol{m}_j) - \frac{1}{2} \ln[\det(\boldsymbol{w}_a^{\mathrm{T}} \boldsymbol{S}_j \boldsymbol{w}_a)] + \ln P(\omega_j) \end{aligned} \tag{2.104}$$

其中，$\boldsymbol{w}_a \in \mathbf{R}^{n \times a}$，由 a 个 PCA 主元向量或 FDA 向量或 CCA 向量或 ICA 向量组成，投影后 $\boldsymbol{z} = \boldsymbol{w}_a^{\mathrm{T}} \boldsymbol{x}$，数据由 n 维降为 a 维。

由于基于 Bayes 的分类函数只需求出降维矩阵，不管采用何种降维方法其形式不变，也即其形式与所采用的方法无关，因此以后我们将把重点放在降维矩阵的获得上。当然，在第 3 章，我们会引出各种多元统计方法的核化算法，并对该 Bayes 分类函数进行变形以适应核空间的降维矩阵。

2.4.4 线性分类器与 Bayes 分类器的关系

如果假设数据服从参数为 λ 的指数分布，即

$$p(x)=\begin{cases}\lambda e^{-\lambda x}, & x>0\\ 0, & x\leqslant 0\end{cases} \tag{2.105}$$

仍然选择式(2.96)作为分类函数，那么 Bayes 分类函数为

$$g_j(x)=-\lambda_j x+\ln\lambda_j P(\omega_j) \tag{2.106}$$

$$g_i(x)=-\lambda_i x+\ln\lambda_i P(\omega_i) \tag{2.107}$$

若 $g_j(x)>g_i(x),\forall i\neq j$，则观测属于类 j，即若

$$(\lambda_i-\lambda_j)x+\ln\lambda_j P(\omega_j)-\ln\lambda_i P(\omega_i)>0 \tag{2.108}$$

则观测属于类 j。式(2.108)可表示为形如

$$h(x)=\boldsymbol{w}_a^{\mathrm{T}}x+b \tag{2.109}$$

的线性分类函数。其中

$$\boldsymbol{w}_a=(\lambda_i-\lambda_j)^{\mathrm{T}} \tag{2.110}$$

$$b=\ln\lambda_j P(\omega_j)-\ln\lambda_i P(\omega_i) \tag{2.111}$$

式(2.109)即为常用的线性分类函数，当

$$f(x)=\mathrm{sgn}(\boldsymbol{w}_a^{\mathrm{T}}x+b)>0 \tag{2.112}$$

时，观测属于类 j，否则属于类 i。

实际上，几乎在所有关于模式识别的著作中[22]都可以找到在两类分类的情形，Bayes 分类器退化为线性分类器的特殊情况。但这些都是在假设正态分布数据的协方差阵为某种特殊形式而推导得来。这里，我们给出了一种更一般的推导。可以看出，线性分类函数是 Bayes 分类函数在数据呈指数分布时的一种特殊形式。对一般数据来说，假设数据呈指数分布或者不同类数据的协方差阵相等通常缺乏合理性，因此，通常情况下，式(2.104)分类效果更优。需要说明一点，这里的推导针对标量数据进行，对于向量形式原理相同。

2.5 仿真算例

2.5.1 仿真数据介绍

伊士曼化学公司总部位于田纳西州的金斯堡，在全球范围内生产和销售化学

品、纤维及塑料，现有雇员 12000 人，2003 年销售额为 58 亿美元。

田纳西-伊士曼过程(Tenessee-Eastman process，TEP)是一个典型的复杂多变量化工生产过程，它是由美国伊士曼化学公司过程控制小组的 Downs 和 Vogel 提出并创建的，目的是为评价过程控制和监控方法提供一个现实的工业过程。其测试过程基于真实工业过程的仿真，其中的成分、动力学、运行条件等因为专利权的问题都作了修改。TEP 具有一般过程工业的典型特征，其变量众多、强耦合、非线性且具有不确定性，因而成为国际公认的监测和控制领域常用的检测算法性能的过程之一，也一直被认为是一个富有挑战性的问题，不少学者[23~35]以 TEP 作为 Benchmark 来验证所提出的监测或控制算法。其工艺流程如图 2.7 所示[24]。

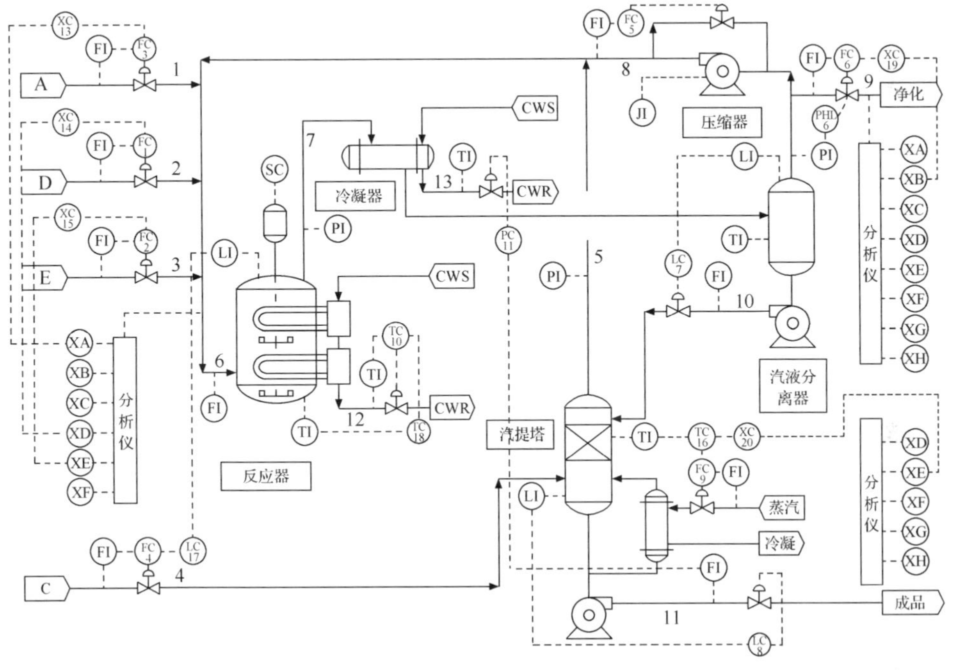

图 2.7　TEP 工艺流程图

TEP 包括 5 个单元：反应器、冷凝器、压缩器、分离器(闪蒸器)和汽提塔，生产过程包括 8 种成分：A、B、C、D、E、F、G 和 H。其主要反应如下：

$$A(g) + C(g) + D(g) \longrightarrow G(liq) \tag{2.113}$$

$$A(g) + C(g) + E(g) \longrightarrow H(liq) \tag{2.114}$$

$$A(g) + E(g) \longrightarrow F(liq) \tag{2.115}$$

$$3D(g) \longrightarrow 2F(liq) \tag{2.116}$$

反应物 A、C、D、E 和惰性体 B 在反应器中反应，生成产品 G、H 和副产品 F，是一个不可逆的放热反应。反应速率是温度的阿伦尼乌斯(Arrhenius)函数，生成

G 的反应比生成 H 的反应有更高的激活能量，其对温度也更为敏感。

反应器的产品流由冷凝器冷却后进入汽液分离器，离开汽液分离器的水汽物由压缩机回流至反应器，一部分回流被放出以防止 B 和 F 的堆积。冷凝后的部分进入汽提塔，流 4 用来从流 10 中分离剩余反应物，通过流 5 回流。离开汽提塔的成品进入下游过程处理。

表 2.1　TEP 测量变量

序号	变量	序号	变量
XMEAS(1)	物料 A 流量	XMEAS(14)	分离器出口流量
XMEAS(2)	物料 D 流量	XMEAS(15)	汽提塔液位
XMEAS(3)	物料 E 流量	XMEAS(16)	汽提塔压力
XMEAS(4)	物料 A/C 总流量	XMEAS(17)	汽提塔出口流量
XMEAS(5)	压缩机返回物料流量	XMEAS(18)	汽提塔温度
XMEAS(6)	反应器给料流量	XMEAS(19)	汽提塔蒸汽流量
XMEAS(7)	反应器压力	XMEAS(20)	压缩机功率
XMEAS(8)	反应器液位	XMEAS(21)	反应器冷却水出口温度
XMEAS(9)	反应器温度	XMEAS(22)	冷凝器冷却水出口温度
XMEAS(10)	排空速率	XMEAS(23～28)	反应器给料组分 A～F
XMEAS(11)	分离器温度	XMEAS(29～36)	排空物料组分 A～H
XMEAS(12)	分离器液位	XMEAS(37～41)	产品组分 D～H
XMEAS(13)	分离器压力		

表 2.2　TEP 控制变量

序号	变量	序号	变量
XMV(1)	物料 D 流量	XMV(7)	分离器液体流量
XMV(2)	物料 E 流量	XMV(8)	汽提塔液体流量
XMV(3)	物料 A 流量	XMV(9)	汽提塔蒸汽阀开度
XMV(4)	物料 A、C 总流量	XMV(10)	反应器冷却水流量
XMV(5)	压缩机回收阀开度	XMV(11)	冷凝器冷却水流量
XMV(6)	排空阀开度	XMV(12)	搅拌器速度

TEP 包含 41 个测量变量(XMEAS(1)～XMEAS(22) 为测量，采样间隔 3 分钟，XMEAS(23)～XMEAS(41)为生产过程成分组分，从流 6、流 9 和流 11 而来，流 6 和流 9 采样间隔 6min，11 采样间隔 15min，所有过程测量包含高斯噪声)和 12 个控制变量(XMV(1)～XMV(12))，分别如表 2.1 和表 2.2 所示。训练集和测试集包含 52 个观测变量(除反应器催化速度)，采样间隔均为 3min。观测向量为

$$\boldsymbol{X} = [\text{XMEAS}(1), \cdots, \text{XMEAS}(41), \text{XMV}(1), \cdots, \text{XMV}(11)]^{\text{T}}$$

仿真包括 21 个预设定的故障，见表 2.3。这些故障中，16 个是已知的，5 个是未知的。故障 1～故障 7 与过程变量的阶跃变化有关，如，冷水入口温度或者进料成分的变化。故障 8～故障 12 与一些过程变量的可变性增大有关。故障 13 是反应动力学中的缓慢漂移，故障 14、故障 15 和故障 21 是与黏滞阀有关的。为了叙述的方便性，用故障 0 代表正常工况的情形。

表 2.3　TEP 的故障

故障序号	过程变量	干扰类型
IDV(1)	B 组分恒定，A/C 组分比例扰动	阶跃
IDV(2)	A/C 组分恒定，B 组分扰动	阶跃
IDV(3)	组分 D 进料温度扰动	阶跃
IDV(4)	反应器冷却水出口温度扰动	阶跃
IDV(5)	冷凝器冷却水出口温度扰动	阶跃
IDV(6)	组分 A 泄漏	阶跃
IDV(7)	组分 C 压力下降	阶跃
IDV(8)	组分 A、B、C 进料成分扰动	随机
IDV(9)	组分 D 进料温度扰动	随机
IDV(10)	组分 C 进料温度扰动	随机
IDV(11)	反应器冷却水出口温度扰动	随机
IDV(12)	冷凝器冷却水出口温度扰动	随机
IDV(13)	反应器动力性能变化	缓慢漂移
IDV(14)	反应器冷却水出口阀门	阻塞
IDV(15)	冷凝器冷却水出口阀门	阻塞

本书所用的数据均可在 http://brahms.scs.uiuc.edu 下载。

2.5.2　故障检测和诊断步骤

本章采用 PCA、FDA、PLS 等多元统计方法对 TEP 数据进行检测，并采用 Bayes 分类器来识别故障，诊断流程分别如图 2.8～图 2.11 所示。

对于 PCA，首先要将数据进行规范化处理，求出数据方差，并进行奇异值分解；然后根据适当的方法确定主元数量，求出 PCA 向量后计算 T^2 统计量和 Q 统计量，并与阈值比较，判断是否有故障发生；如果有故障，则计算 Bayes 分类函数，以识别是何种故障发生。

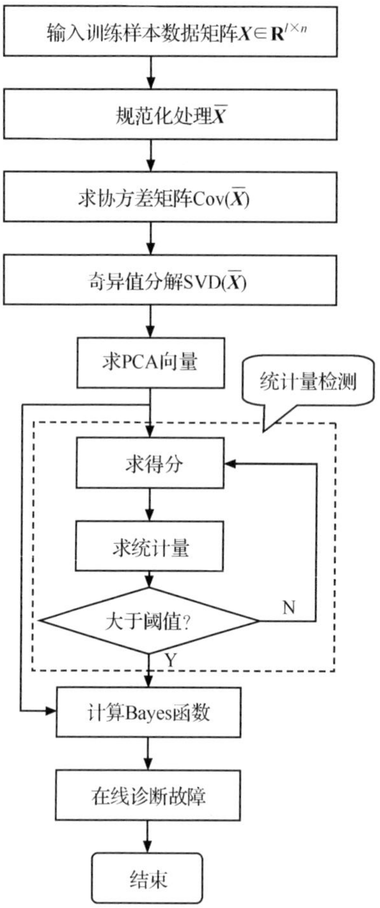

图 2.8　PCA 诊断故障流程图

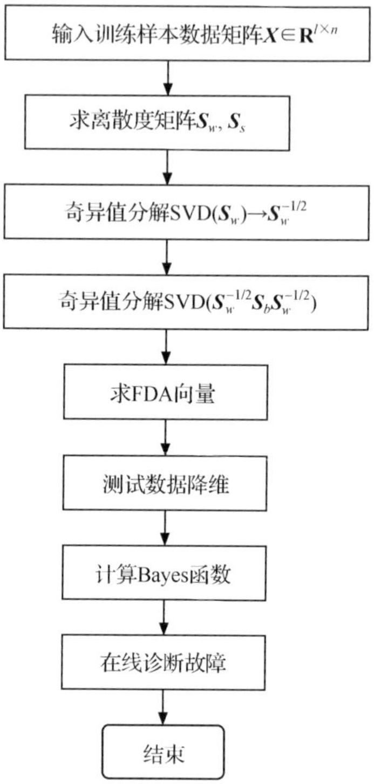

图 2.9　FDA 诊断故障流程图

对于 FDA，则首先计算数据的类内、类间离散度矩阵，进行广义特征值分解，求出 FDA 向量；然后计算 Bayes 分类函数，以识别何种故障发生。

对于 PLS，需要先构造一个类别对应的输出矩阵，再由奇异值分解求解 PLS 向量；CCA 则需计算输入矩阵的方差和协方差矩阵，由特征值分解得到 CCA 向量；最后根据 Bayes 分类函数的计算结果诊断故障。

当然，由于我们采用了 Bayes 分类函数作为决策函数，用统计量来检测故障并非必须，因而该步骤可以省略。另外，这里我们表述成计算投影向量(包括 PCA 向量、FDA 向量、PLS 向量和 CCA 向量)，实际上在计算时要的就是多个投影向量组成的投影矩阵，我们也称作降维矩阵，即式(2.104)中的 w_a。

采用 Bayes 分类器诊断故障的流程如图 2.12 所示。

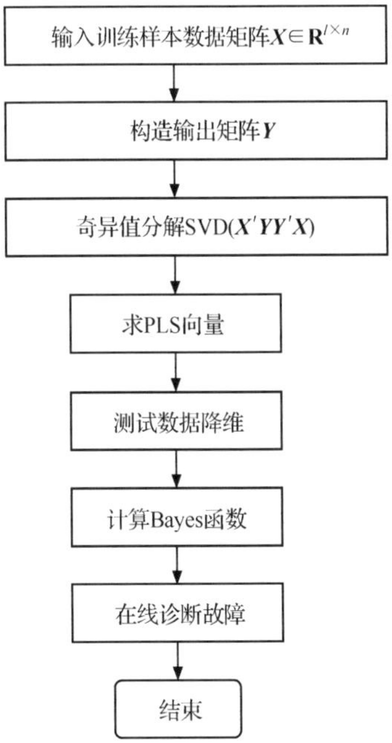

图 2.10 PLS 诊断故障流程图

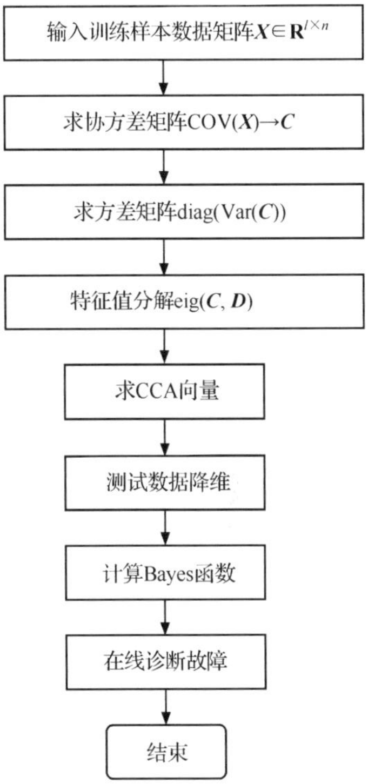

图 2.11 CCA 诊断故障流程图

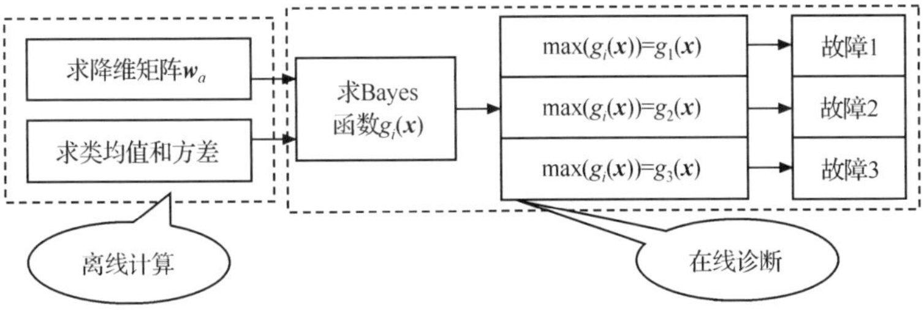

图 2.12 Bayes 分类器诊断故障流程图

2.5.3 仿真结果与分析

采用上面介绍的 TEP 数据，训练集和测试集均包含所有 52 个过程变量。训练集样本共 500 组，采样间隔为 3min，运行时间为 25h。故障在 1h 后引入，即后面 480 组样本是引入故障后采集的。测试集样本运行时间 48h，共采集 960 组数据，运行 8h 后故障发生，即在 160 组数据后引入故障。分别将前面介绍的 PCA 和 FDA 应用于 TEP 数据的 0、1、2 故障情况。取 100 组训练样本，用 FDA 提取数据最优和次优的 Fisher 判别向量，然后将数据投影到两个判别向量方向上，得到数据在原始空间中 FDA 第一和第二特征向量的投影图，如图 2.13 所示。同样，用 PCA 方法得到方差最大和次大方向的 PCA 主元向量，然后将数据投影到两个主元向量方向上，得到数据在原始空间中 PCA 第一和第二主元向量的投影图，如图 2.14所示。PCA 用正常工况的训练数据建立 PCA 模型，相似的，可得到数据到前两个 PLS 向量和前两个 CCA 向量的投影图，如图 2.15 和图 2.16 所示。图中，“+”代表故障 0 数据，“○”代表故障 1 数据，“*”代表故障 2 数据。

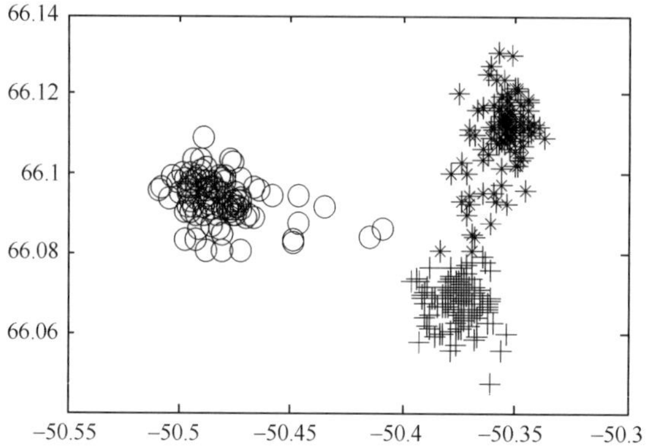

图 2.13　数据到前两个 FDA 向量投影

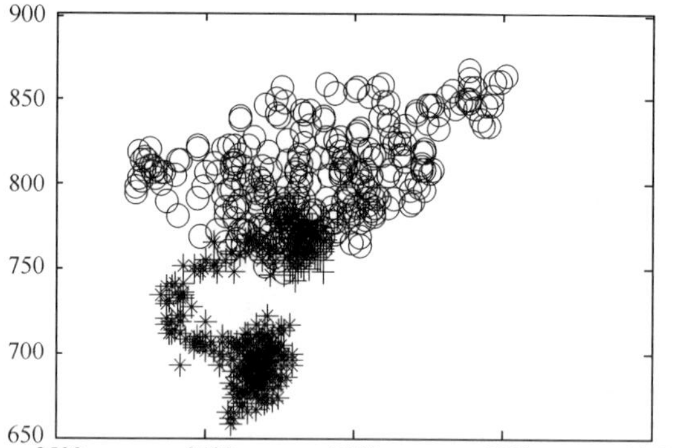

图 2.14　数据到前两个 PCA 向量投影

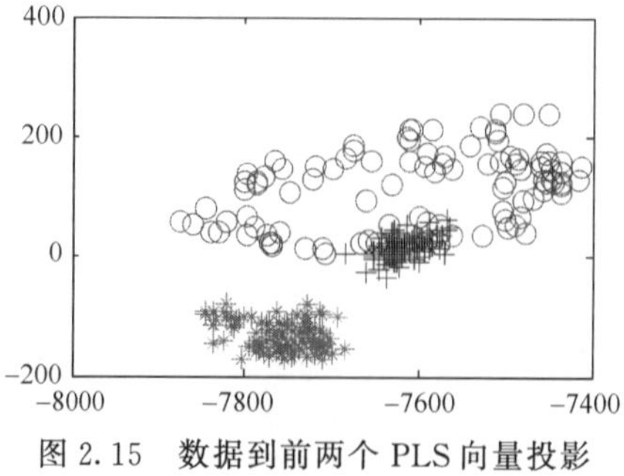

图 2.15　数据到前两个 PLS 向量投影

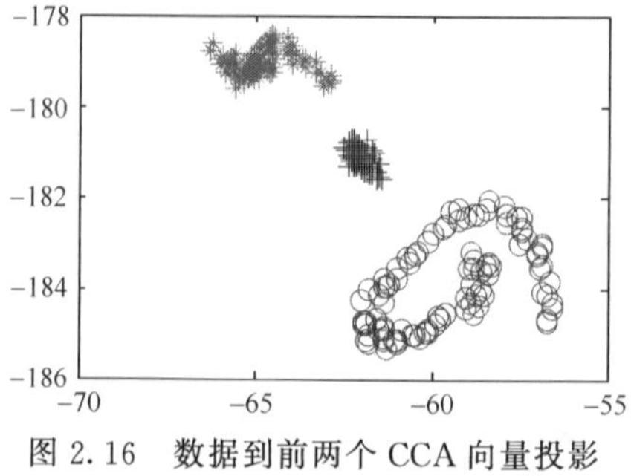

图 2.16　数据到前两个 CCA 向量投影

由投影图容易看出，四种方法中 FDA 能最好地分离三类故障，PLS 其次。主要原因是 PCA 虽然在信息压缩和消除数据间的相关性方面非常有效，但是其没有考虑故障类间的差别信息，从故障分类的角度来说通常不是最佳的。PLS 同时考虑了类别信息，因而分离效果也较好。而 FDA 则利用了样本以及样本的类别信息构造类间离散度矩阵和类内离散度矩阵，因此所得的特征在低维空间有更好的类可分性。

由于过程工业的测量变量众多，而获取故障状态的样本并非易事，因而过程工业的故障诊断通常存在小样本问题。为了检验 PCA、FDA、PLS 和 CCA 在小样本情形下的故障诊断效果，分别取 20 组训练数据构成训练样本。图 2.17～图 2.20分别为训练样本数为 20 时，FDA、PCA、PLS 和 CCA 对故障 0、1、2 的识别诊断结果图，并给出了三类故障数据在 FDA、PCA、PLS 和 CCA 前两维降维空间的投影图。图中，$g_i(x)(i=0,1,2)$ 分别代表故障 0、故障 1 和故障 2 的决策函数。

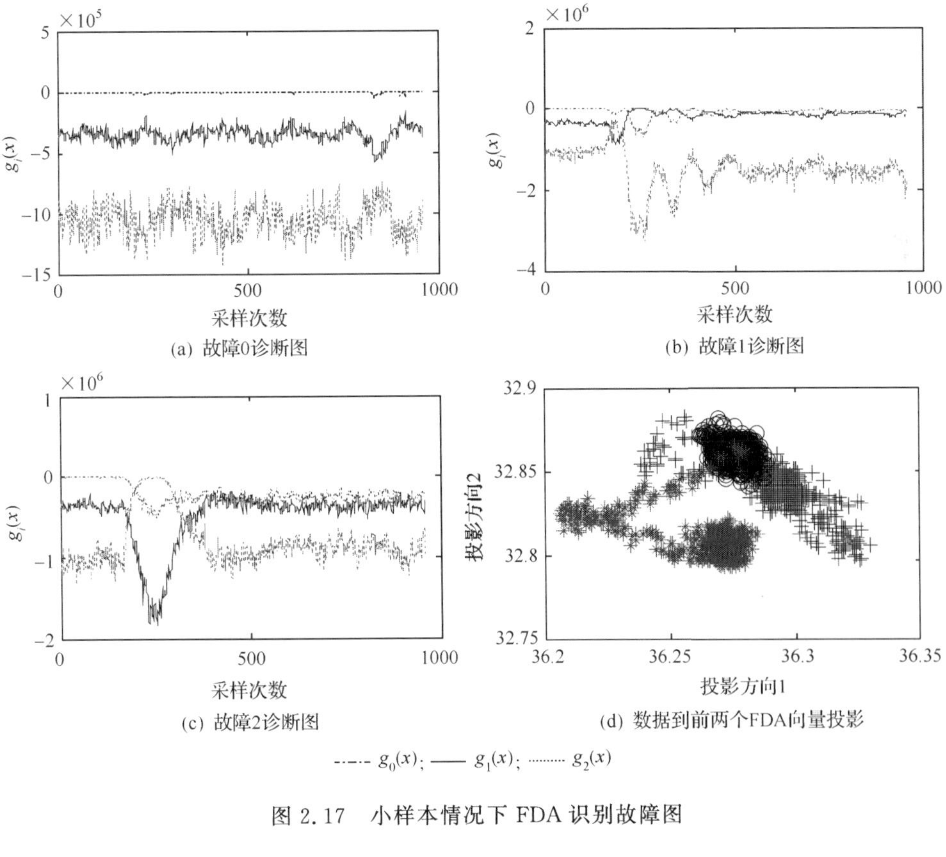

图 2.17　小样本情况下 FDA 识别故障图

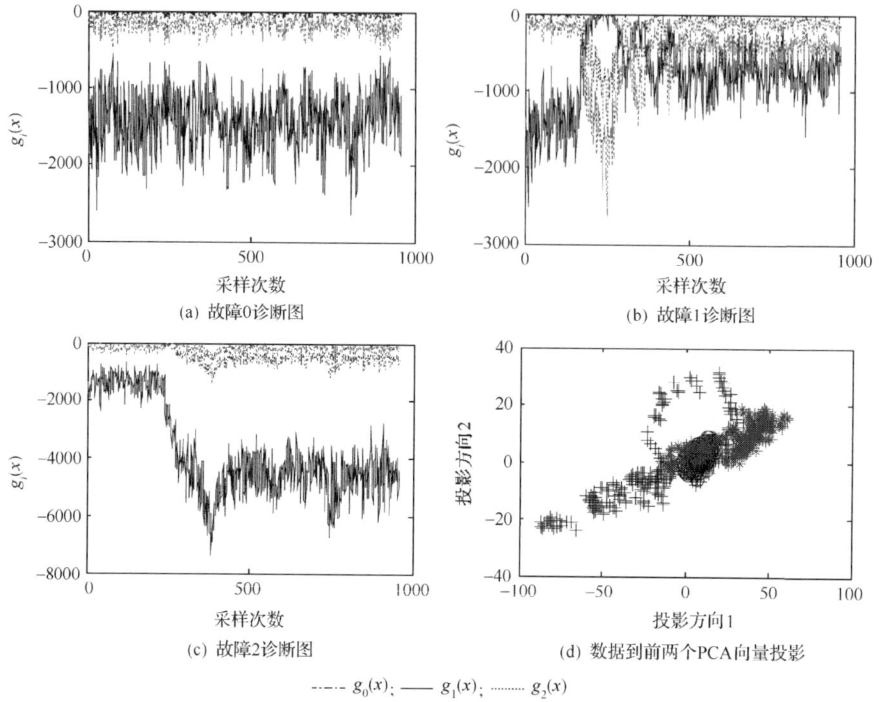

图 2.18　小样本情况下 PCA 识别故障图

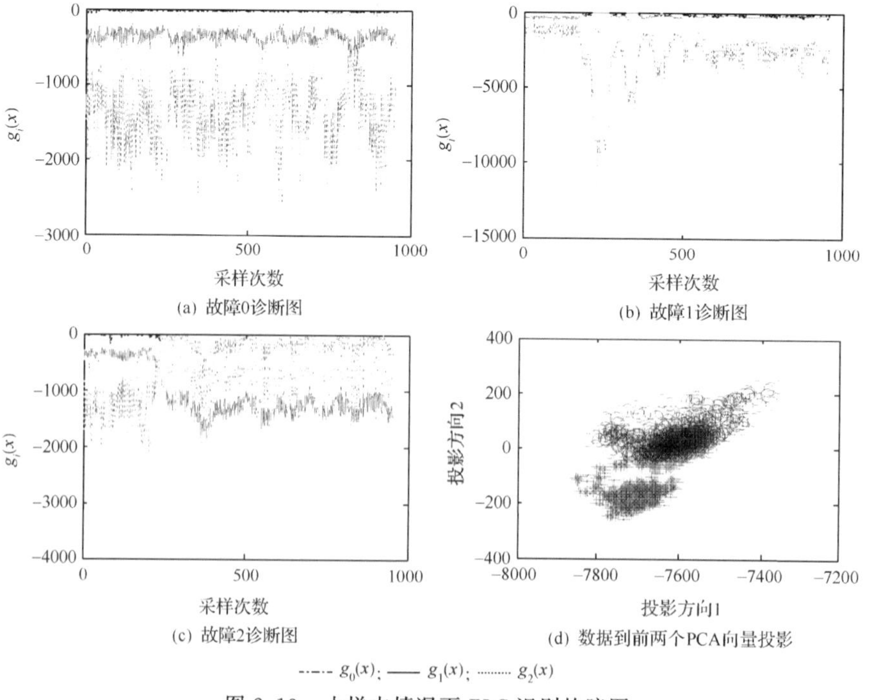

图 2.19　小样本情况下 PLS 识别故障图

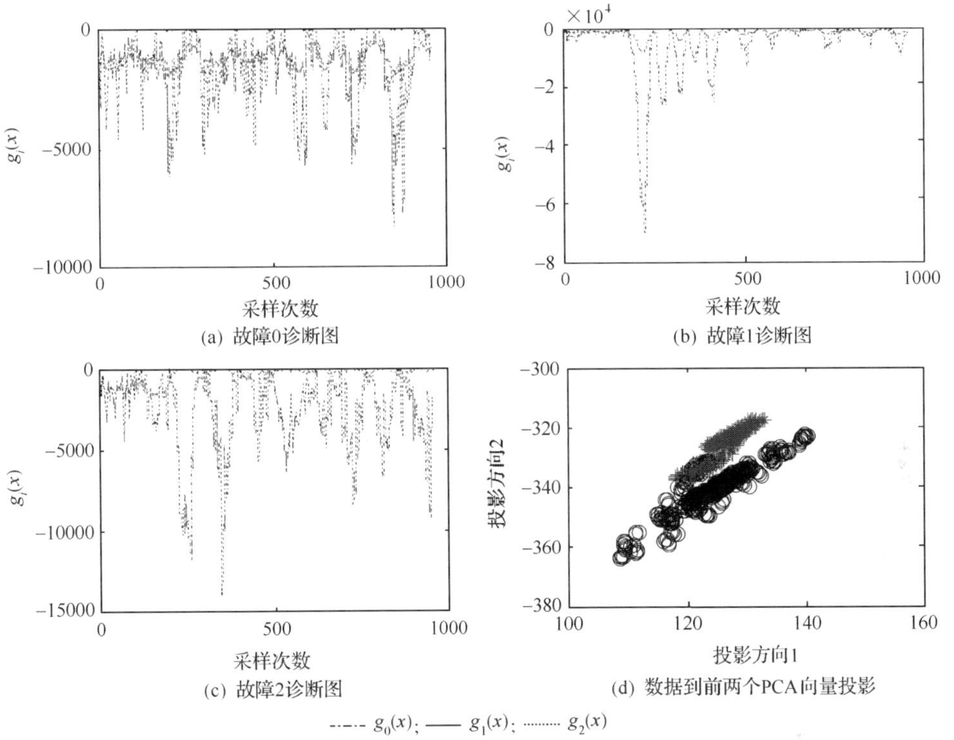

图 2.20　小样本情况下 CCA 识别故障图

由图 2.17～图 2.20 可以看出，在小样本情况下，无论是 PCA、FDA、PLS 还是 CCA 均表现出很差的故障识别能力。对 FDA，误报(虚警)、漏报、错分分别为 F1:0,584,0, f2:0,663,34；对 PCA，误报(虚警)、漏报、错分分别为 F1:2,653,0, f2:2,79,0:对 PLS，误报(虚警)、漏报、错分分别为 F1:0,533,0,f2、1,78,0；对 CCA，误报(虚警)、漏报、错分分别为 F1:5,125,0,f2:8,93,0。为了便于比较，表 2.4和表 2.5 中列出了 PCA、FDA、PLS 和 CCA 四种方法在不同样本数情况下虚警(无故障情况虚报故障)、漏报(有故障发生但未报)及错分故障(故障 1 错报为故障 2 或反之)的数据比较。虚警是指在测试数据中故障还没有加入时却虚报为故障发生的情况，共为 160 组数据；漏报是指已经引入故障，但未能识别的情况，共 800 组数据；错分是指已经引入故障，系统能检测到，但故障分类错误的情况，共 800 组数据。这里 PCA 的主元数量 a 取 2，FDA、PLS 和 CCA 均取两个方向。从表中可以更清楚地看出，随着样本数的减小，故障识别能力逐步降低，在样本数小于 70 时，几乎无法检测和识别故障。另外，要指出的是，在各种情况下几种方法均有漏报，这主要是由于故障刚加入时过程有一个过渡，测试数据不可能突变而造成的，因而这里的漏报有可能是故障诊断的延迟时间。

表 2.4　PCA 和 FDA 在不同样本数情况下的故障识别错误率比较

训练样本数	发生故障	PCA			FDA		
		虚警率/%	漏报率/%	错分率/%	虚警率/%	漏报率/%	错分率/%
20	故障 1	25.6	0.9	3.8	43.8	18.0	74.4
	故障 2	37.5	7.1	90.6	47.5	2.0	2.0
30	故障 1	28.8	47.3	22.8	35.0	17.1	15.5
	故障 2	33.1	11.1	70.0	53.1	2.0	1.0
40	故障 1	28.8	57.4	17.8	16.3	33.6	40.8
	故障 2	26.9	5.1	89.9	30.0	91.5	0.9
50	故障 1	24.4	40.8	27.6	15.0	58.9	18.3
	故障 2	24.4	10.1	72.8	25.0	66.4	21.0
70	故障 1	1.3	2.3	0.1	8.8	70.0	6.5
	故障 2	2.5	7.4	92.6	17.5	3.8	0.0
100	故障 1	16.3	15.5	0.4	4.4	31.5	0.8
	故障 2	11.9	7.0	42.9	0.6	15.0	85.0
200	故障 1	0.0	24.8	4.1	0.0	0.3	0.0
	故障 2	1.3	7.9	2.0	1.3	1.5	0.0

表 2.5　PLS 和 CCA 在不同样本数情况下的故障识别错误率比较

训练样本数	发生故障	PCA			FDA		
		虚警率/%	漏报率/%	错分率/%	虚警率/%	漏报率/%	错分率/%
20	故障 1	0	55.52	0	0.52	13.02	0
	故障 2	0.1	8.13	0	0.83	9.69	0
30	故障 1	0.21	29.48	0	0	0.73	0
	故障 2	0.1	8.02	0	0	7.3	0
40	故障 1	0.52	10.63	0	6.77	7.71	38.54
	故障 2	0.83	6.98	0	6.35	2.92	70.94
50	故障 1	1.25	6.56	0	1.56	38.44	5.42
	故障 2	2.29	5.73	2.71	3.54	7.086	66.98
70	故障 1	1.04	10.52	0	0.42	0.73	4.58
	故障 2	1.46	5.83	2.40	0.94	2.71	66.88
100	故障 1	0.52	18.33	0	3.96	20.94	4.79
	故障 2	0.63	7.08	1.15	5.94	0.42	30.31
200	故障 1	0.21	30.94	0	0.42	59.06	5.31
	故障 2	0.21	7.92	0.52	0.1	4.06	14.17

由于工业过程的故障数据很难获取，即使得到，数据量也很少能达到 PCA、FDA 等多元统计方法的需要，因此需要寻求能解决小样本情形时进行有效故障诊断的方法。

作为通用的多元统计方法，以上几种方法在信息压缩和消除数据间的相关性方面非常有效，可以用于原始特征的特征降维。然而，过程工业系统大多十分复杂，表现出很强的非线性和非平稳性，通常的 PCA、FDA、PLS 和 CCA 应用效果不佳。

在接下来的几章，我们将针对多元统计方法在解决非线性问题和小样本情况存在的缺陷展开。

2.6　小　　结

多元统计方法将由大量测量变量所张成的高维空间投影到低维的模型空间，用更少的维数来描述整个过程的主要特征以便于过程性能的监测、过程故障的诊断等。本章将两种常用的多元统计方法——PCA 和 FDA 统一在一个理论框架下，推导了线性分类函数与 Bayes 分类函数的关系，得出了线性分类函数是 Bayes 分类函数在数据呈指数分布或者是各类协方差阵相同的正态分布的特殊情况时的一种特殊形式的结论，指出 Bayes 分类函数效果优于线性分类器的原因，为后面各章采用 Bayes 函数作为分类器提供了理论依据。

参考文献

[1] Kurtanjek Z. Modeling of chemical reactor dynamics by nonlinear principal components. Chemometrics and Intelligent Aboratory Systems，1999，46(2)：149-159.

[2] Kano M，Hasebea S，Hashimotoa I，et al. A new multivariate statistical process monitoring method using principal component analysis. Computers and Chemical Engineering，2001，25(7-8)：1103-1113.

[3] 何晓群．多元统计分析．北京：中国人民大学出版社，2004.

[4] Li H，Jiang T，Zhang K. Efficient and robust feature extraction by maximum margin criterion. IEEE Transactions on Neural Networks，2006，17(1)：157-165.

[5] Geladi P，Kowalski B R. Partial least-squares regression：A tutorial. Analytica Chimica Acta，1986，185(1)：1-17.

[6] 熊丽．基于数据驱动技术的过程监控与优化．杭州：浙江大学博士学位论文，2008.

[7] Barker M L. Partial Least Squares for Discrimination. Lexington：University of Kentucky. Ph. D. Thesis，2000.

[8] 张曦．基于统计理论的工业过程综合性能监控、诊断及预测方法研究．上海：上海交通大学博士学位论文，2008.

[9] Hyvärinen A，Oja E. A fast fixed-point algorithm for independent component analysis. Neural Computation，1997，9(7)：1483-1492.

[10] Ella B ,Aapo H. A fast fixed-point algorithm for independent component analysis of complex valued signals. International Journal of Neural Systems (IJNS) ,2000,10(1):1-8.

[11] Giannakopoulos X, Karhunen J, Oja E. Experimental comparison of neural ICA algorithms. ICANN'98. Skvde,1998:651-656.

[12] Sun T, Chen S. Class label versus sample label-based CCA. Applied Mathematics and Computation, 2007,185 (1): 272-283.

[13] Kursun O, Alpaydin E, Favorov O V. Canonical correlation analysis using within-class coupling. Pattern Recognition Letters,2011,32(2) :134-144.

[14] 程云鹏. 矩阵论 . 西安:西北工业大学出版社,1994.

[15] Hotelling H. Techniques of Statistical Analysis. New York : McGraw Hill, 1947.

[16] Park C H. Efficient Linear and Nonlinear Feature Extraction and Its Application to Fingerprint Classification. Minnesota :University of Minnesota. Ph. D. Thesis,2004.

[17] Li G, Qin S Z, Ji Y D, et al. Total PLS based contribution plots for fault diagnosis. Acta Automatic Sinica,2009,35(6):759-765.

[18] Miller P, Swanson R E, Heckler C E. Contribution plots: A missing link in multivariate quality control. Applied Mathematics and Computer Science , 1998, 8(4):775-792.

[19] Westerhuis J A, Gurden S P, Smilde A K. Generalized contribution plots in multivariate statistical process monitoring. Chemometrics and Intelligent Laboratory Systems, 2000,51(1):95-114.

[20] Lee J M, Yoo C K, Lee I B. Statistical process monitoring with independent component analysis. Journal of Process Control, 2004,14(5):467-485.

[21] Lee J M, Yoo C K, Lee I B. Statistical monitoring of dynamic processes based on dynamic independent component analysis. Chemical Engineering Science,2004,59(14):2995-3006.

[22] 边肇祺 . 模式识别 . 北京:清华大学出版社,2000.

[23] 蒋丽英 . 基于 FDADPLS 方法的流程工业故障诊断研究. 杭州:浙江大学博士学位论文,2005.

[24] Chiang L H. Fault Detection and Diagnosis for Large-scale Systems. Urbana:University of Illinois at Urbana-champaign. Ph. D. Thesis,2001.

[25] Russell E L, Chiang L H, Braatz R D. Data-driven Techniques for Fault Detection and Diagnosis in Chemical Processes. London :Springer Verlag, 2000.

[26] Choi S W, Lee I B. Nonlinear dynamic process monitoring based on dynamic kernel PCA. Chemical Engineering Science, 2004,59(24) :5897-5908.

[27] Chiang L H, Russell E L, Braatz R D. 工业系统的故障检测与诊断 . 段建民译 . 北京:机械工业出版社,2003.

[28] 王海清 . 工业过程监测:基于小波和统计学的方法 . 杭州:浙江大学博士学位论文, 2001.

[29] Vapnik V N. Statistical Learning Theory. New York:John Wiley&Sons,1998.

[30] 王华珍,林成德,杨帆,等 . 带置信度的混合压缩相符预测器模型研究 . 华中科技大学学报(自然科学版), 2009,37(1):88-91.

[31] Abhijit K, Jayaraman V K, Kulkarni B D. Knowledge incorporated support vector machines to detect faults in tennessee eastman process. Computers Chemical Engineering, 2005, 29(10): 2128-2133.

[32] 牛慧峰,姜万录,王文杰 . 阴性选择算法在工业控制系统故障诊断中的应用 . 燕山大学学报, 2008, 32(1):362-366.

[33] 高翔,刘飞. 一种基于动态独立子空间分析的过程监控方法. 系统仿真学报, 2008,20(13):3589-3592.

[34] Yu C M, Pan Q, Cheng Y M, et al. Small sample size problem of fault diagnosis for process industry. IEEE ICCA10,Xiamen,2010:1721-1725.

[35] Yu C M, Pan Q, Cheng Y M, et al. A kernel-based bayesian classifier for fault detection and classification. WCICA08,Chongqing,2008:124-128.

第 3 章　过程工业故障诊断的核化多元统计方法

3.1　引　　言

虽然 PCA、FDA、PLS、CCA 等具有概念简单、易于实现的优点，在过程工业故障诊断中得到了广泛应用。但实践表明在处理非线性问题时很难达到满意的效果。本章将引入核化方法并将核方法与多元统计方法结合以便处理非线性问题。

任何核方法都由两个部分组成：学习算法和核函数。学习算法主要完成学习的功能，而核函数则嵌入在算法中。这两个模块配合起来实现线性空间到非线性空间的映射。这使得人们可以在高维空间有效地表示线性模式。核方法的模块性使得所有算法都可重用，即同一个算法可以和任何一个核函数配合，从而用于任何数据域。

本章首先给出算法可以核化的条件以及 PCA 和 FDA 的核化算法；然后推导基于核的 Bayes 分类函数，以此为基础，提出在核空间进行多类故障诊断的方法；最后给出核方法用于过程工业故障诊断的具体流程以及仿真结果。

3.2　核空间的定义与性质

早在 1909 年，Mercer 就从数学上给出了有关正定核函数和再生核希尔伯特空间(Hilbert space)的结论[1,2]，并给出了正定核函数即再生核存在和判定的充分必要条件，这就是著名的 Mercer 定理，这些条件现在通称为 Mercer 核容许条件。核方法包括再生核方法均取得了广泛应用。

核的数学理论最初在 1909 年由 Mercer 给出，到 20 世纪 40 年代 Aronszajn 对再生核 Hilbert 空间进行了研究。把核函数用做特征空间内积的思想于 1964 年被引入机器学习领域，但直到 20 世纪 90 年代初，Boser、Guyon 和 Vapnik[3] 将它和大间隔超平面结合起来，形成 SVM 算法，核的概念才被广泛引入机器学习领域。

定义 3.1[4]　**严格内积空间**　如果存在一个实值对称的双线性映射$\langle \cdot, \cdot \rangle$，该映射满足 $\langle \boldsymbol{x}, \boldsymbol{x} \rangle \geqslant 0$，则这一双线性映射被称为内积。如果当且仅当 $\boldsymbol{x}=0$ 时 $\langle \boldsymbol{x}, \boldsymbol{x} \rangle = 0$，则称该内积是严格的，对应的空间则称为严格内积空间。有时也不太严格地将其称为 Hilbert 空间。

定义 3.2[5]　**再生核 Hilbert 空间**(reproducing kernel Hilbert space，RKHS)

特征空间 F 上的 RKHS F_k 定义为

$$F_k = \text{span}\{\phi_j \mid j \in \mathbf{N}\} \tag{3.1}$$

令 $f, g \in F$ 由

$$f(\boldsymbol{x}) = \sum_{i=1}^{l} \alpha_i k(\boldsymbol{x}_i, \boldsymbol{x}) \tag{3.2}$$

和

$$g(\boldsymbol{x}) = \sum_{i=1}^{r} \beta_i k(\boldsymbol{z}_i, \boldsymbol{x}) \tag{3.3}$$

给出。定义空间 F_k 中的内积为

$$\langle f, g \rangle = \sum_{i=1}^{l} \sum_{j=1}^{r} \alpha_i \beta_j k(\boldsymbol{x}_i, \boldsymbol{z}_j) = \sum_{i=1}^{l} \alpha_i g(\boldsymbol{x}_i) = \sum_{j=1}^{r} \beta_j f(\boldsymbol{z}_j) \tag{3.4}$$

由式(3.4)可直接得出一个性质

$$\langle f, k(\boldsymbol{x}, \cdot) \rangle = \sum_{i=1}^{l} \alpha_i k(\boldsymbol{x}_i, \boldsymbol{x}) = f(\boldsymbol{x}) \tag{3.5}$$

即 F_k 上的内积操作具有再生性，这也是 RKHS 名字的由来。

在 F_k 空间，函数还可表示为

$$f(\boldsymbol{x}) = \boldsymbol{\alpha}^{\mathrm{T}} \boldsymbol{\Phi}(\boldsymbol{x}) = \sum\nolimits_{j \in \mathbf{N}} \alpha_j \phi_j \tag{3.6}$$

这在以后的算法推导中会经常用到。

定义 3.3[6]　**核函数**　核(kernel)是一个函数 k，这个函数对所有 $\boldsymbol{x}, \boldsymbol{z} \in \mathbf{R}^n$，满足

$$k(\boldsymbol{x}, \boldsymbol{z}) = \langle \phi(\boldsymbol{x}), \phi(\boldsymbol{z}) \rangle \tag{3.7}$$

其中

$$\phi : \boldsymbol{x} \to \phi(\boldsymbol{x}) \in F \tag{3.8}$$

F 为内积特征空间。

定义 3.4[6]　**Gram 矩阵与核矩阵**　给定一个向量集合 $S = \{\boldsymbol{x}_1, \boldsymbol{x}_2, \cdots, \boldsymbol{x}_l\}$，则元素为 $G_{ij} = \langle \boldsymbol{x}_i, \boldsymbol{x}_j \rangle$ 的矩阵称为 Gram 矩阵。如果利用核函数 k 来求映射为 ϕ 的特征空间的内积，则与之对应的 Gram 矩阵的元素为

$$G_{ij} = \langle \phi(\boldsymbol{x}_i), \phi(\boldsymbol{x}_j) \rangle = k(\boldsymbol{x}_i, \boldsymbol{x}_j) \tag{3.9}$$

在这种情况下的 Gram 矩阵又称做核矩阵(kernel matrix)。可以证明，Gram 矩阵和核矩阵是半正定矩阵。

正定核是核化研究中最重要的理论基础，一方面可避开多解性问题，另一方面它对应着一个特征空间或 RKHS，使得两个向量(或元素)之间的内积等于核函数。如果要放松正定性条件(如采用一般的对称函数)，则必须考虑理论上和数值计算上可能出现的问题(如解的不唯一性、矩阵的奇异性等)。

核空间的性质表现在以下几个方面[6]。

性质 3.1 封闭性质 令 k_1 和 k_2 是定义在 $\boldsymbol{X}\times\boldsymbol{X}$ 上的核，$\boldsymbol{X}\subseteq\mathbf{R}^n$，$\boldsymbol{x},\boldsymbol{z}\in\boldsymbol{X}$，$a\in\mathbf{R}^+$，$f(\cdot)$ 是 $\boldsymbol{X}$ 上的一个实值函数，$\phi:\boldsymbol{X}\to\mathbf{R}^N$，$k_3$ 是定义在 $\mathbf{R}^N\times\mathbf{R}^N$ 上的核，$\boldsymbol{A}$ 是半正定对阵矩阵，那么下面的函数都是核。

(1) $k(\boldsymbol{x},\boldsymbol{z})=k_1(\boldsymbol{x},\boldsymbol{z})+k_2(\boldsymbol{x},\boldsymbol{z})$；

(2) $k(\boldsymbol{x},\boldsymbol{z})=ak_1(\boldsymbol{x},\boldsymbol{z})$；

(3) $k(\boldsymbol{x},\boldsymbol{z})=k_1(\boldsymbol{x},\boldsymbol{z})k_2(\boldsymbol{x},\boldsymbol{z})$；

(4) $k(\boldsymbol{x},\boldsymbol{z})=f(\boldsymbol{x})f(\boldsymbol{z})$；

(5) $k(\boldsymbol{x},\boldsymbol{z})=k_3(\phi(\boldsymbol{x}),\phi(\boldsymbol{z}))$；

(6) $k(\boldsymbol{x},\boldsymbol{z})=\boldsymbol{x}^{\mathrm{T}}\boldsymbol{A}\boldsymbol{z}$。

性质 3.2 多项式性质 令 k_1 是定义在 $\boldsymbol{X}\times\boldsymbol{X}$ 上的核，$\boldsymbol{X}\subseteq\mathbf{R}^n$，$\boldsymbol{x},\boldsymbol{z}\in\boldsymbol{X}$，$c>0$，$p(\cdot)$ 是一个所有系数为正的多项式，那么下面的函数都是核。

(1) $k(\boldsymbol{x},\boldsymbol{z})=p(k_1(\boldsymbol{x},\boldsymbol{z}))$；

(2) $k(\boldsymbol{x},\boldsymbol{z})=\exp(k_1(\boldsymbol{x},\boldsymbol{z}))$；

(3) $k(\boldsymbol{x},\boldsymbol{z})=\exp(-\|\boldsymbol{x}-\boldsymbol{z}\|^2/c)$。

核的这些性质使得我们可以对核进行一系列操作，以将一些简单核组合为更复杂有用的核。也就是说，在这些核上的运算保持了有限半正定这一核性质。只要我们能保证运算结果总是一个半正定对称矩阵，就仍然可以将数据嵌入到特征空间。另外，需要特别指出多项式性质的第 3 个核函数通常被称为高斯核(Gauss kernel)，这个核的应用最为广泛。我们后面各章的工作均选择此核函数。

3.3 核空间上的一些运算

给定输入空间 X 中的有限子集 $S=\{\boldsymbol{x}_1,\boldsymbol{x}_2,\cdots,\boldsymbol{x}_l\}$，核空间的均值质心(向量)定义为

$$\boldsymbol{\phi}_m=\frac{1}{l}\sum_{j=1}^{l}\boldsymbol{\phi}(\boldsymbol{x}_j) \tag{3.10}$$

输入空间中某点 $\boldsymbol{x}$ 的映象至质心的距离为

$$\begin{aligned}\|\boldsymbol{\phi}(\boldsymbol{x})-\boldsymbol{\phi}_m\|^2&=\left\langle\boldsymbol{\phi}(\boldsymbol{x})-\frac{1}{l}\sum_{j=1}^{l}\boldsymbol{\phi}(\boldsymbol{x}_j),\boldsymbol{\phi}(\boldsymbol{x})-\frac{1}{l}\sum_{j=1}^{l}\boldsymbol{\phi}(\boldsymbol{x}_j)\right\rangle\\&=\left\langle\boldsymbol{\phi}(\boldsymbol{x}),\boldsymbol{\phi}(\boldsymbol{x})\right\rangle-2\left\langle\boldsymbol{\phi}(\boldsymbol{x}),\frac{1}{l}\sum_{j=1}^{l}\boldsymbol{\phi}(\boldsymbol{x}_j)\right\rangle\\&\quad+\left\langle\frac{1}{l}\sum_{j=1}^{l}\boldsymbol{\phi}(\boldsymbol{x}_j),\frac{1}{l}\sum_{j=1}^{l}\boldsymbol{\phi}(\boldsymbol{x}_j)\right\rangle\\&=k(\boldsymbol{x},\boldsymbol{x})-\frac{2}{l}\sum_{j=1}^{l}k(\boldsymbol{x},\boldsymbol{x}_j)+\frac{1}{l^2}\sum_{i,j=1}^{l}k(\boldsymbol{x}_i,\boldsymbol{x}_j)\end{aligned} \tag{3.11}$$

输入空间中某两点在核空间中的距离测度

$$\begin{aligned}\|\boldsymbol{\phi}(\boldsymbol{x})-\boldsymbol{\phi}(\boldsymbol{z})\|^2 &= \langle \boldsymbol{\phi}(\boldsymbol{x})-\boldsymbol{\phi}(\boldsymbol{z}),\boldsymbol{\phi}(\boldsymbol{x})-\boldsymbol{\phi}(\boldsymbol{z})\rangle \\ &= \langle \boldsymbol{\phi}(\boldsymbol{x}),\boldsymbol{\phi}(\boldsymbol{x})\rangle - 2\langle \boldsymbol{\phi}(\boldsymbol{x}),\boldsymbol{\phi}(\boldsymbol{z})\rangle + \langle \boldsymbol{\phi}(\boldsymbol{z}),\boldsymbol{\phi}(\boldsymbol{z})\rangle \\ &= k(\boldsymbol{x},\boldsymbol{x}) - 2k(\boldsymbol{x},\boldsymbol{z}) + k(\boldsymbol{z},\boldsymbol{z})\end{aligned} \tag{3.12}$$

3.4　算法可以核化的条件

如第 2 章所述，可以将多元统计方法统一为广义 Raleigh 商问题，这些问题都可以简化为广义的特征分析问题。这样就可以采用以往关于广义特征值问题的结论，利用简单的矩阵理论来解决或高效地求出近似解。本节将说明如何在核定义的特征空间解决广义特征值问题，什么样的算法可以核化[3]。

3.4.1　特征向量的对偶表示形式

考虑协方差矩阵 $l\boldsymbol{C}=\boldsymbol{X}^{\mathrm{T}}\boldsymbol{X}$ 和 Gram 矩阵 $\boldsymbol{G}=\boldsymbol{X}\boldsymbol{X}^{\mathrm{T}}$ 的特征分解

$$l\boldsymbol{C}=\boldsymbol{X}^{\mathrm{T}}\boldsymbol{X}=\boldsymbol{U}\widetilde{\boldsymbol{\Lambda}}_N\boldsymbol{U}^{\mathrm{T}} \tag{3.13}$$

和

$$\boldsymbol{G}=\boldsymbol{X}\boldsymbol{X}^{\mathrm{T}}=\boldsymbol{V}\boldsymbol{\Lambda}_l\boldsymbol{V}^{\mathrm{T}} \tag{3.14}$$

其中，正交矩阵 $\boldsymbol{U}$ 和 $\boldsymbol{V}$ 的列向量 $\boldsymbol{u}_i$、$\boldsymbol{v}_i$ 分别是矩阵 $l\boldsymbol{C}$ 和 $\boldsymbol{G}$ 的特征向量。设 $\boldsymbol{v},\lambda$ 为 $\boldsymbol{G}$ 的一个特征向量-特征值对，有

$$l\boldsymbol{C}(\boldsymbol{X}^{\mathrm{T}}\boldsymbol{v})=\boldsymbol{X}^{\mathrm{T}}\boldsymbol{X}\boldsymbol{X}^{\mathrm{T}}\boldsymbol{v}=\boldsymbol{X}^{\mathrm{T}}\boldsymbol{G}\boldsymbol{v}=\lambda\boldsymbol{X}^{\mathrm{T}}\boldsymbol{v} \tag{3.15}$$

这说明，$\boldsymbol{X}^{\mathrm{T}}\boldsymbol{v},\lambda$ 为 $l\boldsymbol{C}$ 的一个特征向量-特征值对。由于 $\boldsymbol{X}^{\mathrm{T}}\boldsymbol{v}$ 的范数

$$\|\boldsymbol{X}^{\mathrm{T}}\boldsymbol{v}\|^2=\boldsymbol{v}^{\mathrm{T}}\boldsymbol{X}\boldsymbol{X}^{\mathrm{T}}\boldsymbol{v}=\lambda \tag{3.16}$$

所以，$l\boldsymbol{C}$ 对应的归一化特征向量是

$$\boldsymbol{u}=\lambda^{-1/2}\boldsymbol{X}^{\mathrm{T}}\boldsymbol{v} \tag{3.17}$$

另外我们不难得出

$$\lambda^{-1/2}\boldsymbol{X}\boldsymbol{u}=\lambda^{-1}\boldsymbol{X}\boldsymbol{X}^{\mathrm{T}}\boldsymbol{v}=\boldsymbol{v} \tag{3.18}$$

式(3.17)和式(3.18)称为向量 $\boldsymbol{u}$ 和 $\boldsymbol{v}$ 的对偶表示。

3.4.2　算法核化的条件

接下来，我们考虑经投影 $\phi:\boldsymbol{x}\to\phi(\boldsymbol{x})\in F$ 后的类似情况。

根据以上结果不难得出，特征空间中协方差矩阵的第 j 个特征向量 $\boldsymbol{u}_j$ 的对偶表示形式

$$\boldsymbol{u}_j=\lambda_j^{-1/2}\sum_{i=1}^{l}(\boldsymbol{v}_j)_i\phi(\boldsymbol{x}_i)=\sum_{i=1}^{l}\alpha_i^j\phi(\boldsymbol{x}_i),\quad j=1,2,\cdots,t \tag{3.19}$$

其中，t 为协方差矩阵的秩；$\boldsymbol{\alpha}^j$ 为 $\boldsymbol{u}_j$ 的对偶变量，由

$$\boldsymbol{\alpha}^{j} = \lambda_j^{-1/2}\boldsymbol{v}_j \tag{3.20}$$

给出，$\boldsymbol{v}_j, \lambda_j$ 是核矩阵的第 j 个特征向量-特征值对。

利用以上的关系，可以由下式计算新数据点 $\phi(\boldsymbol{x})$ 在特征空间的 $\boldsymbol{u}_j$ 方向上的投影

$$P_{u_j}(\phi(\boldsymbol{x})) = \boldsymbol{u}_j^{\mathrm{T}}\phi(\boldsymbol{x}) = \left\langle \sum_{i=1}^{l}\alpha_i^j\phi(\boldsymbol{x}_i), \phi(\boldsymbol{x}) \right\rangle = \sum_{i=1}^{l}\alpha_i^j k(\boldsymbol{x}_i, \boldsymbol{x}) \tag{3.21}$$

这说明，通过进行核矩阵的特征分解，能够把新数据投影到特征空间中的特征向量上。也就是说，解决这些问题只需要关于数据点之间的内积信息。这样，可以得出结论，任何含有内积的算法都可以用核函数来代替内积，这就是算法能被核化的充分条件。也就是说，只要能够将原始空间算法转化成仅包含样本向量之间内积运算的形式，就可能将其核化，得到对应的核形式，这是推导算法核形式的基本思路。图 3.1 给出了核化算法的一般过程。

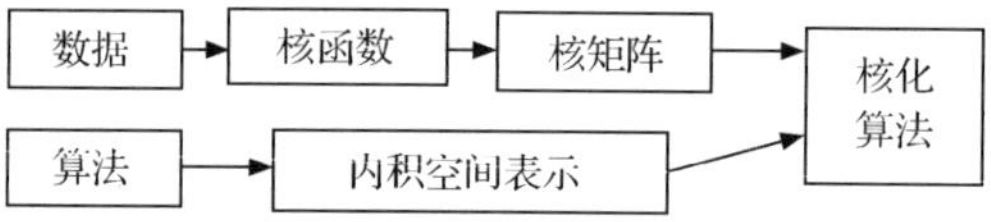

图 3.1　核化算法的一般过程

3.5　多元统计方法的核化算法

多元统计方法的核化算法通过一个非线性映射将原始输入空间变换到一个高维特征空间，而这种非线性映射也是通过定义适当的内积函数来实现，无需知道非线性映射的具体形式。

3.5.1　KPCA

KPCA[7]直接起源于 PCA，唯一的区别是应用空间不同[8,9]。

设输入训练样本 $\boldsymbol{x}_1, \boldsymbol{x}_2, \cdots, \boldsymbol{x}_l \in \mathbf{R}^n$，采用非线性影射 $\phi: \mathbf{R}^n \rightarrow F$ 将输入空间影射到高维特征空间 F，特征空间中的方差阵为

$$\bar{\boldsymbol{C}} = \frac{1}{l}\sum_{j=1}^{l}\boldsymbol{\phi}(\boldsymbol{x}_j)\boldsymbol{\phi}(\boldsymbol{x}_j)^{\mathrm{T}} \tag{3.22}$$

与 PCA 相似，通过寻找该方差阵的特征向量来得到特征空间中的主元。特征值 λ、特征向量 $\boldsymbol{v}$ 满足下式：

$$\lambda\boldsymbol{v} = \bar{\boldsymbol{C}}\boldsymbol{v} = \frac{1}{l}\sum_{j=1}^{l}(\boldsymbol{\phi}(\boldsymbol{x}_j)^{\mathrm{T}}\boldsymbol{v})\boldsymbol{\phi}(\boldsymbol{x}_j) \tag{3.23}$$

对所有 $\lambda \neq 0$，$\boldsymbol{v} = \sum_{j=1}^{l}\alpha_j\boldsymbol{\phi}(\boldsymbol{x}_j)$，即特征向量 $\boldsymbol{v}$ 可看成 $\boldsymbol{\phi}(\boldsymbol{x}_1), \boldsymbol{\phi}(\boldsymbol{x}_2), \cdots, \boldsymbol{\phi}(\boldsymbol{x}_l)$ 的线性

组合。

式(3.23)两边同时对 $\boldsymbol{\phi}(\boldsymbol{x}_k)$ 求内积，得

$$\lambda\langle\boldsymbol{\phi}(\boldsymbol{x}_k),\boldsymbol{v}\rangle=\langle\boldsymbol{\phi}(\boldsymbol{x}_k),\bar{\boldsymbol{C}}\boldsymbol{v}\rangle \tag{3.24}$$

根据核的定义 $\boldsymbol{K}_{j,k}=\langle\boldsymbol{\phi}(\boldsymbol{x}_j),\boldsymbol{\phi}(\boldsymbol{x}_k)\rangle$，式(3.24)简化为

$$\lambda\boldsymbol{\alpha}=(1/n)\boldsymbol{K}\boldsymbol{\alpha} \tag{3.25}$$

其中，$\boldsymbol{\alpha}=[\alpha_1,\alpha_2,\cdots,\alpha_l]^{\mathrm{T}}$；核矩阵 $\boldsymbol{K}$ 是以 $\boldsymbol{K}_{j,k}$ 为元素的矩阵。

在应用 KPCA 之前，还有一个步骤是将 $\boldsymbol{K}$ 矩阵变换为均值中心的，即

$$\bar{\boldsymbol{K}}=\boldsymbol{K}-\boldsymbol{E}\boldsymbol{K}-\boldsymbol{K}\boldsymbol{E}+\boldsymbol{E}\boldsymbol{K}\boldsymbol{E} \tag{3.26}$$

这里，$\boldsymbol{E}\in\mathbf{R}^{l\times l}$，其每个元素均为 $1/l$。另外，系数 $\boldsymbol{\alpha}$ 必须满足 $\|\boldsymbol{\alpha}\|^2=1/l\lambda$，对应于 $\|\boldsymbol{v}\|^2=1$ 的限制。

与 PCA 相仿，第 k 个观测值的得分向量由下式计算

$$\boldsymbol{t}_k=[t_{k,1},t_{k,2},\cdots,t_{k,a}]^{\mathrm{T}} \tag{3.27}$$

$$\boldsymbol{t}_{k,r}=\bar{\boldsymbol{\phi}}(\boldsymbol{x}_k)^{\mathrm{T}}\boldsymbol{v}_r=\sum_{j=1}^{l}\alpha_j^r\langle\bar{\boldsymbol{\phi}}(\boldsymbol{x}_k),\bar{\boldsymbol{\phi}}(\boldsymbol{x}_j)\rangle=\sum_{j=1}^{l}\alpha_j^r K_{k,j} \tag{3.28}$$

其中，$\bar{\boldsymbol{\phi}}(\boldsymbol{x}_k)$ 是满足 $\sum_{j=1}^{l}\bar{\boldsymbol{\phi}}(\boldsymbol{x}_j)=0$ 的均值中心特征向量；a 为主元个数；$r=1,2,\cdots,a$。

3.5.2 KFDA

设输入训练样本 $\boldsymbol{x}_1,\boldsymbol{x}_2,\cdots,\boldsymbol{x}_l\in\mathbf{R}^n$，$l_i$ 为第 i 类样本的个数。考虑两类问题，经非线性影射 $\phi:\mathbf{R}^n\rightarrow F$ 后的类间离散度矩阵和类内离散度矩阵分别为

$$\tilde{\boldsymbol{S}}_b=(\tilde{\boldsymbol{m}}_1-\tilde{\boldsymbol{m}}_2)(\tilde{\boldsymbol{m}}_1-\tilde{\boldsymbol{m}}_2)^{\mathrm{T}} \tag{3.29}$$

$$\tilde{\boldsymbol{S}}_w=\sum_{j=1,2}\sum_{\boldsymbol{x}\in\chi_j}(\boldsymbol{\phi}(\boldsymbol{x})-\tilde{\boldsymbol{m}}_j)(\boldsymbol{\phi}(\boldsymbol{x})-\tilde{\boldsymbol{m}}_j)^{\mathrm{T}} \tag{3.30}$$

其中，$\tilde{\boldsymbol{m}}$ 为核变换后的均值向量，满足

$$\tilde{\boldsymbol{m}}_j=\frac{1}{l_j}\sum_{x\in\chi_j}\boldsymbol{\phi}(\boldsymbol{x}) \tag{3.31}$$

KFDA[10] 的任务就是寻找权向量 $\boldsymbol{w}$，使 $\boldsymbol{w}^{\mathrm{T}}\tilde{\boldsymbol{S}}_b\boldsymbol{w}/(\boldsymbol{w}^{\mathrm{T}}\tilde{\boldsymbol{S}}_w\boldsymbol{w})$ 最大。由于

$$\boldsymbol{w}=\sum_{i=1}^{l}\alpha_i\boldsymbol{\phi}(\boldsymbol{x}_i) \tag{3.32}$$

所以

$$\boldsymbol{w}^{\mathrm{T}}\tilde{\boldsymbol{m}}_j=\frac{1}{l_j}\sum_{i=1}^{l}\alpha_i\boldsymbol{\phi}^{\mathrm{T}}(\boldsymbol{x}_i)\sum_{x\in\chi_j}\boldsymbol{\phi}(\boldsymbol{x})=\frac{1}{l_j}\boldsymbol{\alpha}^{\mathrm{T}}\boldsymbol{K}_{l\times l_j}\mathbf{1}_{l_j\times 1} \tag{3.33}$$

其中，$\boldsymbol{\alpha}=[\alpha_1,\alpha_2,\cdots,\alpha_l]^{\mathrm{T}}$；$\mathbf{1}$ 为所有元素均为 1 的向量或矩阵，下标代表维数。可以得到

$$\boldsymbol{w}^{\mathrm{T}}\widetilde{\boldsymbol{S}}_b\boldsymbol{w} = \boldsymbol{w}^{\mathrm{T}}(\widetilde{\boldsymbol{m}}_1 - \widetilde{\boldsymbol{m}}_2)(\widetilde{\boldsymbol{m}}_1 - \widetilde{\boldsymbol{m}}_2)^{\mathrm{T}}\boldsymbol{w} = \boldsymbol{\alpha}^{\mathrm{T}}\left[\frac{1}{l_1}\boldsymbol{K}_{l\times l_1}\mathbf{1}_{l_1\times 1} - \frac{1}{l_2}\boldsymbol{K}_{l\times l_2}\mathbf{1}_{l_2\times 1}\right][\cdot]^{\mathrm{T}}\boldsymbol{\alpha} \tag{3.34}$$

又由于

$$\boldsymbol{w}^{\mathrm{T}}\boldsymbol{\phi}(\boldsymbol{x}) = \sum_{i=1}^{l}\alpha_i\boldsymbol{\phi}^{\mathrm{T}}(\boldsymbol{x}_i)\boldsymbol{\phi}(\boldsymbol{x}) = \boldsymbol{\alpha}^{\mathrm{T}}\boldsymbol{K}_{l\times l_j} \tag{3.35}$$

所以

$$\begin{aligned}\boldsymbol{w}^{\mathrm{T}}\widetilde{\boldsymbol{S}}_w\boldsymbol{w} &= \boldsymbol{w}^{\mathrm{T}}\sum_{j=1,2}\sum_{\boldsymbol{x}\in\chi_j}(\boldsymbol{\phi}(\boldsymbol{x}) - \widetilde{\boldsymbol{m}}_j)(\boldsymbol{\phi}(\boldsymbol{x}) - \widetilde{\boldsymbol{m}}_j)^{\mathrm{T}}\boldsymbol{w} \\ &= \boldsymbol{\alpha}^{\mathrm{T}}\sum_{j=1}^{2}\boldsymbol{K}_{l\times l_j}\left(\mathbf{1}_{l_j\times l_j} - \frac{1}{l_j}\mathbf{1}_{l_j\times l_j}\right)\boldsymbol{K}_{l_j\times l_j}^{\mathrm{T}}\boldsymbol{\alpha}\end{aligned} \tag{3.36}$$

这样,原先的优化问题就转变成对偶空间的优化问题

$$\max J(\boldsymbol{\alpha}) = \frac{\boldsymbol{\alpha}^{\mathrm{T}}\boldsymbol{M}\boldsymbol{\alpha}}{\boldsymbol{\alpha}^{\mathrm{T}}\boldsymbol{N}\boldsymbol{\alpha}} \tag{3.37}$$

其中

$$\boldsymbol{M} = \left[\frac{1}{l_1}\boldsymbol{K}_{l\times l_1}\mathbf{1}_{l_1\times 1} - \frac{1}{l_2}\boldsymbol{K}_{l\times l_2}\mathbf{1}_{l_2\times 1}\right][\cdot]^{\mathrm{T}} \tag{3.38}$$

$$\boldsymbol{N} = \sum_{j=1}^{2}\boldsymbol{K}_{l\times l_j}\left(\mathbf{1}_{l_j\times l_j} - \frac{1}{l_j}\mathbf{1}_{l_j\times l_j}\right)\boldsymbol{K}_{l_j\times l_j}^{\mathrm{T}} \tag{3.39}$$

这样,就可以通过求解对偶空间的广义特征值问题得到 KFDA 判别向量 $\boldsymbol{\alpha}$,完成了算法的核化。

对于多类问题,可以相似地得到

$$\boldsymbol{w}^{\mathrm{T}}\widetilde{\boldsymbol{S}}_b\boldsymbol{w} = \boldsymbol{\alpha}^{\mathrm{T}}\sum_{i=1}^{c}\left[\frac{1}{l_i}\boldsymbol{K}_{l\times l_i}\mathbf{1}_{l_i\times 1} - \frac{1}{l}\boldsymbol{K}_{l\times l}\mathbf{1}_{l\times 1}\right][\cdot]^{\mathrm{T}}\boldsymbol{\alpha} \tag{3.40}$$

$$\boldsymbol{w}^{\mathrm{T}}\widetilde{\boldsymbol{S}}_w\boldsymbol{w} = \boldsymbol{\alpha}^{\mathrm{T}}\sum_{i=1}^{c}\boldsymbol{K}_{l\times l_i}\left(\mathbf{1}_{l_i\times 1} - \frac{1}{l_i}\mathbf{1}_{l\times 1}\right)\boldsymbol{K}_{l\times l_i}^{\mathrm{T}}\boldsymbol{\alpha} \tag{3.41}$$

其中,c 为类别数;l 为样本总数。

3.5.3 KPLS

KPLS 是 PLS 的扩展,从 20 世纪 90 年代以后在化学计量学中得到广泛应用;与 SVM 相比,多输出模型在 KPLS 中容易实现;KPLS 选择隐变量个数快速、容易、直接;但其建模结果难以结合和解释,且基于最小二乘损失函数,对其他损失函数可能无用[11~13]。

KPLS 可由 PLS 直接转化而来。根据第 2 章 PLS 的推导,可有两种核化方案,分别如下。

1) 输入输出数据均投影到特征空间

设数据的投影分别为 $\boldsymbol{X} \to \Phi(\boldsymbol{X}), \boldsymbol{Y} \to \Phi(\boldsymbol{Y})$,且 $\boldsymbol{K} = \Phi(\boldsymbol{X})\Phi(\boldsymbol{X})^{\mathrm{T}}, \boldsymbol{K}_y =$

$\boldsymbol{\Phi}(\boldsymbol{Y})\boldsymbol{\Phi}(\boldsymbol{Y})^{\mathrm{T}}$。由

$$\begin{aligned}
&\boldsymbol{X}^{\mathrm{T}}\boldsymbol{Y}\boldsymbol{Y}^{\mathrm{T}}\boldsymbol{X}\boldsymbol{w}=\lambda\boldsymbol{w}\Rightarrow\boldsymbol{X}\boldsymbol{X}^{\mathrm{T}}\boldsymbol{Y}\boldsymbol{Y}^{\mathrm{T}}\boldsymbol{t}=\lambda\boldsymbol{t}\\
&\boldsymbol{Y}^{\mathrm{T}}\boldsymbol{X}\boldsymbol{X}^{\mathrm{T}}\boldsymbol{Y}\boldsymbol{v}=\lambda\boldsymbol{v}\Rightarrow\boldsymbol{Y}\boldsymbol{Y}^{\mathrm{T}}\boldsymbol{X}\boldsymbol{X}^{\mathrm{T}}\boldsymbol{u}=\lambda\boldsymbol{u}\\
&\boldsymbol{u}=\boldsymbol{Y}\boldsymbol{v}=\boldsymbol{Y}\boldsymbol{Y}^{\mathrm{T}}\boldsymbol{X}\boldsymbol{w}=\boldsymbol{Y}\boldsymbol{Y}^{\mathrm{T}}\boldsymbol{t}\\
&\boldsymbol{t}=\boldsymbol{X}\boldsymbol{w}=\boldsymbol{X}\boldsymbol{X}^{\mathrm{T}}\boldsymbol{Y}\boldsymbol{v}=\boldsymbol{X}\boldsymbol{X}^{\mathrm{T}}\boldsymbol{u}
\end{aligned}$$

投影到特征空间,得

$$\begin{aligned}
&\Phi(\boldsymbol{X})\Phi(\boldsymbol{X})^{\mathrm{T}}\Phi(\boldsymbol{Y})\Phi(\boldsymbol{Y})^{\mathrm{T}}\boldsymbol{t}=\lambda\boldsymbol{t}\\
&\Rightarrow\quad\boldsymbol{K}\boldsymbol{K}_y\boldsymbol{t}=\lambda\boldsymbol{t},\quad\boldsymbol{u}=\boldsymbol{K}_y\boldsymbol{t}
\end{aligned}\tag{3.42}$$

再应用 $\boldsymbol{w}$ 与 $\boldsymbol{\alpha}$ 的关系,得

$$\begin{aligned}
&\boldsymbol{t}=\Phi(\boldsymbol{X})\boldsymbol{w}=\Phi(\boldsymbol{X})\Phi(\boldsymbol{X})^{\mathrm{T}}\boldsymbol{\alpha}=\boldsymbol{K}\boldsymbol{\alpha}\\
&\Rightarrow\quad\boldsymbol{K}\boldsymbol{K}_y\boldsymbol{K}\boldsymbol{\alpha}=\lambda\boldsymbol{K}\boldsymbol{\alpha}\Rightarrow\boldsymbol{K}_y\boldsymbol{K}\boldsymbol{\alpha}=\lambda\boldsymbol{\alpha}
\end{aligned}\tag{3.43}$$

2) 仅投影输入数据

由 $\boldsymbol{X}\boldsymbol{X}^{\mathrm{T}}\boldsymbol{Y}\boldsymbol{Y}^{\mathrm{T}}\boldsymbol{t}=\lambda\boldsymbol{t},\boldsymbol{t}=\boldsymbol{X}\boldsymbol{w}$,得

$$\boldsymbol{X}\boldsymbol{X}^{\mathrm{T}}\boldsymbol{Y}\boldsymbol{Y}^{\mathrm{T}}\boldsymbol{X}\boldsymbol{w}=\lambda\boldsymbol{X}\boldsymbol{w}\tag{3.44}$$

将输入数据投影,数据依然在原始空间,得

$$\Phi(\boldsymbol{X})\Phi(\boldsymbol{X})^{\mathrm{T}}\boldsymbol{Y}\boldsymbol{Y}^{\mathrm{T}}\Phi(\boldsymbol{X})\boldsymbol{w}=\lambda\Phi(\boldsymbol{X})\boldsymbol{w}\tag{3.45}$$

又因 $\boldsymbol{w}=\Phi(\boldsymbol{X})^{\mathrm{T}}\boldsymbol{\alpha}$,应用核技巧,得

$$\boldsymbol{K}\boldsymbol{Y}\boldsymbol{Y}^{\mathrm{T}}\boldsymbol{K}\boldsymbol{\alpha}=\lambda\boldsymbol{K}\boldsymbol{\alpha}\Rightarrow\boldsymbol{Y}\boldsymbol{Y}^{\mathrm{T}}\boldsymbol{K}\boldsymbol{\alpha}=\lambda\boldsymbol{\alpha}\tag{3.46}$$

同理,由 $\boldsymbol{Y}^{\mathrm{T}}\boldsymbol{X}\boldsymbol{X}^{\mathrm{T}}\boldsymbol{Y}\boldsymbol{v}=\boldsymbol{\lambda}\boldsymbol{v}$,得

$$\boldsymbol{Y}^{\mathrm{T}}\boldsymbol{K}\boldsymbol{Y}\boldsymbol{v}=\lambda\boldsymbol{v}\tag{3.47}$$

该结果也可由优化问题转化而来,考虑 PLS 问题

$$\max_{\boldsymbol{w},\boldsymbol{v}}\frac{\mathrm{cov}(\boldsymbol{X}\boldsymbol{w},\boldsymbol{Y}\boldsymbol{v})}{\|\boldsymbol{w}\|\|\boldsymbol{v}\|}\tag{3.48}$$

同样采用两种核化方案,输入输出均投影和仅投影输入数据,分别如下。

1) 输入输出数据均投影到特征空间

输入输出投影到特征空间后,式(3.48)的等价形式为

$$\begin{aligned}
&\max J=\boldsymbol{w}^{\mathrm{T}}\Phi(\boldsymbol{x})^{\mathrm{T}}\Phi(\boldsymbol{y})\boldsymbol{v}\\
&\text{s. t.}\quad\boldsymbol{w}^{\mathrm{T}}\boldsymbol{w}=1,\quad\boldsymbol{v}^{\mathrm{T}}\boldsymbol{v}=1
\end{aligned}\tag{3.49}$$

化简准则函数和约束函数,得

$$\begin{aligned}
&J=\boldsymbol{w}^{\mathrm{T}}\Phi(\boldsymbol{X})^{\mathrm{T}}\Phi(\boldsymbol{Y})\boldsymbol{v}=\boldsymbol{\alpha}^{\mathrm{T}}\Phi(\boldsymbol{X})\Phi(\boldsymbol{X})^{\mathrm{T}}\Phi(\boldsymbol{Y})\Phi(\boldsymbol{Y})\boldsymbol{\beta}=\boldsymbol{\alpha}^{\mathrm{T}}\boldsymbol{K}\boldsymbol{K}_y\boldsymbol{\beta}\\
&\text{s. t.}\quad\boldsymbol{w}^{\mathrm{T}}\boldsymbol{w}=\boldsymbol{\alpha}^{\mathrm{T}}\boldsymbol{K}\boldsymbol{\alpha}=1,\quad\boldsymbol{v}^{\mathrm{T}}\boldsymbol{v}=\boldsymbol{\beta}^{\mathrm{T}}\boldsymbol{K}_y\boldsymbol{\beta}=1
\end{aligned}\tag{3.50}$$

拉格朗日方程

$$L(\boldsymbol{\alpha},\boldsymbol{\beta},\lambda,\boldsymbol{\mu})=\boldsymbol{\alpha}^{\mathrm{T}}\boldsymbol{K}\boldsymbol{K}_y\boldsymbol{\beta}-\frac{1}{2}\lambda(\boldsymbol{\alpha}^{\mathrm{T}}\boldsymbol{K}\boldsymbol{\alpha}-1)-\frac{1}{2}\boldsymbol{\mu}(\boldsymbol{\beta}^{\mathrm{T}}\boldsymbol{K}_y\boldsymbol{\beta}-1)\tag{3.51}$$

分别求该函数关于变量的梯度

$$\frac{\partial L}{\partial \boldsymbol{\alpha}} = \boldsymbol{K}\boldsymbol{K}_y\boldsymbol{\beta} - \lambda\boldsymbol{K}\boldsymbol{\alpha} = 0 \tag{3.52}$$

$$\frac{\partial L}{\partial \boldsymbol{\beta}} = \boldsymbol{K}_y\boldsymbol{K}\boldsymbol{\alpha} - \mu\boldsymbol{K}_y\boldsymbol{\beta} = 0 \tag{3.53}$$

合并式(3.52)和式(3.53)

$$\begin{bmatrix} \mathbf{0} & \boldsymbol{K}\boldsymbol{K}_y \\ \boldsymbol{K}_y\boldsymbol{K} & \mathbf{0} \end{bmatrix}\begin{bmatrix} \boldsymbol{\alpha} \\ \boldsymbol{\beta} \end{bmatrix} = \lambda\begin{bmatrix} \boldsymbol{K} & \mathbf{0} \\ \mathbf{0} & \boldsymbol{K}_y \end{bmatrix}\begin{bmatrix} \boldsymbol{\alpha} \\ \boldsymbol{\beta} \end{bmatrix} \tag{3.54}$$

若 $\boldsymbol{K}$ 和 $\boldsymbol{K}_1$ 均可逆,则式(3.54)也可以等价地写成

$$\begin{bmatrix} \mathbf{0} & \boldsymbol{K}_y \\ \boldsymbol{K} & \mathbf{0} \end{bmatrix}\begin{bmatrix} \boldsymbol{\alpha} \\ \boldsymbol{\beta} \end{bmatrix} = \lambda\begin{bmatrix} \boldsymbol{I} & \mathbf{0} \\ \mathbf{0} & \boldsymbol{I} \end{bmatrix}\begin{bmatrix} \boldsymbol{\alpha} \\ \boldsymbol{\beta} \end{bmatrix} \tag{3.55}$$

式(3.43)与结果相同。

2) 仅投影输入数据

输入数据投影后,式(3.48)的等价形式为

$$\begin{aligned} &\max J = \boldsymbol{w}^{\mathrm{T}}\boldsymbol{\Phi}(\boldsymbol{x})^{\mathrm{T}}\boldsymbol{Y}\boldsymbol{v} \\ &\text{s. t.} \quad \boldsymbol{w}^{\mathrm{T}}\boldsymbol{w} = 1, \quad \boldsymbol{v}^{\mathrm{T}}\boldsymbol{v} = 1 \end{aligned} \tag{3.56}$$

$\boldsymbol{w} = \Phi(\boldsymbol{X})^{\mathrm{T}}\boldsymbol{\alpha}$, 化简准则函数和约束函数,得

$$\begin{aligned} &\max J = \boldsymbol{w}^{\mathrm{T}}\Phi(\boldsymbol{X})^{\mathrm{T}}\boldsymbol{Y}\boldsymbol{v} = \boldsymbol{\alpha}^{\mathrm{T}}\Phi(\boldsymbol{X})\Phi(\boldsymbol{X})^{\mathrm{T}}\boldsymbol{Y}\boldsymbol{v} = \boldsymbol{\alpha}^{\mathrm{T}}\boldsymbol{K}\boldsymbol{Y}\boldsymbol{v} \\ &\text{s. t.} \quad \boldsymbol{w}^{\mathrm{T}}\boldsymbol{w} = \boldsymbol{\alpha}^{\mathrm{T}}\Phi(\boldsymbol{X})\Phi(\boldsymbol{X})^{\mathrm{T}}\boldsymbol{\alpha} = \boldsymbol{\alpha}^{\mathrm{T}}\boldsymbol{K}\boldsymbol{\alpha} = 1, \quad \boldsymbol{v}^{\mathrm{T}}\boldsymbol{v} = 1 \end{aligned} \tag{3.57}$$

同样,得到拉格朗日方程

$$L(\boldsymbol{\alpha},\boldsymbol{v},\lambda,\mu) = \boldsymbol{\alpha}^{\mathrm{T}}\boldsymbol{K}\boldsymbol{Y}\boldsymbol{v} - \frac{1}{2}\lambda(\boldsymbol{\alpha}^{\mathrm{T}}\boldsymbol{K}\boldsymbol{\alpha} - 1) - \frac{1}{2}\mu(\boldsymbol{v}^{\mathrm{T}}\boldsymbol{v} - 1) \tag{3.58}$$

分别求该函数关于变量的梯度

$$\frac{\partial L}{\partial \boldsymbol{\alpha}} = \boldsymbol{K}\boldsymbol{Y}\boldsymbol{v} - \lambda\boldsymbol{K}\boldsymbol{\alpha} = 0 \tag{3.59}$$

$$\frac{\partial L}{\partial \boldsymbol{v}} = \boldsymbol{Y}^{\mathrm{T}}\boldsymbol{K}^{\mathrm{T}}\boldsymbol{\alpha} - \mu\boldsymbol{v} = \boldsymbol{Y}^{\mathrm{T}}\boldsymbol{K}\boldsymbol{\alpha} - \mu\boldsymbol{v} = 0 \tag{3.60}$$

简化,得

$$\boldsymbol{\alpha}^{\mathrm{T}}\boldsymbol{K}\boldsymbol{Y}\boldsymbol{v} = \lambda, \quad \boldsymbol{v}^{\mathrm{T}}\boldsymbol{Y}^{\mathrm{T}}\boldsymbol{K}^{\mathrm{T}}\boldsymbol{\alpha} = \mu \tag{3.61}$$

所以 $\lambda = \mu$, 那么

$$\boldsymbol{K}\boldsymbol{Y}\boldsymbol{v} = \lambda\boldsymbol{K}\boldsymbol{\alpha}, \quad \boldsymbol{Y}^{\mathrm{T}}\boldsymbol{K}\boldsymbol{\alpha} = \lambda\boldsymbol{v} \tag{3.62}$$

由于 $\boldsymbol{K}$ 正定,所以

$$\begin{aligned} &\boldsymbol{Y}\boldsymbol{Y}^{\mathrm{T}}\boldsymbol{K}\boldsymbol{\alpha} = \lambda^2\boldsymbol{\alpha}, \quad \boldsymbol{Y}^{\mathrm{T}}\boldsymbol{K}\boldsymbol{Y}\boldsymbol{v} = \lambda^2\boldsymbol{v} \\ &\max J = \boldsymbol{\alpha}^{\mathrm{T}}\boldsymbol{K}\boldsymbol{Y}\boldsymbol{v} = \lambda \end{aligned} \tag{3.63}$$

当 $\boldsymbol{\alpha}$ 和 $\boldsymbol{v}$ 与最大特征值对应的特征向量时,该式取得最大值。这样约束优化问题转化为特征值求解问题,也可以将两个特征值问题合成一个

$$\begin{bmatrix} \mathbf{0} & \boldsymbol{KY} \\ \boldsymbol{Y}^{\mathrm{T}}\boldsymbol{K} & \mathbf{0} \end{bmatrix}\begin{bmatrix} \boldsymbol{\alpha} \\ \boldsymbol{v} \end{bmatrix} = \lambda \begin{bmatrix} \boldsymbol{K} & \mathbf{0} \\ \mathbf{0} & \boldsymbol{I} \end{bmatrix}\begin{bmatrix} \boldsymbol{\alpha} \\ \boldsymbol{v} \end{bmatrix} \tag{3.64}$$

该结果与式(3.47)一致,也与文献[14]结果相同。

以上两种方案中,第一种对回归和判别问题均可使用,第二种对判别问题适用,因为在判别问题中,$\boldsymbol{Y}$ 仅包含类别信息,由 0 或 1 组成。

KPLS 也可以由 NIPALS 迭代求解,以仅投影输入数据为例,其计算步骤如下:

(1) 初始化 $\boldsymbol{u}$(可随机,可选择 $\boldsymbol{Y}$ 的任意列);

(2) $\boldsymbol{t} = \boldsymbol{\phi}\boldsymbol{\phi}^{\mathrm{T}}\boldsymbol{u} = \boldsymbol{Ku}, \boldsymbol{t} \leftarrow \boldsymbol{t}/\|\boldsymbol{t}\|$;

(3) $\boldsymbol{c} = \boldsymbol{Y}^{\mathrm{T}}\boldsymbol{t}$;

(4) $\boldsymbol{u} = \boldsymbol{Yc}, \boldsymbol{u} \leftarrow \boldsymbol{u}/\|\boldsymbol{u}\|$;

(5) 重复步骤(2)~步骤(4)直到收敛;

(6) $\boldsymbol{K} \leftarrow (\boldsymbol{I} - \boldsymbol{tt}^{\mathrm{T}})\boldsymbol{K}(\boldsymbol{I} - \boldsymbol{tt}^{\mathrm{T}}), \boldsymbol{Y} \leftarrow \boldsymbol{Y} - \boldsymbol{tt}^{\mathrm{T}}\boldsymbol{Y}$。

3.5.4　KCCA

与 KPCA 相似,KCCA 是在典型相关分析基础上进行的,其基本思想是首先将观测数据映射到高维特征空间,然后在高维特征空间中进行 CCA。

对于两变量 $\boldsymbol{x}_1, \boldsymbol{x}_2$ 问题,可由 CCA 直接引出 KCCA。设输入训练样本 $\boldsymbol{x}_1, \boldsymbol{x}_2 \in \mathbf{R}^n$,采用非线性映射 $\phi: \mathbf{R}^n \to F$ 将输入空间映射到高维特征空间 F,特征空间中的方差阵为

$$\bar{\boldsymbol{C}} = \frac{1}{l}\sum_{j=1}^{l}\boldsymbol{\phi}(\boldsymbol{x}_j)\boldsymbol{\phi}(\boldsymbol{x}_j)^{\mathrm{T}} \tag{3.65}$$

相似地,特征空间的 CCA 问题等价于下式的优化问题

$$\begin{aligned} \rho(\boldsymbol{K}_1, \boldsymbol{K}_2) &= \max_{\boldsymbol{\alpha}_1, \boldsymbol{\alpha}_2} \mathrm{corr}(\langle \boldsymbol{\phi}(\boldsymbol{x}_1), \boldsymbol{\phi}(\boldsymbol{x}_1)^{\mathrm{T}}\boldsymbol{\alpha}_1 \rangle, \langle \boldsymbol{\phi}(\boldsymbol{x}_2), \boldsymbol{\phi}(\boldsymbol{x}_2)^{\mathrm{T}}\boldsymbol{\alpha}_2 \rangle) \\ &= \max_{\boldsymbol{\alpha}_1, \boldsymbol{\alpha}_2} \frac{\mathrm{cov}(\boldsymbol{\alpha}_1^{\mathrm{T}}\boldsymbol{\phi}(\boldsymbol{x}_1)\boldsymbol{\phi}(\boldsymbol{x}_1)^{\mathrm{T}}, \boldsymbol{\alpha}_2^{\mathrm{T}}\boldsymbol{\phi}(\boldsymbol{x}_2)\boldsymbol{\phi}(\boldsymbol{x}_2)^{\mathrm{T}})}{(\mathrm{var}\langle \boldsymbol{\phi}(\boldsymbol{x}_1), \boldsymbol{\phi}(\boldsymbol{x}_1)^{\mathrm{T}}\boldsymbol{\alpha}_1 \rangle)^{1/2}(\mathrm{var}\langle \boldsymbol{\phi}(\boldsymbol{x}_2), \boldsymbol{\phi}(\boldsymbol{x}_2)^{\mathrm{T}}\boldsymbol{\alpha}_2 \rangle)^{1/2}} \end{aligned} \tag{3.66}$$

式(3.66)可简化为

$$\rho(\boldsymbol{K}_1, \boldsymbol{K}_2) = \max_{\boldsymbol{\alpha}_1, \boldsymbol{\alpha}_2} \frac{\boldsymbol{\alpha}_1^{\mathrm{T}}\boldsymbol{K}_1\boldsymbol{K}_2\boldsymbol{\alpha}_2}{(\boldsymbol{\alpha}_1^{\mathrm{T}}\boldsymbol{K}_1^2\boldsymbol{\alpha}_1)^{1/2}(\boldsymbol{\alpha}_2^{\mathrm{T}}\boldsymbol{K}_2^2\boldsymbol{\alpha}_2)^{1/2}} \tag{3.67}$$

即

$$\begin{bmatrix} \mathbf{0} & \boldsymbol{K}_1\boldsymbol{K}_2 \\ \boldsymbol{K}_2\boldsymbol{K}_1 & \mathbf{0} \end{bmatrix}\begin{bmatrix} \boldsymbol{\alpha}_1 \\ \boldsymbol{\alpha}_2 \end{bmatrix} = \rho \begin{bmatrix} \boldsymbol{K}_1^2 & \mathbf{0} \\ \mathbf{0} & \boldsymbol{K}_2^2 \end{bmatrix}\begin{bmatrix} \boldsymbol{\alpha}_1 \\ \boldsymbol{\alpha}_2 \end{bmatrix}$$

的最大特征值问题或

$$\begin{bmatrix} \boldsymbol{K}_1^2 & \boldsymbol{K}_1\boldsymbol{K}_2 \\ \boldsymbol{K}_2\boldsymbol{K}_1 & \boldsymbol{K}_2^2 \end{bmatrix}\begin{bmatrix} \boldsymbol{\alpha}_1 \\ \boldsymbol{\alpha}_2 \end{bmatrix} = \rho\begin{bmatrix} \boldsymbol{K}_1^2 & \boldsymbol{0} \\ \boldsymbol{0} & \boldsymbol{K}_2^2 \end{bmatrix}\begin{bmatrix} \boldsymbol{\alpha}_1 \\ \boldsymbol{\alpha}_2 \end{bmatrix}$$

的最小特征值问题很容易推广到多变量情形

$$\begin{bmatrix} \boldsymbol{K}_1^2 & \boldsymbol{K}_1\boldsymbol{K}_2 & \cdots & \boldsymbol{K}_1\boldsymbol{K}_l \\ \boldsymbol{K}_2\boldsymbol{K}_1 & \boldsymbol{K}_2^2 & \cdots & \boldsymbol{K}_2\boldsymbol{K}_l \\ \vdots & \vdots & & \vdots \\ \boldsymbol{K}_l\boldsymbol{K}_1 & \boldsymbol{K}_l\boldsymbol{K}_2 & \cdots & \boldsymbol{K}_l^2 \end{bmatrix}\begin{bmatrix} \boldsymbol{\alpha}_1 \\ \boldsymbol{\alpha}_2 \\ \vdots \\ \boldsymbol{\alpha}_l \end{bmatrix} = \lambda\begin{bmatrix} \boldsymbol{K}_1^2 & \boldsymbol{0} & \cdots & \boldsymbol{0} \\ \boldsymbol{0} & \boldsymbol{K}_2^2 & \cdots & \boldsymbol{0} \\ \vdots & \vdots & & \vdots \\ \boldsymbol{0} & \boldsymbol{0} & \cdots & \boldsymbol{K}_l^2 \end{bmatrix}\begin{bmatrix} \boldsymbol{\alpha}_1 \\ \boldsymbol{\alpha}_2 \\ \vdots \\ \boldsymbol{\alpha}_l \end{bmatrix} \tag{3.68}$$

在执行 KCCA 时，首先要对核矩阵做中心化处理，如式(3.26)。$\bar{\boldsymbol{K}}$，归一化 $\tilde{\boldsymbol{K}} = \bar{\boldsymbol{K}}/(\mathrm{tr}(\bar{\boldsymbol{K}})/l)$ 求解特征方程 $\lambda\boldsymbol{\alpha} = \tilde{\boldsymbol{K}}\boldsymbol{\alpha}$，得到前 d 个最大特征值 $\lambda_1 \geqslant \lambda_2 \geqslant \cdots \geqslant \lambda_d$ 对应的特征向量 $\alpha_1 \geqslant \alpha_2 \geqslant \cdots \geqslant \alpha_d$，进一步得到 $\bar{\boldsymbol{C}}$ 的特征值 $\lambda_1/l, \lambda_2/l, \cdots, \lambda_d/l$。

KCCA 的算法步骤：

输入：数据矢量 $\boldsymbol{x}_1, \boldsymbol{x}_2, \cdots, \boldsymbol{x}_l$

(1) 白化输入数据矢量 $\boldsymbol{x}_1, \boldsymbol{x}_2, \cdots, \boldsymbol{x}_l$；

(2) 计算原始数据的 Gram 矩阵 $\boldsymbol{K}_1, \boldsymbol{K}_2, \cdots, \boldsymbol{K}_l$ 并中心化；

(3) 定义 $\lambda_{\max}$ 为式(3.68)的最大特征值，依次计算对应的特征向量。

3.5.5 KICA

如果分量的分布已知，那么可以采用极大似然法来估计 ICA 参数模型，但实际上该分布通常未知。由于极大似然和最小化互信息的等价性，一个典型的方法就是逼近分量之间的互信息。不少学者提出了一些基于高阶矩的对照函数以及各种基于核的独立性测度。Bach 等[15]首先提出了基于 CCA 的核典型相关算法 KCCA，如 3.5.4 节所述(由于核典型相关可以作为一种独立性测度，因而大多数文献将该方法定义为一种核独立元分析法)，并指出了典型相关与广义方差(generalized variance，GV)的等价性，指出互信息与 CCA 的关系；并进一步证明了广义方差为互信息独立性的上界。Gretton 等提出了基于约束协方差 COCO 和核互信息 KMI(互信息的 Parzen 窗估计的独立性上界)[16]的方法，记为 KCOCO 和 KMI，KMI 大样本最好，KGV(即 KCCA)小样本好。对 KCCA 正则参数选择很严格，当外部噪声存在时，正则参数的好坏对性能影响甚大。KMI 和 COCO 对外部噪声影响不大，其性能与最佳正则参数选择时的 KCCA 相当。

与其他核算法一样，KICA 的目的就是在特征空间中找到转换系数矩阵来得到独立主元 s 的估计值[17]。这其中多数直接利用了 KICA 对混合信号的分离，如陈敏等[18]将 KICA 用于遥感影像的处理，得到更清晰的地表图像。

设

$$k_{1j,k} = \langle \Phi(\boldsymbol{x}_{1j}), \Phi(\boldsymbol{x}_{1k}) \rangle = k(\boldsymbol{x}_{1j}, \boldsymbol{x}_{1k})$$
$$k_{2j,k} = \langle \Phi(\boldsymbol{x}_{2j}), \Phi(\boldsymbol{x}_{2k}) \rangle = k(\boldsymbol{x}_{2j}, \boldsymbol{x}_{2k})$$
$$\boldsymbol{K}_1 = \langle \Phi(\boldsymbol{X}_1), \Phi(\boldsymbol{X}_1) \rangle$$

$$\boldsymbol{K}_2 = \langle \Phi(\boldsymbol{X}_2), \Phi(\boldsymbol{X}_2) \rangle$$

下面对于两变量情形，分别给出基于核互信息和基于约束协方差的 KICA。

1. 基于核互信息的 KICA，记为 KMI

定义基于核的互信息为

$$\mathrm{KMI} = -\frac{1}{2}\lg(|\boldsymbol{I} - \upsilon^{-2}\boldsymbol{K}_1\boldsymbol{K}_2|) = -\frac{1}{2}\lg\left(\prod_i \left(1 - \frac{\lambda_i^2}{\upsilon^2}\right)\right) \tag{3.69}$$

其中，λ_i 为下式的非零解

$$\begin{bmatrix} \boldsymbol{0} & \boldsymbol{K}_1\boldsymbol{K}_2 \\ \boldsymbol{K}_2\boldsymbol{K}_1 & \boldsymbol{0} \end{bmatrix}\begin{bmatrix} \boldsymbol{\alpha}_1 \\ \boldsymbol{\alpha}_2 \end{bmatrix} = \lambda\begin{bmatrix} \boldsymbol{0} & \boldsymbol{K}_1 \\ \boldsymbol{K}_2 & \boldsymbol{0} \end{bmatrix}\begin{bmatrix} \boldsymbol{\alpha}_1 \\ \boldsymbol{\alpha}_2 \end{bmatrix} \tag{3.70}$$

$$\upsilon = \min\left\{ \min_{j \in \{1,2,\cdots,l\}} \sum_{i=1}^{l} k(\boldsymbol{x}_{1i}, \boldsymbol{x}_{1j}), \min_{j \in \{1,2,\cdots,l\}} \sum_{i=1}^{l} k(\boldsymbol{x}_{2i}, \boldsymbol{x}_{2j}) \right\}$$

如果将式(3.70)分解，可得

$$\boldsymbol{K}_1\boldsymbol{K}_2\boldsymbol{\alpha}_2 = \lambda\boldsymbol{K}_1\boldsymbol{\alpha}_2 \tag{3.71}$$

$$\boldsymbol{K}_2\boldsymbol{K}_1\boldsymbol{\alpha}_1 = \lambda\boldsymbol{K}_2\boldsymbol{\alpha}_1 \tag{3.72}$$

如果 $\boldsymbol{K}_1$ 和 $\boldsymbol{K}_2$ 均可逆（一般核矩阵具有这种特征），那么

$$\boldsymbol{K}_1\boldsymbol{\alpha}_1 = \lambda\boldsymbol{\alpha}_1 \tag{3.73}$$

$$\boldsymbol{K}_2\boldsymbol{\alpha}_2 = \lambda\boldsymbol{\alpha}_2 \tag{3.74}$$

这实际上就是分别对两类数据执行 KPCA。对于故障诊断或者分类问题，我们面临这样的问题，对于待测试数据是采用 $\boldsymbol{\alpha}_1$ 还是 $\boldsymbol{\alpha}_2$ 来投影？理论上说，对一类数据用 $\boldsymbol{\alpha}_1$ 投影，对另一类数据用 $\boldsymbol{\alpha}_2$ 投影最利于二者的分离，但问题是我们事先并不知道数据的类别，分类也正是我们的目的。有学者将 KICA 用于故障检测，赵中盖等[19]、王丽等[20,21]将 KICA 用于故障检测，构造了 I^2 统计量和 SPE 统计量以检测故障，但该方法不能识别故障；田昊等[22]利用 KICA 进行信号分离找到故障特征，并成功用于齿轮箱的故障诊断，该方法对大多数机械故障特别有效，但不适用于无明显信号特征的故障。因而有必要对 KICA 进行适当改进以形成适用于故障诊断问题的普适方法。在 KPCA 中，我们采用将几类训练数据集中于输入矩阵中来求取输入数据的投影向量，在 3.5.6 小节中我们会对 KCCA、KMI 和 KCOCO 分别作变形以实现故障诊断。

2. 基于受限协方差的 KICA，记为 KCOCO

定义受限协方差

$$\mathrm{COCO} = \frac{1}{l}\sqrt{\|\boldsymbol{K}_1\boldsymbol{K}_2\|_2} \tag{3.75}$$

这里矩阵范数 $\|\cdot\|_2$ 代表最大奇异值。式(3.75)的一个等价形式为

$$\mathrm{COCO} = \max_i \lambda_i \tag{3.76}$$

其中，λ_i 为广义特征问题(3.77)的解。

$$\begin{bmatrix} \mathbf{0} & \boldsymbol{K}_1\boldsymbol{K}_2 \\ \boldsymbol{K}_2\boldsymbol{K}_1 & \mathbf{0} \end{bmatrix}\begin{bmatrix} \boldsymbol{\alpha}_1 \\ \boldsymbol{\alpha}_2 \end{bmatrix} = \lambda_i \begin{bmatrix} \boldsymbol{K}_1 & \mathbf{0} \\ \mathbf{0} & \boldsymbol{K}_2 \end{bmatrix}\begin{bmatrix} \boldsymbol{\alpha}_1 \\ \boldsymbol{\alpha}_2 \end{bmatrix} \tag{3.77}$$

推广到多变量情形

$$\begin{bmatrix} \mathbf{0} & \boldsymbol{K}_1\boldsymbol{K}_2 & \cdots & \boldsymbol{K}_1\boldsymbol{K}_l \\ \boldsymbol{K}_2\boldsymbol{K}_1 & \mathbf{0} & \cdots & \boldsymbol{K}_2\boldsymbol{K}_l \\ \vdots & \vdots & & \vdots \\ \boldsymbol{K}_l\boldsymbol{K}_1 & \boldsymbol{K}_l\boldsymbol{K}_2 & \cdots & \mathbf{0} \end{bmatrix}\begin{bmatrix} \boldsymbol{\alpha}_1 \\ \boldsymbol{\alpha}_2 \\ \vdots \\ \boldsymbol{\alpha}_l \end{bmatrix} = \lambda \begin{bmatrix} \boldsymbol{K}_1 & \mathbf{0} & \cdots & \mathbf{0} \\ \mathbf{0} & \boldsymbol{K}_2 & \cdots & \mathbf{0} \\ \vdots & \vdots & & \vdots \\ \mathbf{0} & \mathbf{0} & \cdots & \boldsymbol{K}_l \end{bmatrix}\begin{bmatrix} \boldsymbol{\alpha}_1 \\ \boldsymbol{\alpha}_2 \\ \vdots \\ \boldsymbol{\alpha}_l \end{bmatrix} \tag{3.78}$$

根据文献[23]得到基于 KMI 的 KICA 算法如下[24]：

(1) 确定训练样本数据集 $\{\boldsymbol{x}_1, \boldsymbol{x}_2, \cdots, \boldsymbol{x}_l\}$；

(2) 对样本数据集 $\{\boldsymbol{x}_1, \boldsymbol{x}_2, \cdots, \boldsymbol{x}_l\}$ 进行预处理；

(3) 计算 Gram 矩阵 $\boldsymbol{K}_1, \boldsymbol{K}_2, \boldsymbol{K}_1$ 并中心化；

(4) 求广义特征向量等式(3.78)的初始特征值。

3.5.6 对 KCCA 和 KICA 的变形和一些关系

为了将 KCCA 和 KICA 应用于故障诊断问题，分别对 KCCA、KMI 和 KCOCO 做变形。考虑将几类输入数据集中于输入矩阵，即矩阵 $\boldsymbol{X}$ 包含全部的过程变量，形如 $\boldsymbol{X} = [\boldsymbol{X}_1, \boldsymbol{X}_2, \cdots, \boldsymbol{X}_c]^{\mathrm{T}}, \boldsymbol{X}_i \in \mathbf{R}^{l \times n} (i = 1, 2, \cdots, c)$ 为来自同一过程不同故障情形的测试数据，为了故障分类的目的，设输出具有以下形式

$$\boldsymbol{Y} == \begin{bmatrix} 1_{l_1} & 0_{l_1} & \cdots & 0_{l_1} \\ 0_{l_2} & 1_{l_2} & \cdots & 0_{l_2} \\ \vdots & \vdots & & \vdots \\ 0_{l_c} & 0_{l_c} & \cdots & 1_{l_c} \end{bmatrix} \tag{3.79}$$

其中，输出 $\boldsymbol{Y}$ 的元素由 0 或 1 组成，第一列的前 l 个元素由 1 组成，其余为 0 这意味着 $\boldsymbol{X}$ 中前 l 行数据，即 $\boldsymbol{X}_1$，来自故障 1，这样，$\boldsymbol{Y}$ 共 c 列，每一列分别对应于 c 类故障。

现在，我们将 KCCA 中最大化不同类数据的相关变成最大化输入 $\boldsymbol{X}$ 和输出 $\boldsymbol{Y}$ 之间的相关，基于输入输出的 KCCA 问题等价于下式的优化问题

$$\rho(\boldsymbol{K}, \boldsymbol{K}_y) = \max_{\boldsymbol{\alpha}, \boldsymbol{\beta}} \mathrm{corr}(\langle \phi(\boldsymbol{x}), \boldsymbol{w} \rangle, \langle \phi(\boldsymbol{y}), \boldsymbol{v} \rangle) \tag{3.80}$$

由于 $\boldsymbol{w} = \boldsymbol{\Phi}(\boldsymbol{x})^{\mathrm{T}}\boldsymbol{\alpha}, \boldsymbol{v} = \boldsymbol{\Phi}(\boldsymbol{y})^{\mathrm{T}}\boldsymbol{\beta}$，代入式(3.80)，可得

$$\begin{aligned} \rho(\boldsymbol{K}, \boldsymbol{K}_y) &= \max_{\boldsymbol{\alpha}_1, \boldsymbol{\alpha}_2} \frac{\mathrm{cov}(\boldsymbol{\alpha}^{\mathrm{T}}\boldsymbol{\phi}(\boldsymbol{x})\boldsymbol{\phi}(\boldsymbol{x})^{\mathrm{T}}, \boldsymbol{\beta}^{\mathrm{T}}\boldsymbol{\phi}(\boldsymbol{y})\boldsymbol{\phi}(\boldsymbol{y})^{\mathrm{T}})}{(\mathrm{var}\langle \boldsymbol{\phi}(\boldsymbol{x}), \boldsymbol{\phi}(\boldsymbol{x})^{\mathrm{T}}\boldsymbol{\alpha} \rangle)^{1/2} (\mathrm{var}\langle \boldsymbol{\phi}(\boldsymbol{y}), \boldsymbol{\phi}(\boldsymbol{y})^{\mathrm{T}}\boldsymbol{\beta} \rangle)^{1/2}} \\ &= \max_{\boldsymbol{\alpha}, \boldsymbol{\beta}} \frac{\boldsymbol{\alpha}^{\mathrm{T}}\boldsymbol{K}\boldsymbol{K}_y\boldsymbol{\beta}}{(\boldsymbol{\alpha}^{\mathrm{T}}\boldsymbol{K}^2\boldsymbol{\alpha})^{1/2}(\boldsymbol{\beta}^{\mathrm{T}}\boldsymbol{K}_y^2\boldsymbol{\beta})^{1/2}} \end{aligned} \tag{3.81}$$

其中，$\boldsymbol{K}=\boldsymbol{\Phi}(\boldsymbol{X})\boldsymbol{\Phi}(\boldsymbol{X})^{\mathrm{T}}$；$\boldsymbol{K}_y=\boldsymbol{\Phi}(\boldsymbol{Y})\boldsymbol{\Phi}(\boldsymbol{Y})^{\mathrm{T}}$；$\boldsymbol{\alpha}$ 和 $\boldsymbol{\beta}$ 分别为输入和输出在特征空间的投影向量。式(3.81)可由特征值问题来求解，即

$$\begin{bmatrix}\mathbf{0} & \boldsymbol{K}\boldsymbol{K}_y\\ \boldsymbol{K}_y\boldsymbol{K} & \mathbf{0}\end{bmatrix}\begin{bmatrix}\boldsymbol{\alpha}\\ \boldsymbol{\beta}\end{bmatrix}=\rho\begin{bmatrix}\boldsymbol{K}^2 & \mathbf{0}\\ \mathbf{0} & \boldsymbol{K}_y^2\end{bmatrix}\begin{bmatrix}\boldsymbol{\alpha}\\ \boldsymbol{\beta}\end{bmatrix} \tag{3.82}$$

记为 KCCA2。类似地，对于 KCOCO 和 KMI，可以分别得到

$$\begin{bmatrix}\mathbf{0} & \boldsymbol{K}\boldsymbol{K}_y\\ \boldsymbol{K}_y\boldsymbol{K} & \mathbf{0}\end{bmatrix}\begin{bmatrix}\boldsymbol{\alpha}\\ \boldsymbol{\beta}\end{bmatrix}=\lambda\begin{bmatrix}\boldsymbol{K} & \mathbf{0}\\ \mathbf{0} & \boldsymbol{K}_y\end{bmatrix}\begin{bmatrix}\boldsymbol{\alpha}\\ \boldsymbol{\beta}\end{bmatrix} \tag{3.83}$$

$$\begin{bmatrix}\mathbf{0} & \boldsymbol{K}\boldsymbol{K}_y\\ \boldsymbol{K}_y\boldsymbol{K} & 0\end{bmatrix}\begin{bmatrix}\boldsymbol{\alpha}\\ \boldsymbol{\beta}\end{bmatrix}=\lambda\begin{bmatrix}\mathbf{0} & \boldsymbol{K}\\ \boldsymbol{K}_y & \mathbf{0}\end{bmatrix}\begin{bmatrix}\boldsymbol{\alpha}\\ \boldsymbol{\beta}\end{bmatrix} \tag{3.84}$$

记为 KCOCO2 和 KMI2。现在，进一步对 KCOCO2 和 KMI2 进行分析。对于 KCOCO2，将式(3.83)变形为

$$\boldsymbol{K}\boldsymbol{K}_y\boldsymbol{\beta}=\lambda\boldsymbol{K}\boldsymbol{\alpha} \tag{3.85}$$

$$\boldsymbol{K}_y\boldsymbol{K}\boldsymbol{\alpha}=\lambda\boldsymbol{K}_y\boldsymbol{\beta} \tag{3.86}$$

把式(3.86)代入式(3.85)，得

$$\boldsymbol{K}\boldsymbol{K}_y\boldsymbol{K}\boldsymbol{\alpha}/\lambda=\lambda\boldsymbol{K}\boldsymbol{\alpha}\quad\Rightarrow\quad\boldsymbol{K}_y\boldsymbol{K}\boldsymbol{\alpha}=\lambda^2\boldsymbol{\alpha} \tag{3.87}$$

由于我们的算法只需输入数据的投影 $\boldsymbol{\alpha}$，因而不再对 $\boldsymbol{\beta}$ 进行计算。比较式(3.87)与式(3.54)，可以明显地看出二者的特征向量成比例，即二者对输入数据的投影方向完全相同。也可以得出与上面相同的结论，即 KCOCO2 与 KPLS1 等价。

类似地，由式(3.84)，可得

$$\boldsymbol{K}\boldsymbol{K}_y\boldsymbol{\beta}=\lambda\boldsymbol{K}\boldsymbol{\beta} \tag{3.88}$$

$$\boldsymbol{K}_y\boldsymbol{K}\boldsymbol{\alpha}=\lambda\boldsymbol{K}_y\boldsymbol{\alpha} \tag{3.89}$$

同样不考虑输出的投影，并假设 $\boldsymbol{K}_y$ 可逆，式(3.89)简单地变为

$$\boldsymbol{K}\boldsymbol{\alpha}=\lambda\boldsymbol{\alpha} \tag{3.90}$$

显然，式(3.90)与 KPCA 的式(3.25)等价。并且表明 KMI2 与输出矩阵的选择无关。

以上得出了几种多元统计方法的核形式，总结如下：对 PLS 的核化可有两种形式，一种是对输入输出数据均投影到特征空间再求解，令其协方差最大的 PLS 向量记为 PLS1；另一种仅将输入数据投影到特征空间，记为 PLS2。PLS2 适用于判别问题，PLS1 既可用于判别问题，也可用于回归问题。对于 CCA，除了核化算法 KCCA，还给出了基于判别式的 KCCA2。ICA 则给出了基于受限方差 COCO 和基于互信息 MI 的两种核化算法 KCOCO 和 KMI，并分别给出了基于判别式的 KCOCO2 和 KMI2，证明了 KCOCO2 与 PLS1 的等价性，以及 KMI2 与 KPCA 的等价性。

3.5.7 核化算法的正则化

KFDA 是对 FDA 的非线性扩展，由于在非线性特征空间类内离散度矩阵总是奇异的，KFDA 的不稳定问题更加严重而难以应用。类似于 FDA 可对类内离散度矩阵 $\tilde{\boldsymbol{S}}_w$ 增加一个扰动 $\mu\boldsymbol{I}$，即采用正则化技术来解决该问题。也可以直接将优化问题式(3.37)变成[10]

$$\max J(\boldsymbol{\alpha}) = \frac{\boldsymbol{\alpha}^{\mathrm{T}}\boldsymbol{M}\boldsymbol{\alpha}}{\boldsymbol{\alpha}^{\mathrm{T}}(\boldsymbol{N}+\mu\boldsymbol{I})\boldsymbol{\alpha}} \tag{3.91}$$

以解决 $\boldsymbol{N}$ 矩阵奇异的问题。当然，这种直接对 $\boldsymbol{N}$ 矩阵加扰动的方法与对矩阵 $\tilde{\boldsymbol{S}}_w$ 增加扰动的方法并不等价，这个问题将在第 5 章详细论述。同样，对于 KCCA、KCCA2 和 KPLS，也存在矩阵病态或奇异的问题，这些算法的正则化将在第 5 章连同其他几种正则化 KFDA 的核化算法一起推导，并进行比较分析。

3.5.8 几种核化算法的联系

1. KFDA 与 KMSE 的关系[25~27]

本节我们将推导 KFDA 与核最小平方误差法(kernel minimum squared error，KMSE)的关系。

设训练集 $\{(x_1,y_1),\cdots,(x_l,y_l)\}$，采用线性函数作为判别或回归函数

$$f(x) = \langle \boldsymbol{w},\boldsymbol{x}\rangle + \boldsymbol{b} \tag{3.92}$$

将两类 KFDA 目标函数(3.37)中矩阵 $\boldsymbol{M}$ 和 $\boldsymbol{N}$ 等价地写成

$$(\boldsymbol{M}_1-\boldsymbol{M}_2)(\boldsymbol{M}_1-\boldsymbol{M}_2)^{\mathrm{T}},\quad (\boldsymbol{M}_i)_j = \frac{1}{l_i}\sum_{k=1}^{l_i}k(x_j,x_k^i),\quad i=1,2;j=1,2,\cdots,l \tag{3.93}$$

$$\boldsymbol{N} = \sum_{j=1}^{2}\boldsymbol{K}_j(\boldsymbol{I}-\boldsymbol{1}_{l_j})\boldsymbol{K}_j^{\mathrm{T}} = \sum_{j=1}^{2}(\boldsymbol{K}_j\boldsymbol{K}_j^{\mathrm{T}}-l_j\boldsymbol{M}_j\boldsymbol{M}_j^{\mathrm{T}}) \tag{3.94}$$

容易知道，KFDA 的解的形式可表示为

$$\boldsymbol{\alpha} = \boldsymbol{N}^{-1}(\boldsymbol{M}_1-\boldsymbol{M}_2) \tag{3.95}$$

经典 MSE 的目标函数定义为

$$J = \frac{1}{2}(\boldsymbol{y}-\boldsymbol{X}\boldsymbol{w}-\boldsymbol{b}\cdot\boldsymbol{1})^{\mathrm{T}}(\boldsymbol{y}-\boldsymbol{X}\boldsymbol{w}-\boldsymbol{b}\cdot\boldsymbol{1}) \tag{3.96}$$

其中，$\boldsymbol{X}=[x_1,\cdots,x_l]^{\mathrm{T}}$；$\boldsymbol{y}=[y_1,\cdots,y_l]^{\mathrm{T}}$；$\boldsymbol{1}$ 为所有元素均为 1 的列向量。

分别对式(3.96)计算对 $\boldsymbol{w}$ 和 $\boldsymbol{b}$ 的梯度，得

$$\begin{bmatrix}\boldsymbol{X}^{\mathrm{T}}\boldsymbol{X} & \boldsymbol{X}^{\mathrm{T}}\boldsymbol{1}\\ \boldsymbol{1}^{\mathrm{T}}\boldsymbol{X} & l\end{bmatrix}\begin{bmatrix}\boldsymbol{w}\\ \boldsymbol{b}\end{bmatrix} = \begin{bmatrix}\boldsymbol{X}^{\mathrm{T}}\boldsymbol{y}\\ \boldsymbol{1}^{\mathrm{T}}\boldsymbol{y}\end{bmatrix} \tag{3.97}$$

对模式识别问题，MSE 的解取决于输出，当 $y_i = \begin{cases} +1, & x_i \in \omega_1 \\ -1, & x_i \in \omega_2 \end{cases}$ 时，MSE 近似为当采样数趋于无穷时，最小均方误差 Bayesian 判别函数的近似值。当 $y_i = \begin{cases} +\dfrac{l}{l_1}, & x_i \in \omega_1 \\ -\dfrac{l}{l_2}, & x_i \in \omega_2 \end{cases}$ 时，MSE 除了一个不重要的系数，与 FDA 等价。当 MSE 的输出为连续值时，MSE 变成线性回归算法。

在核定义的特征空间，$\boldsymbol{w} = \sum_{i=1}^{l} \boldsymbol{\alpha}_i \phi(x_i)$，$k(x_i, x_j) = \langle \phi(x_i), \phi(x_j) \rangle$。特征空间的 KMSE 目标函数定义为

$$J = \frac{1}{2}(\boldsymbol{y} - \boldsymbol{K}^{\mathrm{T}}\boldsymbol{\alpha} - \boldsymbol{\beta}\mathbf{1})^{\mathrm{T}}(\boldsymbol{y} - \boldsymbol{K}^{\mathrm{T}}\boldsymbol{\alpha} - \boldsymbol{\beta}\mathbf{1}) \tag{3.98}$$

其中，$\boldsymbol{\alpha} = [\alpha_1, \cdots, \alpha_l]^{\mathrm{T}}$；$(K)_{ij} = k(x_i, x_j)$；$\boldsymbol{y} = [y_1, \cdots, y_l]^{\mathrm{T}}$；$\mathbf{1}$ 为所有元素均为 1 的列向量。

求解 KMSE 问题，得到线性方程组

$$\begin{bmatrix} \boldsymbol{K}\boldsymbol{K}^{\mathrm{T}} & \boldsymbol{K}\mathbf{1} \\ \mathbf{1}^{\mathrm{T}}\boldsymbol{K}^{\mathrm{T}} & l \end{bmatrix} \begin{bmatrix} \boldsymbol{\alpha} \\ \boldsymbol{\beta} \end{bmatrix} = \begin{bmatrix} \boldsymbol{K}\boldsymbol{y} \\ \mathbf{1}^{\mathrm{T}}\boldsymbol{y} \end{bmatrix} \tag{3.99}$$

取 $\mathbf{1} = \mathbf{1}_l$，$y_i = \begin{cases} +\dfrac{l}{l_1}, & x_i \in \omega_1 \\ -\dfrac{l}{l_2}, & x_i \in \omega_2 \end{cases}$，并应用式(3.93)和式(3.94)，得 KMSE 的解

$$\boldsymbol{\alpha} = l\left(\mathbf{1} - \frac{l_1 l_2}{l^2}\boldsymbol{\gamma}\right)\boldsymbol{N}^{-1}(\boldsymbol{M}_1 - \boldsymbol{M}_2) \tag{3.100}$$

$$\boldsymbol{\gamma} = (\boldsymbol{M}_1 - \boldsymbol{M}_2)^{\mathrm{T}}\boldsymbol{\alpha} \tag{3.101}$$

可见，除了解向量中的一个常数项，KMSE 与两类 KFDA 等价。

注意到参数矩阵总是奇异的(从 l 个样本估计 $l+1$ 个参数)，将导致多解。根据统计学习理论[28]，如果两个分类器有相同的训练误差，则容量小的分类器性能较好。Smola 等[29~31]指出正则项可降低模型空间，控制解的复杂度(即控制容量和泛化能力)。要选择很多解中的一个，可增加一个正则项。对目标函数式(3.98)增加正则项 $\frac{1}{2}\boldsymbol{\mu}_1\boldsymbol{\alpha}^{\mathrm{T}}\boldsymbol{\alpha}$ 和 $\frac{1}{2}\boldsymbol{\mu}_2\boldsymbol{w}^{\mathrm{T}}\boldsymbol{w}$ 时，线性方程组分别为

$$\begin{bmatrix} \boldsymbol{K}\boldsymbol{K}^{\mathrm{T}} + \boldsymbol{\mu}_1\boldsymbol{I} & \boldsymbol{K}\mathbf{1} \\ \mathbf{1}^{\mathrm{T}}\boldsymbol{K}^{\mathrm{T}} & l \end{bmatrix} \begin{bmatrix} \boldsymbol{\alpha} \\ \boldsymbol{\beta} \end{bmatrix} = \begin{bmatrix} \boldsymbol{K}\boldsymbol{y} \\ \mathbf{1}^{\mathrm{T}}\boldsymbol{y} \end{bmatrix} \tag{3.102}$$

$$\begin{bmatrix} \boldsymbol{K} + \boldsymbol{\mu}_2\boldsymbol{I} & \mathbf{1} \\ \mathbf{1}^{\mathrm{T}}\boldsymbol{K}^{\mathrm{T}} & l \end{bmatrix} \begin{bmatrix} \boldsymbol{\alpha} \\ \boldsymbol{\beta} \end{bmatrix} = \begin{bmatrix} \boldsymbol{y} \\ \mathbf{1}^{\mathrm{T}}\boldsymbol{y} \end{bmatrix} \tag{3.103}$$

式(3.102)与正则化 KFDA 的目标函数(3.91)的解等价。式(3.103)与正则化 FDA[式(2.28)]的核化目标函数(5.5)的解等价。另外,当取 $\mathbf{1}=\mathbf{1}_l$,$y_i=\begin{cases}+1, & x_i\in\omega_1\\ -1, & x_i\in\omega_2\end{cases}$ 时,式(3.103)还与最小二乘支持向量机(LS-SVM)等价[25]。

2. KFDA 的本质[32,33]

设 $\boldsymbol{\mu}_i$ 为第 i 类样本均值,l_i 为第 i 类样本数,$\boldsymbol{\mu}$ 为总样本均值,c 为类的个数,l 为总样本数。对于多类问题,类内离散度矩阵定义为所有类的类内离散度矩阵之和,即

$$\boldsymbol{S}_w=\sum_{i=1}^{c}\boldsymbol{S}_i \tag{3.104}$$

$$\boldsymbol{S}_i=\sum_{x\in\chi_i}(\boldsymbol{x}-\boldsymbol{\mu}_i)(\boldsymbol{x}-\boldsymbol{\mu}_i)^{\mathrm{T}} \tag{3.105}$$

$$\boldsymbol{\mu}_i=\frac{1}{l_i}\sum_{x\in\chi_i}\boldsymbol{x} \tag{3.106}$$

$$\boldsymbol{\mu}=\frac{1}{l}\sum\boldsymbol{x}=\frac{1}{l}\sum_{i=1}^{c}l_i\boldsymbol{\mu}_i \tag{3.107}$$

总的离散度矩阵定义为

$$\begin{aligned}\boldsymbol{S}_t&=\sum(\boldsymbol{x}-\boldsymbol{\mu})(\boldsymbol{x}-\boldsymbol{\mu})^{\mathrm{T}}\\&=\sum_{i=1}^{c}\sum_{x\in\chi_i}(\boldsymbol{x}-\boldsymbol{\mu}_i+\boldsymbol{\mu}_i-\boldsymbol{\mu})(\boldsymbol{x}-\boldsymbol{\mu}_i+\boldsymbol{\mu}_i-\boldsymbol{\mu})^{\mathrm{T}}\\&=\sum_{i=1}^{c}\sum_{x\in\chi_i}(\boldsymbol{x}-\boldsymbol{\mu}_i)(\boldsymbol{x}-\boldsymbol{\mu}_i)^{\mathrm{T}}+\sum_{i=1}^{c}\sum_{x\in\chi_i}(\boldsymbol{\mu}_i-\boldsymbol{\mu})(\boldsymbol{\mu}_i-\boldsymbol{\mu})^{\mathrm{T}}\\&=\sum_{i=1}^{c}\sum_{x\in\chi_i}(\boldsymbol{x}-\boldsymbol{\mu}_i)(\boldsymbol{x}-\boldsymbol{\mu}_i)^{\mathrm{T}}+\sum_{i=1}^{c}l_i(\boldsymbol{\mu}_i-\boldsymbol{\mu})(\boldsymbol{\mu}_i-\boldsymbol{\mu})^{\mathrm{T}}\\&=\boldsymbol{S}_w+\boldsymbol{S}_b\end{aligned} \tag{3.108}$$

这样,FDA 问题的准则函数也可以等价地写成

$$J=\boldsymbol{w}^{\mathrm{T}}\boldsymbol{S}_b\boldsymbol{w}/(\boldsymbol{w}^{\mathrm{T}}\boldsymbol{S}_t\boldsymbol{w}) \tag{3.109}$$

有时候,也采用另一种等价的准则函数

$$J1=\mathrm{tr}(\boldsymbol{w}^{\mathrm{T}}\boldsymbol{S}_b\boldsymbol{w})\mathrm{tr}(\boldsymbol{w}^{\mathrm{T}}\boldsymbol{S}_w\boldsymbol{w})^{-1} \tag{3.110}$$

或者

$$\begin{aligned}J2&=\mathrm{tr}(\boldsymbol{w}^{\mathrm{T}}\boldsymbol{S}_b\boldsymbol{w})\mathrm{tr}(\boldsymbol{w}^{\mathrm{T}}\boldsymbol{S}_t\boldsymbol{w})^{-1}\\&=\mathrm{tr}(\boldsymbol{w}^{\mathrm{T}}\boldsymbol{S}_b\boldsymbol{w})[\mathrm{tr}(\boldsymbol{w}^{\mathrm{T}}\boldsymbol{S}_b\boldsymbol{w})^{-1}+\mathrm{tr}(\boldsymbol{w}^{\mathrm{T}}\boldsymbol{S}_w\boldsymbol{w})^{-1}]\\&=1+J1\end{aligned} \tag{3.111}$$

所以

$$\boldsymbol{w}^{*} = \arg\max_{\boldsymbol{w}} J1(\boldsymbol{w}) = \arg\max_{\boldsymbol{w}} J2(\boldsymbol{w}) \tag{3.112}$$

设特征空间(核空间)中类内、类间及总离散度矩阵分别为 $\tilde{\boldsymbol{S}}_w$、$\tilde{\boldsymbol{S}}_b$、$\tilde{\boldsymbol{S}}_t$、$\tilde{\boldsymbol{\mu}}_i$、$\tilde{\boldsymbol{\mu}}$ 分别为第 i 类和总的均值向量。即

$$\tilde{\boldsymbol{S}}_b = \sum_{i=1}^{c} l_i(\tilde{\boldsymbol{\mu}}_i - \tilde{\boldsymbol{\mu}})(\tilde{\boldsymbol{\mu}}_i - \tilde{\boldsymbol{\mu}})^{\mathrm{T}} \tag{3.113}$$

$$\tilde{\boldsymbol{S}}_w = \sum_{i=1}^{c} \sum_{x\in \chi_i}(\phi(\boldsymbol{x}) - \tilde{\boldsymbol{\mu}}_i)(\phi(\boldsymbol{x}) - \tilde{\boldsymbol{\mu}}_i)^{\mathrm{T}} \tag{3.114}$$

$$\tilde{\boldsymbol{S}}_t = \sum(\phi(\boldsymbol{x}) - \tilde{\boldsymbol{\mu}})(\phi(\boldsymbol{x}) - \tilde{\boldsymbol{\mu}})^{\mathrm{T}} \tag{3.115}$$

KFDA 问题就是寻找 $\boldsymbol{w}$,使准则函数 $J = \boldsymbol{w}^{\mathrm{T}}\tilde{\boldsymbol{S}}_b\boldsymbol{w}/(\boldsymbol{w}^{\mathrm{T}}\tilde{\boldsymbol{S}}_w\boldsymbol{w})$ 最大,或者等价为最大化准则函数 $J = \boldsymbol{w}^{\mathrm{T}}\tilde{\boldsymbol{S}}_b\boldsymbol{w}/(\boldsymbol{w}^{\mathrm{T}}\tilde{\boldsymbol{S}}_t\boldsymbol{w})$。

根据表示定理,即特征向量 $\boldsymbol{w}$ 可看成 $\phi(x_1),\phi(x_2),\cdots,\phi(x_c)$ 的线性组合,有

$$\boldsymbol{w} = \sum_{i=1}^{l} \boldsymbol{\alpha}_i\phi(\boldsymbol{x}_i) = \boldsymbol{\Phi\alpha} \tag{3.116}$$

其中,矩阵 $\boldsymbol{\Phi} = [\phi(\boldsymbol{x}_1),\phi(\boldsymbol{x}_2),\cdots,\phi(\boldsymbol{x}_l)]$。容易推出

$$\boldsymbol{w}^{\mathrm{T}}\tilde{\boldsymbol{S}}_b\boldsymbol{w} = \boldsymbol{\alpha}^{\mathrm{T}}\sum_{i=1}^{c}\left[\frac{1}{l_i}\boldsymbol{K}_{ll_i}\boldsymbol{1}_{l_i\times 1} - \frac{1}{l}\boldsymbol{K}_{ll}\boldsymbol{1}_{l\times 1}\right][\cdot]^{\mathrm{T}}\boldsymbol{\alpha} \tag{3.117}$$

$$\boldsymbol{w}^{\mathrm{T}}\tilde{\boldsymbol{S}}_w\boldsymbol{w} = \boldsymbol{\alpha}^{\mathrm{T}}\sum_{i=1}^{c}\boldsymbol{K}_{ll_i}\left(\boldsymbol{I} - \frac{1}{l_i}\boldsymbol{1}\right)\boldsymbol{K}_{ll_i}^{\mathrm{T}}\boldsymbol{\alpha} \tag{3.118}$$

$$J = \boldsymbol{\alpha}^{\mathrm{T}}\boldsymbol{M\alpha}/\boldsymbol{\alpha}^{\mathrm{T}}\boldsymbol{N\alpha},\quad \boldsymbol{M} = \bar{\boldsymbol{K}}_{l\times l}\boldsymbol{E}\bar{\boldsymbol{K}}_{l\times l},\quad \boldsymbol{N} = \bar{\boldsymbol{K}}_{l\times l}\bar{\boldsymbol{K}}_{l\times l} \tag{3.119}$$

其中

$$\bar{\boldsymbol{K}}_{l\times l} = \boldsymbol{K}_{l\times l} - \frac{1}{l}\boldsymbol{1}_{l\times l}\boldsymbol{K}_{l\times l} - \frac{1}{l}\boldsymbol{K}_{l\times l}\boldsymbol{1}_{l\times l} + \frac{1}{l^2}\boldsymbol{1}_{l\times l}\boldsymbol{K}_{l\times l}\boldsymbol{1}_{l\times l} \tag{3.120}$$

$$E = \mathrm{diag}(\boldsymbol{E}_j),\quad \boldsymbol{E}_j = \frac{1}{l_j}1_{l_j\times l_j} \tag{3.121}$$

对 $\bar{\boldsymbol{K}}_{l\times l}$ 作 QR 分解,设 $\gamma_1,\gamma_2,\cdots,\gamma_r$ 为与 $\bar{\boldsymbol{K}}_{l\times l}$ 的 r 个非零特征值 $\lambda_1,\lambda_2,\cdots,\lambda_r$ 对应的正交规范特征向量,其中 $\lambda_1 \geqslant \lambda_2 \geqslant \cdots \geqslant \lambda_r$,将 $\bar{\boldsymbol{K}}_{l\times l}$ 分解为

$$\bar{\boldsymbol{K}}_{l\times l} = \boldsymbol{P\Lambda P}^{\mathrm{T}} \tag{3.122}$$

其中,$\boldsymbol{P} = (\gamma_1,\gamma_2,\cdots,\gamma_r)$,$\boldsymbol{\Lambda} = \mathrm{diag}(\lambda_1,\lambda_2,\cdots,\lambda_r)$,显然,$\boldsymbol{P}^{\mathrm{T}}\boldsymbol{P} = \boldsymbol{I}$。

将分解式代入目标函数

$$J = \boldsymbol{\alpha}^{\mathrm{T}}\boldsymbol{M\alpha}/\boldsymbol{\alpha}^{\mathrm{T}}\boldsymbol{N\alpha},\quad \boldsymbol{M} = \bar{\boldsymbol{K}}_{l\times l}\mathrm{diag}(\boldsymbol{E}_j)\bar{\boldsymbol{K}}_{l\times l}$$
$$J = \frac{(\boldsymbol{\Lambda}^{1/2}\boldsymbol{P}^{\mathrm{T}}\boldsymbol{\alpha})^{\mathrm{T}}(\boldsymbol{\Lambda}^{1/2}\boldsymbol{P}^{\mathrm{T}}\boldsymbol{EP\Lambda}^{1/2})(\boldsymbol{\Lambda}^{1/2}\boldsymbol{P}^{\mathrm{T}}\boldsymbol{\alpha})}{(\boldsymbol{\Lambda}^{1/2}\boldsymbol{P}^{\mathrm{T}}\boldsymbol{\alpha})^{\mathrm{T}}\boldsymbol{\Lambda}(\boldsymbol{\Lambda}^{1/2}\boldsymbol{P}^{\mathrm{T}}\boldsymbol{\alpha})} \tag{3.123}$$

设

$$\boldsymbol{\beta} = \boldsymbol{\Lambda}^{1/2}\boldsymbol{P}^{\mathrm{T}}\boldsymbol{\alpha} \tag{3.124}$$

则

$$J = \boldsymbol{\beta}^{\mathrm{T}}\boldsymbol{S}_{bp}\boldsymbol{\beta}/\boldsymbol{\beta}^{\mathrm{T}}\boldsymbol{S}_{tp}\boldsymbol{\beta} \tag{3.125}$$

其中

$$\boldsymbol{S}_{bp} = \boldsymbol{\Lambda}^{1/2}\boldsymbol{P}^{\mathrm{T}}\boldsymbol{E}\boldsymbol{P}\boldsymbol{\Lambda}^{1/2}, \quad \boldsymbol{S}_{tp} = \boldsymbol{\Lambda} \tag{3.126}$$

易知 $\boldsymbol{S}_{tp}$ 正定，$\boldsymbol{S}_{bp}$ 半正定，式(3.125)是标准的瑞利商的形式，最大化式(3.125)，可得到与 $\boldsymbol{S}_{tp}^{-1}\boldsymbol{S}_{bp}$ 的 $a(a \leqslant c-1)$ 个最大特征值对应的一组最优解 $\boldsymbol{\beta}_1,\boldsymbol{\beta}_2,\cdots,\boldsymbol{\beta}_a$。

从式(3.124)看出，对一个给定的 $\boldsymbol{\beta}$，至少存在一个 $\boldsymbol{\alpha}$，满足 $\boldsymbol{\alpha} = \boldsymbol{P}\boldsymbol{\Lambda}^{-1/2}\boldsymbol{\beta}$。这样，在确定了 $\boldsymbol{\beta}_1,\boldsymbol{\beta}_2,\cdots,\boldsymbol{\beta}_a$ 后，就可以得到与式(3.119)对应的 $\boldsymbol{\alpha}$ 的一组最优解 $\boldsymbol{\alpha}_j = \boldsymbol{P}\boldsymbol{\Lambda}^{-1/2}\boldsymbol{\beta}_j(j=1,2,\cdots,a)$。这样，在特征空间与 Fisher 判据对应的判别向量为 $\boldsymbol{w}_j = \boldsymbol{\Phi}\boldsymbol{\alpha}_j = \boldsymbol{\Phi}\boldsymbol{P}\boldsymbol{\Lambda}^{-1/2}\boldsymbol{\beta}_j(j=1,2,\cdots,a)$。

给定样本 $\boldsymbol{x}$，其映象为 $\boldsymbol{\phi}(\boldsymbol{x})$，经过 KFD 变换，得到特征向量

$$\boldsymbol{z} = \boldsymbol{w}^{\mathrm{T}}\boldsymbol{\phi}(\boldsymbol{x}) \tag{3.127}$$

其中

$$\begin{aligned}\boldsymbol{w} &= (\boldsymbol{w}_1,\boldsymbol{w}_2,\cdots,\boldsymbol{w}_a) = (\boldsymbol{\Phi}\boldsymbol{P}\boldsymbol{\Lambda}^{-1/2}\boldsymbol{\beta}_1,\boldsymbol{\Phi}\boldsymbol{P}\boldsymbol{\Lambda}^{-1/2}\boldsymbol{\beta}_2,\cdots,\boldsymbol{\Phi}\boldsymbol{P}\boldsymbol{\Lambda}^{-1/2}\boldsymbol{\beta}_a)\\ &= \boldsymbol{\Phi}\boldsymbol{P}\boldsymbol{\Lambda}^{-1/2}(\boldsymbol{\beta}_1,\boldsymbol{\beta}_2,\cdots,\boldsymbol{\beta}_a)\end{aligned}$$

式(3.127)可分为两部分

$$\boldsymbol{y} = (\boldsymbol{\Phi}\boldsymbol{P}\boldsymbol{\Lambda}^{-1/2})^{\mathrm{T}}\boldsymbol{\phi}(\boldsymbol{x}) \tag{3.128}$$

和

$$\boldsymbol{z} = \boldsymbol{G}^{\mathrm{T}}\boldsymbol{y}, \quad \boldsymbol{G} = (\boldsymbol{\beta}_1,\boldsymbol{\beta}_2,\cdots,\boldsymbol{\beta}_a) \tag{3.129}$$

式(3.128)可转化为

$$\begin{aligned}\boldsymbol{y} &= ([\boldsymbol{\phi}(\boldsymbol{x}_1),\boldsymbol{\phi}(\boldsymbol{x}_2),\cdots,\boldsymbol{\phi}(\boldsymbol{x}_l)](\gamma_1,\gamma_2,\cdots,\gamma_k)\mathrm{diag}(\lambda_1,\lambda_2,\cdots,\lambda_k)^{-1/2})^{\mathrm{T}}\boldsymbol{\phi}(\boldsymbol{x})\\ &= \left(\frac{\gamma_1}{\sqrt{\lambda_1}},\frac{\gamma_2}{\sqrt{\lambda_2}},\cdots,\frac{\gamma_r}{\sqrt{\lambda_r}}\right)^{\mathrm{T}}[\boldsymbol{\phi}(\boldsymbol{x}_1),\boldsymbol{\phi}(\boldsymbol{x}_2),\cdots,\boldsymbol{\phi}(\boldsymbol{x}_l)]^{\mathrm{T}}\boldsymbol{\phi}(\boldsymbol{x})\\ &= \left(\frac{\gamma_1}{\sqrt{\lambda_1}},\frac{\gamma_2}{\sqrt{\lambda_2}},\cdots,\frac{\gamma_r}{\sqrt{\lambda_r}}\right)^{\mathrm{T}}[k(\boldsymbol{x}_1,\boldsymbol{x}),k(\boldsymbol{x}_2,\boldsymbol{x}),\cdots,k(\boldsymbol{x}_l,\boldsymbol{x})]\end{aligned} \tag{3.130}$$

容易看出，式(3.130)正好是 KPCA 转换，即 $\boldsymbol{y}$ 正好是 $\boldsymbol{x}$ 的核主元向量。容易验证，式(3.126)分别是 KPCA 变换空间 $\mathbf{R}^r$ 的类间和总离散度矩阵，所以，最大化式(3.125)得到的 $\boldsymbol{\beta}_1,\boldsymbol{\beta}_2,\cdots,\boldsymbol{\beta}_a$ 即为 KPCA 变换后的 FDA 向量。因此，GKFDA 等价为 KPCA/FDA。

在第 2 章，我们介绍过解决 FDA 小样本问题的算法 PCA+FDA，这里我们又得出 GKFDA 等价于 KPCA/FDA 的结论。这些又可以看成对原始数据首先进行 PCA 或 KPCA 特征提取再应用于分类，这似乎预示着特征提取的重要性。因此在第 4 章，我们将提出一些特征提取算法以改进分类性能。

3.6 核参数的确定

关于核参数的选择问题，文献中最多的是对算法的改进，包括迭代算法和搜索算法两种，尤其以搜索算法为多。这其中有网格搜索算法、遗传算法、禁忌搜索算法、蚁群算法、粒子算法等。优化指标一般采用距离测度、Fisher 判据、正确分类率等，也有直接改进优化指标的方法。还有一类是将核参数的优化和特征选择同时进行的方法。

Zhang 等用迭代算法求优化参数，用核空间的距离作为优化指标[34]。胡等结合遗传算法和禁忌搜索算法的优点，利用禁忌搜索中的禁忌列表来对遗传算法中的交换进行有效限制，避免进入局部搜索[35]。Wang 等采用网格搜索算法得到 SVM 的参数[36,37]，再用交叉检验选择出最优[37]。Wang 等基于核参数对泛化性能的影响来确定回归问题的核参数，证明了核参数在一定范围内，回归问题泛化性能是稳定的，还给出了核参数迭代步长的下界[38]。但对于分类问题，最优核参数还是由 Fisher 判据计算而得，并没有给出 VC 维计算的实用方法。

传统上，特征选择与分类器参数优化问题一般是分别研究的，但近年来出现了一种趋势，将这两个问题融合起来同步研究。Huang 等提出了应用遗传算法(genetic algorithm, GA)同步进行特征选择及 SVM 参数优化的方法[39,40]；Muni 等提出了一种应用遗传规划(genetic programming, GP)同步进行特征选择及分类器参数优化的方法，都取得了不错的效果[41]；任江涛等针对特征选择及 SVM 参数同步优化问题，提出了基于二进制粒子群优化(particle swarm optimization, PSO)算法同步进行特征选择及 SVM 参数优化的 PSO-SVM 算法[42]。

本书中由于参数只有两个，因而网格算法的计算量并不比其他算法复杂；且由于每组参数对是独立的，因而可以并行计算。离线选择核参数及主元(判别向量)个数的步骤如下：

步骤 1　取核参数 $c = 50:50:2000$(代表从 50 开始增大直到 2000，间隔 50)，主元(判别向量)数量 $a = 3:3:15$(代表从 3 开始增大直到 15，间隔 3。对于 FDA 或者 KFDA，由于最优判别向量的个数为 $c-1$，因而还增加了 $a=2$ 的情况)，共形成 200 种组合。

步骤 2　对步骤 1 中的所有组合分别计算误分和 $n(i,j)$，$i = 1,2,\cdots,40 = c/50$，$j = 1,2,\cdots,6 = \mathrm{int}(a/3)+1$，其中 int 代表对商取整。

步骤 3　找出误分最少的 n 所对应的核参数 c 和主元(判别向量)数量 a，分别记为 mc 和 ma。

(1) 若 $mc = 50$，则取 $c = 5:5:50$，重新计算误分和；

(2) 若 $mc \neq 50$，则取 $c = (mc - 40):10:(mc + 40)$，重新计算误分和。

步骤 4　找到步骤 3 中最小误分和对应的 c 和 a 即为所求；在误分和相同时，优先选择较小的 a 和 c。

应用该方法得出 KPCA、KFDA、KPLS、KCCA 等方法在各种样本数情况下最优核参数 c 和主元(判别向量)数 a 及相应的分类误分率见表 4.29～表 4.35。

3.7　多故障诊断问题

3.7.1　引言

多故障诊断问题实际上相当于多类模式的分类问题。由于理论分析的困难和计算能力等的限制，一般来说，多类分类多转化成两类分类来进行，这其中 1 对 1 方法和 1 对多方法使用最为广泛。

设数据一共为 c 类，采用一对一策略时共需设计 $c(c-1)/2$ 个分类器，每个分类器有两个输出 $g_{ij,i}(\boldsymbol{x}) = g_{ji,i}(\boldsymbol{x})$，$g_{ij,j}(\boldsymbol{x}) = g_{ji,j}(\boldsymbol{x})(i,j = 1,2,\cdots,c,i \neq j)$。最后的判决函数 $g_i(\boldsymbol{x}) = \sum_{j=1}^{c} g_{ij,i}(\boldsymbol{x})$，若 $g_i(\boldsymbol{x}) > g_k(\boldsymbol{x})$，$\forall\, i \neq k$，则观测属于类 i。1 对 1方法的优点是其训练速度较 1 对多方法快，缺点是分类器的数目随类数的增加而急剧增加，导致决策速度很慢[43]。

若采用一对多策略，则共需要设计 c 个分类器，以区分类 i 和非类 i。每个分类器有两个输出 $g_{i1}(\boldsymbol{x})$，$g_{i2}(\boldsymbol{x})(i = 1,2,\cdots,c)$。最后的判决函数 $g_i(\boldsymbol{x}) = g_{i1}(\boldsymbol{x}) + \sum_{\substack{j=1 \\ j\neq i}}^{c} g_{j2}(\boldsymbol{x})$，若 $g_i(\boldsymbol{x}) > g_k(\boldsymbol{x})$，$\forall\, i \neq k$，则观测属于类 i。1 对多方法的优点是只需要训练 c 个两类分类器，故其所得到的分类函数的个数较少，其分类速度相对较快。这种方法的第一个缺点为每个分类器的训练都是将全部的样本作为训练样本，因此，训练时间较长。第二个缺点是如果以两类分类器的输出取符号函数，则有可能存在测试样本同时属于多类或不属于任何一类的区域，发生这种情况的原因是因为分类器的输出是一个相对距离，同一分类器的输出具有可比性，而不同分类器由于相对的标准不同，其输出不具有可比性。

目前，很少有专门针对核多元统计方法的多类分类问题的研究，原因可能是大家一般都认为其适合检测而不适合分类。对 KFDA 多类分类的研究基本上都是针对判别向量的计算问题，至于分类器的设计，则仍然采用已有的方案，如最近邻法、二叉树法等[44～46]。

Chiang 等[47~50]对多元统计方法在过程工业中的应用进行了深入的研究，他们提出的多故障诊断方案[48]利用不同类的信息构成降维矩阵，直接进行多故障的诊断，方法值得借鉴，但遗憾的是他们没有将其推广到核空间。本节将在核空间计算包含不同类信息的降维矩阵，直接用于多故障的诊断。

3.7.2　基于核的 Bayes 决策函数

在第 2 章，我们分析了线性分类函数和 Bayes 分类函数的关系，据此，总结出线性分类器的缺点如下：①针对两类分类问题，要推广到多类也只能基于两类的组合来进行，这样不论是训练还是决策阶段都比较耗时。②线性分类器实际上是 Bayes 分类器在数据呈指数分布或者是各类协方差阵相同的正态分布的特殊情况。有结果表明，对于绝大多数高维数据来说，如果将其线性投影到低维空间，则投影数据趋向于正态分布[51]，因而假设数据呈指数分布一般不符合实际情况；也可以想象，假设正态分布的各类数据协方差矩阵相同也是不切实际的。③若假设数据呈指数分布，分布参数难以求出，只能由线性分类器得出两类的相对比较，而不同的两类分类器由于相对的标准不同，其输出不具有可比性。

基于以上原因，我们采用 Bayes 分类器作为多元统计方法降维后的分类函数。为了适应核方法的需要，首先推导核 Bayes 分类函数的形式[52]。

根据 2.4.2 小节的结论，可知核空间 Bayes 分类函数为

$$g_j(\phi(\boldsymbol{x}_i)) = -\frac{1}{2}(\phi(\boldsymbol{x}_i) - \widetilde{\boldsymbol{m}}_j)^{\mathrm{T}}\widetilde{\boldsymbol{S}}_j^{-1}(\phi(\boldsymbol{x}_i) - \widetilde{\boldsymbol{m}}_j) - \frac{1}{2}\ln[\det(\widetilde{\boldsymbol{S}}_j)] + \ln P(\omega_j) \tag{3.131}$$

其中，$\widetilde{\boldsymbol{m}}_j$ 和 $\widetilde{\boldsymbol{S}}_j$ 分别为核空间类 j 的均值向量和方差阵。设 $\widetilde{\boldsymbol{m}}_{fj}$ 和 $\widetilde{\boldsymbol{S}}_{fj}$ 分别为核空间降维后类 j 的均值向量和方差阵，则降维后的分类函数为

$$\begin{aligned} g_{fj}(\phi(\boldsymbol{x}_i)) &= -\frac{1}{2}(\boldsymbol{w}^{\mathrm{T}}\phi(\boldsymbol{x}_i) - \widetilde{\boldsymbol{m}}_{fj})^{\mathrm{T}}(\widetilde{\boldsymbol{S}}_{fj})^{-1}(\boldsymbol{w}^{\mathrm{T}}\phi(\boldsymbol{x}_i) - \widetilde{\boldsymbol{m}}_{fj}) \\ &\quad - \frac{1}{2}\ln[\det(\widetilde{\boldsymbol{S}}_{fj})] + \ln P(\omega_j) \\ &= -\frac{1}{2}\boldsymbol{A}^{\mathrm{T}}\boldsymbol{\alpha}_a\boldsymbol{B}^{-1}\boldsymbol{\alpha}_a^{\mathrm{T}}\boldsymbol{A} - \frac{1}{2}\ln[\det(\boldsymbol{B})] + \ln P(\omega_j) \end{aligned} \tag{3.132}$$

其中

$$\boldsymbol{A} = \boldsymbol{K}_{l\times l_j}(:,i) - \frac{1}{l_j}\boldsymbol{K}_{l\times l_j}\boldsymbol{1}_{l_j\times 1},\quad \boldsymbol{B} = \frac{1}{l_j - 1}\boldsymbol{\alpha}_a^{\mathrm{T}}\boldsymbol{K}_{l\times l_j}\left(\boldsymbol{I} - \frac{1}{l_j}\boldsymbol{1}_{l_j\times l_j}\right)\boldsymbol{K}_{l\times l_j}^{\mathrm{T}}\boldsymbol{\alpha}_a$$

其中，$\boldsymbol{\alpha} \in \mathbf{R}^{l\times a}$，为 KFDA 或 KPCA 的前 a 个特征向量组成的矩阵。可以看出，无论是 KFDA、KPCA 还是采用其他方法，在最优判别向量计算出来后，就可以用式(3.132)所示的核 Bayes 分类器直接判别故障类别。图 3.2 分别给出了用 1 对 1 方法和本书采用基于核的 Bayes 分类器方法在线诊断故障的流程图。

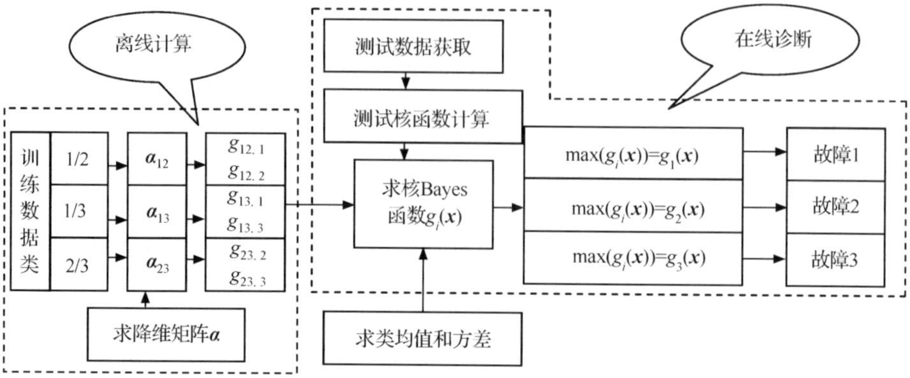

(a) 1对1方法核Bayes分类器诊断故障流程图

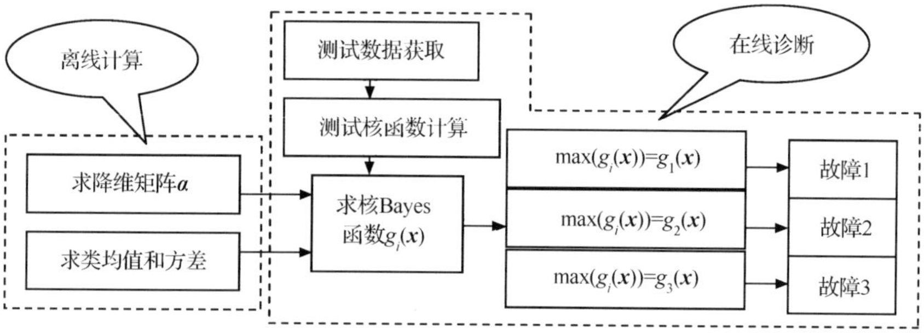

(b) 本书方法核Bayes分类器诊断故障流程图

图 3.2　核 Bayes 分类器在线诊断故障流程图

3.7.3　KPCA 和 KFDA 的故障诊断流程

与其他的非线性 PCA 方法相比较，KPCA 方法只是求解特征值问题，而并不需要涉及非线性的最优化问题。但是 Lee 等[53]在利用核 PCA 进行非线性过程监控时也指出，当过程变量众多、采样值数量大的时候，核矩阵 $\boldsymbol{K}$ 的运算将变得很复杂；核主元的个数对整体的监控性能影响较大，但是没有适合的方法来确定主元的数量；当 KPCA 方法监测到过程故障时，不可能利用 PCA 方法中使用的贡献图辨别故障的类型，因为无法找到一个从高维的特征空间到低维输入空间的逆映射。因此，无论对于 KPCA 还是 KFDA，本书均采用基于核的 Bayes 分类器来识别故障，诊断流程分别如图 3.3 和图 3.4 所示。

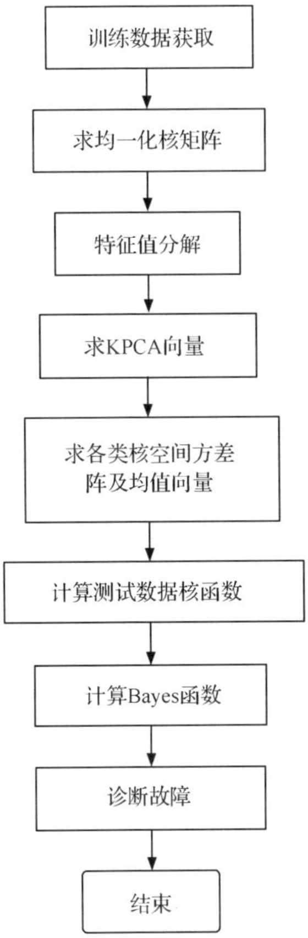

图 3.3　KPCA 方法诊断故障流程图

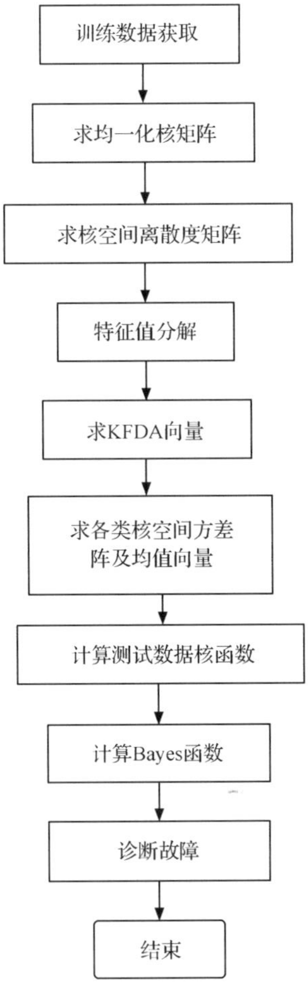

图 3.4　KFDA 方法诊断故障流程图

3.8　仿真结果及分析

现在我们利用 KPCA 及 KFDA 方法进行 TEP 的故障诊断。从 TEP 训练数据集中取一组正常工况的数据(故障 0)和两组不同的故障数据(故障 1 和故障 2)。为了比较样本数变化对 KPCA 和 KFDA 的分类性能的影响,取样本数从 20 变化到 200。表 3.1～表 3.3 为采用本章推导的多故障诊断方法的运行结果,表 3.4 列出了采用 1 对 1 方法进行 3 类故障诊断的结果。

表 3.1　KPCA 与 KFDA 进行直接 3 类故障诊断的结果

训练样本数	发生故障	KPCA 误分率/%	KPCA 核参数/降维矩阵维数	KPCA 诊断时间/ms	KFDA 误分率/%	KFDA 核参数/降维矩阵维数	KFDA 诊断时间/ms
20	故障 1	55.73	1300/15	4.8	68.23	900/15	4.8
	故障 2	8.85			9.27		
30	故障 1	2.5	2000/6	5.9	74.90	1800/12	6
	故障 2	83.65			6.04		
40	故障 1	2.4	1500/15	7.4	42.19	1100/12	7.4
	故障 2	82.29			6.46		
50	故障 1	74.79	700/15	8.9	77.92	1800/6	8.9
	故障 2	4.48			4.58		
70	故障 1	68.85	800/15	12.2	1.15	1750/15	12.2
	故障 2	5.10			81.25		
100	故障 1	58.44	950/15	18.9	17.92	1500/3	18.8
	故障 2	5.31			4.17		
200	故障 1	4.17	1500/12	55.6	1.46	1250/3	55.9
	故障 2	5.31			7.81		

表 3.2　KCCA 与 KCOCO 进行直接 3 类故障诊断的结果

训练样本数	发生故障	KCCA 误分率/%	KCCA 核参数/降维矩阵维数	KCCA 诊断时间/ms	KCOCO 误分率/%	KCOCO 核参数/降维矩阵维数	KCOCO 诊断时间/ms
20	故障 1	7.92	1400/4	5.2	52.40	1500/6	5.0
	故障 2	19.90			7.40		
30	故障 1	5.52	1300/4	6.5	16.67	150/4	6.1
	故障 2	19.69			16.67		
40	故障 1	6.04	1150/4	8.0	9.48	2000/10	7.5
	故障 2	22.08			26.98		
50	故障 1	17.5	1100/8	9.8	12.71	1250/10	9.0
	故障 2	7.08			8.33		
70	故障 1	6.67	1750/4	13.1	6.35	1950/10	12.2
	故障 2	8.23			7.29		
100	故障 1	2.29	3650/6	21.7	1.98	1800/10	19.0
	故障 2	8.33			11.88		
200	故障 1	3.13	1900/10	62.9	7.08	1750/10	57.8
	故障 2	8.02			6.67		

表 3.3　KMI 与 KPLS 进行直接 3 类故障诊断的结果

训练样本数	发生故障	KMI 误分率/%	KMI 核参数/降维矩阵维数	KMI 诊断时间/ms	KPLS 误分率/%	KPLS 核参数/降维矩阵维数	KPLS 诊断时间/ms
20	故障 1	46.77	850/6	5.0	73.44	1750/10	4.9
	故障 2	8.44			8.44		
30	故障 1	21.46	1800/10	6.0	16.67	450/2	5.9
	故障 2	6.88			16.67		
40	故障 1	20.52	1900/6	7.6	63.65	1600/10	7.5
	故障 2	10.63			8.23		
50	故障 1	5.42	1750/10	9.1	44.48	900/4	9.0
	故障 2	21.25			10.83		
70	故障 1	6.35	1950/8	12.1	13.44	2000/2	12.3
	故障 2	7.40			11.04		
100	故障 1	5.52	2000/8	19.0	10.63	1950/2	18.9
	故障 2	7.19			12.5		
200	故障 1	3.23	1800/10	57.0	3.96	1600/4	55.8
	故障 2	7.71			10.83		

表 3.4　KPCA 与 KFDA 用 1 对 1 进行 3 类故障诊断的结果

训练样本数	发生故障	KPCA 误分率/%	KPCA 核参数/降维矩阵维数	KPCA 诊断时间/ms	KFDA 误分率/%	KFDA 核参数/降维矩阵维数	KFDA 诊断时间/ms
20	故障 1	65.63	1400/15	10.7	50.83	400/6	12.2
	故障 2	9.17			6.67		
30	故障 1	2.60	1750/6	15.3	2.29	1900/9	16.3
	故障 2	81.35			81.98		
40	故障 1	2.40	1550/6	19.8	70.42	1550/3	20
	故障 2	79.79			6.35		
50	故障 1	1.46	1900/15	24.2	1.67	1950/12	24.8
	故障 2	80.83			81.04		
70	故障 1	1.88	2000/15	34.1	74.69	950/15	34.5
	故障 2	80.21			6.15		
100	故障 1	63.96	600/15	52.9	41.15	1500/9	53.2
	故障 2	3.02			6.46		
200	故障 1	2.60	1850/6	138.7	18.33	1750/15	137.8
	故障 2	4.58			17.29		

由表 3.1 和表 3.4 可以看出,采用 1 对 1 分类方法进行 3 类故障的诊断与采用本章推导的多故障诊断方法对相同数据源的诊断结果无明显差异;而采用本章方法诊断速度明显提高(这里只给出了 KPCA 和 KFDA 的对比,其他方法有类似的结论)。但是,无论是 KFDA、KPCA、KPLS 或者 KCCA 均未能得到较好的诊断效果,尤其在小样本情形,这主要是未实施特征提取步骤的缘故。因此,我们将在接下来的第 4、5 章详细介绍提高故障诊断效果和效率的特征选取方法以及解决小样本问题的方法。

3.9 小　　结

由于 PCA、FDA、PLS 和 CCA 等应用于非线性问题的效果不好,因此,本章引入核化算法,导出了 KPCA、KFDA、KPLS、KCCA 以及 KICA 等算法,并给出了具体实现过程。本章还推导了基于核的 Bayes 决策函数,并以此为基础,提出一种多类分类的方案以便对多故障进行识别分类的方法,该方法有以下优点:①无论类别数多少,只需训练一次;②无论采用什么核方法,只需求出降维矩阵即可使用;③决策函数由 Bayes 分类器核化而来,效果优于线性分类器。针对 TEP 的仿真结果表明,本章提出的基于核 Bayes 的多类故障诊断问题诊断效果与 1 对 1 方法相当,但诊断速度明显提高。

参考文献

[1] Aronszajn N. Theory of reproducing kernels. Transactions of the American Mathematical Society, 1950, 68(3):337-404.

[2] Mercer J. Functions of positive and negative type and their connection with the theory of integral equations. Philosophy Transactions of the Royal Society of London, 1909, 209(441-458):415-446.

[3] Boser B E, Guyon L M, Vapnik V N. A training algorithm for optimal margin classifiers. Proceedings of the 5th Annual ACM workshop on Computational Learning Theory,Pittsburgh,1992:144-152.

[4] Young N. An Introduction to Hilbert Spaces. London:Cambridge University Press, 1988.

[5] 崔明根, 吴勃英. 再生核空间数值分析. 北京:科学出版社, 2004.

[6] Schölkopf B, Burges C J, Smola A J, et al. Advances in Kernel Methods—Support Vector Learning. Cambridge: MIT Press, 1999.

[7] Schölkopf B, Smola A, Müller K. Nonlinear component analysis as a kernel eigenvalue problem. Neural Computation, 1998,10 (5): 1299-1399.

[8] Shawe-Taylor J,Cristianini N. Kernel Methods for Pattern Analysis. 北京: 机械工业出版社, 2005.

[9] Choi S W, Lee I B. Nonlinear dynamic process monitoring based on dynamic kernel PCA. Chemical Engineering Science,2004,59(24): 5897-5908.

[10] Mika S, Rätsch G, Weston J, et al. Fisher discriminant analysis with kernels. IEEE International Work-

shop on Neural Networks for Signal Processing IX,Madison, 1999:41-48.

[11] Han L. Kernel Partial Least Squares(K-PLS) for Scientific Data Mining. New York:Rensselaer Polytechnic Institute. Ph. D. Thesis, 2007.

[12] Momma M. Sparsity and Dimensionality Reduction for Kernel Regression Analysis. New York: Rensselaer Polytechnic Institute. Ph. D. Thesis,2003.

[13] Bennett K P, Embrechts M J. An optimization perspective on kernel partial least squares regression in advances in learning theory: Methods, models and applications. NATO Science Series III:Computer & Systems Sciences, 2003,190(2):227-250.

[14] Zhang Y W, Teng Y D. Process data modeling using modified kernel partial least squares. Chemical Engineering Science, 2010,65(24) :6353-6361.

[15] Bach F R, Jordan M I. Kernel independent component analysis. Journal of Machine Learning Research, 2002,3(1): 1-48.

[16] Gretton A, Herbrich R, Smola A J, et al. Kernel methods for measuring independence. Journal of Machine Learning Research, 2005,6(12): 2075-2129.

[17] Bach F R, Jordan M I. Kernel independent component analysis. Journal of Machine Learning Research, 2002,3(1):1-48.

[18] 陈敏,江云非,刁鑫,等. 核独立成分分析在图像处理中的应用. 计算机应用研究,2008,25(1):297-299.

[19] 赵忠盖,刘飞. 一种基于核独立元分析的非线性过程监控方法. 系统仿真学报,2008,20(20):5585-5588.

[20] Wang L, Shi H B. Multivariate statistical process monitoring using an improved independent component analysis. Chemical Engineering Research and Design, 2010,88(4): 403-414.

[21] 王丽,侍洪波. 一种基于核独立元分析的非线性过程监控方法. 化工学报,2010,61(5):1183-1189

[22] 田昊,唐力伟,田广,等. 基于核独立分量分析的齿轮箱故障诊断. 振动与冲击, 2009, 28(5):163,164,191.

[23] Bach F R, Jordan M I. Kernel independent component analysis. Journal of Machine Learning Research, 2002,3(1):1-48.

[24] Embrechts M J. Analyze/StripMiner software—the KPLS code. www. drugmining. com,2000.

[25] Xu J H, Zhang X G, Li Y D. Kernel MSE algorithm: A unified framework for KFD, LS-SVM and KRR. Proceedings of IJCNN'01,Washington DC ,2001:1486-1491.

[26] Xu J H, Zhang X G, Li Y D. Regularized kernel forms of minimum squared error method. Frontiers of Electrical and Electronic Engineering in China,2006, 1(1): 1-7.

[27] 许建华,张学工. 经典线性算法的非线性核形式. 控制与决策, 2006, 21(1):1-12.

[28] Guyon I, Stork D G. Linear discriminant and support vector classifiers//Smola A J, Bartlett P,Scholkopf,et al. Advances in Large Margin Classifiers. Cambridge:MIT Press, 2000.

[29] Smola A J, Scholkopf B. On a kernel-based method for pattem recognition, regression, approximation and operator inversion. Algorithmica, 1998,22(1-2):211-231.

[30] Ye J P , Chen J H,Ji S W. Discriminant kernel and regularization parameter learning via semidefinite programming. ACM International Conference Proceeding Series,Proceedings of the 24th International Conference on Machine Learning,Corvalis,2007:1095-1102.

[31] Chen W S, Yuen P C, Huang J, et al. Kernel machine-based one-parameter regularized fisher discrimi-

nant method for face recognition. IEEE Transactions on Systems, Man, and Cybernetics, Part B: Cybernetics, 2005, 35(4):659-669.

[32] Yang J, Jin Z, Yang J Y, et al. Essence of kernel fisher discriminant: KPCA plus LDA. Pattern Recognion, 2004,37(10):2097-2100.

[33] Baudat G, Anouar F. Generalized discriminant analysis, using a kernel approach. Neural Comput., 2000,12 (10) :2385-2404.

[34] Zhang D Q, Chen S C, Zhou Z H. Learning the kernel parameters in kernel minimum distance classifier. Pattern Recognition, 2006,39(1):133-135.

[35] 胡洁，郭绍忠，陈海勇．基于遗传禁忌搜索的网格资源选择算法．计算机工程与设计,2007,28(3):512-514.

[36] Wang J, Du H Y, Yao X J, et al. Using classification structure pharmacokinetic relationship (SCPR) method to predict drug bioavailability based on grid-search support vector machine. Analytica Chimica Acta, 2007,601(2):156-163.

[37] Min J H, Lee Y C. Bankruptcy prediction using support vector machine with optimal choice of kernel function parameters. Expert Systems with Applications, 2005,28(4): 603-614.

[38] Wang W J, Xu Z B , Lu W Z , et al. Determination of the spread parameter in the Gaussian kernel for classification and regression. Neurocomputing,2003,55(3-4): 643-663.

[39] Huang C L, Wang C J. A GA-based feature selection and parameters optimization for support vector machines. Expert Systems with Applications, 2006, 31(2):231-240.

[40] Avci E. Selecting of the optimal feature subset and kernel parameters in digital modulation classification by using hybrid genetic algorithm-support vector machines: HGASVM. Expert Systems with Applications,2009,36(2):1391-1402.

[41] Muni D P, Pal N R, Das J. Genetic programming for simultaneous feature selection and classifier design. IEEE Transactions on Systems, Man and Cybernetics-Part B, 2006,36(1): 106-117.

[42] 任江涛,赵少东,许盛灿,等．基于二进制 PSO 算法的特征选择及 SVM 参数同步优化．计算机科学,2007,34(6):179-182.

[43] 刘江华，程君实，陈佳品．支持向量机训练算法综述．信息与控制，2002, 2(1):45-50.

[44] 杨国鹏,余旭初,陈伟,等．基于核 Fisher 判别分析的高光谱遥感影像分类．遥感学报，2008,12(4):579-584.

[45] 孔锐,张冰．基于核 Fisher 判决分析的高性能多类分类算法．计算机应用，2005,25(6):1327-1329.

[46] Liu C J. Capitalize on dimensionality increasing techniques for Improving face recognition grand challenge performance. IEEE Transactions on Pattern Analysis and Machine Intelligence, 2006, 28(5):725-730.

[47] Chiang L H, Russell E L, Braatz R D. 工业系统的故障检测与诊断．段建民译．北京:机械工业出版社,2003.

[48] Chiang L H. Fault Detection and Diagnosis for Large-scale Systems. Urbana:University of Illinois at Urbana-champaign. Ph. D. Thesis, 2001.

[49] Russell E L, Chiang L H, Braatz R D. Data-Driven Techniques for Fault Detection and Diagnosis in Chemical Processes. London:Springer Verlag, 2000.

[50] Vapnik V N. Statistical Learning Theory. New York:John Wiley&Sons,1998.

[51] Fontan F M, Jimenez L O. Performance of eight cluster validity indices on hyperspectral data. Proceedings of SPIE-The International Society for Optical Engineering, Orlando, 2004, 5425: 147-158.

[52] Yu C M, Pan Q, Cheng Y M, et al. A kernel-based bayesian classifier for fault detection and classification. WCICA08, Chongqing, 2008: 124-128.

[53] Choi S W, Lee I B. Nonlinear dynamic process monitoring based on dynamic kernel PCA. Chemical Engineering Science, 2004, 59(24): 5897-5908.

第 4 章　过程工业故障诊断的特征选取方法

4.1 引　　言

相当一部分过程工业的故障具有突发性,能在瞬间迅速蔓延,导致悲剧发生。因而,对于过程工业,诊断的实时性显得十分重要,人们希望能尽快检测、诊断出故障并及时采取相应措施,以避免事故的发生。而核化算法有一个关键步骤,也就是计算核矩阵的问题;一般这部分计算时间约占整个算法运行时间的 70%,因而核矩阵的计算时间成为所有核算法都需要面临的问题。如果能在算法执行之前先降低训练样本的维数 n,则可以降低核矩阵的计算时间,从而降低整个算法的计算复杂度,提高故障诊断的效率。另一方面,特征选取是故障诊断的关键步骤,直接影响故障诊断结果,第 3 章的仿真结果也表明未加入特征选取环节的故障诊断效果不能令人满意。因而,本章我们将重点放在关键变量的选择,也即特征选取上。

特征选取方法从原始空间选择子集,保留的是原始特征变量的组合。合理使用特征选取方法,不仅可以降低数据维数,减少计算量;还可以去除冗余信息,使故障诊断结果更可靠。一直以来,众多学者对此问题进行了大量的研究,提出了许多行之有效的方法[1~3]。

已有的特征选取算法虽然取得了较好的效果,但存在以下问题:一是特征数量一般都是预先设定,这在实际系统中难以掌握;二是从结构上来说都没有考虑对候选群的初步筛选,增加了搜索复杂度;三是搜索方法中也没有考虑前后向增加或减少数量的一般确定规则,很难推广到实际系统。本章将对此进行研究,给出基于小波包和 Bhattacharyya 距离(简称 B 距离)的特征选取思路,详细叙述算法的具体流程和实施步骤。以 TEP 数据[4]为对象,将特征选取方法应用于 KPCA 和 KFDA 以验证故障诊断的效率和效果。

4.2 基于能量差异的小波包特征选取

小波理论的原始思想可追溯到 20 世纪初,到 20 世纪 80 年代中后期,小波理论进入了发展高潮。1989 年,Mallat 将计算机视觉领域内的多尺度分析的思想引入小波分析中,提出多分辨率分析(multi-resolution analysis,MRA)的概念,用多分辨率分析来定义小波,给出了构造正交小波基的一般方法和与 FFT 相对应的快速小波算法——Mallat 算法，并将它用于图像分析和完全重构。

小波分析的实质是对原始信号做一系列的滤波，它将信号投影到一组互相正交的基函数上。从频谱分析的角度看，小波变换是将信号分解成低频和高频两部分，在下一层的分解中，又将低频部分实施再分解。

设 $\psi(t) \in L^2(\mathbf{R})$ 是平方可积的实数空间的函数，其傅里叶变换为 $\hat{\psi}(\omega)$。如果 $\hat{\psi}(\omega)$ 满足容许性条件

$$C_\psi = \int_0^\infty \frac{|\hat{\psi}(\omega)|^2}{\omega} d\omega < +\infty \tag{4.1}$$

则称 $\psi(t)$ 为一个基本小波或母小波(mother wavelet)。将 $\psi(t)$ 伸缩平移，则得到一个小波序列。

对于连续的情况，小波序列为

$$\psi_{a,b}(t) = \frac{1}{\sqrt{|a|}} \psi\left(\frac{t-b}{a}\right) \tag{4.2}$$

其中，a 为尺度因子；b 为平移因子；$a, b \in \mathbf{R}, a \neq 0$。

对于离散情况，小波序列为

$$\psi_{j,k}(t) = 2^{-j/2}\psi(2^{-j}t - k) \tag{4.3}$$

任意函数 $f(t) \in L^2(\mathbf{R})$ 的连续小波变换为

$$W_f(a,b) = \langle f, \psi_{a,b} \rangle = \int_{-\infty}^{+\infty} f(t) \frac{1}{\sqrt{|a|}} \psi^*\left(\frac{t-b}{a}\right) dt \tag{4.4}$$

Mallat 用多分辨率分析来定义小波，给出了构造正交小波基的一般方法，并形象地说明了小波的多分辨率特性。图 4.1 以一个三层分解来说明多分辨率的概念，这里 S 代表待分解的信号，L 代表低频分量，H 代表高频分量，下角的阿拉伯数字代表分解的层数。

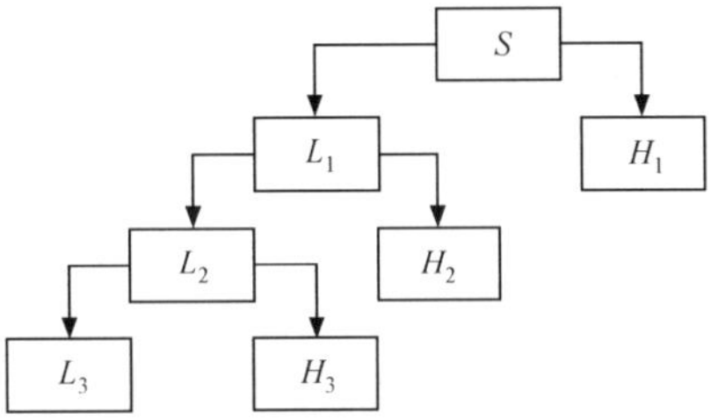

图 4.1　多分辨率分析结构图

从小波分解的结构可以看出，小波变换的频率分辨率随频率升高而降低。在高频段其频率分辨率较差，在低频段其时间分辨率也较差，即对信号的频率进行指数等间隔划分。设空间序列 $\{V_j\}_{j\in\mathbf{Z}}$ 是空间 $L^2(\mathbf{R})$ 中的多分辨率分析，以 V_j 表示图 4.1 分解中的低频部分 L_j，W_j 表示分解中的高频部分 H_j，则可以得到 $L^2(\mathbf{R}) =$

$\bigoplus_{j\in Z} W_j$，表明多分辨率分析是按照不同尺度因子将空间 $L^2(\mathbf{R})$ 分解为所有子空间 $W_j(j \in \mathbf{Z})$ 的正交和。

与多分辨率分析不同，小波包变换将频带进行多层次划分，不仅分解低频部分，还对高频部分作进一步分解，其分解结构图如图 4.2 所示。可以看出，小波包实际上是对小波子空间 W_j 进一步细分而得来。为了表示方便，将尺度子空间 V_j 和小波子空间 W_j 用一个新的子空间 U_j^m 表示，令

$$\begin{cases} U_j^0 = V_j \\ U_j^1 = W_j \end{cases} \quad j \in \mathbf{Z} \tag{4.5}$$

则空间 $L^2(\mathbf{R})$ 的正交分解可表示为

$$U_{j+1}^0 = U_j^0 \oplus U_j^1, \quad j \in \mathbf{Z} \tag{4.6}$$

对其作迭代分解，以 n 代表分解的层数，则有

$$W_j = U_j^1 = U_{j-1}^2 \oplus U_{j-1}^3 = U_{j-n}^{2^n} \oplus U_{j-n}^{2^n+1} \oplus \cdots \oplus U_{j-n}^{2^{n-1}} \tag{4.7}$$

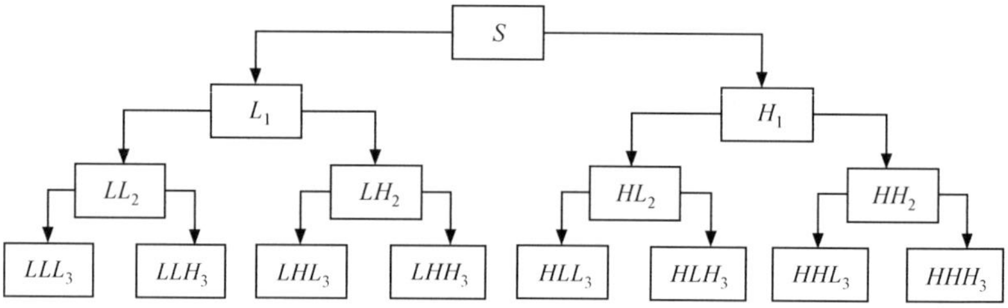

图 4.2 小波包分解树结构图

4.2.1 算法思路

设 $x_j(t)(j = 1,2,\cdots,52)$ 为 TEP 的第 j 个检测变量随时间变化的函数，现在为了减少计算时间，提高诊断效率，同时提高诊断效果，我们希望从全部 52 个变量中选取部分关键变量来进行计算。已知各个检测变量的离散采样序列为 $x_j(i)(i = 1,2,\cdots,l)$。选择二进小波包变换，在 2^N 分辨率下分析，分解后的信号用 $x_j(n,k)$ 表示，这里 $n = 0,1,\cdots,N$ 表示分解的层数，$k = 1,2,\cdots,2^n$ 代表频段。

定义原信号能量（第 j 个变量）

$$E(j) = \sum_{i=1}^{l} x_j(i)^2, \quad j = 1,2,\cdots,52 \tag{4.8}$$

小波包分解后各频段的能量为（第 j 个变量的 n 层分解后的第 k 频段的能量）为

$$E(j,n,k) = \sum_{i=1}^{l/2^n} x_j(n,k,i)^2 \tag{4.9}$$
$$j = 1,2,\cdots,52; n = 0,1,2,3,\cdots; k = 1,2,\cdots,2^n$$

由于各测量量具有不同的量程，为了避免大信号占绝对主导，定义分解后的能量和为

$$\widetilde{E}(j)=\frac{\sum_{k=1}^{2^n}E(j,n,k)}{E(j)} \tag{4.10}$$

设第 j 个测量量在正常模式下分解后的能量和为 $\widetilde{E}0(j)$，故障情况下分解后的能量和为 $\widetilde{E}1(j)$。计算各变量在不同模式下的能量差向量

$$[\,|\widetilde{E}0(1)-\widetilde{E}1(1)|,|\widetilde{E}0(2)-\widetilde{E}1(2)|,\cdots,|\widetilde{E}0(52)-\widetilde{E}1(52)|\,] \tag{4.11}$$

选取最大能量差对应的几个变量作为关键变量。

4.2.2　算法实现

根据以上分析，基于小波包特征选取算法用于故障诊断的具体实现流程图如图 4.3 所示。步骤如下：

步骤 1　针对训练数据，分别计算正常情况和故障情况下 52 个变量的 n 层小波包分解，得到 $k=2^n$ 个频段的分解系数；

步骤 2　利用式(4.9)～式(4.11)计算能量差向量，并排序；

步骤 3　根据步骤 2 的结果选择关键变量，实现训练数据和测试数据的降维；

步骤 4　利用降维后的训练数据计算 KPCA 和 KFDA 的最优分类向量；

步骤 5　将步骤 4 的结果用于降维后的测试数据，并计算 Bayes 分类函数；

步骤 6　故障诊断分类。

需要说明，上述步骤是在小波函数和关键变量的个数已经确定的情况下在线故障诊断的步骤。

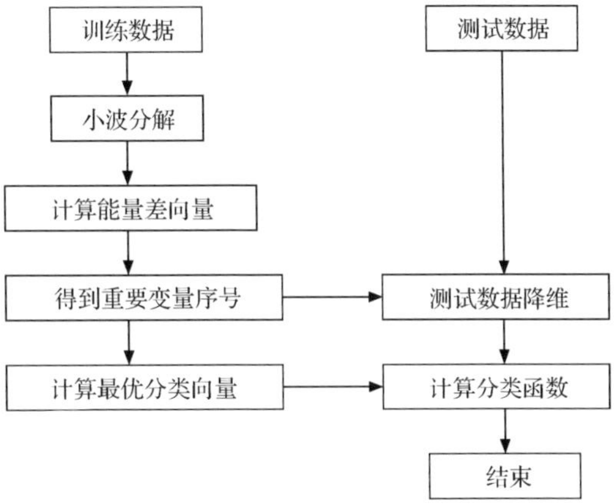

图 4.3　小波包故障特征选取流程图

4.3 基于组合测度的特征选取

4.3.1 基于B距离的特征选取

从理论上说，对于分类问题理想的准则应该是Bayes分类误差最小准则。但由于通常情况下数据的概率分布难以确定，导致Bayes分类误差难以计算和分析，所以几乎没有采用Bayes误差作为准则函数的特征提取方法。研究中通常计算某一可分性判据条件下的最小错误概率上界。常用的可分性判据包括平均马氏距离、马氏距离和B距离等。而平均马氏距离和马氏距离均可在B距离基础上简化而得。并且，由于类间B距离决定了Bayes分类误差的上界[5]，在计算复杂度差别不大的情况下，基于B距离的特征提取是较好的特征提取方法[6]。

B距离是一个标量，其定义为[7]

$$B = \ln\int[p(x|\omega_i)p(x|\omega_j)]^{1/2}\mathrm{d}x \tag{4.12}$$

其中，$p(x|\omega_i)$和$p(x|\omega_j)$分别为类ω_i和类ω_j的条件概率密度函数。B距离测度是基于概率分布的距离判据，当概率分布密度属于某种参数形式的时候才能够写成便于计算的解析形式。对于绝大多数高维数据来说，如果将其线性投影到低维空间，则投影数据趋向于正态分布[8]。因此，不失一般性，本书讨论多维正态分布的情况。

对于两类问题，按照积分运算可得到最终的B距离的表达式。设两类数据均服从高斯分布$N(\boldsymbol{m}_1,\boldsymbol{S}_1)$，$N(\boldsymbol{m}_2,\boldsymbol{S}_2)$，B距离为

$$B = \frac{1}{8}(\boldsymbol{m}_2-\boldsymbol{m}_1)^{\mathrm{T}}\left(\frac{\boldsymbol{S}_1+\boldsymbol{S}_2}{2}\right)^{-1}(\boldsymbol{m}_2-\boldsymbol{m}_1)+\frac{1}{2}\ln\frac{|(\boldsymbol{S}_1+\boldsymbol{S}_2)/2|}{\sqrt{|\boldsymbol{S}_1||\boldsymbol{S}_2|}} \tag{4.13}$$

可以直观地看出，B距离体现了两个不同样本中分布的差异，这种差异既包含了不同类别分布均值的差异，同时也考虑了样本分布方差对分类的贡献；或者说，B距离同时兼顾了一次与二次统计量。

对于两类数据，我们简单地分别计算他们每个训练样本的每个变量的B距离并比较，选择距离大的变量而舍弃距离小的变量。

4.3.2 组合测度特征选取步骤

上面介绍的基于能量差异的小波包特征选取和基于B距离的特征选取是从不同的准则、角度提取出重要变量。经比较发现，两种方法选取出一些相同的变量，当然也有不同；同时还发现，两种特征选取方法对于不同故障的识别能力也大有不同，如B距离特征选取算法对故障1很有效，而小波包特征选取算法对故障2更有效。为了综合两种方法的优点，提出基于两种方法组合的特征选取方法。需

要说明,由于后面我们的仿真数据采用的是故障 0,1,2 共三类数据,因此在排序时,我们对两两数据分别对变量排序,以和作为每个变量的总排名依据。具体步骤如下:

步骤 1　针对训练数据,分别计算正常情况和故障情况下 52 个变量的 n 层小波包分解,得到 $k = 2^n$ 个频段的分解系数;分别计算正常情况和故障情况下 52 个变量的 B 距离。

步骤 2　利用式(4.9)～式(4.11)计算能量差向量,按由大到小顺序排序,得到每个变量的序号 num1(j);按 B 距离大小排序,得到每个变量的序号 num2(j)。

步骤 3　计算每个变量的 num(j)=num1(j)+num2(j)(j=1,2,…,52)作为每个变量的总序号,按 num 由小到大排序;取排在前 p 的特征组成初始候选集 $S = \{d_1, d_2, \cdots, d_p\}$,置 $q = r$。

步骤 4　取步骤 3 中排在最前面的 q 个变量作为重要变量,特征集 $S_1 = \{d_1, d_2, \cdots, d_r\}$。

图 4.4 针对三类问题给出组合测度方法的故障诊断流程图。由于该方法仿真结果与小波包方法相比并无明显改进,因而本章以组合测度的结果作为候选集。

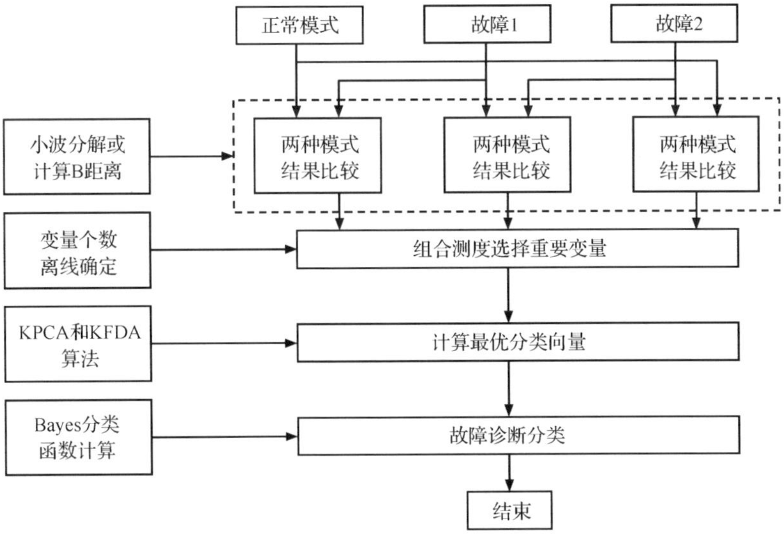

图 4.4　三类问题故障诊断流程图

4.4 基于显著性检验和优化准则结合的双向可增删特征搜索

除了根据故障正确分类率(优化准则)来选取特征,为了提高搜索效率,还将显著性检验和优化准则引入算法。结合采用前向、后向的双向可增删策略,不仅可提高搜索能力,还方便确定最终特征的个数。优化准则为特征选取后执行 KPCA 或 KFDA 及核 Bayes 分类函数的分类正确率,这里核函数仍然取高斯函数。

4.4.1 *t*-检验

对于两种特征个数的情形,设核参数 $c=50:50:2000$ 时正确分类率 x 服从方差相同的正态分布,特征个数变化前后分别为

$$x_1 \sim N(m_1, s^2),\quad x_2 \sim N(m_2, s^2) \tag{4.14}$$

正确分类率的样本均值分别为 $\bar{x}_1, \bar{x}_2$,样本方差分别为 s_1, s_2。样本容量为 $n_1 = n_2 = 40$。记

$$s_w^2 = \frac{(n_1-1)s_1^2 + (n_2-1)s_2^2}{n_1+n_2-2} = \frac{s_1^2+s_2^2}{2} \tag{4.15}$$

构造统计量

$$t = \frac{\bar{x}_1 - \bar{x}_2}{s_w\sqrt{\dfrac{1}{n_1}+\dfrac{1}{n_2}}} \sim t(n_1+n_2-2) \tag{4.16}$$

现在,如果要判断特征个数增加时故障诊断的效果是否显著变好,则零假设和备择假设分别为

$$H_0: m_1 - m_2 = 0,\quad H_1: m_1 - m_2 > 0 \tag{4.17}$$

在显著性水平 α 下拒绝域为

$$\frac{\bar{x}_1 - \bar{x}_2}{s_w\sqrt{1/20}} > t_\alpha(n_1+n_2-2) \tag{4.18}$$

4.4.2 具体实现步骤

以 4.3.2 小节中得到的特征集为候选子集,从中选取 p 个作为初始特征集合,再采用粗选、细选结合的方式。开始搜索时,只增加或减少使性能显著变好的变量,在增加后没有显著变好的情况下,将优化准则最大时对应的变量加入变量集合;最后再从集合中每次去掉 1 个直到优化指标变坏。实现流程如图 4.5 所示,具体步骤如下:

步骤 1 针对训练数据,分别计算正常情况和故障情况下 52 个变量的 n 层小

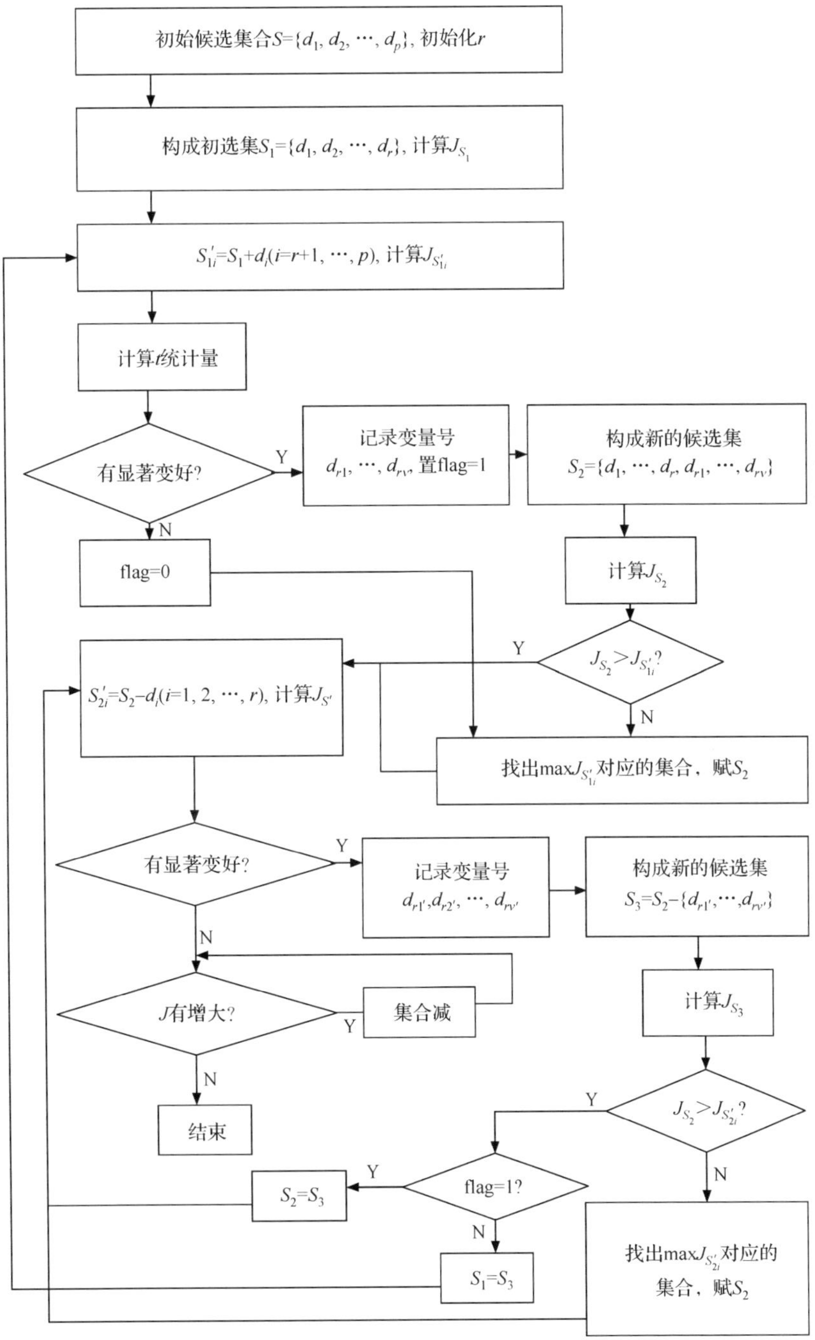

图 4.5　基于显著性检验和优化准则结合的特征选择流程

波包分解，得到 $k = 2^n$ 个频段的分解系数（这里取 $n=3$）；分别计算正常情况和故障情况下 52 个变量的 B 距离。

步骤 2 利用式(4.9)～式(4.11)计算能量差向量，按由大到小顺序排序，得到每个变量的序号 num1(j)；按 B 距离大小排序，得到每个变量的序号 num2(j)。

步骤 3 计算每个变量的 num(j)＝num1(j)＋num2(j)(j=1,2,…,52)作为每个变量的总序号，按 num 由小到大排序；取排在前 p 的特征组成初始候选集 $S = \{d_1, d_2, \cdots, d_p\}$，置 $q = r$。

步骤 4 取步骤 3 中排在最前面的 q 个变量作为重要变量，构成初选集 $S_1 = \{d_1, d_2, \cdots, d_r\}$，计算 J_{S_1}。

步骤 5 在初选集 S_1 的基础上增加变量，构成 $S'_{1i} = S_1 + d_i (i = r+1, \cdots, p)$；应用 KPCA 和 Bayes 分类函数进行故障诊断分类；计算正确分类率 $J_{S'_{1i}}$。

步骤 6 对 J_{S_1} 和 $J_{S'_{1i}}$，计算 t 统计量，检验结果是否显著变化。若结果显著变好，则置跳转标识 flag＝1，记录变量号 $d_{r1}, d_{r2}, \cdots, d_{rv}$，在 S_1 的基础上添加这些变量，构成新的候选集 $S_2 = \{d_1, d_2, \cdots, d_r, d_{r1}, d_{r2}, \cdots, d_{rv}\}$，计算 J_{S_2}，若 J_{S_2} 大于步骤 5 中所有 J，转步骤 7，否则，找到步骤 5 中最大的 J 对应的集合，赋予 S_2，转步骤 7；若结果均无显著变化，置步骤 8 的跳转标识 flag＝0，找到步骤 5 中最大的 J 对应的集合，赋予 S_2，转步骤 7。

步骤 7 在候选集 S_2 中每次去掉 S_1 中 1 个变量，$S'_{2i} = S_2 - d_i (i = 1, 2, \cdots, r)$，对于 $c = 50:50:2000$ 应用 KPCA、KFDA 和 Bayes 分类函数进行故障分类，计算正确分类率 $J_{S'_{2i}}$。

步骤 8 对步骤 7 中的 $J_{S'_{2i}}$，计算 t 统计量，检验结果是否显著变化。若结果显著变好，则记录变量号 $d_{r1'}, d_{r2'}, \cdots, d_{rv'}$，在 S_2 中去掉这些变量，构成新的候选集 $S_3 = S_2 - \{d_{r1'}, d_{r2'}, \cdots, d_{rv'}\}$，计算 J_{S_3}；若 J_{S_3} 大于步骤 7 中所有 J，则若 flag＝1，赋 $S_1 = S_3$，转步骤 5，若 flag＝0，赋 $S_2 = S_3$，转步骤 7；否则，找出步骤 7 中最大的 J 对应的集合，赋予 S_2，转步骤 7。若结果未显著变好，则若 flag＝1，找出步骤 7 中最大的 J 对应的集合，赋予 S_1，转步骤 5；若 flag＝0，则每次去掉一个变量，直到所有结果均变差，得到的 S_2 即为所求的关键变量集合，结束。

需要说明，可根据不同问题采用不同的显著水平，或者在搜索过程中在线调整其大小；步骤 8 根据数据情况，可以用统计检验代替准则，或者可根据情况将结束条件改为变量减少后效果显著变坏。

4.5 仿真结果

本章仍然采用第 2 章介绍的 TEP 数据，以故障 0,1,2 的训练数据和测试数据来检验本章算法的有效性。本节首先离线确定算法核参数、主元(判别向量)数量及关键变量。由于特征个数和主元(判别向量)数量之间存在很大关联，为了方便起见，我们预先给定特征个数 $p=10, r=4$。这样，就可以用第 3 章的方法确定核参数和主元(判别向量)数量就可以了。

4.5.1 特征选取结果

对数据用小波包分解和 B 距离计算，分别对两类数据进行特征提取，并排序，得到重要变量的排名顺序如表 4.1 所示。在表 4.1 的基础上，采用显著性检验和优化准则结合的双向可增可删特征选取策略选择特征，KPCA、KFDA、KPLS、KCCA、KCOCO 和 KMI 搜索的每一步所选特征及过程见表 4.2～表 4.7，这里 t-检验的置信度取 10%。表中黑体字部分代表该步所选择的结果，没有说明该步未能选出。

表 4.1　重要变量的排名顺序表

排名序号		1	2	3	4	5	6	7	8	9	10	11	12
变量号	小波包分解	50	19	37	10	47	1	44	39	28	34	31	46
	B-距离	19	18	50	47	1	44	20	34	10	29	33	30
	组合测度	19	50	47	1	10	44	34	18	37	20	39	28

表 4.2　KPCA 的特征选取结果

步骤	KPCA 特征选取	正确分类率	均值差	10%拒绝域
1	19,50,47,1	0.918 515 63		
		0.917 786 46		
	19,50,47,1,10	0.918 567 71	0.000 052 1	0.002 824 9
		0.917 786 46	0	0.000 631 1
	19,50,47,1,10,44	0.983 177 08	0.064 661	0.002 701 9
		0.918 906 25	0.001 12	0.001 095 9
	19,50,47,1,10,44,34			
2	**44,50,47,1**	0.983 645 83	0.000 469	0.001 818 4
		0.955 859 38	0.036 953	0.001 584 3
	19,44,47,1	0.984 739 58	0.001 562	0.001 852 1
		0.919 791 67	0.000 885	0.001 374 2
	19,50,44,1	0.983 776 04	0.000 599	0.002 331 7
		0.915 807 29	−0.003 1	0.001 005 3
	19,50,47,44	0.983 177 08	0	0.002 561 7
		0.918 906 25	0	0.001 415 5
3	44,50,47,1,10	0.983 645 83	0	0.000 226

续表

步骤	KPCA 特征选取	正确分类率	均值差	10%拒绝域
		0.955 859 38	0	0.001 736 7
	44,50,47,1,34	0.983 645 83	0	0.000 226
		0.955 885 42	0.000 026	0.001 739 9
	44,50,47,1,18	0.983 645 83	0	0.000 220 9
		0.955 468 75	−0.000 39	0.001 767 3
	44,50,47,1,37	0.983 645 83	0	0.000 226
		0.955 859 38	0	0.001 736 7
	44,50,47,1,20	0.986 588 54	0.002 943	0.000 345 5
		0.955 625	−0.000 23	0.001 865 9
4	20,50,47,1	0.992 187 5	0.005 599	0.000 874
		0.937 578 13	−0.018 05	0.001 633 1
	44,20,47,1	0.989 062 5	0.002 474	0.000 405 6
		0.968 125	0.012 5	0.001 499 6
	44,50,20,1	0.989 791 67	0.003 203	0.000 553 4
		0.925 130 21	−0.030 49	0.001 510 4
	44,50,47,20	0.986 588 54	0	0.000 433 3
		0.955 625	0	0.001 986 6
5	**44,20,47**	0.989 062 5	0	0.000 375 9
		0.968 125	0	0.000 742 1
	44,20,1	0.984 192 71	−0.004 87	0.000 424
		0.584 661 46	−0.383 46	0.004 591 8
	44,47,1	0.987 239 58	−0.001 82	0.000 301
		0.968 958 33	0.000 833	0.000 602
	20,47,1	0.985 312 5	−0.003 75	0.006 970 6
		0.951 380 21	−0.016 74	0.001 143

表 4.3 KFDA 的特征选取结果

步骤	KFDA 特征选取	正确分类率	均值差	10%拒绝域
1	19,50,47,1	0.933 828 13		
		0.891 744 79		
	19,50,47,1,10	0.932 994 79	−0.000 83	0.006 570 2

续表

步骤	KFDA 特征选取	正确分类率	均值差	10%拒绝域
		0.907 239 58	0.015 495	0.020 081 8
	19,50,47,1,10,44	0.980 781 25	0.046 953	0.005 259 6
		0.902 161 46	0.010 417	0.023 125 2
	19,50,47,1,10,44,34			
2	**44,50,47,1**	0.985 078 13	0.004 297	0.002 468
		0.946 484 38	0.044 323	0.015 334 2
	19,44,47,1	0.983 177 08	0.002 396	0.002 645
		0.899 375	−0.002 79	0.021 351 2
	19,50,44,1	0.984 140 63	0.003 359	0.002 354 6
		0.902 864 58	0.000 703	0.017 204 4
	19,50,47,44	0.983 151 04	0.002 37	0.002 471 4
		0.898 567 71	−0.003 59	0.022 288 5
3	44,50,47,1,10	0.985 677 08	−0.000 86	0.013 950 4
		0.945 755 21	0.001 51	0.006 682 5
	44,50,47,1,34	0.983 541 67	−0.002 99	0.014 167 5
		0.944 817 71	0.000 573	0.006 632 2
	44,50,47,1,18	0.984 609 38	−0.001 93	0.013 992 9
		0.946 145 83	0.001 901	0.007 891
	44,50,47,1,37	0.985 130 21	−0.001 41	0.013 942 6
		0.946 302 08	0.002 057	0.006 716 1
	44,50,47,1,20	0.980 859 38	−0.005 68	0.014 679 7
		0.950 156 25	0.005 911	0.006 541 3
4	44,50,47	0.985 703 13	−0.000 83	0.013 936 8
		0.945 729 17	0.001 484	0.003 191 1
	44,50,1	0.988 151 04	0.001 615	0.013 937
		0.917 942 71	−0.026 3	0.005 902 3
	44,47,1	0.987 395 83	0.000 859	0.013 934 9
		0.967 708 33	0.023 464	0.006 172 3

注：步骤 3 未能选出关键变量。

表 4.4　KPLS 的特征选取结果

步骤	KPLS 特征选取	正确分类率	均值差	10%拒绝域
1	19,50,47,1	0.871 458		
		0.916 172		
	19,50,47,1,10	0.871 042	−0.000 417	0.055 126
		0.916 016	−0.000 156	0.004 828
	19,50,47,1,10,44	0.970 99	0.099 53	0.038 828
		0.917 969	0.001 8	0.017 919
2	**44,50,47,1**	0.957 474	−0.013 516	0.031 686
		0.940 182	0.022 21	0.018 003
	19,44,47,1	0.972 943	0.001 953 1	0.001 779
		0.917 891	−0.000 078 1	0.025 553
	19,50,44,1	0.918 698	−0.052 292	
		0.890 859	−0.027 109	
	19,50,47,44	0.971 016	0.000 026 04	0.001 921
		0.918 802	0.000 833 3	0.024 482
3	44,50,47,1,10	0.958 073	0.000 599	0.044 726
		0.940 208	0.000 026 04	0.005 412
	44,50,47,1,34	0.979 974	0.022 5	0.031 989
		0.944 01	0.003 83	0.004 34
	44,50,47,1,18	0.979 453	0.021 979 2	0.032 056
		0.943 151	0.002 968 7	0.004 35
	44,50,47,1,37	0.979 583	0.022 109 4	0.032 041
		0.944 036	0.003 854 2	0.004 351
	44,50,47,1,20	0.983 177	0.025 703 1	0.031 835
		0.942 005	0.001 822 9	0.004 117
4	34,50,47,1	0.910 026	−0.069 948	
		0.924 688	−0.019 323	
	44,34,47,1	0.985 469	0.005 49	0.005 167
		0.954 792	0.010 78	0.003 198
	44,50,34,1	0.983 49	0.003 515 6	0.004 804
		0.912 656	−0.031 354	0.002 067

续表

步骤	KPLS 特征选取	正确分类率	均值差	10%拒绝域
	44,50,47,34	0.957 76	−0.022 214	
		0.940 182	−0.003 828	
5	44,34,47	0.985 469	0	0.003 345
		0.954 792	0	0.003 462
	44,34,1	0.984 479	−0.000 99	
		0.328 88	−0.625 911	
	44,47,1	0.985 469	0	0.003 345
		0.954 792	0	0.003 462
	34,47,1	0.768 49	−0.216 979	
		0.940 99	−0.013 802	

表 4.5　KCCA 的特征选取结果

步骤	KCCA 特征选取	正确分类率	均值差	10%拒绝域
1	19,50,47,1	0.875 573		
		0.867 786		
	19,50,47,1,10	0.848 594	−0.026 979	0.056 929
		0.879 818	0.012 031 3	0.030 083
	19,50,47,1,10,44	0.919 688	0.044 11	0.033 902
		0.920 104	0.052 32	0.028 602
	19,50,47,1,10,44,34			
2	**44,50,47,1**	0.978 932	0.059 24	0.012 635
		0.946 979	0.026 88	0.021 186
	19,44,47,1	0.917 188	−0.002 5	0.019 361
		0.92	−0.000 104	0.027 052
	19,50,44,1			
	19,50,47,44	0.906 953	−0.012 734	0.028 159
		0.896 719	−0.023 385	0.026 946
3	**44,50,47,1,10**	0.982 266	0.003 33	0.006 608
		0.959 245	0.012 27	0.012 865
	44,50,47,1,34	0.950 469	−0.028 464	
		0.940 339	−0.006 641	

续表

步骤	KCCA 特征选取	正确分类率	均值差	10%拒绝域
	44,50,47,1,18	0.981 901	0.002 968 8	0.006 733
		0.957 214	0.010 234 4	0.012 837
	44,50,47,1,37	0.956 25	−0.022 682	0.032 371
		0.957 214	0.010 234 4	0.013 363
	44,50,47,1,20	0.977 031	−0.001 901	0.010 283
		0.954 505	0.007 526	0.014 384
4	10,50,47,1	0.938 385	−0.043 88	
		0.917 083	−0.042 161	
	44,10,47,1	0.963 672	−0.018 594	0.026 99
		0.962 995	0.003 75	0.004 022
	44,50,10,1	0.968 229	−0.014 036	
		0.913 099	−0.046 146	
	44,50,47,10	0.978 828	−0.003 438	
		0.938 49	−0.020 755	
5	**44,10,47**	0.984 844	0.002 58	0.005 127
		0.962 526	0.003 28	0.003 92
	44,10,1	0.983 229	0.000 963 5	0.003 646
		0.335 469	−0.623 776	0.005 768
	44,47,1	0.960 625	−0.021 641	
		0.958 464	−0.000 781	
	10,47,1	0.394 583	−0.587 682	
		0.941 042	−0.018 203	

表 4.6　KCOCO 的特征选取结果

步骤	KCOCO 特征选取	正确分类率	均值差	10%拒绝域
1	19,50,47,1	0.389 922		
		0.812 161		
	19,50,47,1,10	0.383 672	−0.006 25	0.051 165
		0.851 589	0.039 427 1	0.049 026
	19,50,47,1,10,44	0.500 781	0.110 86	0.074 979
		0.856 146	0.043 984 4	0.049 183
	19,50,47,1,10,44,34	0.511 901	0.121 98	0.073 565

续表

步骤	KCOCO 特征选取	正确分类率	均值差	10%拒绝域
		0.820 182	0.008 020 8	0.055 386
2	**44,50,47,1**	0.602 813	0.102 03	0.082 137
		0.931 823	0.075 68	0.033 818
	19,44,47,1	0.425 547	−0.075 234	0.084 318
		0.828 151	−0.027 995	0.048 413
	19,50,44,1	0.490 443	−0.010 339	0.092 11
		0.805 547	−0.050 599	0.048 573
	19,50,47,44	0.512 396	0.011 614 6	0.091 202
		0.823 932	−0.032 214	0.050 479
3	**44,50,47,1,10**	0.565 677	−0.037 135	0.072 674
		0.934 688	0.002 864 6	0.021 568
	44,50,47,1,34	0.636 068	0.033 255 2	0.070 888
		0.922 474	−0.009 349	0.026 056
	44,50,47,1,18	0.558 073	−0.044 74	0.071 218
		0.933 776	0.001 953 1	0.021 943
	44,50,47,1,37	0.649 089	0.046 276	0.074 664
		0.938 203	0.006 380 2	0.020 984
	44,50,47,1,20	0.687 813	0.085	0.076 238
		0.935 495	0.003 671 9	0.026 2
4	20,50,47,1	0.345 208	−0.342 604	0.068 385
		0.930 781	−0.004 714	0.090 407
	44,20,47,1	0.946 094	0.258 28	0.058 748
		0.930 547	−0.004 948	0.022 008
	44,50,20,1	0.684 089	−0.003 724	0.081 38
		0.920 677	−0.014 818	0.021 287
	44,50,47,20	0.686 224	−0.001 589	0.077 671
		0.933 984	−0.001 51	0.025 933
5	**44,20,47**	0.957 656	0.011 56	0.020 304
		0.914 401	−0.016 146	0.012 687
	44,20,1	0.974 818	0.028 724	0.018 901
		0.387 266	−0.543 281	0.024 671
	44,47,1	0.969 063	0.022 97	0.018 936
		0.897 083	−0.033 464	0.014 275
	10,47,1	0.420 182	−0.525 911	0.031 442
		0.909 661	−0.020 885	0.013 512

表 4.7　KMI 的特征选取结果

步骤	KMI 特征选取	正确分类率	均值差	10%拒绝域
1	19,50,47,1	0.340 417		
		0.892 5		
	19,50,47,1,10	0.334 297	−0.006 12	0.045 299
		0.923 229	0.030 729 2	0.032 762
	19,50,47,1,10,44	0.597 031	0.256 61	0.072 099
		0.853 073	−0.039 427	0.038 247
	19,50,47,1,10,44,34	0.548 984	0.208 57	0.069 578
		0.847 448	−0.045 052	0.041 37
2	**44,50,47,1**	0.922 396	0.325 36	0.068 556
		0.940 182	0.087 11	0.028 846
	19,44,47,1	0.555 911	−0.041 12	0.090 511
		0.873 542	0.020 468 7	0.034 302
	19,50,44,1	0.485 677	−0.111 354	0.086 79
		0.873 932	0.020 859 4	0.038 347
	19,50,47,44	0.533 672	−0.063 359	0.090 524
		0.844 974	−0.008 099	0.038 837
3	**44,50,47,1,10**	0.915 755	−0.006 641	0.038 151
		0.950 547	0.010 364 6	0.011 462
	44,50,47,1,34	0.916 536	−0.005 859	0.037 952
		0.951 693	0.011 51	0.011 498
	44,50,47,1,18	0.918 906	−0.003 49	0.038 387
		0.948 646	0.008 463 5	0.012 056
	44,50,47,1,37	0.931 25	0.008 854 2	0.033 086
		0.954 635	0.014 45	0.011 504
	44,50,47,1,20	0.925 078	0.002 682 3	0.032 451
		0.940 078	−0.000 104	0.019 357
4	37,50,47,1	0.469 036	−0.462 214	0.044 347
		0.949 063	−0.005 573	0.004 909
	44,37,47,1	0.987 448	0.056 2	0.021 594
		0.953 099	−0.001 536	0.003 821
	44,50,37,1	0.929 115	−0.002 135	0.033 016
		0.906 979	−0.047 656	0.011 051

续表

步骤	KMI 特征选取	正确分类率	均值差	10%拒绝域
	44,50,47,37	0.942 318	0.011 067 7	0.025 043
		0.883 464	−0.071 172	0.036 973
5	**44,37,47**	0.988 932	0.001 48	0.001 188
		0.955 964	0.002 864 6	0.003 315
	44,37,1	0.959 115	−0.028 333	0.00 146
		0.550 313	−0.402 786	0.003 834
	44,47,1	0.989 01	0.001 56	0.001 192
		0.952 995	−0.000 104	0.003 089
	37,47,1	0.974 479	−0.012 969	0.003 314
		0.936 198	−0.016 901	0.003 341

4.5.2　在线故障诊断结果比较

在各种需要的参数都离线确定了之后，现在开始对测试数据进行在线故障诊断。首先，针对 KPCA、KFDA 两种算法随样本数量的变换，分别用小波包方法及显著性检验和优化准则结合的方法进行故障诊断。为了说明特征提取是否具有普遍的优势，我们比较不同核参数及不同主元（判别向量）数量对特征提取前后的效果。表 4.8～表 4.28 分别列出了 KPCA、KFDA、KPLS、KCCA、KCOCO、KMI 和 KCOCO2 在核参数 c 从 50 到 2000 间隔 50，提取特征前后（小波包方法和显著性检验结合化准则的方法）平均误分率（误分数量为虚报、漏报和错分数之和）。其中，ss 代表训练样本数量，a 代表主元（判别向量）数量。这里在选取训练样本时从发生故障后的第 90 个样本开始。

表 4.8　KPCA 在不提取特征时的平均误分率　　（单位：%）

降维矩阵维数	发生故障	ss=20	ss=30	ss=40	ss=50	ss=70	ss=100	ss=200
$a=10$	故障 1	76.25	74.26	76.39	68.40	56.81	51.25	29.18
	故障 2	53.13	44.18	29.36	24.46	21.15	19.52	19.23
$a=8$	故障 1	71.67	76.99	80.16	69.05	58.60	56.05	28.36
	故障 2	54.11	42.19	29.32	30.29	26.75	23.50	22.52
$a=6$	故障 1	77.24	81.13	81.34	73.05	58.91	53.16	25.92
	故障 2	28.95	25.64	31.82	38.26	35.51	29.64	23.34

续表

降维矩阵维数	发生故障	ss=20	ss=30	ss=40	ss=50	ss=70	ss=100	ss=200
$a=4$	故障 1	80.17	81.92	82.43	67.27	59.83	50.65	33.02
	故障 2	20.44	48.84	33.51	62.00	60.54	36.09	22.80
$a=2$	故障 1	82.97	82.28	81.71	59.13	56.78	49.43	28.96
	故障 2	79.32	80.93	77.97	46.35	50.45	34.04	26.65

表 4.9　KPCA 在小波包选取特征时的平均误分率　　（单位：%）

降维矩阵维数	发生故障	ss=20	ss=30	ss=40	ss=50	ss=70	ss=100	ss=200
$a=10$	故障 1	59.63	45.58	30.14	7.23	1.82	1.93	1.55
	故障 2	10.02	9.14	8.57	9.38	9.47	8.27	8.18
$a=8$	故障 1	48.73	56.61	36.07	6.20	2.27	2.13	1.61
	故障 2	11.58	8.19	8.68	9.78	9.17	8.20	8.07
$a=6$	故障 1	64.69	54.91	40.55	6.63	2.22	3.13	2.01
	故障 2	11.20	8.90	8.51	9.91	9.44	8.28	7.85
$a=4$	故障 1	69.97	56.47	37.10	7.39	3.18	3.70	2.03
	故障 2	12.81	13.14	10.18	11.61	12.54	10.07	7.89
$a=2$	故障 1	77.67	54.49	49.86	17.95	6.67	9.30	2.54
	故障 2	8.33	17.43	13.88	12.71	17.09	8.15	8.33

表 4.10　KPCA 在显著性检验和优化准则结合选取特征时的平均误分率　（单位：%）

降维矩阵维数	发生故障	ss=20	ss=30	ss=40	ss=50	ss=70	ss=100	ss=200
$a=10$	故障 1	1.20	1.40	1.19	1.00	0.95	1.02	1.08
	故障 2	3.38	4.56	3.98	3.98	4.21	4.39	3.48
$a=8$	故障 1	1.15	1.29	1.14	0.92	0.89	0.98	1.05
	故障 2	3.42	3.50	4.03	3.77	4.05	4.09	3.17
$a=6$	故障 1	1.23	1.15	1.11	1.05	0.98	1.08	0.98
	故障 2	3.90	3.85	3.39	4.01	3.84	4.18	2.78
$a=4$	故障 1	1.10	1.15	1.14	1.07	1.03	1.15	1.16
	故障 2	3.50	3.32	4.03	4.91	4.73	5.59	3.81
$a=2$	故障 1	1.07	1.20	1.21	2.04	1.14	1.17	1.15
	故障 2	4.60	4.90	4.68	4.10	4.97	4.93	4.15

表 4.11　KFDA 在不提取特征时的平均误分率　（单位：%）

降维矩阵维数	发生故障	ss=20	ss=30	ss=40	ss=50	ss=70	ss=100	ss=200
$a=10$	故障 1	52.54	51.61	37.81	24.28	21.17	12.78	10.77
	故障 2	60.18	69.26	68.47	62.43	59.32	50.37	34.80
$a=8$	故障 1	51.91	47.11	36.40	22.07	19.38	15.58	11.33
	故障 2	64.66	72.33	71.88	67.27	63.39	50.85	34.18
$a=6$	故障 1	44.90	40.41	28.22	27.60	23.14	14.59	10.60
	故障 2	66.18	72.44	74.13	67.86	65.82	55.80	36.89
$a=4$	故障 1	40.46	35.92	25.90	34.26	27.55	20.30	12.91
	故障 2	71.17	72.73	73.24	69.95	71.97	57.85	42.25
$a=2$	故障 1	46.13	80.09	59.73	55.18	69.44	46.73	45.39
	故障 2	81.66	70.09	68.36	68.60	67.89	64.72	44.78

表 4.12　KFDA 在小波包选取特征时的平均误分率　（单位：%）

降维矩阵维数	发生故障	ss=20	ss=30	ss=40	ss=50	ss=70	ss=100	ss=200
$a=10$	故障 1	59.77	42.39	26.62	3.51	2.66	2.47	1.65
	故障 2	12.64	18.67	18.14	19.60	15.24	13.80	9.24
$a=8$	故障 1	55.25	33.04	25.93	3.96	2.83	4.17	1.82
	故障 2	13.42	19.01	18.65	21.98	16.17	14.10	9.56
$a=6$	故障 1	43.63	33.92	17.10	2.52	4.29	6.12	2.23
	故障 2	26.77	21.71	23.99	27.14	16.24	15.16	9.86
$a=4$	故障 1	62.80	21.89	13.27	4.90	5.51	10.17	2.47
	故障 2	18.92	40.85	33.14	32.10	23.56	16.38	11.66
$a=2$	故障 1	66.71	63.22	51.82	16.86	5.96	5.80	2.73
	故障 2	31.35	23.53	25.41	18.78	15.69	10.12	9.63

表 4.13　KFDA 在显著性检验和优化准则结合选取特征时的平均误分率　（单位：%）

降维矩阵维数	发生故障	ss=20	ss=30	ss=40	ss=50	ss=70	ss=100	ss=200
$a=10$	故障 1	1.16	1.12	1.17	1.19	1.08	1.29	1.26
	故障 2	3.86	3.82	3.55	3.68	3.99	3.96	3.47
$a=8$	故障 1	1.28	1.18	1.11	1.21	1.09	1.27	1.20
	故障 2	3.97	4.09	3.92	3.74	3.84	4.31	3.28

续表

降维矩阵维数	发生故障	ss=20	ss=30	ss=40	ss=50	ss=70	ss=100	ss=200
$a=6$	故障 1	1.27	1.47	1.16	1.10	1.05	1.27	1.31
	故障 2	3.93	4.28	3.87	3.87	4.39	5.07	3.45
$a=4$	故障 1	1.54	1.51	1.44	2.40	1.25	1.64	1.46
	故障 2	4.43	5.26	4.71	4.96	5.64	6.68	4.16
$a=2$	故障 1	2.54	1.63	2.08	1.23	2.33	1.39	1.31
	故障 2	10.79	9.84	10.71	9.90	12.47	8.89	4.85

表 4.14　KPLS 在不提取特征时的平均误分率　　（单位：%）

降维矩阵维数	发生故障	ss=20	ss=30	ss=40	ss=50	ss=70	ss=100	ss=200
$a=10$	故障 1	32.79	29.67	42.51	79.47	64.87	69.63	49.29
	故障 2	72.76	83.99	59.27	16.89	16.00	16.87	13.33
$a=8$	故障 1	27.37	34.23	40.44	79.00	58.47	66.78	47.04
	故障 2	83.76	79.60	60.71	17.03	15.94	15.41	13.74
$a=6$	故障 1	35.60	28.05	48.66	76.64	52.02	60.28	45.08
	故障 2	75.53	84.09	52.87	16.65	15.57	15.13	13.59
$a=4$	故障 1	51.79	35.88	49.85	71.07	46.85	54.70	41.58
	故障 2	59.26	75.29	49.99	15.49	13.65	14.29	12.84
$a=2$	故障 1	65.54	44.45	61.97	63.23	38.86	38.95	40.68
	故障 2	64.10	66.76	51.71	18.51	19.84	17.92	17.84

表 4.15　KPLS 在小波包选取特征时的平均误分率　　（单位：%）

降维矩阵维数	发生故障	ss=20	ss=30	ss=40	ss=50	ss=70	ss=100	ss=200
$a=10$	故障 1	36.38	48.10	44.33	11.70	3.88	4.69	2.71
	故障 2	51.57	46.69	28.75	15.28	15.12	15.09	12.83
$a=8$	故障 1	35.78	48.56	47.30	13.40	4.05	4.86	2.74
	故障 2	42.58	47.12	26.51	15.31	15.14	15.12	12.86
$a=6$	故障 1	33.37	49.90	50.31	14.59	4.14	4.73	2.70
	故障 2	30.08	46.79	26.04	15.35	15.42	15.02	12.80
$a=4$	故障 1	34.01	45.88	53.78	12.30	4.00	4.95	2.69
	故障 2	22.33	50.48	26.84	15.12	16.37	14.18	12.61
$a=2$	故障 1	64.58	45.80	54.25	9.62	2.52	2.90	1.88
	故障 2	19.16	34.61	23.80	13.30	15.19	8.18	9.40

表 4.16　KPLS 在显著性检验和优化准则结合选取特征时的平均误分率（单位：%）

降维矩阵维数	发生故障	ss=20	ss=30	ss=40	ss=50	ss=70	ss=100	ss=200
$a=10$	故障 1	4.94	2.01	2.55	4.04	3.86	4.36	1.84
	故障 2	7.48	4.74	4.38	4.83	6.65	4.63	3.60
$a=8$	故障 1	2.14	2.02	2.29	4.07	4.05	4.40	1.89
	故障 2	4.66	4.38	4.36	4.66	6.59	4.48	3.46
$a=6$	故障 1	2.06	1.75	2.03	4.05	2.89	4.47	1.93
	故障 2	5.13	4.49	6.24	4.77	6.62	4.73	3.80
$a=4$	故障 1	1.65	1.64	2.13	2.15	2.03	2.48	1.83
	故障 2	4.82	4.05	6.09	4.58	6.54	4.44	3.33
$a=2$	故障 1	1.30	1.58	3.70	3.69	3.55	1.45	1.31
	故障 2	9.39	7.12	4.89	4.49	5.35	4.52	3.69

表 4.17　KCCA 在不提取特征时的平均误分率　（单位：%）

降维矩阵维数	发生故障	ss=20	ss=30	ss=40	ss=50	ss=70	ss=100	ss=200
$a=10$	故障 1	66.54	61.16	61.79	54.47	32.06	34.61	19.10
	故障 2	45.41	34.42	34.41	16.83	16.72	14.61	14.33
$a=8$	故障 1	65.72	61.83	63.43	55.45	33.09	35.29	19.91
	故障 2	49.77	37.46	33.52	16.96	14.99	12.87	12.49
$a=6$	故障 1	65.85	57.59	65.33	59.34	35.02	37.81	23.84
	故障 2	48.51	40.01	35.94	17.75	15.32	13.34	12.67
$a=4$	故障 1	55.51	56.42	59.93	65.73	40.26	42.32	30.15
	故障 2	49.90	46.98	44.12	19.58	20.32	13.35	12.55
$a=2$	故障 1	67.35	65.56	61.31	76.68	63.53	43.97	24.90
	故障 2	46.51	42.33	39.60	25.33	17.71	20.12	21.89

表 4.18　KCCA 在小波包选取特征时的平均误分率　（单位：%）

降维矩阵维数	发生故障	ss=20	ss=30	ss=40	ss=50	ss=70	ss=100	ss=200
$a=10$	故障 1	71.89	43.32	34.33	8.80	5.55	6.34	4.72
	故障 2	3.88	28.18	19.47	14.98	15.99	9.30	12.31
$a=8$	故障 1	73.12	42.21	34.98	6.85	4.46	6.42	8.41
	故障 2	4.32	33.60	19.94	13.26	14.58	13.65	14.31

续表

降维矩阵维数	发生故障	ss=20	ss=30	ss=40	ss=50	ss=70	ss=100	ss=200
$a=6$	故障 1	65.42	43.08	33.65	8.01	5.49	6.28	2.43
	故障 2	8.91	32.16	22.16	14.87	13.72	10.38	12.08
$a=4$	故障 1	67.74	45.88	34.89	9.36	3.40	7.56	2.03
	故障 2	6.11	32.57	20.89	15.66	13.32	10.66	11.73
$a=2$	故障 1	65.77	45.20	58.46	13.36	4.97	9.30	7.92
	故障 2	22.16	38.22	21.21	15.34	14.28	7.90	9.16

表 4.19　KCCA 在显著性检验和优化准则结合选取特征时的平均误分率（单位：%）

降维矩阵维数	发生故障	ss=20	ss=30	ss=40	ss=50	ss=70	ss=100	ss=200
$a=10$	故障 1	13.11	19.98	22.81	25.45	22.78	20.40	18.72
	故障 2	8.70	20.01	7.59	16.66	10.11	10.09	20.88
$a=8$	故障 1	17.87	16.34	28.00	30.30	21.38	27.42	24.59
	故障 2	11.85	17.78	11.74	20.84	13.80	16.73	24.40
$a=6$	故障 1	20.55	34.24	22.01	25.56	18.98	23.33	26.22
	故障 2	15.71	24.23	19.53	23.93	13.76	12.56	23.76
$a=4$	故障 1	7.34	21.89	21.97	11.87	13.91	6.14	5.68
	故障 2	9.74	23.45	16.04	10.22	11.31	5.61	9.10
$a=2$	故障 1	1.17	1.13	3.08	1.20	1.03	1.52	3.24
	故障 2	6.71	4.74	8.14	5.65	3.96	3.75	6.00

表 4.20　KCOCO 在不提取特征时的平均误分率　　（单位：%）

降维矩阵维数	发生故障	ss=20	ss=30	ss=40	ss=50	ss=70	ss=100	ss=200
$a=10$	故障 1	63.03	61.97	64.77	50.89	39.22	28.22	15.25
	故障 2	61.17	68.55	61.14	45.74	30.52	31.46	25.28
$a=8$	故障 1	63.15	67.03	67.10	53.80	40.83	28.59	20.40
	故障 2	63.26	68.47	63.84	48.49	35.01	35.15	27.29
$a=6$	故障 1	65.28	70.29	68.13	58.04	48.51	33.45	23.11
	故障 2	65.60	69.59	66.97	52.66	40.07	36.53	32.46
$a=4$	故障 1	66.99	73.48	70.47	60.11	50.28	46.67	21.07
	故障 2	74.23	74.31	69.16	59.46	50.63	47.90	48.59
$a=2$	故障 1	66.31	75.26	73.16	74.21	78.92	73.87	73.18
	故障 2	82.47	76.95	83.04	77.08	73.76	70.25	79.42

表 4.21　KCOCO 在小波包选取特征时的平均误分率　（单位：%）

降维矩阵维数	发生故障	ss=20	ss=30	ss=40	ss=50	ss=70	ss=100	ss=200
$a=10$	故障 1	67.15	53.90	37.51	4.51	2.14	1.76	1.58
	故障 2	9.72	10.91	10.88	10.99	10.36	8.99	7.41
$a=8$	故障 1	69.97	58.34	38.79	2.97	2.03	1.70	1.60
	故障 2	9.17	10.13	9.53	11.40	11.04	9.11	7.63
$a=6$	故障 1	73.05	55.04	35.57	3.05	2.05	1.71	1.75
	故障 2	6.38	11.26	9.19	14.09	12.35	10.12	7.79
$a=4$	故障 1	66.93	61.43	25.38	3.51	2.53	2.89	3.86
	故障 2	9.42	13.90	13.65	16.81	15.13	9.73	8.70
$a=2$	故障 1	49.57	32.75	46.10	15.62	9.54	9.18	23.82
	故障 2	14.26	18.69	17.15	17.04	17.58	14.51	20.57

表 4.22　KCOCO 在显著性检验和优化准则结合选取特征时的平均误分率（单位：%）

降维矩阵维数	发生故障	ss=20	ss=30	ss=40	ss=50	ss=70	ss=100	ss=200
$a=10$	故障 1	1.19	1.71	1.33	0.97	1.00	1.14	8.75
	故障 2	3.62	4.19	3.83	3.88	4.44	4.30	5.77
$a=8$	故障 1	1.46	1.55	1.29	0.97	0.97	1.10	5.74
	故障 2	3.63	4.03	4.05	4.19	4.53	4.48	3.89
$a=6$	故障 1	1.14	1.17	1.03	0.99	0.85	1.03	6.08
	故障 2	4.11	4.00	4.75	4.21	4.49	5.07	5.72
$a=4$	故障 1	0.99	1.49	1.68	1.46	1.07	1.05	3.50
	故障 2	4.75	5.49	5.63	4.68	6.09	8.51	3.64
$a=2$	故障 1	4.23	4.79	8.96	6.76	5.92	10.02	3.01
	故障 2	8.56	10.92	19.97	22.28	12.13	25.17	5.59

表 4.23　KMI 在不提取特征时的平均误分率　（单位：%）

降维矩阵维数	发生故障	ss=20	ss=30	ss=40	ss=50	ss=70	ss=100	ss=200
$a=10$	故障 1	32.55	50.11	39.32	41.03	34.26	29.63	26.37
	故障 2	67.34	50.22	49.58	32.05	23.72	16.74	10.06
$a=8$	故障 1	42.93	50.49	38.07	48.50	37.68	29.30	27.95
	故障 2	59.39	54.86	55.88	30.09	23.84	16.84	9.93

续表

降维矩阵维数	发生故障	ss=20	ss=30	ss=40	ss=50	ss=70	ss=100	ss=200
$a=6$	故障 1	57.41	51.65	41.34	53.29	47.21	31.78	29.86
	故障 2	55.87	62.10	60.65	30.64	17.95	18.11	10.77
$a=4$	故障 1	57.38	52.69	38.64	54.97	49.91	44.22	36.82
	故障 2	64.24	71.18	69.52	36.41	20.59	17.77	8.89
$a=2$	故障 1	58.98	71.84	70.04	49.63	68.76	55.41	52.01
	故障 2	74.80	72.13	70.99	54.09	20.82	16.68	9.84

表 4.24　KMI 在小波包选取特征时的平均误分率　（单位：%）

降维矩阵维数	发生故障	ss=20	ss=30	ss=40	ss=50	ss=70	ss=100	ss=200
$a=10$	故障 1	61.19	56.45	42.69	5.38	1.92	1.79	1.58
	故障 2	11.09	9.35	10.54	9.53	12.15	8.91	7.54
$a=8$	故障 1	63.77	53.70	39.19	3.97	1.93	1.84	1.53
	故障 2	10.19	11.60	11.13	10.11	12.97	9.11	7.61
$a=6$	故障 1	68.04	53.98	35.63	4.16	1.88	1.86	1.59
	故障 2	7.93	11.24	10.78	12.17	14.25	10.28	7.75
$a=4$	故障 1	58.03	41.54	19.88	4.53	2.55	2.72	4.79
	故障 2	14.16	14.36	17.04	15.68	17.76	11.21	9.61
$a=2$	故障 1	61.06	40.95	41.20	17.80	11.48	23.18	15.33
	故障 2	15.67	19.29	19.80	14.95	23.22	26.08	28.82

表 4.25　KMI 在显著性检验和优化准则结合选取特征时的平均误分率（单位：%）

降维矩阵维数	发生故障	ss=20	ss=30	ss=40	ss=50	ss=70	ss=100	ss=200
$a=10$	故障 1	1.10	1.08	1.08	1.16	1.06	1.28	1.34
	故障 2	3.66	3.59	3.38	3.43	4.08	4.25	3.19
$a=8$	故障 1	1.14	1.09	1.11	1.13	1.09	1.31	1.42
	故障 2	4.02	3.95	3.04	3.49	4.24	4.37	3.15
$a=6$	故障 1	1.17	1.09	1.08	1.11	1.13	1.30	1.51
	故障 2	4.16	3.97	3.26	3.86	4.43	4.34	3.05
$a=4$	故障 1	1.08	1.11	1.23	1.20	1.14	1.33	1.51
	故障 2	4.71	4.40	4.10	3.99	5.77	5.18	2.88
$a=2$	故障 1	3.38	2.77	2.33	5.30	3.09	3.86	7.06
	故障 2	9.91	10.99	7.45	8.40	15.03	22.24	15.85

表 4.26　KCOCO2 在不提取特征时的平均误分率　（单位：%）

降维矩阵维数	发生故障	ss=20	ss=30	ss=40	ss=50	ss=70	ss=100	ss=200
$a=10$	故障 1	24.76	26.13	44.11	80.23	65.25	71.73	49.27
	故障 2	76.62	88.38	57.36	17.05	16.04	15.60	13.46
$a=8$	故障 1	34.05	27.98	46.24	79.22	59.26	67.24	46.94
	故障 2	78.10	84.54	55.34	17.02	15.92	15.44	14.01
$a=6$	故障 1	41.67	30.06	46.24	77.57	52.83	60.82	44.19
	故障 2	69.67	82.42	55.09	16.72	15.51	15.08	13.88
$a=4$	故障 1	49.66	32.07	53.78	70.76	48.00	53.95	41.47
	故障 2	60.72	79.54	45.82	15.60	13.84	15.88	12.90
$a=2$	故障 1	60.86	50.52	64.51	62.58	40.77	38.75	40.67
	故障 2	58.25	69.60	48.00	19.96	19.55	19.76	17.89

表 4.27　KCOCO2 在小波包选取特征时的平均误分率　（单位：%）

降维矩阵维数	发生故障	ss=20	ss=30	ss=40	ss=50	ss=70	ss=100	ss=200
$a=10$	故障 1	35.27	40.82	44.19	11.72	3.82	4.52	2.69
	故障 2	53.86	51.65	28.69	15.18	15.09	15.07	12.81
$a=8$	故障 1	35.98	44.56	45.09	13.90	3.97	4.60	2.74
	故障 2	43.86	50.50	30.70	15.25	14.97	15.10	12.82
$a=6$	故障 1	35.29	45.95	48.97	14.99	4.30	4.74	2.70
	故障 2	29.25	50.50	28.69	15.41	14.93	14.54	12.83
$a=4$	故障 1	34.01	46.28	52.66	11.93	4.52	4.77	2.67
	故障 2	23.04	52.33	28.95	15.09	17.34	13.68	12.59
$a=2$	故障 1	64.11	42.96	53.86	9.21	4.58	3.29	2.27
	故障 2	26.55	36.17	23.08	14.71	15.47	9.55	10.87

表 4.28　KCOCO2 在显著性检验和优化准则结合选取特征时的平均误分率（单位：%）

降维矩阵维数	发生故障	ss=20	ss=30	ss=40	ss=50	ss=70	ss=100	ss=200
$a=10$	故障 1	4.96	1.65	2.73	4.07	3.94	4.35	1.87
	故障 2	7.23	3.72	3.94	4.83	6.55	4.50	3.42
$a=8$	故障 1	2.14	2.04	2.41	4.08	3.99	4.41	1.89
	故障 2	4.23	5.17	4.01	4.57	6.45	4.41	3.40

续表

降维矩阵维数	发生故障	ss=20	ss=30	ss=40	ss=50	ss=70	ss=100	ss=200
$a=6$	故障 1	1.59	2.02	2.16	4.06	2.89	2.61	1.90
	故障 2	4.45	5.32	4.80	4.82	6.56	4.65	3.78
$a=4$	故障 1	1.66	3.99	2.13	4.14	2.05	2.53	1.82
	故障 2	5.01	3.91	4.61	4.30	6.07	4.66	3.32
$a=2$	故障 1	1.30	3.68	1.61	3.64	1.13	1.45	1.31
	故障 2	8.23	5.22	6.97	4.71	4.94	4.52	3.69

从表 4.8～表 4.28 可以看出，在不提取特征时，KFDA 对于故障 1 有较好的识别能力，而 KPCA、KPLS、KCCA、KCOCO2 对故障 2 的识别能力较故障 1 要好，KMI 和 KCOCO 对两种故障无明显差异；无论采用何种特征选取方法，对于以上所有的核化多元统计方法来说，特征提取后的性能都普遍比不提取特征时的性能好；两种不同的特征提取方法对故障 1 的效果均比对故障 2 要好；在样本较小的情形下，特征提取后的性能要明显好于不提取特征的情况。尤其是采用显著性检验和优化准则结合的特征选取方法效果最好。我们也看到，KCCA 的平均效果明显劣于其他几种方法，且在样本较大时其显著性检验和优化准则结合的特征选取方法平均效果反常的不如小波包提取的方法。对数据进一步观察分析后发现，KCCA 诊断大多数情况下效果不错，但偶尔在有些特定参数下，其诊断效果会明显恶化，在第 5 章采用正则化方案后可解决该问题。另外，这里没有给出 KCCA2 的诊断效果，原因是直接采用 KCCA2 会出现矩阵的奇异而导致计算无法进行，正则化 KCCA2 的结果将在第 5 章给出。

离线确定核参数和主元(判别向量)数量的方法见第 3 章。应用该方法得出显著性检验和优化准则结合选取特征时采用 KPCA、KFDA、KPLS、KCCA、KCOCO、KMI 和 KCOCO2 等方法在各种样本数情况下最优核参数 c、主元(判别向量)数 a 及相应的误分率见表 4.29～表 4.35(这里的样本包含了故障发生瞬间的数据)。

表 4.29　KPCA 在显著性检验和优化准则结合选取特征时最优参数及对应的误分率

最优参数	ss=20	ss=30	ss=40	ss=50	ss=70	ss=100	ss=200
c	2000	2000	1800	450	1200	1000	1150
a	3	15	3	3	6	9	6
误分率/%	35.47	33.02	1.30	1.41	0.99	0.99	0.99
计算时间/ms	4.5	5.4	6.6	8.0	11.1	17.2	52.3

表 4.30　KFDA 在显著性检验和优化准则结合选取特征时最优参数及对应的误分率

最优参数	ss=20	ss=30	ss=40	ss=50	ss=70	ss=100	ss=200
c	1050	1600	450	1850	1550	1650	1700
a	2	5	2	2	2	2	2
误分率/%	3.13	2.39	1.51	1.36	1.04	1.04	1.04
计算时间/ms	4.5	5.3	6.5	8.0	11.1	17.1	52.3

表 4.31　KPLS 在显著性检验和优化准则结合选取特征时最优参数及对应的误分率

最优参数	ss=20	ss=30	ss=40	ss=50	ss=70	ss=100	ss=200
c	2000	2000	1000	1000	1000	1000	900
a	2	2	2	2	2	2	6
误分率/%	3.44	1.93	1.04	1.04	0.99	0.94	0.94
计算时间/ms	4.6	5.8	7.2	9.0	11.9	18.5	56.1

表 4.32　KCCA 在显著性检验和优化准则结合选取特征时最优参数及对应的误分率

最优参数	ss=20	ss=30	ss=40	ss=50	ss=70	ss=100	ss=200
c	1550	1750	300	900	1550	450	550
a	6	6	10	4	4	4	8
误分率/%	3.75	1.15	0.94	1.04	1.04	1.04	1.04
计算时间/ms	5.0	6.0	8.5	9.3	12.7	18.8	57.7

表 4.33　KCOCO 在显著性检验和优化准则结合选取特征时最优参数及对应的误分率

最优参数	ss=20	ss=30	ss=40	ss=50	ss=70	ss=100	ss=200
c	2000	1800	1700	1100	1000	600	1900
a	2	2	2	2	6	6	10
误分率/%	2.24	1.46	1.20	0.89	0.99	0.99	0.94
计算时间/ms	4.7	5.7	6.5	8.4	11.9	18.0	58.1

表 4.34　KMI 在显著性检验和优化准则结合选取特征时最优参数及对应的误分率

最优参数	ss=20	ss=30	ss=40	ss=50	ss=70	ss=100	ss=200
c	1800	1100	1850	1150	1800	1450	900
a	2	2	2	2	2	4	4
误分率/%	2.03	1.41	1.09	1.25	1.04	1.04	1.04
计算时间/ms	4.5	5.4	6.5	8.3	11.5	17.6	53.5

表 4.35　KCOCO2 在显著性检验和优化准则结合选取特征时最优参数及对应的误分率

最优参数	ss=20	ss=30	ss=40	ss=50	ss=70	ss=100	ss=200
c	1850	1800	900	1650	900	900	700
a	2	2	2	2	2	2	4
误分率/%	2.03	1.46	1.09	1.15	1.04	1.09	1.09
计算时间/ms	4.5	5.5	6.4	8.2	11.2	17.0	53.1

从表 4.29～表 4.35 可以看出，在显著性检验和优化准则结合选取特征时，上述核化多元统计方法均取得了较为满意的结果；在小样本下有些方法的效果甚至劣于前面的平均效果，这主要是由于表 4.8～表 4.28 的结果未考虑故障刚发生的数据，这虽然使得其总体分类效果较好，但在样本较多的情形，其效果要明显比后者差。

为了直观起见，图 4.6～图 4.26 分别给出了训练样本为 100 时每种方法在不提取特征、小波提取特征以及显著性检验和优化准则结合选取特征时的诊断结果。图中故障 0、故障 1 和故障 2 的决策函数分别用点画线、实线和虚线表示，每组图

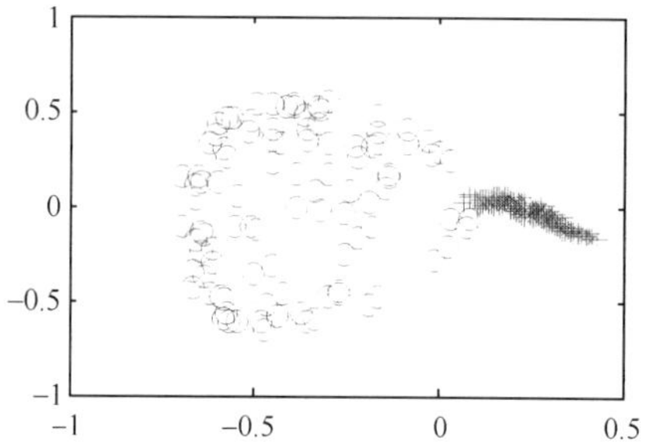

(a) 第一降维方向训练样本投影图

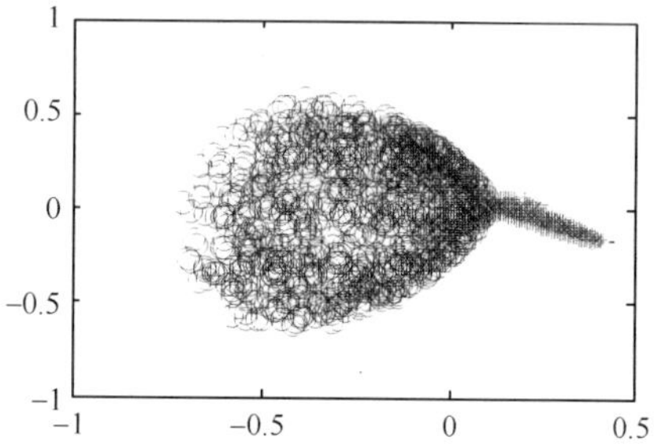

(b) 第一降维方向实测样本投影图

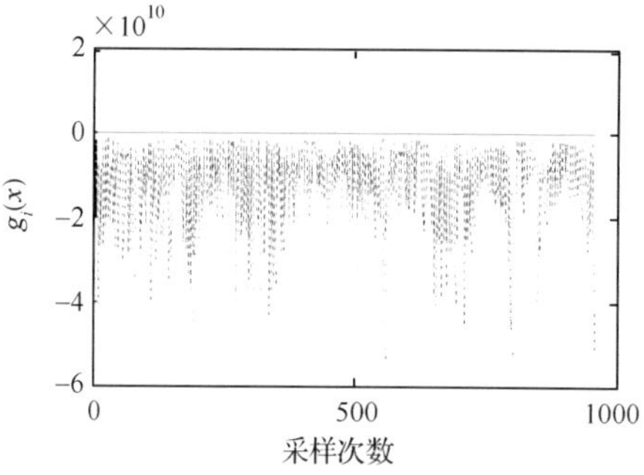

(c) 故障0检测结果图

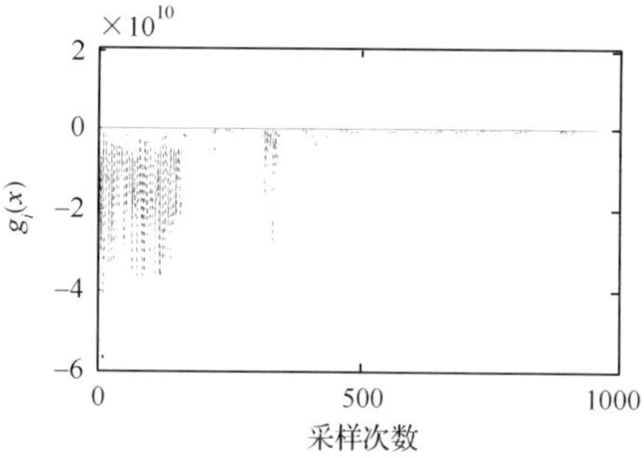

(d) 故障1检测结果图

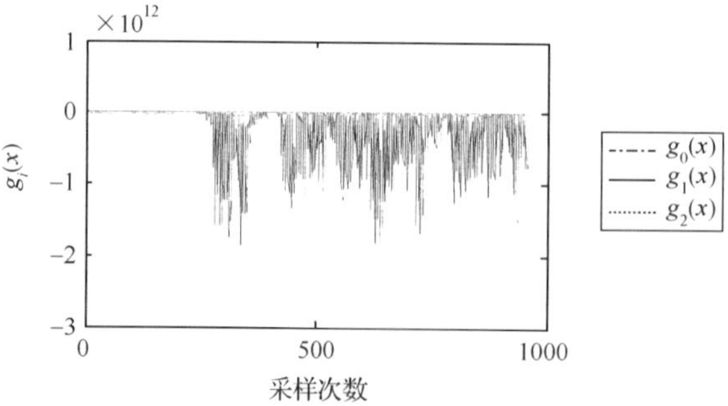

(e) 故障2检测结果图

图 4.6　KPCA 不提取特征选择时的故障诊断结果

有 5 幅，除了分别检测故障 0、故障 1 和故障 2 发生时的检测结果之外还给出了第一降维方向几类故障数据的投影图（包括训练样本和实测数据），其中故障在 160 个采样周期后引入。这里核函数均取高斯函数，给出显著性检验和优化准则结合选取特征时的参数，KPCA 的核参数 c 和主元（判别向量）数量 a 分别取 1000 和 2；KFDA 的核参数 c 和主元（判别向量）数量 a 分别取 1650 和 2；KPLS 的 c 和 a 分别取 1000 和 2；KCCA 的 c 和 a 分别取 450 和 4；KCOCO 的 c 和 a 分别取 600 和 6；KMI 的 c 和 a 分别取 1450 和 4；KCOCO2 的 c 和 a 分别取 900 和 2。

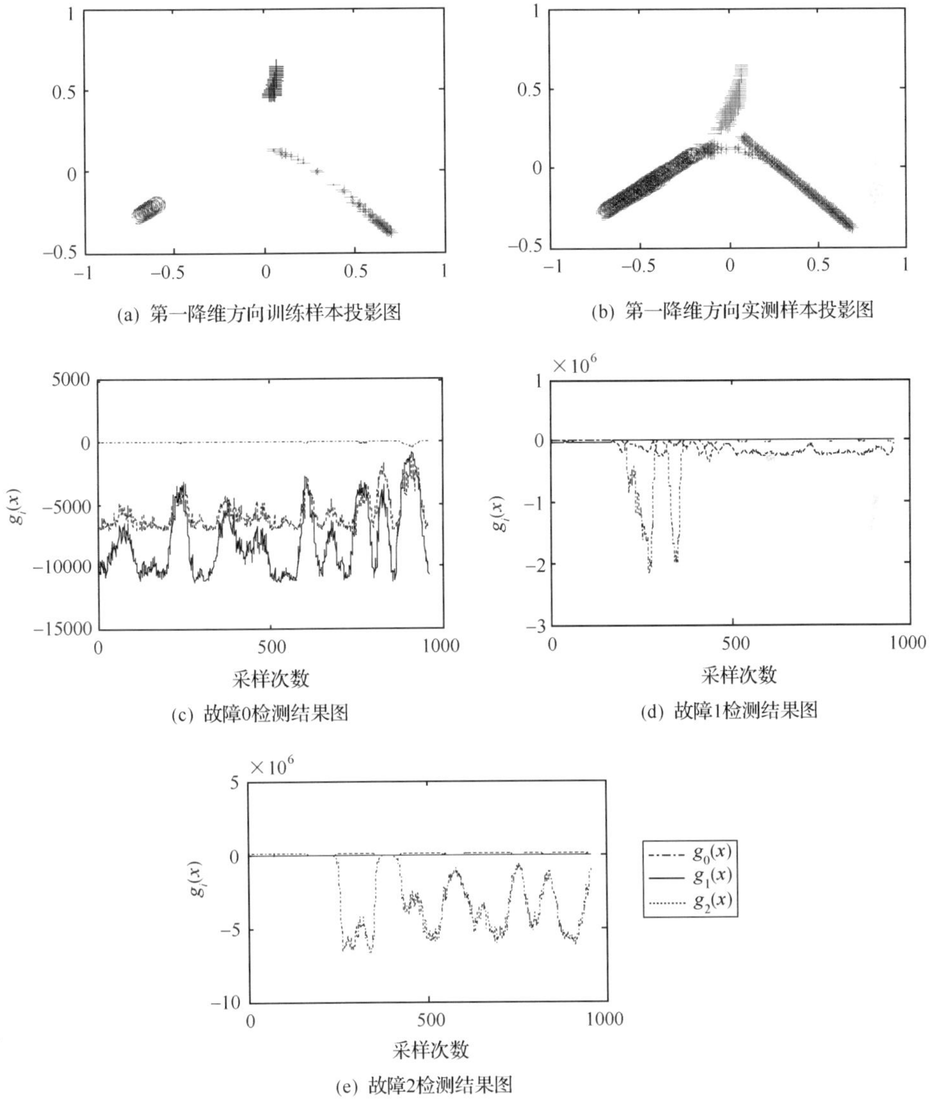

(a) 第一降维方向训练样本投影图

(b) 第一降维方向实测样本投影图

(c) 故障0检测结果图

(d) 故障1检测结果图

(e) 故障2检测结果图

图 4.7 KPCA 小波包特征选择后的故障诊断结果

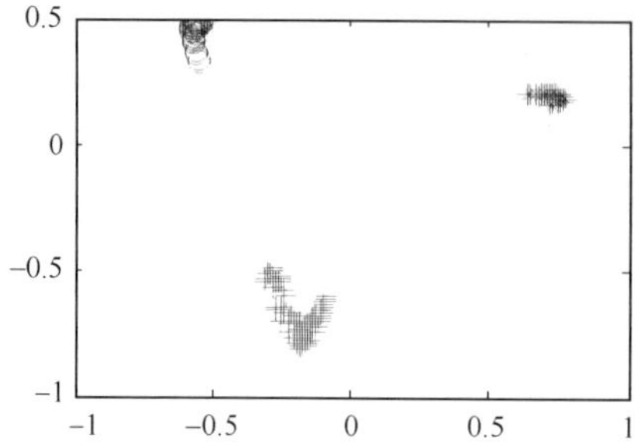

(a) 第一降维方向训练样本投影图

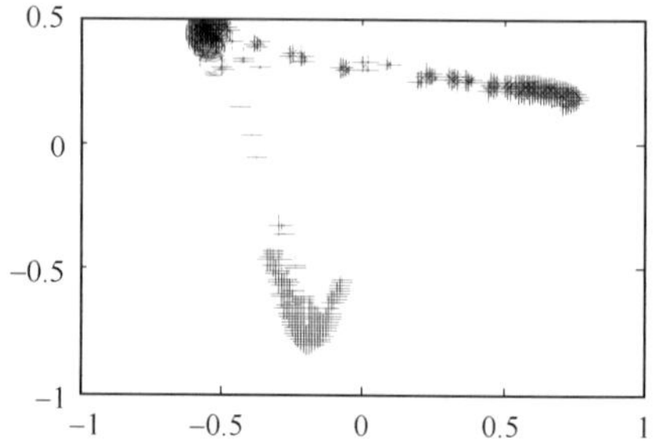

(b) 第一降维方向实测样本投影图

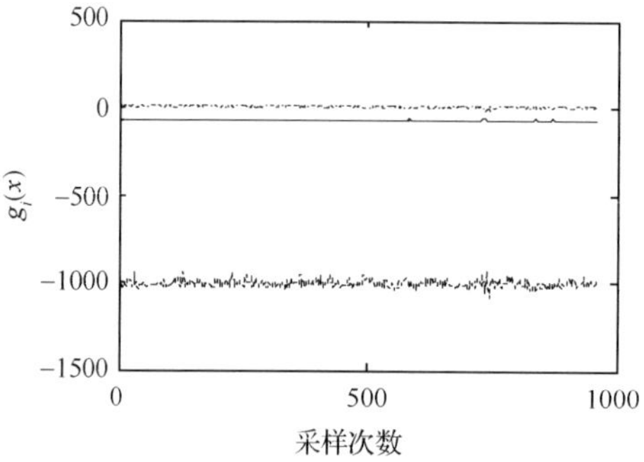

(c) 故障0检测结果图

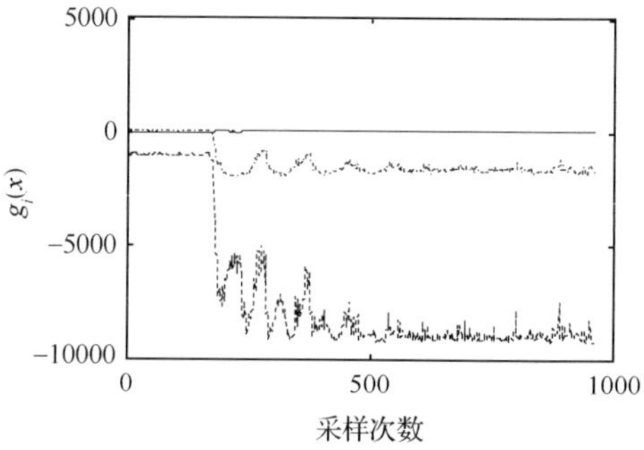

(d) 故障1检测结果图

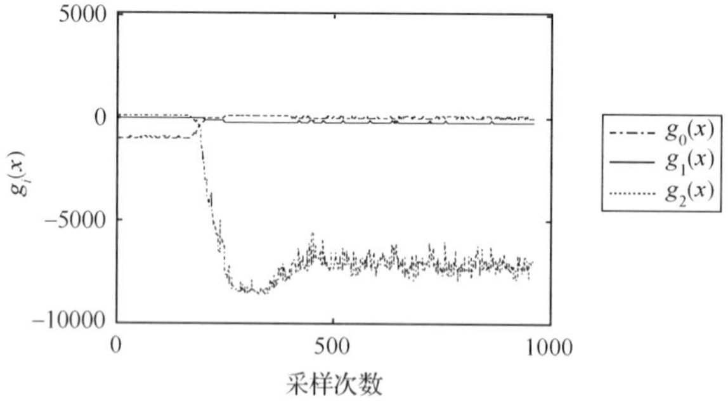

(e) 故障2检测结果图

图 4.8　KPCA 显著性检验和优化准则结合特征选择后的故障诊断结果

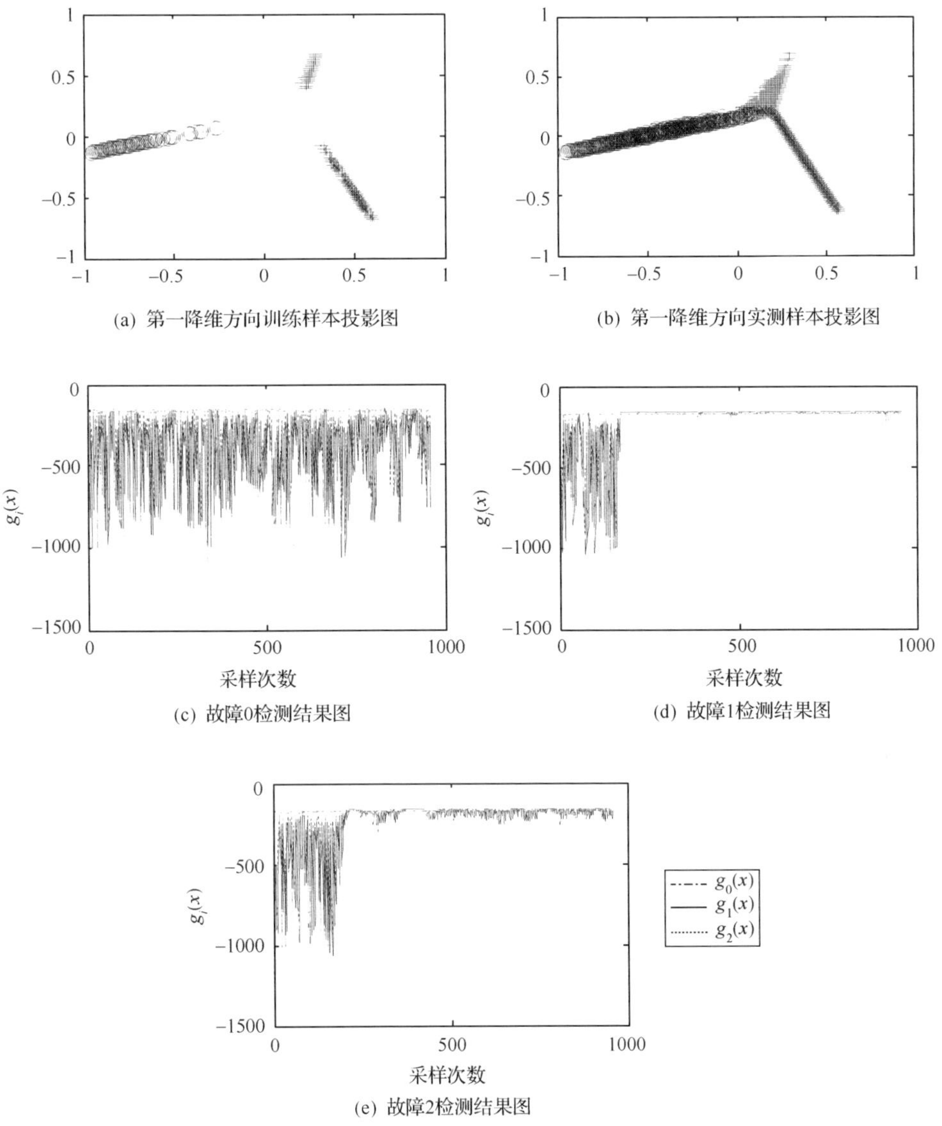

(a) 第一降维方向训练样本投影图

(b) 第一降维方向实测样本投影图

(c) 故障0检测结果图

(d) 故障1检测结果图

(e) 故障2检测结果图

图 4.9　KFDA 不提取特征选择时故障诊断结果

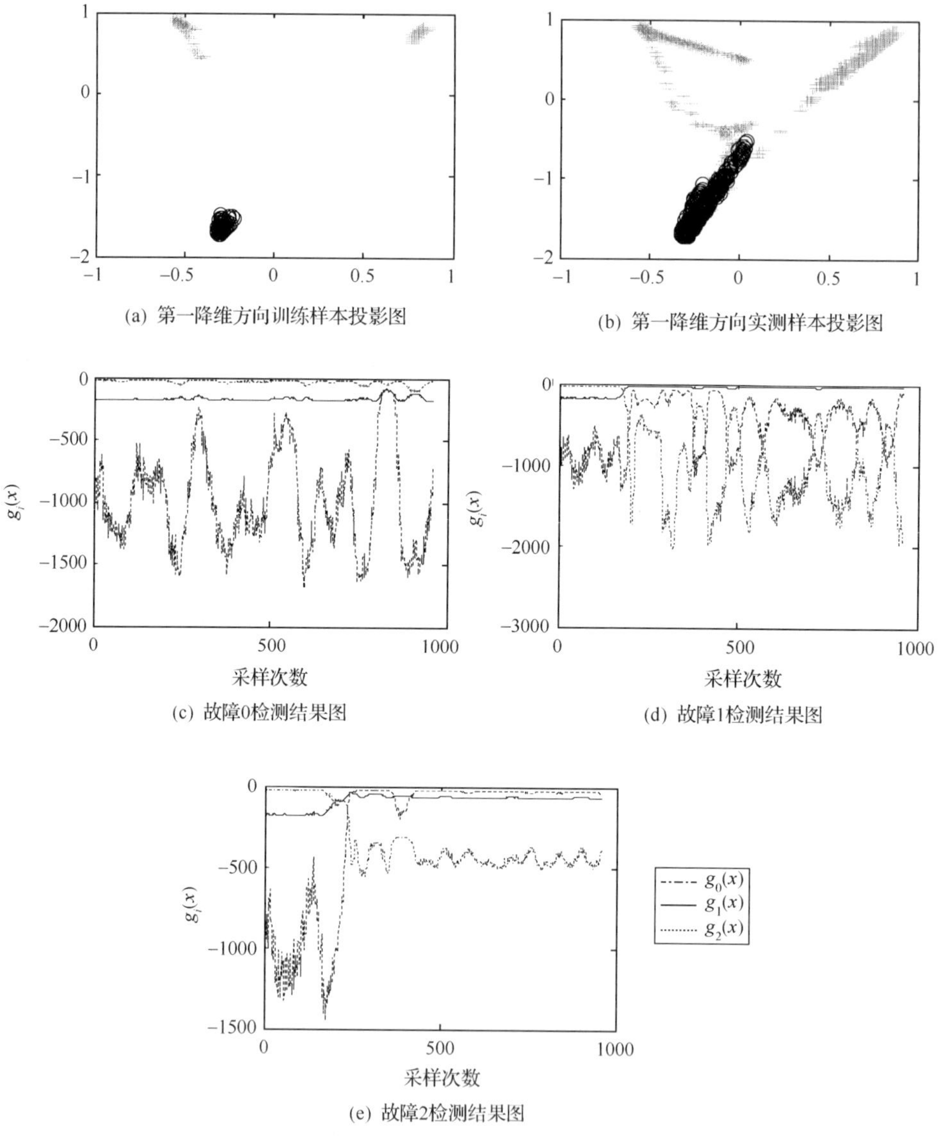

(a) 第一降维方向训练样本投影图

(b) 第一降维方向实测样本投影图

(c) 故障0检测结果图

(d) 故障1检测结果图

(e) 故障2检测结果图

图 4.10　KFDA 小波包特征选择后的故障诊断结果

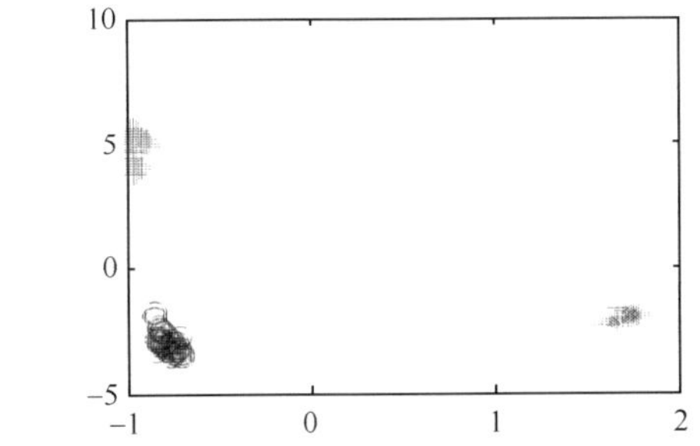

(a) 第一降维方向训练样本投影图

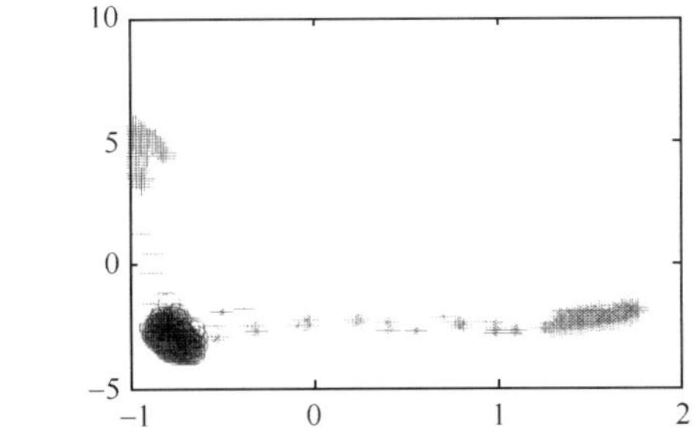

(b) 第一降维方向实测样本投影图

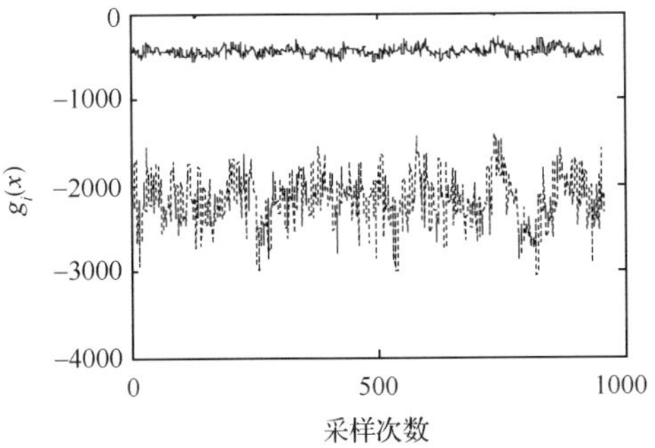

(c) 故障0检测结果图

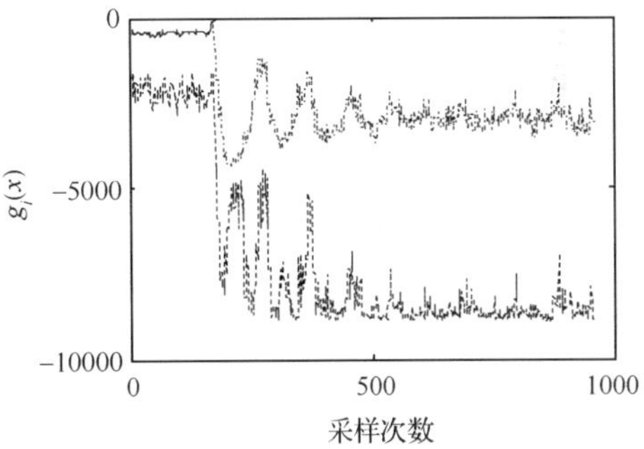

(d) 故障1检测结果图

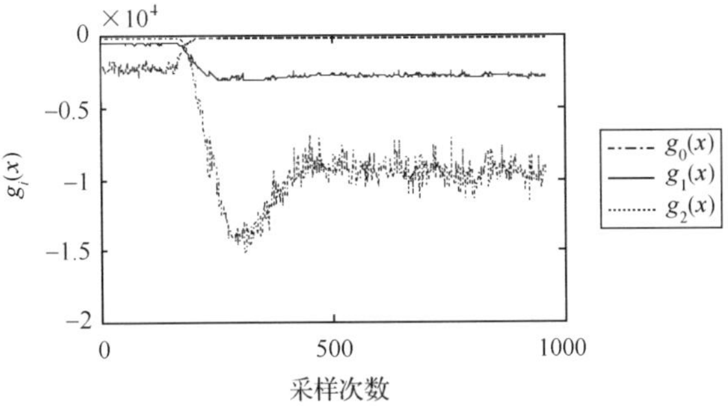

(e) 故障2检测结果图

图 4.11　KFDA 显著性检验和优化准则结合特征选择后的故障诊断结果

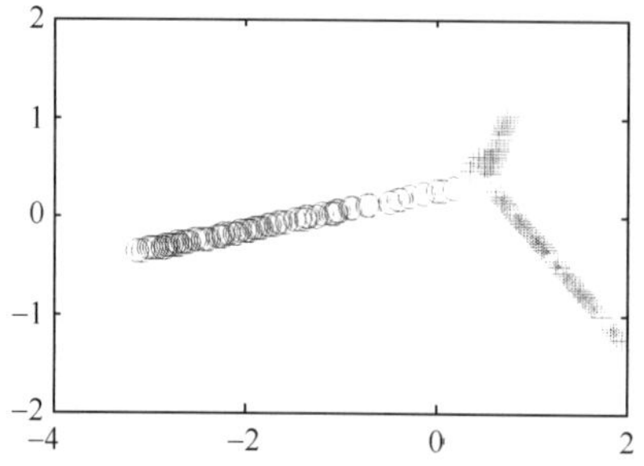

(a) 第一降维方向训练样本投影图

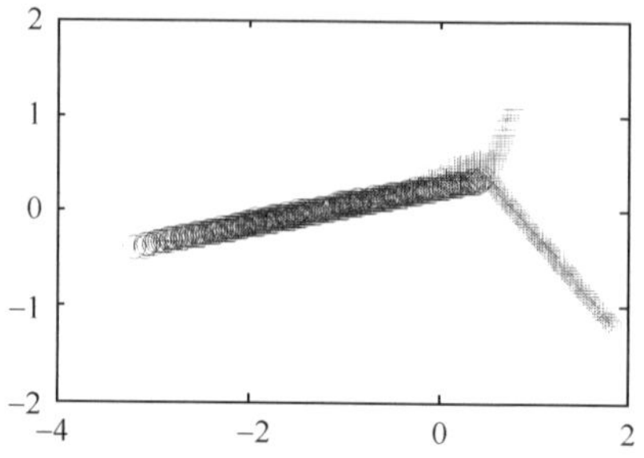

(b) 第一降维方向实测样本投影图

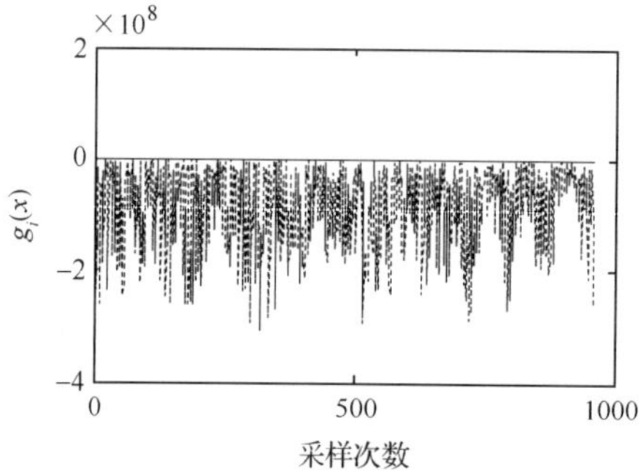

(c) 故障0检测结果图

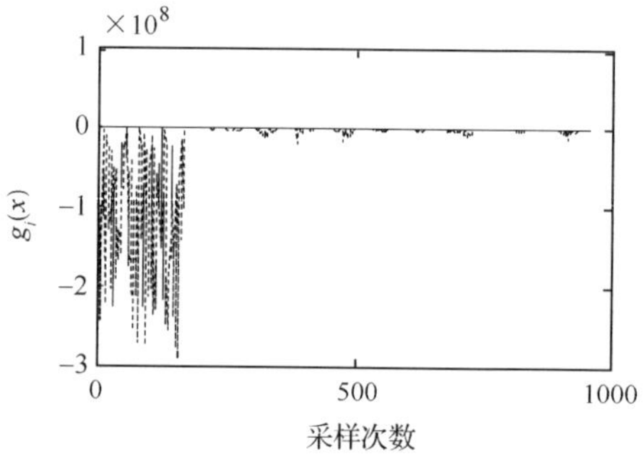

(d) 故障1检测结果图

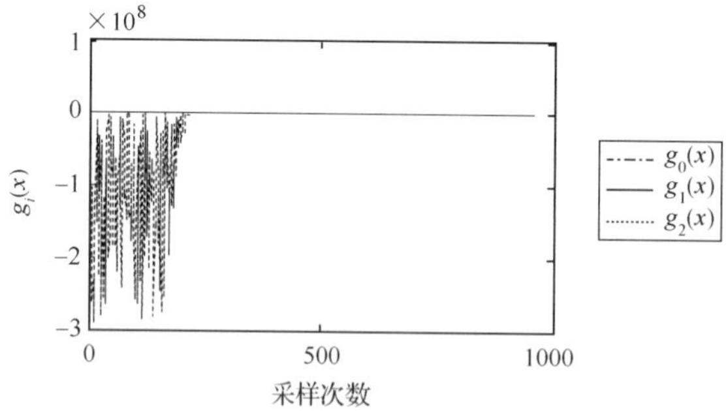

(e) 故障2检测结果图

图 4.12　KPLS 不提取特征时的故障诊断结果

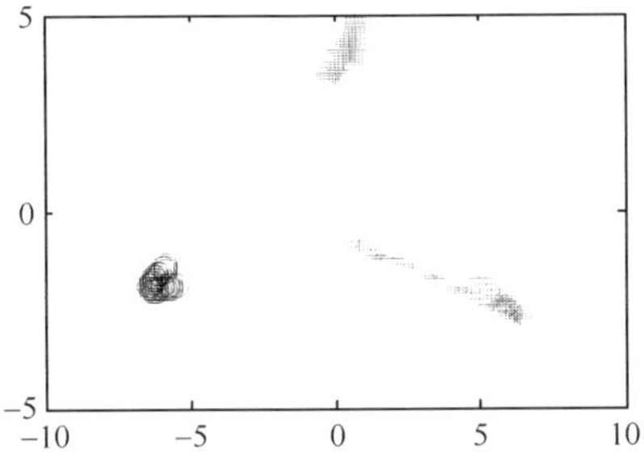

(a) 第一降维方向训练样本投影图

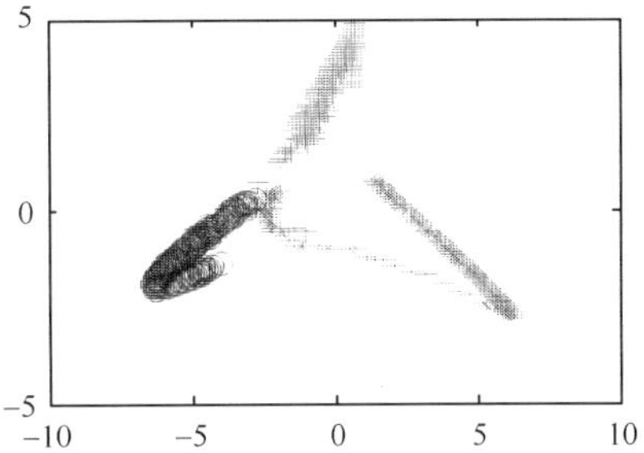

(b) 第一降维方向实测样本投影图

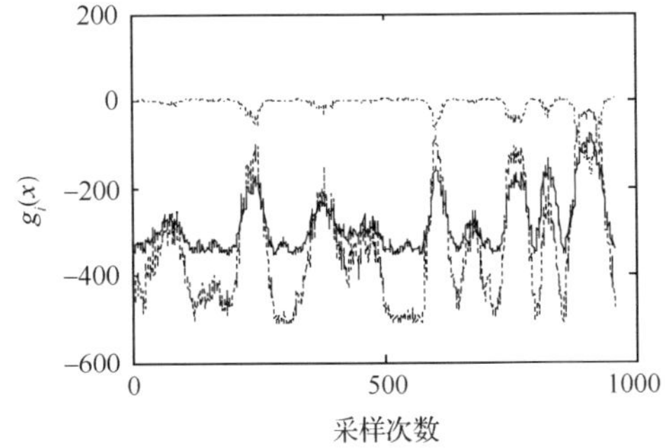

(c) 故障0检测结果图

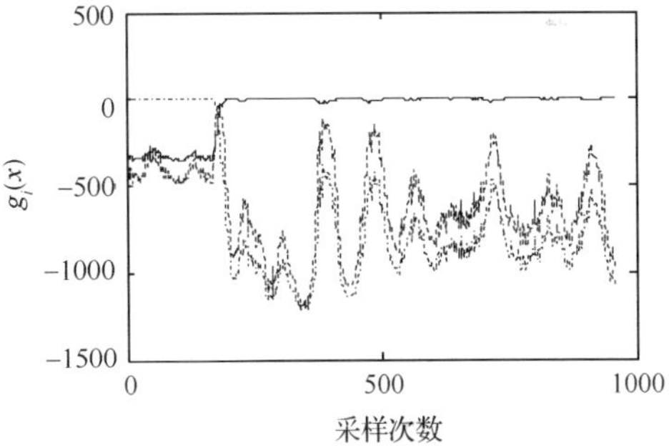

(d) 故障1检测结果图

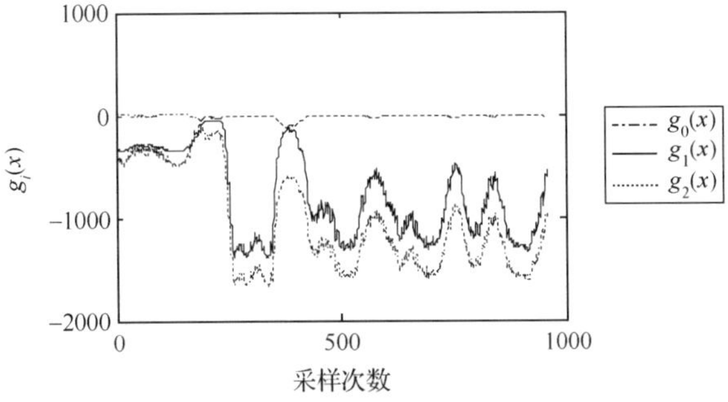

(e) 故障2检测结果图

图 4.13　KPLS 小波包提取特征时的故障诊断结果

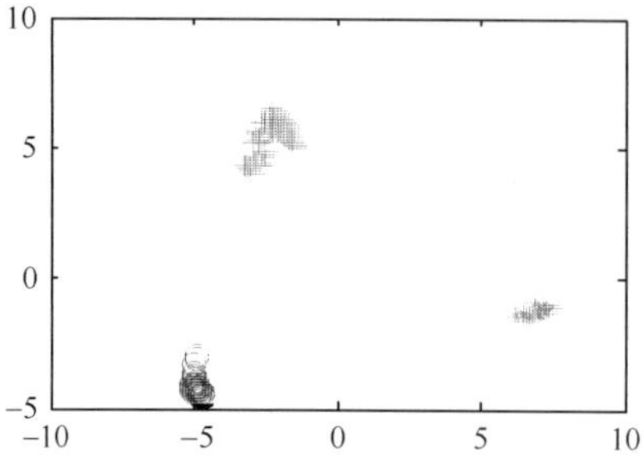

(a) 第一降维方向训练样本投影图

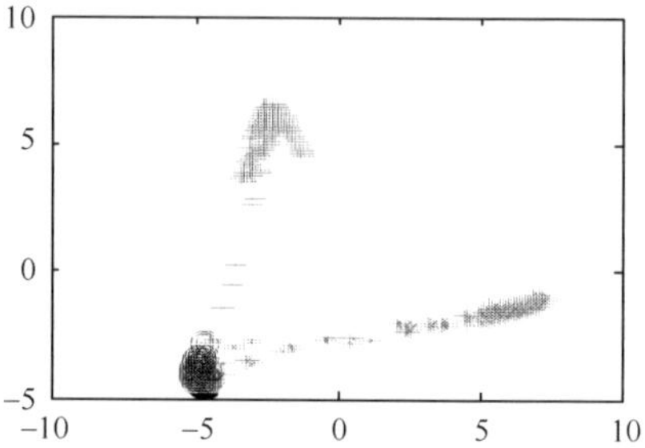

(b) 第一降维方向实测样本投影图

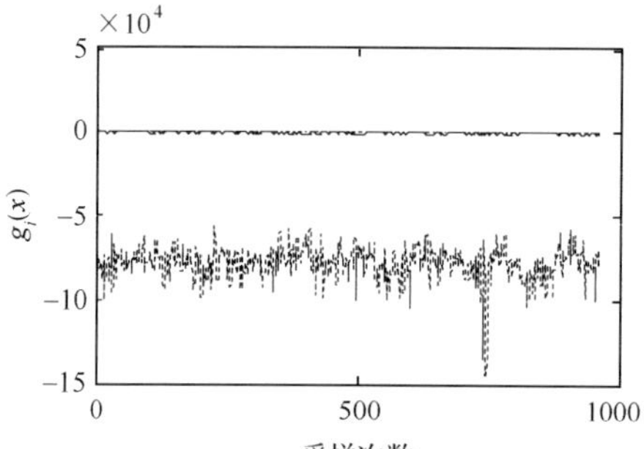

(c) 故障0检测结果图

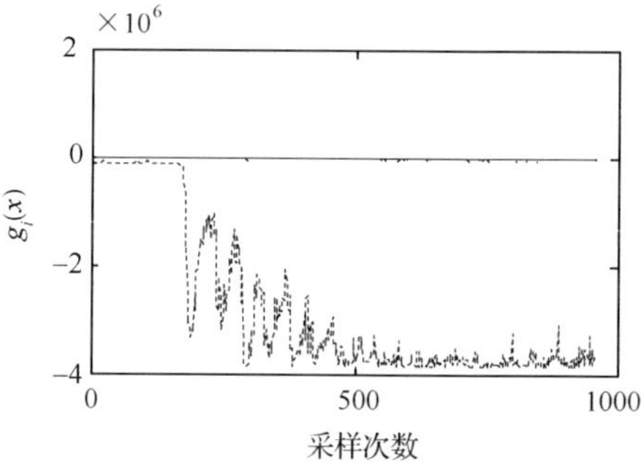

(d) 故障1检测结果图

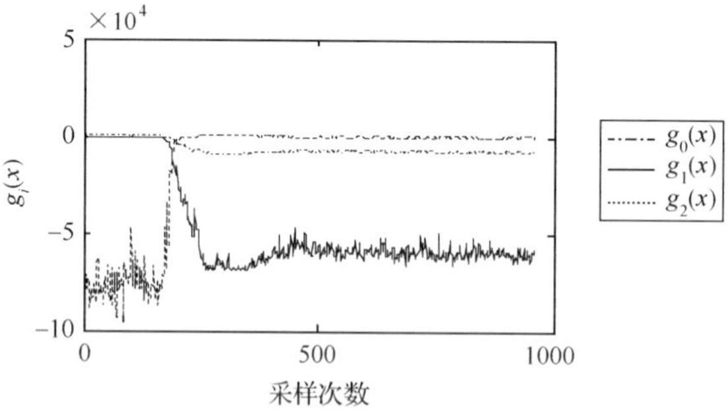

(e) 故障2检测结果图

图 4.14　KPLS 显著性检验和优化准则结合特征选择后的故障诊断结果

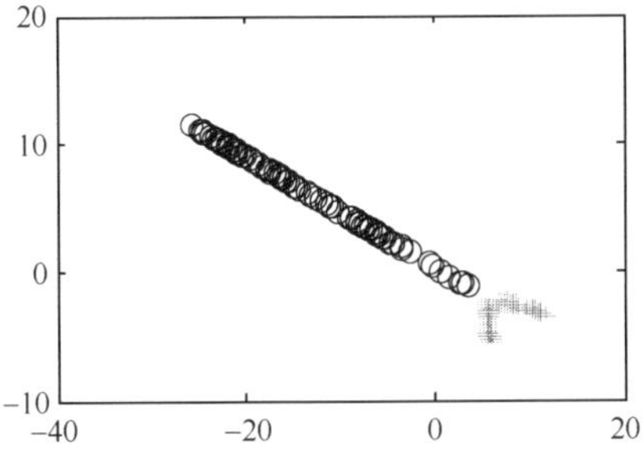

(a) 第一降维方向训练样本投影图

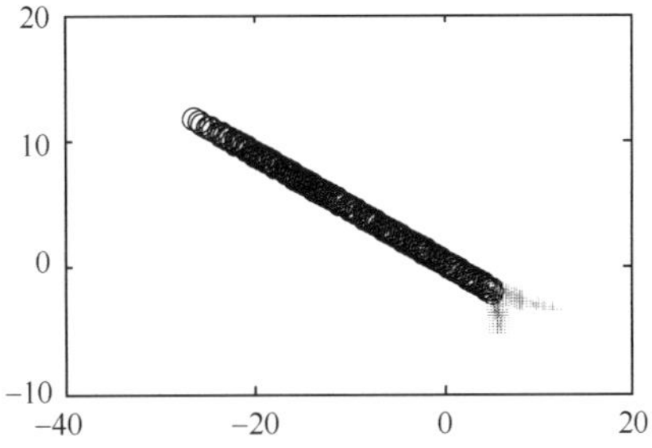

(b) 第一降维方向训练样本投影图

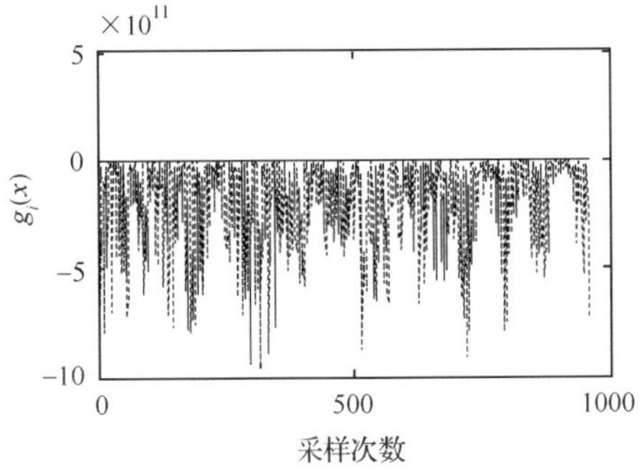

(c) 故障0检测结果图

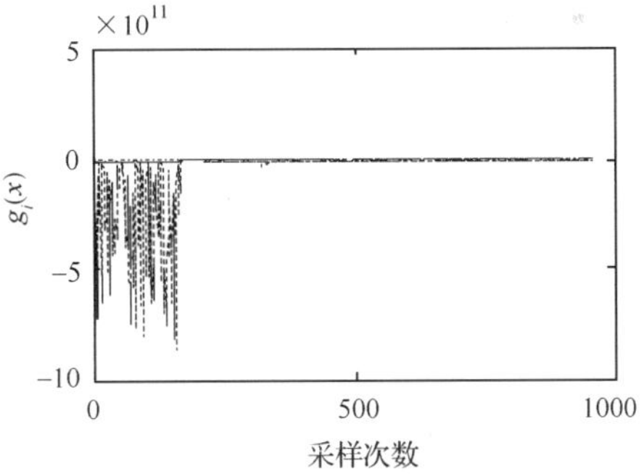

(d) 故障1检测结果图

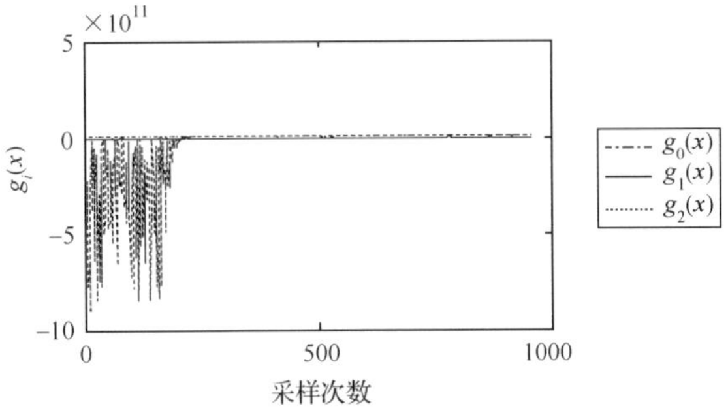

(e) 故障2检测结果图

图 4.15　KCCA 不提取特征时的故障诊断结果

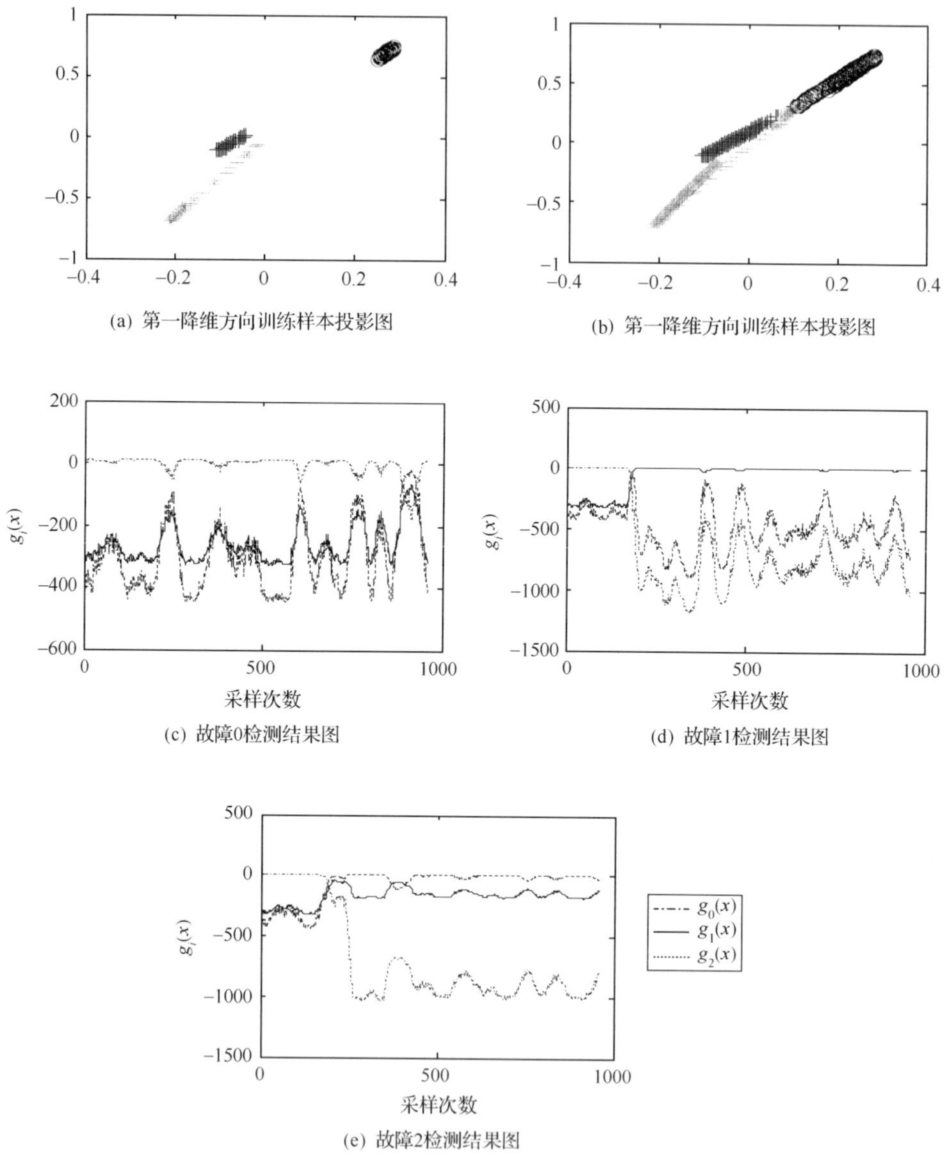

图 4.16　KCCA 小波包提取特征时的故障诊断结果

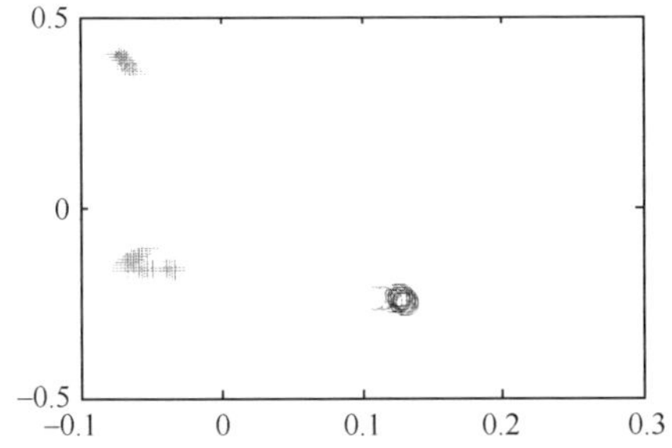

(a) 第一降维方向训练样本投影图

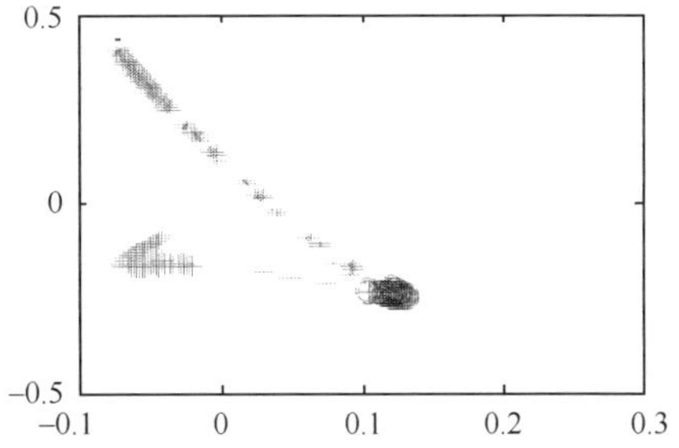

(b) 第一降维方向实测样本投影图

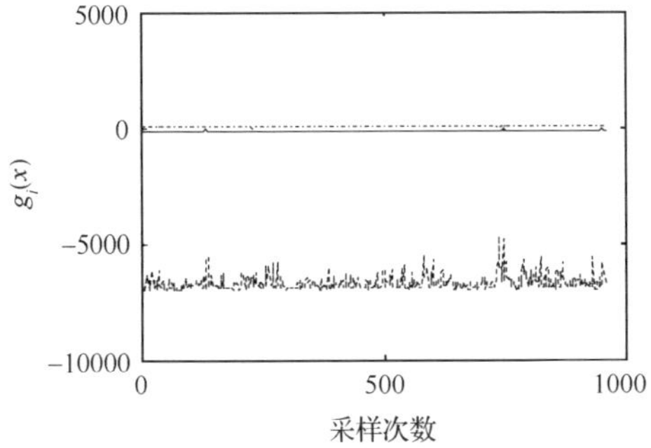

(c) 故障0检测结果图

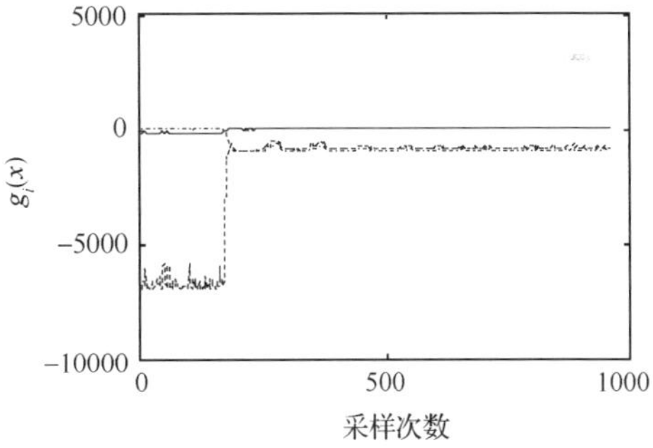

(d) 故障1检测结果图

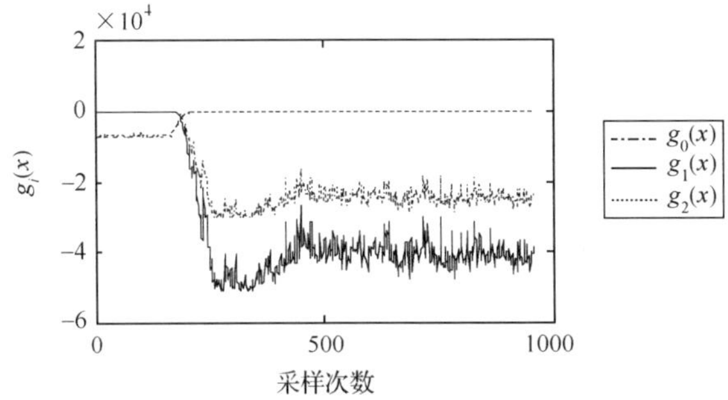

(e) 故障2检测结果图

图 4.17　KCCA 显著性检验和优化准则结合特征选择后的故障诊断结果

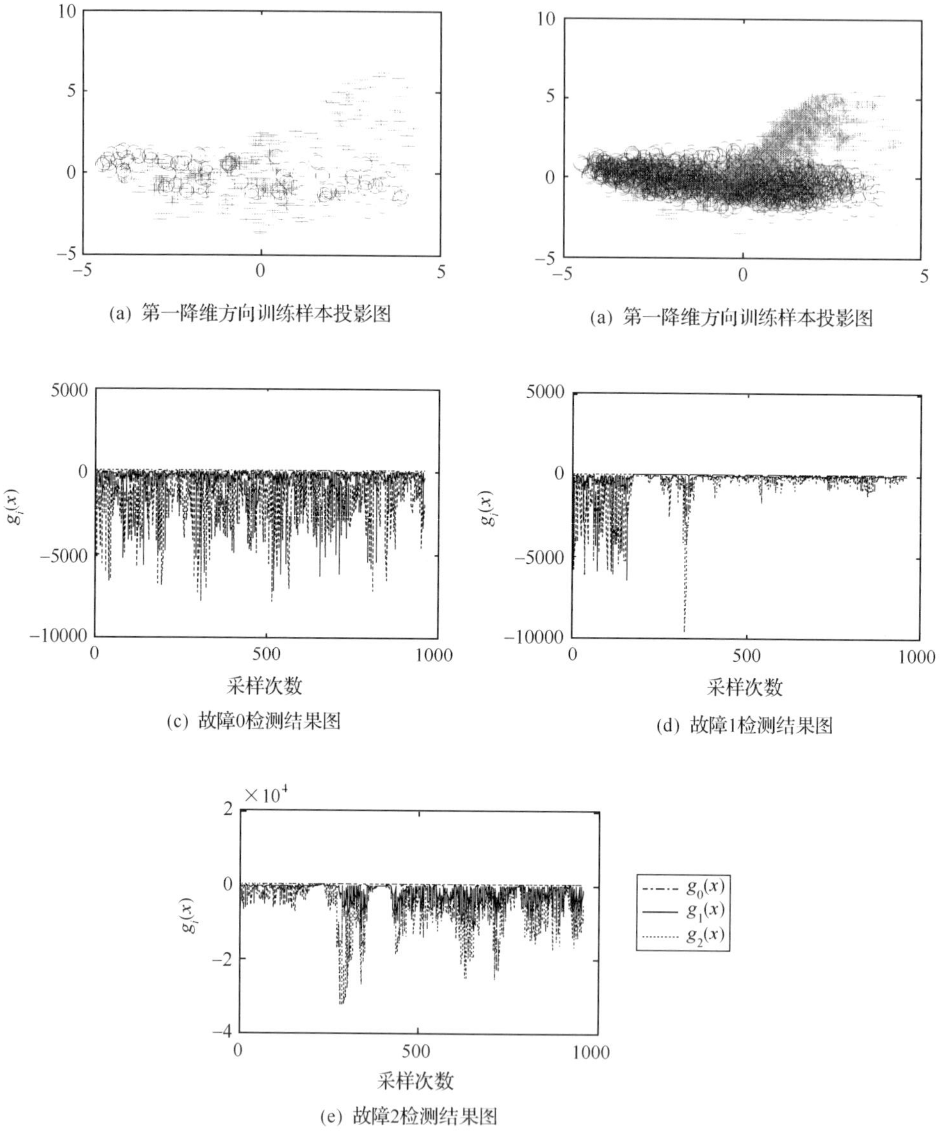

图 4.18　KCOCO 不提取特征时的故障诊断结果

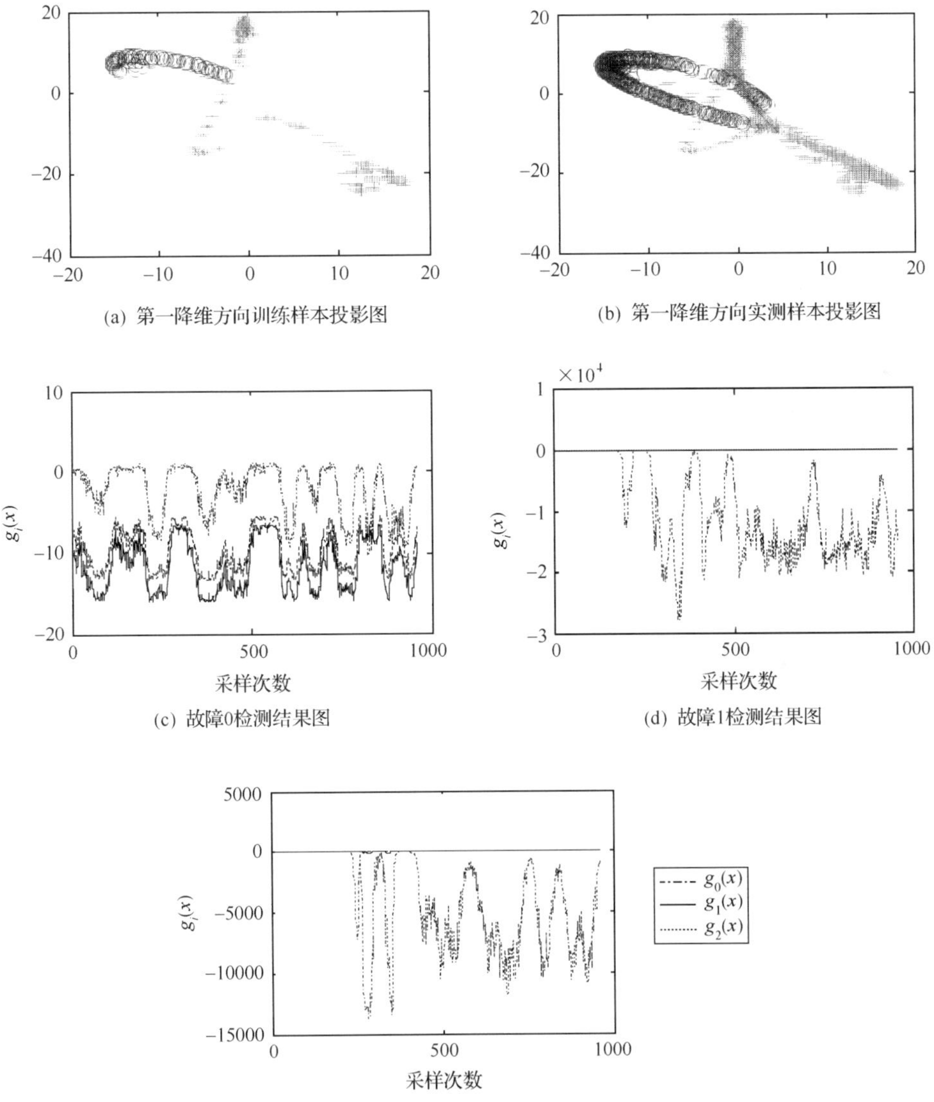

(a) 第一降维方向训练样本投影图

(b) 第一降维方向实测样本投影图

(c) 故障0检测结果图

(d) 故障1检测结果图

(e) 故障2检测结果图

图 4.19　KCOCO 小波包提取特征时的故障诊断结果

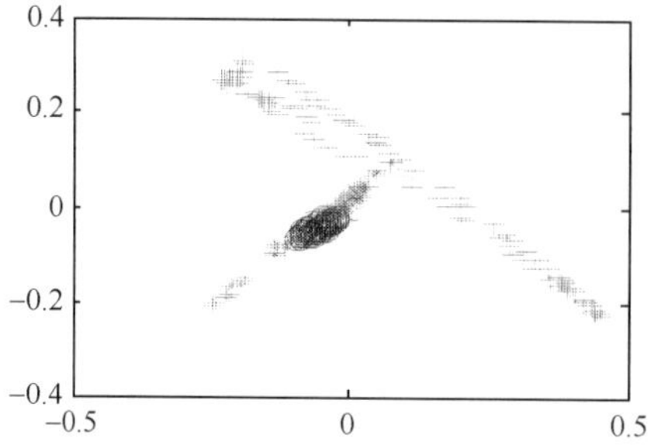

(a) 第一降维方向训练样本投影图

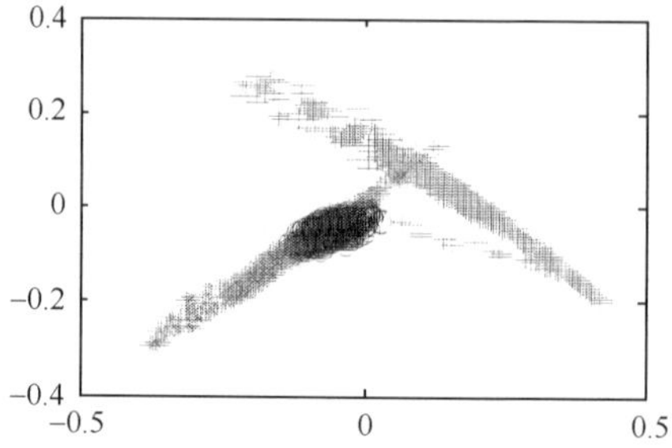

(b) 第一降维方向实测样本投影图

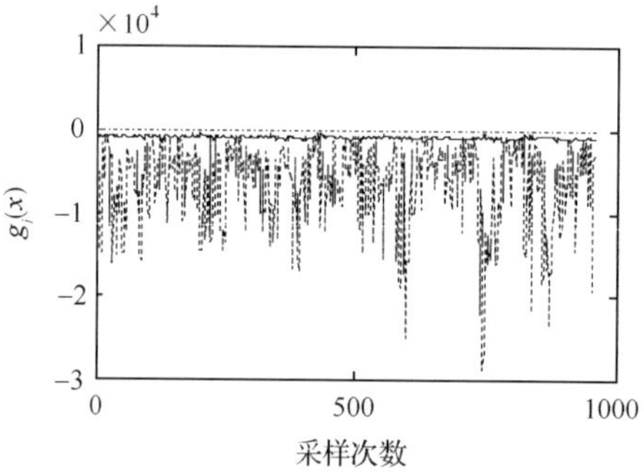

(c) 故障0检测结果图

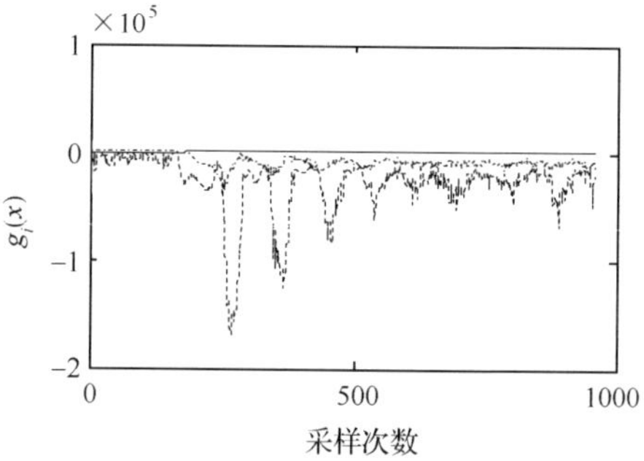

(d) 故障1检测结果图

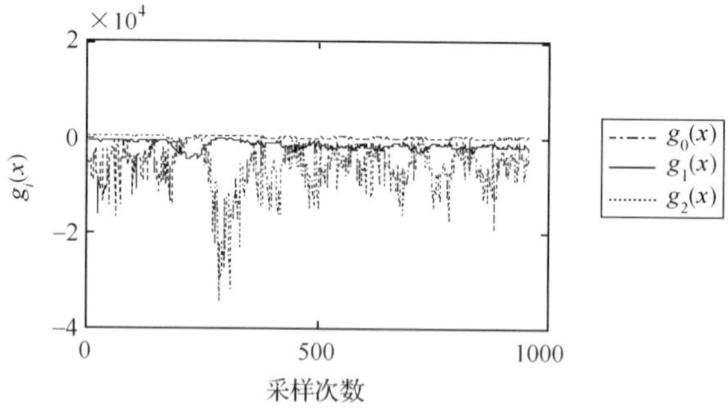

(e) 故障2检测结果图

图 4.20　KCOCO 显著性检验和优化准则结合特征选择后的故障诊断结果

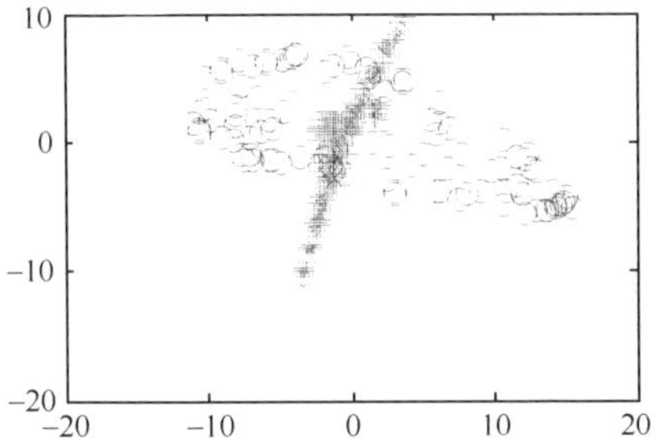

(a) 第一降维方向训练样本投影图

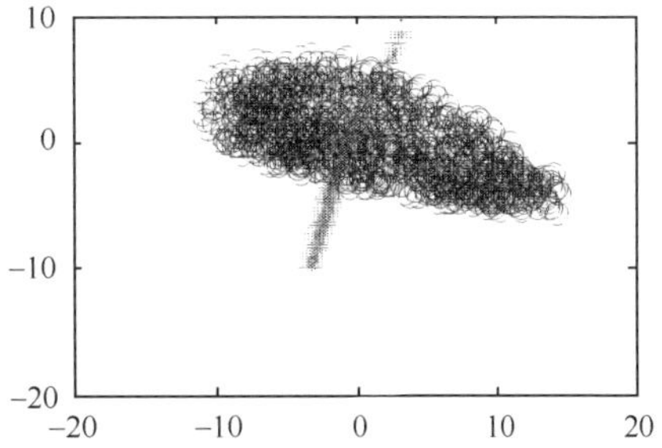

(b) 第一降维方向实测样本投影图

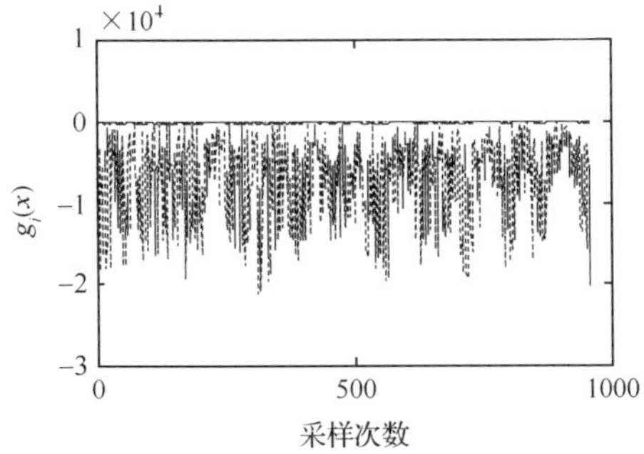

(c) 故障0检测结果图

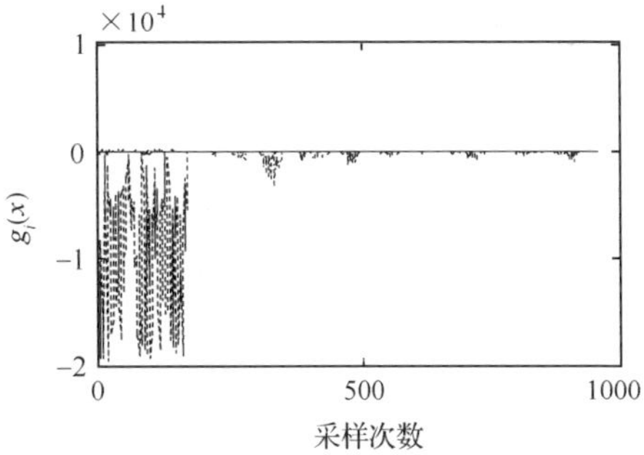

(d) 故障1检测结果图

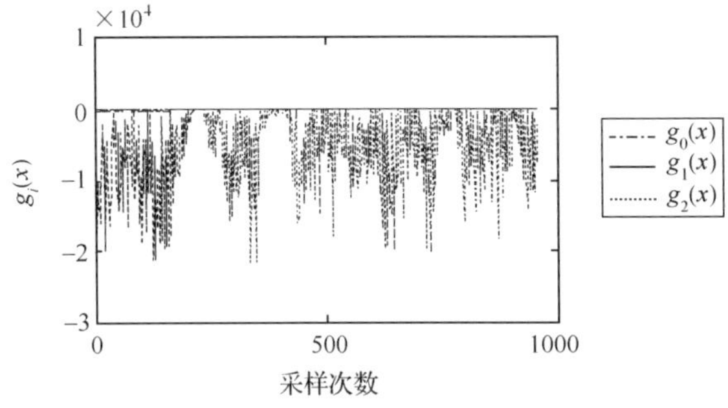

(e) 故障2检测结果图

图 4.21　KMI 不提取特征时的故障诊断结果

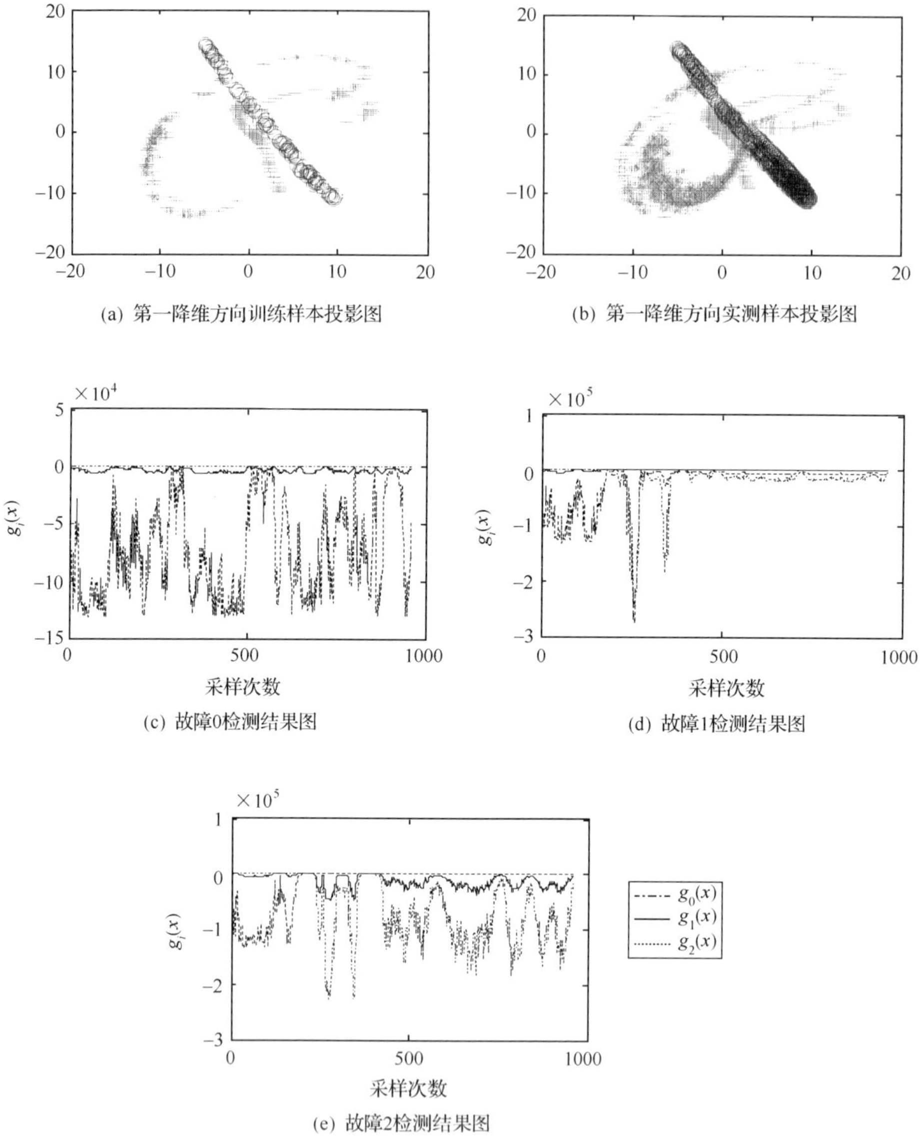

图 4.22　KMI 小波包提取特征时的故障诊断结果

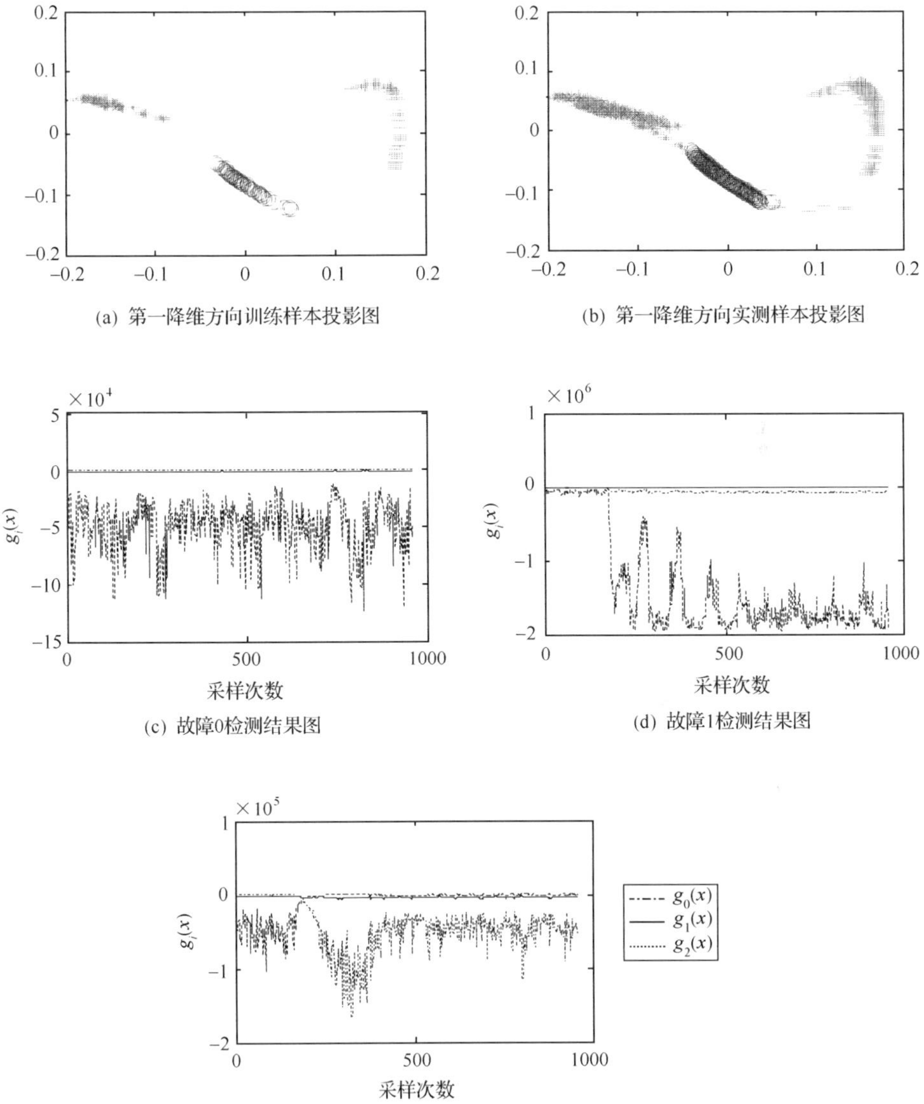

(a) 第一降维方向训练样本投影图

(b) 第一降维方向实测样本投影图

(c) 故障0检测结果图

(d) 故障1检测结果图

(e) 故障2检测结果图

图 4.23　KMI 显著性检验和优化准则结合特征选择后的故障诊断结果

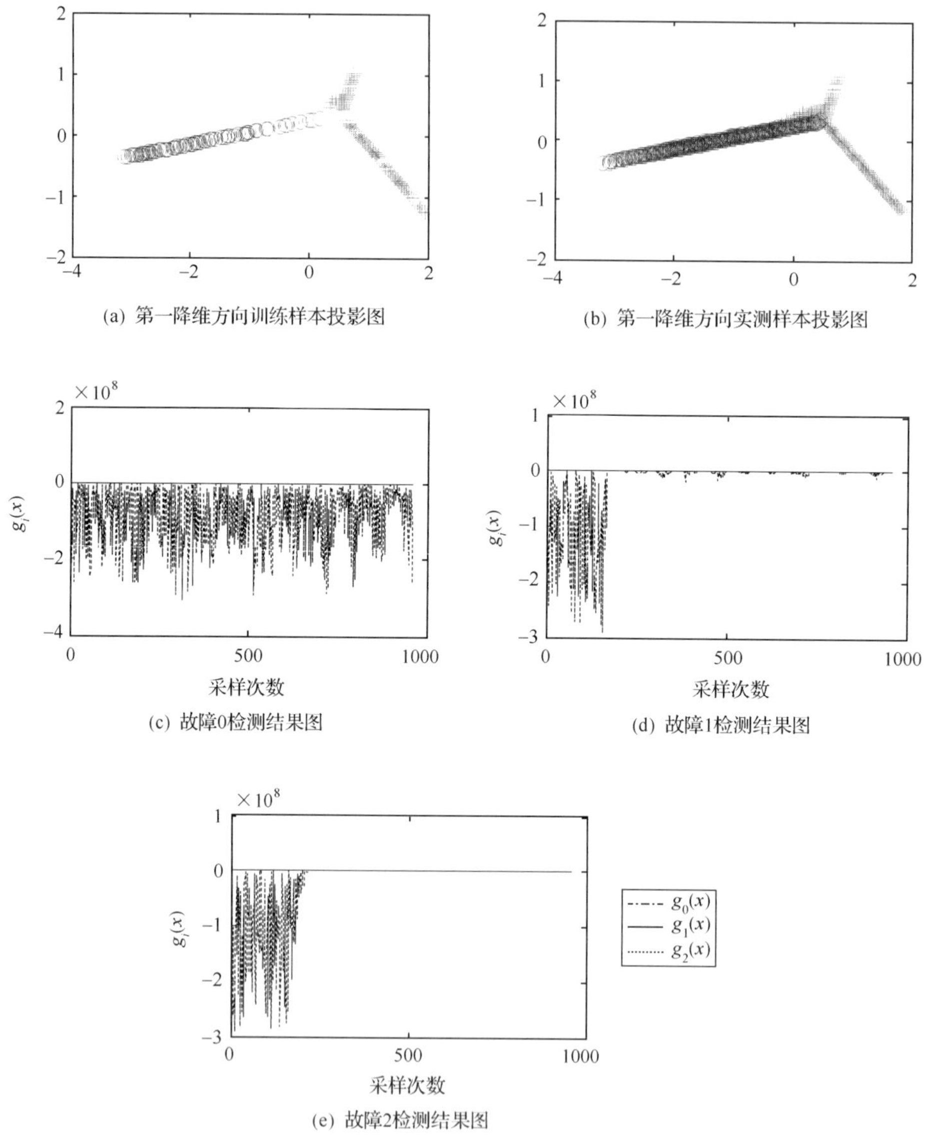

图 4.24　KCOCO2 不提取特征时的故障诊断结果

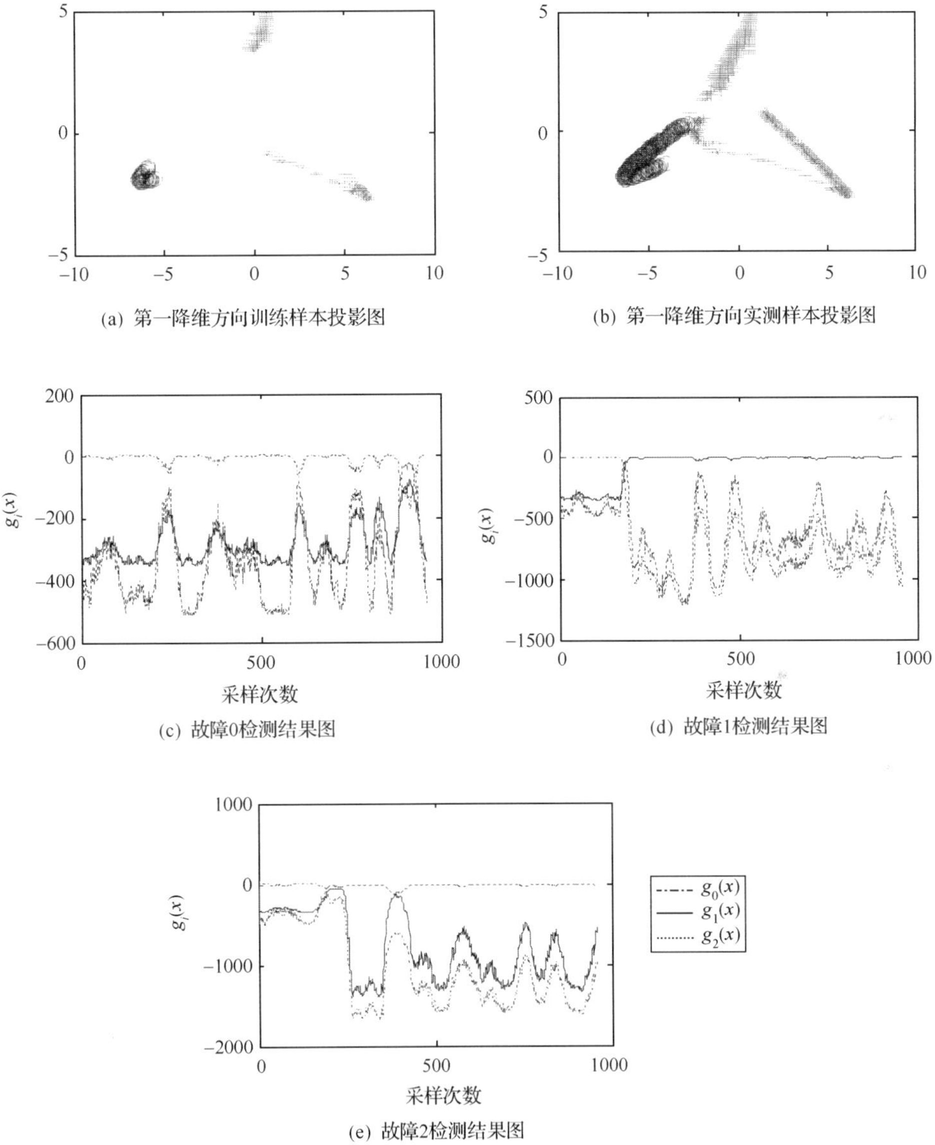

(a) 第一降维方向训练样本投影图　(b) 第一降维方向实测样本投影图

(c) 故障0检测结果图　(d) 故障1检测结果图

(e) 故障2检测结果图

图 4.25　KCOCO2 小波包提取特征时的故障诊断结果

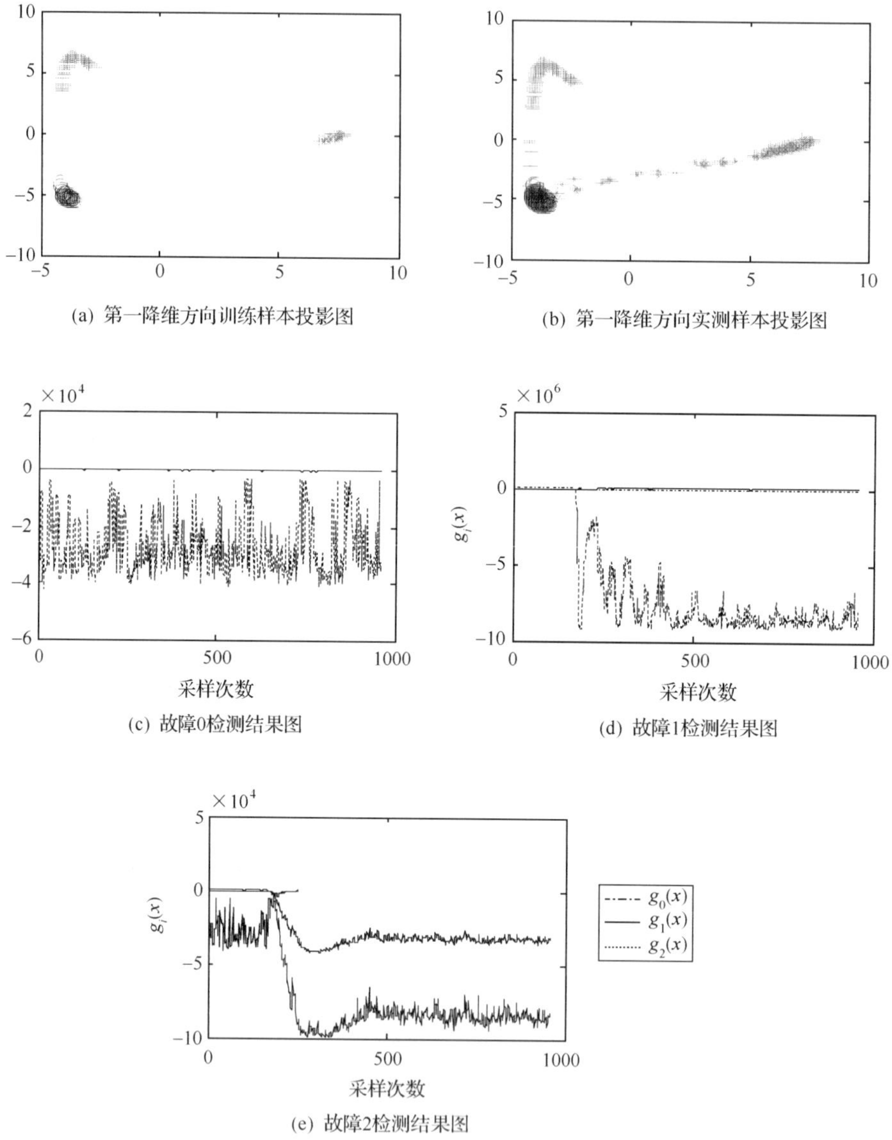

图 4.26　KCOCO2 显著性检验和优化准则结合特征选择后的故障诊断结果

从图 4.6～图 4.26 并结合前面的表格可以看出，上述几种核化多元统计方法在不提取特征时，诊断效果很差，甚至几乎无法诊断；采用小波包提取后诊断效果有所改善，但仍然存在相当程度的误警、漏报和错报；采用本书提出的显著性检验和优化准则结合的双向可增删特征选取策略后，几种方法均可以较快地诊断故障，除了诊断延迟时间外，几乎没有误警、漏报和错报。

对于 KPCA，采用显著性检验和优化准则结合的双向可增删特征选取后故障正确诊断分类率从小波包提取的 95.57%提高到 99.01%，诊断速度提前了 10.5 个采样周期。对于 KFDA，采用显著性检验和优化准则结合的双向可增删特征选取后故障正确诊断分类率从小波包提取的 95.57%提高到 98.96%，诊断速度提前了 10.5 个采样周期。对于 KPLS，故障正确诊断分类率从小波包提取的 97.24%提高到 99.06%，诊断速度提前了 9 个采样周期。对于 KCCA，故障正确诊断分类率从小波包提取的 97.08%提高到 98.96%，诊断速度提前了 10 个采样周期。对于 KCOCO，故障正确诊断分类率从小波包提取的 97.03%提高到 99.01%，诊断速度提前了 9.5 个采样周期。对于 KMI，故障正确诊断分类率从小波包提取的 97.19%提高到 98.96%，诊断速度提前了 10 个采样周期。对于 KCOCO2，故障正确诊断分类率从小波包提取的 97.24%提高到 98.91%，诊断速度提前了 10.5 个采样周期。另外，我们提出的方法最后只选出三个特征，提高了运行速度。这些结果充分表明我们提出的特征提取方法不仅降低了计算复杂度，同时还大大提高了故障诊断效果。

4.6 小　　结

特征提取算法一方面可降低整个算法的时间复杂度，提高故障特征提取和故障诊断的效率，另一方面，提取的好坏直接影响故障诊断效果。本章提出了一种基于显著性检验和优化准则结合的双向可增删特征选取方法，该方法首先将一种基于能量差异的小波包特征选取算法与基于 B 距离的方法结合，共同选择关键变量；以此为基础，将显著性检验和优化准则引入算法，结合采用前向、后向可增删策略，不仅提高了搜索能力，还自动确定最终特征的个数。仿真结果表明，该方法特征选取后的故障诊断效果明显好于直接采用小波包选取特征的方法；在训练样本为 100 时，KPCA、KFDA、KPLS、KCCA、KCOCO、KMI 和 KCOCO2 的诊断正确率分别提高了 3.44%、3.39%、1.82%、1.88%、1.98%、1.77%和 1.67%；诊断出故障的时间平均提前了 10 个采样周期。

参 考 文 献

[1] Ku W F, Storer R H, Georgakis C. Disturbance detection and isolation by dynamic principal component analysis. Chemometrics and Intelligent Laboratory Systems, 1995,30(1):179-196.

[2] Negiz A, Cinar A. Statistical monitoring of multivariable dynamic processes with state space models. AIChE, 1997,43 (8): 209-221.

[3] Serpico S B, Bruzzone L. A new search algorithm for feature selection in hyperspectral remote sensing images. IEEE Transaction on Geoscience and Remote Sensing, 2001,39(7):1360-1367.

[4] Down J J, Vogel E F. A Plant-wide industrial process control problem. Computers and Chemical Engineering, 1993, 17(3): 245-255.

[5] 边肇祺,张学工. 模式识别. 北京:清华大学出版社,2000.

[6] Dedios J J, Garcia N. Feature extraction used for face localization based on skin color//Image Analysis and Recognition, LNCS 3656. Berlin: Springer, 2005: 1032-1039.

[7] Fontan F M, Jimenez L O. Performance of eight cluster validity indices on hyperspectral data. Proceedings of SPIE-The International Society for Optical Engineering, Orlando, 2004, 5425: 147-158.

[8] Jia X, Richards J A. Segmented principal components transformation for efficient hyperspectral remote-sensing image display and classification. IEEE Transactions on Geoscience and Remote Sensing, 1999, 37(1): 538-542.

第 5 章　过程工业故障诊断的小样本问题

5.1　引　　言

对于过程工业来说,故障状态数据通常是十分珍贵的,甚至是用血的代价换来的。因此如何在数据量有限或者小样本下取得较为满意的结果,就是值得研究的课题。另外,从第 4 章的结果也能看出,在样本很小的情形下,即使是特征提取后的效果也不能令人十分满意。基于此,本章首先推导两种正则化 FDA 的核化算法,比较它们之间的关系,并与已有的算法比较,说明各自的特点和适用范围,最后给出正则化 KFDA 在不同正则参数下诊断效果的比较。鉴于 SVM 方法是目前常用的解决小样本问题的手段,本章还给出了正则化 KFDA 与 SVM 在小样本情形的结果比较。

5.2　几种正则化 KFDA 算法及其比较

对于正则化 Fisher 判别式的核化,典型的方法是转化为广义特征值问题的求解[1,2],但这种方法对于其他 FDA 的改进方法不适用。本节提出另外两种正则化 Fisher 判别式的核化算法,一种是两步分离的算法,即首先将问题转化为特征空间的方程组求解,然后再利用核技术表示成对偶形式。这样,便可通过 Nyström 方法近似求出样本经非线性映射后的向量,进而可方便地推广到 FDA 的各种改进算法。这种方法直接借鉴了关于岭回归的对偶解法[3],Xu 也提出过类似的方法[4]。另一种则将约束优化问题转化为对偶的优化问题,便于研究其与 SVM 的关系。

已经有不少学者对 KFDA 与其他核方法的关系进行了研究,Gestel 等将 KFDA和 LS-SVM 统一在 Bayes 框架下[5]。Xu 等得出了 KFD、LSSVM 及 KRR 三者可看成 KMSE 的特殊情况[4]。孙平等[6]得出了 KCCA 与 KFDA 几乎是完全等价的结论。这些文献都是从不同核方法的解的形式而得出的结论,本章则试图从优化问题本身从理论上得出两种核化算法之间的关系及其与 SVM 的关系[7]。

5.2.1　算法一——广义特征值方法

在第 3 章已经推导,KFDA 优化问题的正则化可描述为[1]

$$\max_{w} J(w) = \frac{\boldsymbol{\alpha}^{\mathrm{T}} \boldsymbol{M} \boldsymbol{\alpha}}{\boldsymbol{\alpha}^{\mathrm{T}}(\boldsymbol{N} + \mu \boldsymbol{I})\boldsymbol{\alpha}} \tag{5.1}$$

这种方法仍然可看成是广义特征值问题,求解方便。但是不适用于其他 FDA 的改进算法。如果首先对 FDA 正则化,再作核化处理,即首先将优化问题改写成

$$\max_{w} J(w) = \frac{\boldsymbol{w}^{\mathrm{T}} \boldsymbol{S}_b \boldsymbol{w}}{\boldsymbol{w}^{\mathrm{T}}(\boldsymbol{S}_w + \mu \boldsymbol{I})\boldsymbol{w}} \tag{5.2}$$

那么,由于

$$\boldsymbol{w} = \sum_{i=1}^{l} \alpha_i \phi(\boldsymbol{x}_i) = \boldsymbol{\Phi\alpha} \tag{5.3}$$

所以

$$\boldsymbol{w}^{\mathrm{T}} \boldsymbol{w} = \boldsymbol{\alpha}^{\mathrm{T}} \boldsymbol{\Phi}^{\mathrm{T}} \boldsymbol{\Phi} \boldsymbol{\alpha} = \boldsymbol{\alpha}^{\mathrm{T}} \boldsymbol{K} \boldsymbol{\alpha} \tag{5.4}$$

则式(5.2)的核化问题可等价描述为

$$\max_{w} J(w) = \frac{\boldsymbol{\alpha}^{\mathrm{T}} \boldsymbol{M} \boldsymbol{\alpha}}{\boldsymbol{\alpha}^{\mathrm{T}}(\boldsymbol{N} + \mu \boldsymbol{K})\boldsymbol{\alpha}} \tag{5.5}$$

可以明显看出这两种不同正则化方法的区别。

5.2.2 算法二——解方程组方法

设 $\phi(\cdot)$ 是从原始空间到特征空间的非线性映射,$\boldsymbol{\phi}: \boldsymbol{x} \in \mathbf{R}^n \rightarrow \boldsymbol{\phi}(\boldsymbol{x}) \in F \subseteq \mathbf{R}^N$,特征空间中的类间离散度矩阵为

$$\widetilde{\boldsymbol{S}}_b = (\widetilde{\boldsymbol{m}}_1 - \widetilde{\boldsymbol{m}}_2)(\widetilde{\boldsymbol{m}}_1 - \widetilde{\boldsymbol{m}}_2)^{\mathrm{T}} \tag{5.6}$$

类内离散度矩阵为

$$\widetilde{\boldsymbol{S}}_w = \sum_{i=1}^{l_1} (\boldsymbol{\phi}(\boldsymbol{x}_i^1) - \widetilde{\boldsymbol{m}}_1)(\boldsymbol{\phi}(\boldsymbol{x}_i^1) - \widetilde{\boldsymbol{m}}_1)^{\mathrm{T}}/l_1 + \sum_{i=1}^{l_2} (\boldsymbol{\phi}(\boldsymbol{x}_i^2) - \widetilde{\boldsymbol{m}}_2)(\boldsymbol{\phi}(\boldsymbol{x}_i^2) - \widetilde{\boldsymbol{m}}_2)^{\mathrm{T}}/l_2 \tag{5.7}$$

其中,$\widetilde{\boldsymbol{m}}_1 = \frac{1}{l_1}\sum_{i=1}^{l_1} \boldsymbol{\phi}(\boldsymbol{x}_i^1)$;$\widetilde{\boldsymbol{m}}_2 = \frac{1}{l_2}\sum_{i=1}^{l_2} \boldsymbol{\phi}(\boldsymbol{x}_i^2)$;$l_1$、$l_2$ 分别代表两类的样本数;$\boldsymbol{x}$ 的上标代表所属的类别。

基于式(5.2)缩放向量的不变性,即

$$J(\lambda \boldsymbol{w}) = J(\boldsymbol{w}) \tag{5.8}$$

其中,$\lambda \in \mathbf{R}^+$,KFDA 问题的等价描述形式为

$$\begin{aligned} &\max_{w} J(\boldsymbol{w}) = \boldsymbol{w}^{\mathrm{T}} \widetilde{\boldsymbol{S}}_b \boldsymbol{w} \\ &\text{s.t.} \quad \boldsymbol{w}^{\mathrm{T}} \widetilde{\boldsymbol{S}}_w \boldsymbol{w} + \mu \|\boldsymbol{w}\|^2 = D \end{aligned} \tag{5.9}$$

其中,$D \in \mathbf{R}^+$。记 $\boldsymbol{X} = [\boldsymbol{\phi}(\boldsymbol{x}_1), \boldsymbol{\phi}(\boldsymbol{x}_2), \cdots, \boldsymbol{\phi}(\boldsymbol{x}_l)]^{\mathrm{T}}$,可将式(5.9)的准则函数化为

$$\begin{aligned}\boldsymbol{w}^{\mathrm{T}}\tilde{\boldsymbol{S}}_b\boldsymbol{w} &= \left[\left(\frac{1}{l_1}\sum_{i=1}^{l_1}\boldsymbol{w}^{\mathrm{T}}\boldsymbol{\phi}(\boldsymbol{x}_i)-\frac{1}{l_2}\sum_{i=1}^{l_{21}}\boldsymbol{w}^{\mathrm{T}}\boldsymbol{\phi}(\boldsymbol{x}_i)\right)\right]^2 \\ &= \left[\frac{1}{l_1}\boldsymbol{w}^{\mathrm{T}}\boldsymbol{X}^{\mathrm{T}}\cdot\frac{\boldsymbol{1}+\boldsymbol{y}}{2}-\frac{1}{l_2}\boldsymbol{w}^{\mathrm{T}}\boldsymbol{X}^{\mathrm{T}}\cdot\frac{\boldsymbol{1}-\boldsymbol{y}}{2}\right]^2 \\ &= \left[\boldsymbol{w}^{\mathrm{T}}\boldsymbol{X}^{\mathrm{T}}\ \frac{(l_2-l_1)\cdot\boldsymbol{1}+l\boldsymbol{y}}{2l_1l_2}\right]^2\end{aligned} \tag{5.10}$$

对约束方程进行简化得

$$\begin{aligned}\boldsymbol{w}^{\mathrm{T}}\tilde{\boldsymbol{S}}_w\boldsymbol{w}+\mu\|\boldsymbol{w}\|^2 &= \boldsymbol{w}^{\mathrm{T}}(\tilde{\boldsymbol{S}}_1+\tilde{\boldsymbol{S}}_2)\boldsymbol{w}+\mu\boldsymbol{w}^{\mathrm{T}}\boldsymbol{w} \\ &= \frac{1}{l_1}\boldsymbol{w}^{\mathrm{T}}\boldsymbol{X}^{\mathrm{T}}\mathrm{diag}\left(\frac{\boldsymbol{1}+\boldsymbol{y}}{2}\right)\boldsymbol{X}\boldsymbol{w}-\frac{1}{l_1^2}\boldsymbol{w}^{\mathrm{T}}\boldsymbol{X}^{\mathrm{T}}\left(\frac{\boldsymbol{1}+\boldsymbol{y}}{2}\right)\left(\frac{\boldsymbol{1}+\boldsymbol{y}}{2}\right)^{\mathrm{T}}\boldsymbol{X}\boldsymbol{w} \\ &\quad+\frac{1}{l_2}\boldsymbol{w}^{\mathrm{T}}\boldsymbol{X}^{\mathrm{T}}\mathrm{diag}\left(\frac{\boldsymbol{1}-\boldsymbol{y}}{2}\right)\boldsymbol{X}\boldsymbol{w}-\frac{1}{l_2^2}\boldsymbol{w}^{\mathrm{T}}\boldsymbol{X}^{\mathrm{T}}\left(\frac{\boldsymbol{1}-\boldsymbol{y}}{2}\right)\left(\frac{\boldsymbol{1}-y}{2}\right)^{\mathrm{T}}\boldsymbol{X}\boldsymbol{w}+\mu\boldsymbol{w}^{\mathrm{T}}\boldsymbol{w} \\ &= \boldsymbol{w}^{\mathrm{T}}\boldsymbol{X}^{\mathrm{T}}\boldsymbol{B}\boldsymbol{X}\boldsymbol{w}+\mu\boldsymbol{w}^{\mathrm{T}}\boldsymbol{w}\end{aligned} \tag{5.11}$$

其中

$$\boldsymbol{B}=\frac{1}{l_1}\mathrm{diag}\left(\frac{\boldsymbol{1}+\boldsymbol{y}}{2}\right)+\frac{1}{l_2}\mathrm{diag}\left(\frac{\boldsymbol{1}-\boldsymbol{y}}{2}\right)-\frac{1}{l_1^2}\left(\frac{\boldsymbol{1}+\boldsymbol{y}}{2}\right)\left(\frac{\boldsymbol{1}+\boldsymbol{y}}{2}\right)^{\mathrm{T}}-\frac{1}{l_2^2}\left(\frac{\boldsymbol{1}-\boldsymbol{y}}{2}\right)\left(\frac{\boldsymbol{1}-\boldsymbol{y}}{2}\right)^{\mathrm{T}}$$

$\boldsymbol{y}$ 为对应两类元素分别为 ± 1 的 l 维向量；$\boldsymbol{1}$ 是所有元素为 1 的 l 维向量；$\mathrm{diag}\left(\frac{\boldsymbol{1}+\boldsymbol{y}}{2}\right)$，$\mathrm{diag}\left(\frac{\boldsymbol{1}-\boldsymbol{y}}{2}\right)$ 分别为与两类对应的元素为 1 和 0 的 $l\times l$ 对角阵。

引入拉格朗日乘子 $\nu/2$，将式(5.10)和式(5.11)代入优化问题式(5.9)，并设两类训练样本数相同，简化得到对偶优化问题

$$\begin{aligned}\max_{\boldsymbol{w}}L(\boldsymbol{w}) &= [\boldsymbol{w}^{\mathrm{T}}\boldsymbol{X}^{\mathrm{T}}\boldsymbol{y}]^2-\frac{v}{2}(\boldsymbol{w}^{\mathrm{T}}\boldsymbol{X}^{\mathrm{T}}\boldsymbol{B}\boldsymbol{X}\boldsymbol{w}+\mu\boldsymbol{w}^{\mathrm{T}}\boldsymbol{w}-D) \\ &= \max_{\boldsymbol{w}}(\boldsymbol{w}^{\mathrm{T}}\boldsymbol{X}^{\mathrm{T}}\boldsymbol{y}-\frac{v}{2}(\boldsymbol{w}^{\mathrm{T}}\boldsymbol{X}^{\mathrm{T}}\boldsymbol{B}\boldsymbol{X}\boldsymbol{w}+\mu\boldsymbol{w}^{\mathrm{T}}\boldsymbol{w}-D))\end{aligned} \tag{5.12}$$

将式(5.12)关于 $\boldsymbol{w}$ 取导数

$$\frac{\partial L}{\partial \boldsymbol{w}}=\boldsymbol{X}^{\mathrm{T}}\boldsymbol{y}-v\boldsymbol{X}^{\mathrm{T}}\boldsymbol{B}\boldsymbol{X}\boldsymbol{w}-v\mu\boldsymbol{w}=0 \tag{5.13}$$

所以

$$\boldsymbol{X}^{\mathrm{T}}\boldsymbol{y}-v\boldsymbol{X}^{\mathrm{T}}\boldsymbol{B}\boldsymbol{X}\boldsymbol{w}=v\mu\boldsymbol{w}=\boldsymbol{X}^{\mathrm{T}}(\boldsymbol{y}-v\boldsymbol{B}\boldsymbol{X}\boldsymbol{w}) \tag{5.14}$$

若 $\boldsymbol{X}$ 即样本经非线性投影后的矩阵可直接求出，则所求的权向量为

$$\boldsymbol{w}=(\boldsymbol{X}^{\mathrm{T}}\boldsymbol{B}\boldsymbol{X}+\mu\boldsymbol{I})^{-1}\boldsymbol{X}^{\mathrm{T}}\boldsymbol{y} \tag{5.15}$$

解这个关于 $\boldsymbol{w}$ 的方程其实是由 N 个方程求解 N 个未知数问题，其计算复杂度为 $O(N^3)$。若不考虑偏置项，则分类函数为

$$f(\boldsymbol{x})=\langle\boldsymbol{w},\boldsymbol{\phi}(\boldsymbol{x})\rangle \tag{5.16}$$

如果非线性投影是未知的，则可以把 $\boldsymbol{w}$ 表示成对偶形式

$$\boldsymbol{w} = \boldsymbol{X}^{\mathrm{T}}\boldsymbol{\alpha} \tag{5.17}$$

对比式(5.14),得

$$\boldsymbol{\alpha} = \frac{1}{v\mu}(\boldsymbol{y} - v\boldsymbol{B}\boldsymbol{X}\boldsymbol{w}) \tag{5.18}$$

将式(5.17)代入式(5.18),得

$$v\mu\boldsymbol{\alpha} = \boldsymbol{y} - v\boldsymbol{B}\boldsymbol{X}\boldsymbol{w} = \boldsymbol{y} - v\boldsymbol{B}\boldsymbol{X}\boldsymbol{X}^{\mathrm{T}}\boldsymbol{\alpha} = \boldsymbol{y} - v\boldsymbol{B}\boldsymbol{K}\boldsymbol{\alpha} \tag{5.19}$$

则

$$(v\boldsymbol{B}\boldsymbol{K} + v\mu\boldsymbol{I})\boldsymbol{\alpha} = \boldsymbol{y} \tag{5.20}$$

用 v 缩放 $\boldsymbol{w}$,解不变

$$(\boldsymbol{B}\boldsymbol{K} + \mu\boldsymbol{I})\boldsymbol{\alpha} = \boldsymbol{y} \tag{5.21}$$

因此,$\boldsymbol{w}$ 的对偶解由式(5.22)给出

$$\boldsymbol{\alpha} = (\boldsymbol{B}\boldsymbol{K} + \mu\boldsymbol{I})^{-1}\boldsymbol{y} \tag{5.22}$$

求解 $\boldsymbol{\alpha}$ 其实是由 l 个方程求解 l 个未知数问题,其计算复杂度为 $O(l^3)$。若不考虑偏置项,则分类函数为

$$f(\boldsymbol{x}) = \langle \boldsymbol{w},\boldsymbol{\phi}(\boldsymbol{x})\rangle = \langle \boldsymbol{X}^{\mathrm{T}}\boldsymbol{\alpha},\boldsymbol{\phi}(\boldsymbol{x})\rangle \tag{5.23}$$

采用适当的方法计算出偏移 b,即可得到分类函数

$$g(\boldsymbol{x}) = \mathrm{sgn}\Big(\sum_{i=1}^{l}\alpha_i k(\boldsymbol{x},\boldsymbol{x}_i) + b\Big) \tag{5.24}$$

也可以采用 Bayes 函数作为分类器。

5.2.3 算法三——凸优化解法

根据优化理论,正则化 Fisher 判别式还可等价地由下式来描述

$$\begin{aligned} &\min_{\boldsymbol{w}} J(\boldsymbol{w}) = \boldsymbol{w}^{\mathrm{T}}(\boldsymbol{S}_w + \mu\boldsymbol{I})\boldsymbol{w} \\ &\text{s.t.}\quad \boldsymbol{w}^{\mathrm{T}}\boldsymbol{S}_b\boldsymbol{w} = D \end{aligned} \tag{5.25}$$

其中,$D \in \mathbf{R}^{+}$;目标函数第一部分代表最小化类内离散度矩阵;第二部分的含义是最小化结构风险。

考虑最大间隔分类器的约束条件

$$y_i(\langle \boldsymbol{w},\boldsymbol{x}_i\rangle - b) \geqslant 1,\quad i = 1,2,\cdots,l \tag{5.26}$$

将式(5.26)分开写成等价的两个式子

$$\begin{aligned} \langle \boldsymbol{w},\boldsymbol{x}_i^1\rangle - b \geqslant 1,\quad i = 1,2,\cdots,l_1 \\ -\langle \boldsymbol{w},\boldsymbol{x}_i^2\rangle + b \geqslant 1,\quad i = 1,2,\cdots,l_2 \end{aligned} \tag{5.27}$$

整理得

$$\boldsymbol{w}^{\mathrm{T}}(\boldsymbol{m}_1 - \boldsymbol{m}_2) \geqslant 2 \tag{5.28}$$

其中,$\boldsymbol{m}_1$,$\boldsymbol{m}_2$ 分别为二类均值向量,这样

$$\boldsymbol{w}^{\mathrm{T}}\boldsymbol{S}_b\boldsymbol{w} \geqslant 4 \tag{5.29}$$

若将式(5.25)的约束条件用式(5.29)代替，其解即最优超平面的方向不变(不考虑偏置项 b)。优化问题重新描述为

$$\begin{aligned} &\min_{\boldsymbol{w}} J(\boldsymbol{w}) = \frac{1}{2}\boldsymbol{w}^{\mathrm{T}}(\boldsymbol{S}_w + \mu\boldsymbol{I})\boldsymbol{w} \\ &\text{s. t.}\quad y_i(\langle \boldsymbol{w},\boldsymbol{x}_i\rangle - b) \geqslant 1,\quad i = 1,2,\cdots,l \end{aligned} \tag{5.30}$$

下面仿照 SVM 方法求解上述优化问题的核化算法。

设 $\bar{\boldsymbol{S}}_w = \boldsymbol{S}_w + \mu\boldsymbol{I}$，$\bar{\boldsymbol{w}} = \bar{\boldsymbol{S}}_w^{1/2}\boldsymbol{w}$，$\bar{\boldsymbol{x}}_i = \bar{\boldsymbol{S}}_w^{-1/2}\boldsymbol{x}_i$，则有

$$\frac{1}{2}\boldsymbol{w}^{\mathrm{T}}(\boldsymbol{S}_w + \mu\boldsymbol{I})\boldsymbol{w} = \frac{1}{2}(\bar{\boldsymbol{S}}_w^{1/2}\boldsymbol{w})^{\mathrm{T}}(\bar{\boldsymbol{S}}_w^{1/2}\boldsymbol{w}) = \frac{1}{2}\bar{\boldsymbol{w}}^{\mathrm{T}}\bar{\boldsymbol{w}} \tag{5.31}$$

和

$$\langle \boldsymbol{w},\boldsymbol{x}_i\rangle = \langle \bar{\boldsymbol{S}}_w^{1/2}\boldsymbol{w},\bar{\boldsymbol{S}}_w^{-1/2}\boldsymbol{x}_i\rangle = \langle \bar{\boldsymbol{w}},\bar{\boldsymbol{x}}_i\rangle \tag{5.32}$$

式(5.30)的优化问题重新写成

$$\begin{aligned} &\min_{\boldsymbol{w}} J(\boldsymbol{w}) = \frac{1}{2}\bar{\boldsymbol{w}}^{\mathrm{T}}\bar{\boldsymbol{w}} \\ &\text{s. t.}\quad y_i(\langle \bar{\boldsymbol{w}},\bar{\boldsymbol{x}}_i\rangle - b) \geqslant 1,\quad i = 1,2,\cdots,l \end{aligned} \tag{5.33}$$

式(5.33)可转化为对偶优化问题

$$\begin{aligned} &\max_{\alpha} L(\boldsymbol{\alpha}) = \sum_{i=1}^{l}\alpha_i - \frac{1}{2}\sum_{i=1}^{l}\alpha_i\alpha_j y_i y_j\langle \bar{\boldsymbol{x}}_i,\bar{\boldsymbol{x}}_j\rangle \\ &\text{s. t.}\quad \sum_{i=1}^{n} y_i\alpha_i = 0,\quad \alpha_i \geqslant 0 \end{aligned} \tag{5.34}$$

这样，根据 Schölkopf 等[8]的理论，可将式(5.34)的点积运算用核函数代替，从而得到正则化 FDA 的核化算法，分类函数的形式与式(5.24)相同，或者用 Bayes 函数作为分类函数。

这里牵涉计算 $\bar{\boldsymbol{S}}_w^{1/2}$ 和 $\bar{\boldsymbol{S}}_w^{-1/2}$ 的问题，可按如下方法求解：

根据矩阵 $\boldsymbol{S}_w$ 的定义可知其为实对称阵，则 $\bar{\boldsymbol{S}}_w$ 亦为对称阵，可对其进行 SVD 分解，得

$$\bar{\boldsymbol{S}}_w = \boldsymbol{U}\boldsymbol{\Lambda}\boldsymbol{U}^{\mathrm{T}} \tag{5.35}$$

其中，$\boldsymbol{U}$ 为酉矩阵；$\boldsymbol{\Lambda}$ 为对角阵。

$$\bar{\boldsymbol{S}}_w^{1/2} = \boldsymbol{U}\boldsymbol{\Lambda}^{1/2}\boldsymbol{U}^{\mathrm{T}} \tag{5.36}$$

$$\bar{\boldsymbol{S}}_w^{-1/2} = \boldsymbol{U}\boldsymbol{\Lambda}^{-1/2}\boldsymbol{U}^{\mathrm{T}} \tag{5.37}$$

可见，上述几种方法都可以实现正则化 Fisher 算法的非线性核形式，但原理并不相同。算法二直接将输入数据从原始空间映射到非线性特征空间，便于采用 Nyström 方法求近似映射，适用于 FDA 的各种改进算法；而算法三则首先对输入数据进行线性变换，变换后再映射到特征空间。因此，二者并不等同。而且由于算法一式(5.5)、算法二和算法三是在原始空间选择的正则化项 $\mu\boldsymbol{w}^{\mathrm{T}}\boldsymbol{w}$，算法一式(5.1)是在对偶空间选择的 $\mu\boldsymbol{\alpha}^{\mathrm{T}}\boldsymbol{\alpha}$，因而式(5.1)与其他几种均不等价，但算法一的

式(5.5)与算法二等价。

当$\mu=0$时,算法一的两种算法和算法二等价,退化为无正则项的KFDA方法;算法三的实质是对分类间隔和类内离散度矩阵指标的折中,这与Xiong等[9]提出的混合LDA/SVM方法等价;μ的大小决定了正则作用的强弱,也即对结构风险控制的程度,μ越大,算法的泛化能力越强。

本节几种算法不仅可用于Fisher算法的核化,对推导其他经典线性算法的核形式也有指导作用。从理论上来说,所有经典线性算法都可以用本文的方法得到其核形式。

5.3 其他核算法的正则化

5.3.1 RKCCA

对于两变量问题,定义核空间的正则化相关系数为

$$\rho(\boldsymbol{K}_1,\boldsymbol{K}_2)=\max_{\boldsymbol{\alpha}_1,\boldsymbol{\alpha}_2}\frac{\operatorname{cov}(\boldsymbol{w}_1^{\mathrm{T}}\boldsymbol{\phi}(x_1)^{\mathrm{T}},\boldsymbol{w}_2^{\mathrm{T}}\boldsymbol{\phi}(x_2)^{\mathrm{T}})}{(\operatorname{var}\langle\boldsymbol{\phi}(x_1),\boldsymbol{w}_1\rangle+\mu\|\boldsymbol{w}_1\|^2)^{1/2}(\operatorname{var}\langle\boldsymbol{\phi}(x_2),\boldsymbol{w}_2\rangle+\mu\|\boldsymbol{w}_2\|^2)^{1/2}} \tag{5.38}$$

分别对各部分化简

$$\operatorname{var}\langle\boldsymbol{\phi}(x_1),\boldsymbol{w}_1\rangle+\mu\|\boldsymbol{w}_1\|^2=\operatorname{var}\langle\boldsymbol{\phi}(x_1),\boldsymbol{\phi}(x_1)^{\mathrm{T}}\boldsymbol{\alpha}_1\rangle+\mu\|\boldsymbol{\phi}(x_1)^{\mathrm{T}}\boldsymbol{\alpha}_1\|^2 \tag{5.39}$$

$$=\frac{1}{l}\boldsymbol{\alpha}_1^{\mathrm{T}}\boldsymbol{K}_1^2\boldsymbol{\alpha}_1+\mu\boldsymbol{\alpha}_1^{\mathrm{T}}\boldsymbol{K}_1\boldsymbol{\alpha}_1 \tag{5.40}$$

$$\approx\frac{1}{l}\boldsymbol{\alpha}_1^{\mathrm{T}}\left(\boldsymbol{K}_1+\frac{\mu l}{2}\boldsymbol{I}\right)^2\boldsymbol{\alpha}_1 \tag{5.41}$$

同理

$$\operatorname{var}\langle\boldsymbol{\phi}(x_2),\boldsymbol{w}_2\rangle+\mu\|\boldsymbol{w}_2\|^2\approx\frac{1}{l}\boldsymbol{\alpha}_2^{\mathrm{T}}\left(\boldsymbol{K}_2+\frac{\mu l}{2}\boldsymbol{I}\right)^2\boldsymbol{\alpha}_2 \tag{5.42}$$

又由于

$$\operatorname{cov}(\boldsymbol{w}_1^{\mathrm{T}}\boldsymbol{\phi}(x_1)^{\mathrm{T}},\boldsymbol{w}_2^{\mathrm{T}}\boldsymbol{\phi}(x_2)^{\mathrm{T}})=\boldsymbol{\alpha}_1^{\mathrm{T}}\boldsymbol{K}_1\boldsymbol{K}_2\boldsymbol{\alpha}_2 \tag{5.43}$$

式(5.38)化为

$$\rho(\boldsymbol{K}_1,\boldsymbol{K}_2)=\max_{\boldsymbol{\alpha}_1,\boldsymbol{\alpha}_2}\frac{\boldsymbol{\alpha}_1^{\mathrm{T}}\boldsymbol{K}_1\boldsymbol{K}_2\boldsymbol{\alpha}_2}{\left(\boldsymbol{\alpha}_1^{\mathrm{T}}\left(\boldsymbol{K}_1+\frac{\mu l}{2}\boldsymbol{I}\right)^2\boldsymbol{\alpha}_1\right)^{1/2}\left(\boldsymbol{\alpha}_2^{\mathrm{T}}\left(\boldsymbol{K}_2+\frac{\mu l}{2}\boldsymbol{I}\right)^2\boldsymbol{\alpha}_2\right)^{1/2}} \tag{5.44}$$

该优化问题等价于广义特征问题的解

$$\begin{bmatrix} \mathbf{0} & \boldsymbol{K}_1\boldsymbol{K}_2 \\ \boldsymbol{K}_2\boldsymbol{K}_1 & \mathbf{0} \end{bmatrix}\begin{bmatrix} \boldsymbol{\alpha}_1 \\ \boldsymbol{\alpha}_2 \end{bmatrix} = \rho\begin{bmatrix} \left(\boldsymbol{K}_1 + \frac{\mu l}{2}\boldsymbol{I}\right)^2 & \mathbf{0} \\ \mathbf{0} & \left(\boldsymbol{K}_2 + \frac{\mu l}{2}\boldsymbol{I}\right)^2 \end{bmatrix}\begin{bmatrix} \boldsymbol{\alpha}_1 \\ \boldsymbol{\alpha}_2 \end{bmatrix} \tag{5.45}$$

很容易将式(5.45)推广到多变量问题。在过程工业故障诊断中，我们采用式(2.29)来定义输出矩阵，输入矩阵中包含所有类别训练数据，那么，特征空间的投影向量为式(5.46)的解

$$\begin{bmatrix} \mathbf{0} & \boldsymbol{K}\boldsymbol{K}_y \\ \boldsymbol{K}_y\boldsymbol{K} & \mathbf{0} \end{bmatrix}\begin{bmatrix} \boldsymbol{\alpha}_1 \\ \boldsymbol{\alpha}_2 \end{bmatrix} = \rho\begin{bmatrix} \left(\boldsymbol{K} + \frac{\mu l}{2}\boldsymbol{I}\right)^2 & \mathbf{0} \\ \mathbf{0} & \left(\boldsymbol{K}_y + \frac{\mu l}{2}\boldsymbol{I}\right)^2 \end{bmatrix}\begin{bmatrix} \boldsymbol{\alpha}_1 \\ \boldsymbol{\alpha}_2 \end{bmatrix} \tag{5.46}$$

对于我们的问题，只需求解各特征值对应的特征向量 $\boldsymbol{\alpha}_1$，即输入数据的降维矩阵。

现在考虑另一种正则策略。定义核空间的正则化相关系数为

$$\rho(\boldsymbol{K}_1,\boldsymbol{K}_2) = \max_{\boldsymbol{\alpha}_1,\boldsymbol{\alpha}_2} \frac{\operatorname{cov}(\boldsymbol{w}_1^{\mathrm{T}}\boldsymbol{\phi}(x_1)^{\mathrm{T}}, \boldsymbol{w}_2^{\mathrm{T}}\boldsymbol{\phi}(x_2)^{\mathrm{T}})}{(\operatorname{var}\langle\boldsymbol{\phi}(x_1),\boldsymbol{w}_1\rangle + \|\boldsymbol{\alpha}_1\|^2)^{1/2}(\operatorname{var}\langle\boldsymbol{\phi}(x_2),\boldsymbol{w}_2\rangle + \|\boldsymbol{\alpha}_2\|^2)^{1/2}} \tag{5.47}$$

$$\operatorname{var}\langle\boldsymbol{\phi}(x_1),\boldsymbol{w}_1\rangle + \boldsymbol{\mu}\|\boldsymbol{\alpha}_1\|^2 = \operatorname{var}\langle\boldsymbol{\phi}(x_1),\boldsymbol{\phi}(x_1)^{\mathrm{T}}\boldsymbol{\alpha}_1\rangle + \mu\|\boldsymbol{\alpha}_1\|^2 \tag{5.48}$$

$$= \frac{1}{l}\boldsymbol{\alpha}_1^{\mathrm{T}}\boldsymbol{K}_1^2\boldsymbol{\alpha}_1 + \mu\boldsymbol{\alpha}_1^{\mathrm{T}}\boldsymbol{\alpha}_1 \tag{5.49}$$

$$= \frac{1}{l}\boldsymbol{\alpha}_1^{\mathrm{T}}(\boldsymbol{K}_1^2 + \mu l\boldsymbol{I})\boldsymbol{\alpha}_1 \tag{5.50}$$

同理

$$\operatorname{var}\langle\boldsymbol{\phi}(x_2),\boldsymbol{w}_2\rangle + \mu\|\boldsymbol{\alpha}_2\|^2 = \frac{1}{l}\boldsymbol{\alpha}_2^{\mathrm{T}}(\boldsymbol{K}_2^2 + \mu l\boldsymbol{I})\boldsymbol{\alpha}_2 \tag{5.51}$$

式(5.47)化为

$$\rho(\boldsymbol{K}_1,\boldsymbol{K}_2) = \max_{\boldsymbol{\alpha}_1,\boldsymbol{\alpha}_2} \frac{\boldsymbol{\alpha}_1^{\mathrm{T}}\boldsymbol{K}_1\boldsymbol{K}_2\boldsymbol{\alpha}_2}{(\boldsymbol{\alpha}_1^{\mathrm{T}}(\boldsymbol{K}_1^2 + \mu l\boldsymbol{I})\boldsymbol{\alpha}_1)^{1/2}(\boldsymbol{\alpha}_2^{\mathrm{T}}(\boldsymbol{K}_2^2 + \mu l\boldsymbol{I})\boldsymbol{\alpha}_2)^{1/2}} \tag{5.52}$$

该优化问题等价于广义特征问题的解

$$\begin{bmatrix} \mathbf{0} & \boldsymbol{K}_1\boldsymbol{K}_2 \\ \boldsymbol{K}_2\boldsymbol{K}_1 & \mathbf{0} \end{bmatrix}\begin{bmatrix} \boldsymbol{\alpha}_1 \\ \boldsymbol{\alpha}_2 \end{bmatrix} = \rho\begin{bmatrix} \boldsymbol{K}_1^2 + \mu l\boldsymbol{I} & \mathbf{0} \\ \mathbf{0} & \boldsymbol{K}_2^2 + \mu l\boldsymbol{I} \end{bmatrix}\begin{bmatrix} \boldsymbol{\alpha}_1 \\ \boldsymbol{\alpha}_2 \end{bmatrix} \tag{5.53}$$

5.3.2 RKPLS

对 KPLS 的优化问题式(3.49)增加正则项 $\|\boldsymbol{\Phi}(x)\boldsymbol{w}\|^2$ 和 $\|\boldsymbol{\Phi}(y)\boldsymbol{v}\|^2$，并考虑模型复杂度，优化问题转化为

$$\max J = \gamma\boldsymbol{w}^{\mathrm{T}}\boldsymbol{\Phi}(x)^{\mathrm{T}}\boldsymbol{\Phi}(y)\boldsymbol{v} - \mu_1\|\boldsymbol{\Phi}(x)\boldsymbol{w}\|^2 - \mu_2\|\boldsymbol{\Phi}(y)\boldsymbol{v}\|^2 - \boldsymbol{w}^{\mathrm{T}}\boldsymbol{w} - \boldsymbol{v}^{\mathrm{T}}\boldsymbol{v} \tag{5.54}$$

拉格朗日方程

$$L(\boldsymbol{\alpha},\boldsymbol{\beta}) = \gamma\boldsymbol{\alpha}^{\mathrm{T}}\boldsymbol{K}\boldsymbol{K}_y\boldsymbol{\beta} - \boldsymbol{\alpha}^{\mathrm{T}}\boldsymbol{K}\boldsymbol{\alpha} - \boldsymbol{\beta}^{\mathrm{T}}\boldsymbol{K}_y\boldsymbol{\beta} - \mu_1\boldsymbol{\alpha}^{\mathrm{T}}\boldsymbol{K}\boldsymbol{K}\boldsymbol{\alpha} - \mu_2\boldsymbol{\beta}^{\mathrm{T}}\boldsymbol{K}_y\boldsymbol{K}_y\boldsymbol{\beta} \tag{5.55}$$

分别求该函数关于变量的梯度

$$\frac{\partial L}{\partial \boldsymbol{\alpha}} = \gamma\boldsymbol{K}\boldsymbol{K}_y\boldsymbol{\beta} - \boldsymbol{K}\boldsymbol{\alpha} - \mu_1\boldsymbol{K}\boldsymbol{K}\boldsymbol{\alpha} = 0 \tag{5.56}$$

$$\frac{\partial L}{\partial \boldsymbol{\beta}} = \gamma\boldsymbol{K}_y\boldsymbol{K}\boldsymbol{\alpha} - \boldsymbol{K}_y\boldsymbol{\beta} - \mu_2\boldsymbol{K}_y\boldsymbol{K}_y\boldsymbol{\beta} = 0 \tag{5.57}$$

若 $\boldsymbol{K}$ 和 $\boldsymbol{K}_y$ 均可逆,则

$$\boldsymbol{K}_y\boldsymbol{\beta} = \frac{1}{\gamma}(\mu_1\boldsymbol{K}+\boldsymbol{I})\boldsymbol{\alpha},\boldsymbol{K}\boldsymbol{\alpha} = \frac{1}{\gamma}(\mu_2\boldsymbol{K}_y+\boldsymbol{I})\boldsymbol{\beta} \tag{5.58}$$

可以等价地写成

$$\begin{bmatrix} \boldsymbol{0} & \boldsymbol{K}_y \\ \boldsymbol{K} & \boldsymbol{0} \end{bmatrix}\begin{bmatrix} \boldsymbol{\alpha} \\ \boldsymbol{\beta} \end{bmatrix} = \lambda\begin{bmatrix} \mu_1\boldsymbol{K}+\boldsymbol{I} & \boldsymbol{0} \\ \boldsymbol{0} & \mu_2\boldsymbol{K}_y+\boldsymbol{I} \end{bmatrix}\begin{bmatrix} \boldsymbol{\alpha} \\ \boldsymbol{\beta} \end{bmatrix} \tag{5.59}$$

这与 Alzate 等[10,11]提出的正则化 KCCA 算法一致。

5.4 SVM 方法

作为核技术的最初应用[11],SVM 比较成功的应用领域有手写数字识别[12]、文本分类与生物信息学等[12~18]。一个众所周知的事实是:SVM 可以有效地解决小样本问题。

给定数据样本集

$$(\boldsymbol{x}_1,y_1),(\boldsymbol{x}_2,y_2),\cdots,(\boldsymbol{x}_l,y_l)$$

$y \in \{-1,1\}$ 代表不同类。分类的任务是构造最优超平面 $f(\boldsymbol{x}) = \langle \boldsymbol{w},\phi(\boldsymbol{x})\rangle + b$,把属于不同类的向量 $\boldsymbol{x}_i$ 分开。其中,$\boldsymbol{w}$ 为参数向量,$\phi(\cdot)$为输入空间到特征空间的映射函数。定义损失函数如下:

$$\min R(\boldsymbol{w},b) = \frac{1}{2}\langle \boldsymbol{w},\boldsymbol{w}\rangle + C\cdot R_{\mathrm{emp}} \tag{5.60}$$

式(5.60)第一部分定义了模型结构复杂度;第二部分 R_{emp}为经验风险;C 为调节常数,用于控制模型复杂度与逼近误差的折中。当经验风险取不同的函数时,得到不同的 SVM 分类器。

前面我们已经知道,用核函数来代替内积就可以得到相应的核化算法,因此这里仅推导 SVM 算法的内积空间表示。

5.4.1 硬间隔分类器

当取经验风险 $R_{\mathrm{emp}} = 0$,即仅仅考虑分类器的模型复杂度时,损失函数变为

$$R(\boldsymbol{w},b)=\frac{1}{2}\langle\boldsymbol{w},\boldsymbol{w}\rangle \tag{5.61}$$

优化问题描述为

$$\begin{aligned}&\min R(\boldsymbol{w},b)=\frac{1}{2}\langle\boldsymbol{w},\boldsymbol{w}\rangle\\&\text{s.t.}\quad y_i(\langle\boldsymbol{w},\boldsymbol{x}_i\rangle-b)\geqslant 1,\quad i=1,2,\cdots,l\end{aligned} \tag{5.62}$$

为了得到对偶的优化问题，引入拉格朗日乘子，得到拉格朗日方程

$$L=\frac{1}{2}\langle\boldsymbol{w},\boldsymbol{w}\rangle-\sum_{i=1}^{l}\alpha_i(y_i(\langle\boldsymbol{w},\boldsymbol{x}_i\rangle-b)-1) \tag{5.63}$$

求该函数关于原始变量的微分

$$\frac{\partial L}{\partial\boldsymbol{w}}=\boldsymbol{w}-\sum_{i=1}^{l}\alpha_i y_i\boldsymbol{x}_i=0 \tag{5.64}$$

$$\frac{\partial L}{\partial b}=\sum_{i=1}^{l}\alpha_i y_i=0 \tag{5.65}$$

将式(5.64)和式(5.65)代入拉格朗日方程

$$L=\sum_{i=1}^{l}\alpha_i-\frac{1}{2}\sum_{i=1}^{l}\alpha_i\alpha_j y_i y_j\langle\boldsymbol{x}_i,\boldsymbol{x}_j\rangle \tag{5.66}$$

得到对偶的优化问题

$$\begin{aligned}&\max W(\alpha)=\sum_{i=1}^{l}\alpha_i-\frac{1}{2}\sum_{i=1}^{l}\alpha_i\alpha_j y_i y_j\langle\boldsymbol{x}_i,\boldsymbol{x}_j\rangle\\&\text{s.t.}\quad\sum_{i=1}^{l}\alpha_i y_i=0,\quad\alpha_i\geqslant 0,i=1,2,\cdots,l\end{aligned} \tag{5.67}$$

考虑到硬间隔 SVM 分类器对训练数据噪声极为敏感，鲁棒性很差，下面简单介绍两种软间隔 SVM 分类器。

5.4.2　1 范数软间隔分类器

为了容忍训练集中的噪声和异常数据，定义间隔松弛向量，以其 1 范数作为式(5.60)中的经验风险，即得到 1 范数软间隔分类器。优化问题描述为

$$\begin{aligned}&\min R(\boldsymbol{w},b)=\frac{1}{2}\langle\boldsymbol{w},\boldsymbol{w}\rangle+C\sum_{i=1}^{l}\xi_i\\&\text{s.t.}\quad y_i(\langle\boldsymbol{w},\boldsymbol{x}_i\rangle-b)\geqslant 1-\xi_i,\quad i=1,2,\cdots,l\end{aligned} \tag{5.68}$$

其中，ξ_i 为松弛变量，它使得可以容忍训练数据的错误分类。当取 $\xi_i=0,i=1,2,\cdots,l$ 时，软间隔分类器退化成硬间隔分类器。该优化问题的对偶问题为

$$\begin{aligned}&\max W(\alpha)=\sum_{i=1}^{l}\alpha_i-\frac{1}{2}\sum_{i,j=1}^{l}\alpha_i\alpha_j y_i y_j\langle\boldsymbol{x}_i,\boldsymbol{x}_j\rangle\\&\text{s.t.}\quad\sum_{i=1}^{l}y_i\alpha_i=0,\quad 0\leqslant\alpha_i\leqslant C\end{aligned} \tag{5.69}$$

1 范数软间隔分类器等价于增加一个约束条件的最大间隔(硬间隔)分类器,该约束为 $\alpha_i \leqslant C$。

5.4.3　2 范数软间隔分类器

如果以间隔松弛向量的 2 范数作为式(5.60)中的经验风险,即得到 2 范数软间隔分类器。优化问题描述为

$$\begin{aligned}&\min R(\boldsymbol{w},b)=\frac{1}{2}\langle\boldsymbol{w},\boldsymbol{w}\rangle+C\sum_{i=1}^{l}\xi_i^2\\&\text{s. t.}\quad y_i(\langle\boldsymbol{w},\boldsymbol{x}_i\rangle-b)\geqslant 1-\xi_i,\quad i=1,2,\cdots,l\end{aligned}\tag{5.70}$$

该优化问题的对偶问题为

$$\begin{aligned}&\max W(\alpha)=\sum_{i=1}^{l}\alpha_i-\frac{1}{2}\sum_{i=1}^{l}\alpha_i\alpha_j y_i y_j\left(\langle\boldsymbol{x}_i,\boldsymbol{x}_j\rangle+\frac{1}{4C}\delta_{ij}\right)\\&\text{s. t.}\quad\sum_{i=1}^{l}\alpha_i y_i=0,\quad\alpha_i\geqslant 0,i=1,2,\cdots,l\end{aligned}\tag{5.71}$$

其中

$$\delta_{ij}=\begin{cases}1, & i=j\\0, & \text{其他}\end{cases}\tag{5.72}$$

2 范数软间隔分类器等价于内积矩阵的对角线元素额外增加常数 $1/4C$ 时的最大间隔分类器。

将以上各种分类器中的内积空间表示用核函数代替,即得到各自 SVM 分类器。

从 SVM 的原理可以看出,硬间隔 SVM 与 5.1 节的算法三在类内离散度矩阵为单位阵且取 $\mu=0$ 时等价;或者也可以将算法三看成经验风险为类内离散度矩阵的 SVM,二者的折中由正则项调节。

虽然 SVM 具有优越的分类性能,在模式识别等方面都有着很多成功的应用实例。但 SVM 在解决多类问题时面临很多困难,计算的复杂度大大增加,这在故障在线诊断中是难以容忍的。因此,本书主要采用 KPCA 和 KFDA 算法,并采用基于核的 Bayes 决策函数来进行故障的分类、诊断。这里引入 SVM 的目的一方面是由于它是核方法的最早应用;另一方面,作为众所周知的解决小样本问题的有效手段,我们将比较其与正则化 KFDA 方法的诊断效果。

5.5　算法仿真

本章的仿真针对我们在 5.1 节推导的算法二、5.3 节的 RKCCA、RKPLS 和 5.4 节的 SVM 进行,这一方面是为了验证推导的正确性,另一方面可以得到正则

参数的变化对诊断效果的影响，还可以比较正则化 KFDA、RKCCA、RKPLS 与 SVM 的诊断结果。仍然采用第 2 章介绍的 TEP 数据，以故障 0、1、2 的训练数据和测试数据作为数据源。特征的选取直接采用第 4 章得到的结果；算法核参数、判别向量个数的确定沿用第 3 章的方法，分类器仍然采用核 Bayes 函数。表 5.1～表 5.4 列出了正则化 KFDA、KPLS、KCCA 及 KCCA2 在核参数 c 从 50 到 2000 间隔 50，正则参数分别取 0.01 和 0.1 时平均的误分率(这里的样本从发生故障后的第 90 个样本开始取)。表 5.5～表 5.12 分别列出了正则化 KFDA、KPLS、KCCA及 KCCA2 在正则参数分别取 0.01 和 0.1 时的最优核参数 c、判别向量个数 a 及相应的误分率(误分数量为虚报、漏报和错分数之和，这里的样本包含了故障发生瞬间的数据)。采用第 3 章提出的核 Bayes 分类函数直接进行三类故障的诊断。

表 5.1　正则化 KFDA 在显著性检验和优化准则结合特征选取时的平均误分率

(单位：%)

正则参数	发生故障	ss=20	ss=30	ss=40	ss=50	ss=70	ss=100	ss=200
0.01	故障 1	1.35	1.36	1.34	1.39	1.24	1.37	1.36
	故障 2	3.94	4.31	4.29	3.73	3.82	3.68	3.36
0.02	故障 1	1.35	1.34	1.31	1.37	1.24	1.36	1.36
	故障 2	3.94	4.28	4.32	3.74	3.78	3.68	3.38
0.05	故障 1	1.35	1.30	1.30	1.29	1.23	1.36	1.36
	故障 2	3.90	4.24	4.30	3.78	3.82	3.68	3.39
0.1	故障 1	1.35	1.29	1.30	1.30	1.23	1.36	1.36
	故障 2	3.92	4.24	4.27	3.81	3.88	3.64	3.40
0.2	故障 1	1.33	1.29	1.32	1.29	1.23	1.37	1.37
	故障 2	3.94	4.23	4.23	3.83	3.91	3.68	3.41

表 5.2　正则化 KPLS 在显著性检验和优化准则结合特征选取时的平均误分率

(单位：%)

正则参数	发生故障	ss=20	ss=30	ss=40	ss=50	ss=70	ss=100	ss=200
0.01	故障 1	1.12	1.27	3.70	1.31	1.17	3.69	1.28
	故障 2	5.73	5.33	5.51	4.55	5.11	5.09	3.79
0.02	故障 1	1.51	1.27	1.26	1.32	1.18	1.28	1.32
	故障 2	6.86	5.31	5.12	4.51	4.92	4.64	3.77
0.05	故障 1	2.85	1.69	1.28	3.41	1.20	1.32	1.39
	故障 2	4.68	6.99	4.92	6.02	4.67	4.46	3.71

续表

正则参数	发生故障	ss=20	ss=30	ss=40	ss=50	ss=70	ss=100	ss=200
0.1	故障 1	3.59	1.71	1.31	1.36	3.66	1.41	7.83
	故障 2	4.85	6.95	4.65	4.14	4.88	4.36	7.14
0.2	故障 1	1.99	1.33	1.32	3.88	2.40	3.90	26.24
	故障 2	10.31	4.60	4.13	4.24	5.98	4.63	24.33

表 5.3 正则化 KCCA 在显著性检验和优化准则结合特征选取时的平均误分率

（单位：%）

正则参数	发生故障	ss=20	ss=30	ss=40	ss=50	ss=70	ss=100	ss=200
0.01	故障 1	1.16	1.10	1.06	1.08	1.03	1.20	1.21
	故障 2	4.91	4.10	4.30	3.78	5.19	7.02	4.09
0.02	故障 1	1.17	1.10	1.05	1.10	1.04	1.21	1.22
	故障 2	4.89	4.09	4.22	3.77	4.75	7.40	3.90
0.05	故障 1	1.16	1.11	1.07	1.09	1.04	1.21	1.22
	故障 2	4.76	4.10	4.25	3.68	4.27	6.97	3.65
0.1	故障 1	1.14	1.12	1.05	1.11	1.04	1.21	1.22
	故障 2	4.74	4.13	4.24	3.69	4.16	6.56	3.62
0.2	故障 1	1.14	1.11	1.06	1.09	1.05	1.22	1.22
	故障 2	4.75	4.19	4.23	3.71	4.08	6.17	3.65

表 5.4 正则化 KCCA2 在显著性检验和优化准则结合特征选取时的平均误分率

（单位：%）

正则参数	发生故障	ss=20	ss=30	ss=40	ss=50	ss=70	ss=100	ss=200
0.01	故障 1	1.30	1.28	1.31	1.30	1.29	1.43	1.46
	故障 2	3.87	4.18	4.25	3.98	3.97	4.03	3.63
0.02	故障 1	1.29	1.29	1.32	1.33	1.30	1.40	1.41
	故障 2	3.93	4.19	4.25	3.92	3.97	3.98	3.49
0.05	故障 1	1.28	1.31	1.39	1.35	1.20	1.36	1.37
	故障 2	4.03	4.30	4.26	3.95	4.21	4.09	3.51
0.1	故障 1	1.28	1.30	1.35	1.28	1.17	1.33	1.34
	故障 2	4.15	4.42	4.37	4.02	4.33	4.29	3.59
0.2	故障 1	1.27	1.23	1.29	1.27	1.15	1.27	1.33
	故障 2	4.25	4.58	4.48	4.11	4.51	4.37	3.64

表 5.5　正则化 KFDA 在显著性检验和优化准则结合选取特征时的最优参数及误分率(μ=0.01)

最优参数	ss=20	ss=30	ss=40	ss=50	ss=70	ss=100	ss=200
c	1450	1650	850	1600	900	2000	150
a	2	2	2	2	2	5	2
误分率/%	2.08	1.46	1.09	1.15	1.09	1.04	1.09

表 5.6　正则化 KFDA 在显著性检验和优化准则结合选取特征时的最优参数及误分率(μ=0.1)

最优参数	ss=20	ss=30	ss=40	ss=50	ss=70	ss=100	ss=200
c	1650	1650	850	1600	550	600	150
a	2	2	2	2	2	5	2
误分率/%	2.08	1.46	1.15	1.15	1.09	1.09	1.09

表 5.7　正则化 KPLS 在显著性检验和优化准则结合选取特征时的最优参数及误分率(μ=0.01,sta=1)

最优参数	ss=20	ss=30	ss=40	ss=50	ss=70	ss=100	ss=200
c	1700	2000	1450	450	350	350	950
a	2	6	4	6	2	2	6
误分率/%	16.67	1.72	0.99	0.83	0.94	0.94	0.99

表 5.8　正则化 KPLS 在显著性检验和优化准则结合选取特征时的最优参数及误分率(μ=0.1)

最优参数	ss=20	ss=30	ss=40	ss=50	ss=70	ss=100	ss=200
c	1950	1600	900	600	350	1550	50
a	10	10	4	2	2	6	6
误分率/%	2.19	1.35	1.04	1.04	0.89	0.94	0.94

表 5.9　正则化 KCCA 在显著性检验和优化准则结合选取特征时的最优参数及误分率(μ=0.01)

最优参数	ss=20	ss=30	ss=40	ss=50	ss=70	ss=100	ss=200
c	2000	1500	1250	2000	1250	850	1700
a	2	2	2	2	2	2	4
误分率/%	1.72	1.61	1.25	1.51	1.09	1.04	0.99

表 5.10　正则化 KCCA 在显著性检验和优化准则结合选取特征时的最优参数及误分率(μ=0.1)

最优参数	ss=20	ss=30	ss=40	ss=50	ss=70	ss=100	ss=200
c	1900	900	1600	200	800	200	150
a	10	2	2	6	4	6	4
误分率/%	14.58	6.04	1.46	1.41	1.30	1.09	0.99

表 5.11　正则化 KCCA2 在显著性检验和优化准则结合选取特征时的最优参数及误分率(μ=0.01)

最优参数	ss=20	ss=30	ss=40	ss=50	ss=70	ss=100	ss=200
c	2000	1350	1500	1750	550	1850	150
a	2	4	4	4	4	4	6
误分率/%	2.03	1.25	1.04	1.04	1.04	1.09	1.09

表 5.12　正则化 KCCA2 在显著性检验和优化准则结合选取特征时的最优参数及误分率(μ=0.1)

最优参数	ss=20	ss=30	ss=40	ss=50	ss=70	ss=100	ss=200
c	1500	1600	900	500	500	400	1000
a	4	4	4	4	4	4	6
误分率/%	1.51	1.20	1.04	1.04	1.04	1.04	1.04

从第 4 章的结果可以看出,特征提取后故障诊断性能得到了明显提高。但是,在样本较小的情形下,仍然未能取得理想的效果。这里,我们采用正则化方案来解决该问题,取得了较好的效果。正则化 KCCA 算法虽然最佳情形并不比 KCCA 好,但其平均误分率较 KCCA 降低了很多。从表中可以看出,在样本数小于 50 时正则化后诊断效果明显变好。以正则化 KFDA 为例,在训练样本为 40 时,诊断正确率从 98.49%提高到 98.85%,训练样本为 30 时,诊断正确率从 97.61%提高到 98.54%,训练样本为 20 时,诊断正确率从 96.87%提高到 97.92%。对于最佳情形,正则化 KPLS 在正则参数取 0.1 时效果较 0.01 时好,而正则化 KCCA 则相反,正则化 KFDA 无明显影响;另外,正则化参数的变化对平均诊断结果影响不明显。

表 5.13 和表 5.14 为采用 1 对 1 策略,在正则参数分别取 0.01 和 0.1 时的最优核参数 c、判别向量个数 a 及相应的误分率。

表 5.13　正则化 KFDA 在显著性检验和优化准则结合选取特征时的最优参数及误分率(μ=0.01)

最优参数	ss=20	ss=30	ss=40	ss=50	ss=70	ss=100	ss=200
c	550	1900	600	650	1200	250	250
误分率/%	14.38	2.24	1.04	1.04	1.04	1.04	1.04

表 5.14　正则化 KFDA 在显著性检验和优化准则结合选取特征时的最优参数及误分率(μ=0.1)

最优参数	ss=20	ss=30	ss=40	ss=50	ss=70	ss=100	ss=200
c	750	250	700	750	350	300	300
误分率/%	10.94	9.74	0.99	1.04	1.04	1.04	1.04

为了直观示意正则化 KFDA 的诊断效果,图 5.1 给出了诊断效果,其中正则参数 0.01,核参数 c=250。

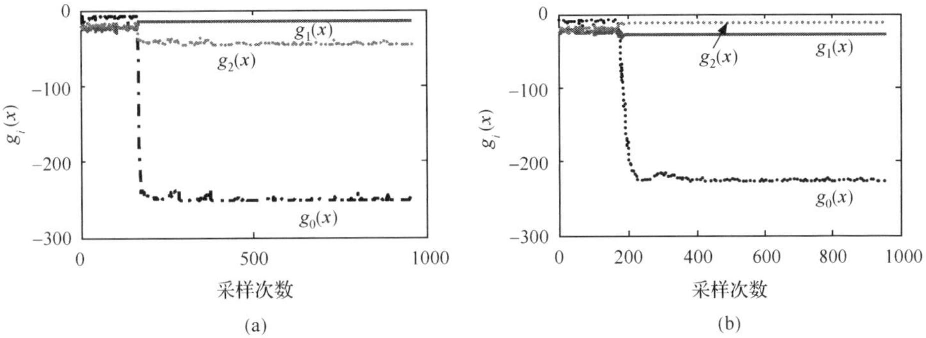

图 5.1 正则化 KFDA 在显著性检验和优化准则结合特征选择后故障诊断结果

作为核方法的最早应用，近十多年来，SVM 得到了飞速的发展，尤其被公认为对解决小样本问题特别有效。为了比较核正则化 FDA 与 SVM 的诊断效果，表 5.6 中列出了 2 范数 SVM 在不同样本下的最优参数及误分率。这里最优参数同样采用网格法选取，经多次仿真，选择核参数的变化范围为 0.5～50，间隔 0.5，折中参数从 0.01 到 0.2 变化，间隔 0.01；特征的选择与 KFDA 相同；二类到多类的编码采用最小误分率方案[19]。

比较表 5.15 与表 5.5～5.14 可以看出，无论是正则化 KFDA、KPLS、KCCA 还是 KCCA2，诊断效果都明显优于 2 范数 SVM，尤其在小样本情形。

表 5.15 SVM 在显著性检验和优化准则结合选取特征时的最优参数及误分率

最优参数	ss=20	ss=30	ss=40	ss=50	ss=70	ss=100	ss=200
核参数 c	4	5.5	3	5	2	1	0.5
折中参数	0.2	0.11	0.11	0.08	0.2	0.18	0.19
误分率/%	42.03	41.25	40.47	20.36	3.13	1.51	1.56

5.6 小 结

为了解决小样本下的故障诊断问题，本章推导了 KFDA、KCCA、KPLS 对应的正则方法的核化算法。推导了两种正则化 FDA 的核化算法，一种是两步分离的算法，即首先将问题转化为特征空间的方程组求解，然后再利用核技术表示成对偶形式，这样，便可通过 Nyström 方法近似求出样本经非线性映射后的向量，进而可方便地推广到 FDA 的各种改进算法；另一种则将约束优化问题转化为对偶优化问题，得出了“正则化 KFDA 与经验风险取类内离散度矩阵的 SVM 等价”的结论。推导了正则化 CCA、CCA2 和 PLS 的核化算法，分析得出我们所得到的正则化 PLS 的核化算法与其他学者得到的正则化 CCA 的核方法等价。仿真结果表明几种正则化核方法可较好地解决小样本问题，在训练样本较少，且取合适的正则参数时，正则化后的诊断正确率均有明显提高；而且，无论采用 1 对 1 还是直接多类故障诊断，其诊断效果都明显好于 2 范数 SVM。

参 考 文 献

[1] Mika S, Rätsch G, Weston J, et al. Fisher discriminant analysis with kernels. IEEE International Workshop on Neural Networks for Signal Processing IX, Madison, 1999:41-48.

[2] Friedman J H. Regularized discriminant analysis. JASA, 1989,84(3):165-175.

[3] Shawe-Taylor J, Cristianini N. Kernel Methods for Pattern Analysis. London: Cambridge University Press, 2004.

[4] Xu J H, Zhang X G, Li Y D. Kernel MSE algorithm: A unified framework for KFD, LS-SVM and KRR. Proceedings IJCNN'01, Washington DC ,2001:1486-1491.

[5] Gestel T V, Suykens J A K, Lanckriet G, et al. Bayesian framework for least squares support vector machine classifiers. Gaussian processes and kernel Fisher discriminant analysis. Neural Computation, 2002,14(5):1115-1147.

[6] 孙平,徐宗本,申建中．基于核化原理的非线性典型相关判别分析．计算机学报, 2004,27(6):789-795.

[7] Yu C M, Pan Q, Cheng Y M, et al. Small sample size problem of fault diagnosis for process industry. IEEE ICCA10, Xiamen,2010: 1721-1725.

[8] Schölkopf B, Smola A, Müller K. Nonlinear component analysis as a kernel eigenvalue problem. Neural Computation, 1998,10 (5): 1299-1399.

[9] Xiong T, Cherkassky V. A combined SVM and LDA approach for classification. Proceedings of International Joint Conference on Neural Networks, Montreal,2005:1455-1459.

[10] Alzate C, Suykens J A K. A regularized kernel CCA contrast function for ICA. Neural Networks, 2008,21(2-3): 170-181.

[11] Alzate C, Suykens J A K. ICA through an LS-SVM based kernel CCA measure for independence. Proceedings of the 2007 International Joint Conference on Neural Networks, Orlando,2007: 2920-2925.

[12] Vapnik V N. Statistical Learning Theory. New York:John Wiley&Sons,1998.

[13] Boser B E, Guyon L M, Vapnik V N. A training algorithm for optimal margin classifiers//Proceedings of the 5th Annual ACM workshop on Computational Learning Theory. Pittsburgh: ACM Press. 1992: 144-152.

[14] Cortes C, Vapnik V. Support-vector networks. Machine Learning, 1995,20(3):273-297.

[15] Schölkopf B, Burges C J C, Smola A J, et al. Advances in Kernel Methods—Support Vector Learning. Cambridge: MIT Press, 1999.

[16] Zein A, Raetsch G, Mika S, et al. Engineering SVM kernels that recognize translation on initiation sites . Bioinformatics,2000,16(9):799-807.

[17] Jaakkola T, Diekhaus M, Haussler D A. Discriminative framework for detecting remote protein homologies. Journal of Computational Biology, 2000,7(1-2):95-114.

[18] Baldi P, Brunak S. Bioinformatics: The Machine Learning Approach. Cambridge: MIT Press,2001.

[19] 陆振波．SVM 程序．http://luzhenbo. 88uu. com. cn,2004.

第 6 章　算法的模式稳定性

6.1　引　　言

算法的模式稳定性是衡量算法好坏的重要指标。如果算法对具体的训练数据不敏感,而只对数据的分布敏感,那么这种算法在统计性质上是稳定的,或者说识别的模式是稳定的。容易看出,稳定的模式分析算法可以从具体的训练样本中学习数据源的共有特性;当学习的模式能对将来的观测作出正确预测时,则称算法的泛化性能良好,这意味着该模式有更一般的适用性。从这个角度看,算法的模式稳定性和算法的泛化能力之间有很强的相关性。

我们研究的故障诊断问题均采用了 Bayes 函数和核 Bayes 函数作为分类器。由于一般核方法采用线性分类器比较常见,为了分析 Bayes 分类器的统计稳定性,即分类器发生错误分类的概率,本章首先简单介绍 Rademacher 复杂度的定义和性质,引入几个有用的定理;然后推导 Bayes 函数和核 Bayes 函数 Rademacher 复杂度的界以及以它们作为分类器的算法发生错误分类的概率的界,说明模式稳定性与样本长度、特征数量及降维矩阵的维数等的关系;最后提出两个衡量模式稳定性的指标,并作了仿真分析。

6.2　模式稳定性概述

首先考虑同一函数在由同一数据源生成的另一数据集上得到的值与之前的值有多大的不同? 这里要求有关量或随机变量所具有的性质称为集中度。

定理 6.1　集中度不等式定理[1]　令 $X_1, X_2, \cdots, X_n$ 是独立的随机变量,它们在集合 A 中取值,并且设 $f: A^n \to \mathbf{R}$ 满足

$$\sup_{x_1, \cdots, x_n, \hat{x}_i \in A} |f(x_1, \cdots, x_n) - f(x_1, \cdots, \hat{x}_i, x_{i+1}, \cdots, x_n)| \leqslant c_i, \quad 1 \leqslant i \leqslant n \tag{6.1}$$

那么对于所有的 $\varepsilon > 0$

$$P\{f(X_1, \cdots, X_n) - Ef(X_1, \cdots, X_n) \geqslant \varepsilon\} \leqslant \exp\left(\frac{-2\varepsilon^2}{\sum_{i=1}^{n} c_i^2}\right) \tag{6.2}$$

可以想象,在从训练数据中提取模式时,如果候选模式非常多,那我们可能找

到一个适合我们的数据集却不能反映本质关系的模式。也就是说,如果一个函数集合过于丰富,甚至包含任何随机数据集的元素,那么很有可能从这个数据集找到不稳定的模式。因此,除了集中度之外,可选模式函数的类的丰富性也是考虑模式是否稳定的必要条件。

函数类拟合不同数据的能力(函数类的丰富性)称为容量,显然,类的容量越大,过度拟合训练数据或者说识别出伪模式的风险越高,衡量函数类的容量就可以间接衡量模式的稳定性。对于多项式类函数,显然可以用多项式的次数来衡量其容量,较小的次数可以降低识别伪模式的风险。学习理论也已经出现了不少能用于一般类的衡量尺度,这当中,最著名的当属 Vapnik-Chervonenkis 维数,简称 VC 维。然而当我们考虑无穷维的特征空间时,VC 维也通常为无穷大,这个界就没有意义[2]。对于由不同核导出的特征空间,如何计算和估计它的 VC 维,目前也没有什么特别有效的方法。此外 VC 维是不依赖于分布和样本的,因此这个界往往比较松。基于这些原因,许多学者提出了一些其他的复杂性度量[3,4]。Bartlett 等则将 Rademacher 过程中的 Rademacher 随机变量引入到复杂性的度量中,提出了 Rademacher 复杂性的概念[5],并将其作为所选学习模型复杂性的度量,得到了一些学习问题的风险的界。Rademacher 复杂度根据一个类拟合随机数据的能力来衡量类的容量。这里首先对其及相关定理作一个简单介绍。

定义 6.1[5] 对集合 X 上的分布 D 生成的样本 $S=\{\boldsymbol{x}_1,\boldsymbol{x}_2,\cdots,\boldsymbol{x}_l\}$ 和域为 X 的实值函数类 F,F 的经验 Rademacher 复杂度为

$$\hat{R}_l(F)=E_\sigma\left[\sup_{f\in F}\left|\frac{2}{l}\sum_{i=1}^{l}\sigma_i f(\boldsymbol{x}_i)\right|\;\middle|\;\boldsymbol{x}_1,\boldsymbol{x}_2,\cdots,\boldsymbol{x}_l\right] \tag{6.3}$$

其中,$\sigma_i(i=1,\cdots,l)$ 为取值$\{\pm 1\}$的独立随机变量。F 的 Rademacher 复杂度为

$$R_l(F)=E_S[\hat{R}_l(F)]=E_{S\sigma}\left[\sup_{f\in F}\left|\frac{2}{l}\sum_{i=1}^{l}\sigma_i f(\boldsymbol{x}_i)\right|\right] \tag{6.4}$$

定理 6.2[5] 固定 $\delta\in(0,1)$,令 F 是一个从 Z 映射到 $[0,1]$ 的函数组成的函数类。令 $(z_i)_{i=1}^{l}$ 由概率分布 D 独立抽取出来,那么至少在 $1-\delta$ 的概率下,在随机抽取的大小为 l 的样本上,每个 $f\in F$ 满足

$$E_D[f(z)]\leqslant\hat{E}[f(z)]+R_l(F)+\sqrt{\frac{\ln(2/\delta)}{2l}} \tag{6.5}$$

$$E_D[f(z)]\leqslant\hat{E}[f(z)]+\hat{R}_l(F)+3\sqrt{\frac{\ln(2/\delta)}{2l}} \tag{6.6}$$

证明 对于一个固定的 $f\in F$,有

$$E_D[f(z)]\leqslant\hat{E}[f(z)]+\sup_{h\in F}(E_D h-\hat{E}h) \tag{6.7}$$

利用定理 6.1,其中 $c_i=1/l$,可得,在大于 $1-\delta/2$ 的概率下,有

$$\sup_{h\in F}(E_D h - \hat{E}h) \leqslant E_S[\sup_{h\in F}(E_D h - \hat{E}h)] + \sqrt{\frac{\ln(2/\delta)}{2l}} \tag{6.8}$$

又由于

$$\begin{aligned}
E_S[\sup_{h\in F}(E_D h - \hat{E}h)] &= E_S\left\{\sup_{h\in F} E_{\tilde{S}}\left[\frac{1}{l}\sum_{i=1}^{l} h(\tilde{z}_i) - \frac{1}{l}\sum_{i=1}^{l} h(z_i)\right]\middle| S\right\} \\
&\leqslant E_S E_{\tilde{S}}\left[\sup_{h\in F}\frac{1}{l}\sum_{i=1}^{l}(h(\tilde{z}_i) - h(z_i))\right] \\
&= E_{\sigma S\tilde{S}}\left[\sup_{h\in F}\frac{1}{l}\sum_{i=1}^{l}\sigma_i(h(\tilde{z}_i) - h(z_i))\right] \\
&\leqslant 2E_{S\sigma}\left[\sup_{h\in F}\left|\frac{1}{l}\sum_{i=1}^{l}\sigma_i(h(z_i))\right|\right] \\
&= R_l(F)
\end{aligned} \tag{6.9}$$

则式(6.5)得证。

再次利用定理 6.1，其中 $c_i = 2/l$，可得，在大于 $1-\delta/2$ 的概率下，有

$$R_l(F) - \hat{R}_l(F) \leqslant 2\sqrt{\frac{\ln(2/\delta)}{2l}} \tag{6.10}$$

式(6.6)得证。

定理 6.2 说明，函数的经验值和真实值之差的界由该函数类的 Rademacher 复杂度决定，或者，也可以直接用给定训练集上的经验 Rademacher 复杂度。这样，我们可以只计算待分析函数类的 Rademacher 复杂度来进行算法的稳定性分析。为了便于理解，这里给出 Rademacher 复杂度的性质[6]。

设 F 为向量空间的一个子集，用 $\mathrm{conv}(F)$ 表示由 F 的凸结构构成的集合。令 $F, F_1, \cdots, F_n$ 和 G 是实函数类。那么

(1) 如果 $F \subseteq G$，那么 $\hat{R}_l(F) \leqslant \hat{R}_l(G)$；

(2) $\hat{R}_l(F) = \hat{R}_l(\mathrm{conv}F)$；

(3) 对于每个 $c \in \mathbf{R}$，$\hat{R}_l(cF) = |c|\hat{R}_l(F)$；

(4) 如果 $A:\mathbf{R} \to \mathbf{R}$ 是常数为 L 的 Lipschitz 条件，并且 $A(0) = 0$，那么 $\hat{R}_l(A \circ F) \leqslant 2L\hat{R}_l(F)$；

(5) 对于任意的函数 h，$\hat{R}_l(F+h) \leqslant \hat{R}_l(F) + 2\sqrt{\hat{E}[h^2]/l}$；

(6) 对于任意的 $1 \leqslant q < \infty$，令 $L_{F,h,q} = \{|f-h|^q \mid f \in F\}$，如果对于每个 $f \in F$，有 $\|f-q\|_\infty \leqslant 1$，那么 $\hat{R}_l(L_{F,h,q}) \leqslant 2q(\hat{R}_l(F) + 2\sqrt{\hat{E}[h^2]/l})$；

(7) $\hat{R}_l\left(\sum_{i=1}^{n} F_i\right) \leqslant \sum_{i=1}^{n}\hat{R}_l(F_i)$。

6.3 分类器的模式稳定性

6.3.1 线性分类函数的模式稳定性

给定训练集 S,考虑具有有界范数的线性函数

$$\{\boldsymbol{x} \to \langle \boldsymbol{w},\boldsymbol{x}\rangle : \|\boldsymbol{w}\| \leqslant B\} = F \tag{6.11}$$

定理 6.3[6] 如果 $S = \{\boldsymbol{x}_1, \boldsymbol{x}_2, \cdots, \boldsymbol{x}_l\}$ 是一个来自 X 的样本,那么 F 的经验 Rademacher 复杂度

$$\hat{R}_l(F) \leqslant \frac{2B}{l}\sqrt{\sum_{i=1}^{l}\langle \boldsymbol{x}_i, \boldsymbol{x}_i\rangle} \tag{6.12}$$

证明

$$\begin{aligned}
\hat{R}_l(F) &= E_\sigma\left[\sup_{f\in F_B}\left|\frac{2}{l}\sum_{i=1}^{l}\sigma_i f(\boldsymbol{x}_i)\right|\right] \\
&= E_\sigma\left[\sup_{\|w\|\leqslant B}\left|\left\langle \boldsymbol{w}, \frac{2}{l}\sum_{i=1}^{l}\sigma_i \boldsymbol{x}_i\right\rangle\right|\right] \\
&\leqslant \frac{2B}{l}E_\sigma\left[\left\|\sum_{i=1}^{l}\sigma_i \boldsymbol{x}_i\right\|\right] \\
&= \frac{2B}{l}E_\sigma\left\{\left[\left\langle \sum_{i=1}^{l}\sigma_i \boldsymbol{x}_i, \sum_{j=1}^{l}\sigma_j \boldsymbol{x}_j\right\rangle\right]^{1/2}\right\} \\
&\leqslant \frac{2B}{l}\left[E_\sigma \sum_{i,j=1}^{l}\sigma_i\sigma_j\langle \boldsymbol{x}_i, \boldsymbol{x}_j\rangle\right]^{1/2} \\
&= \frac{2B}{l}\left[\sum_{i=1}^{l}\langle \boldsymbol{x}_i, \boldsymbol{x}_i\rangle\right]^{1/2}
\end{aligned} \tag{6.13}$$

式(6.12)得证。

考虑两类故障分类的情况,函数 $g(\boldsymbol{x}) \in F$ 通过符号函数转化为二值输出,分类函数为

$$h(\boldsymbol{x}) = \operatorname{sgn}(g(\boldsymbol{x})) \in \{\pm 1\} \tag{6.14}$$

用离散损失函数 $L(\cdot)$ 表示模式函数

$$L(\boldsymbol{x}, y) = \begin{cases} 0, & h(\boldsymbol{x}) = y \\ 1, & \text{其他} \end{cases} \tag{6.15}$$

或者用 Heaviside 函数 $H(\cdot)$ 表示为

$$L(\boldsymbol{x}, y) = H(-yg(\boldsymbol{x})) \tag{6.16}$$

其中,$H(\cdot)$ 当自变量大于 0 时返回 1,否则返回 0。因此,分类函数的模式函数为 $H \circ f$。其中,$f(\boldsymbol{x}, y) = -yg(\boldsymbol{x})$。用符号 $\hat{F}$ 表示类

$$\hat{F}=\{(\boldsymbol{x},y)\rightarrow -yg(\boldsymbol{x}):g\in F\} \tag{6.17}$$

则线性分类函数所属的函数类为

$$H\circ\hat{F}=\{H\circ f:f\in\hat{F}\} \tag{6.18}$$

定理 6.4　如果函数 $g(\boldsymbol{x})=\langle\boldsymbol{w},\boldsymbol{x}\rangle\in F$，$\|\boldsymbol{w}\|\leqslant B$，线性分类函数 $h(\boldsymbol{x})=\mathrm{sgn}(g(\boldsymbol{x}))\in\{\pm 1\}$，$\hat{F}=\{(\boldsymbol{x},y)\rightarrow -yg(\boldsymbol{x}):g\in F,y\in\{1,-1\}\}$，设 $S=\{(\boldsymbol{x}_1,y_1),(\boldsymbol{x}_2,y_2),\cdots,(\boldsymbol{x}_l,y_l)\}$ 是根据概率分布 D 独立抽取的样本，并固定 $\delta\in(0,1)$。那么至少在 $1-\delta$ 的概率下，在大小为 l 的样本上有

$$\begin{aligned}P_D(y\neq\mathrm{sgn}(g(\boldsymbol{x}))&=E_D[H(f(\boldsymbol{x},y))]\\&\leqslant 1+\frac{1}{l}\sum_{i=1}^{l}b_i+\frac{5B}{l}\sqrt{\sum_{i=1}^{l}\langle\boldsymbol{x}_i,\boldsymbol{x}_i\rangle}+3\sqrt{\frac{\ln(2/\delta)}{2l}}\end{aligned} \tag{6.19}$$

证明　为了确定分类函数 $h(\boldsymbol{x})$ 所属函数类的复杂度的界，引入满足 Lipschitz 条件的辅助损失函数 A，使其满足

$$H(f(\boldsymbol{x},y))\leqslant A(f(\boldsymbol{x},y)) \tag{6.20}$$

这里，取辅助函数为

$$A(f(\boldsymbol{x},y))=(1+f(\boldsymbol{x},y))_+ \tag{6.21}$$

其中，符号 $(\cdot)_+$ 表示函数

$$(x)_+=\begin{cases}x, & x>0\\0, & \text{其他}\end{cases} \tag{6.22}$$

容易看出，辅助函数的 Lipschitz 常数为 1，函数 A-1 支配 H-1。由定理 6.2 可得

$$\begin{aligned}E_D[H(f(\boldsymbol{x},y))-1]&\leqslant E_D[A(f(\boldsymbol{x},y))-1]\\&\leqslant\hat{E}[A(f(\boldsymbol{x},y))-1]+\hat{R}_l((A-1)\circ\hat{F})+3\sqrt{\frac{\ln(2/\delta)}{2l}}\end{aligned} \tag{6.23}$$

由 Rademacher 复杂度的性质(3)和定理 6.3 可知，分类函数 $h(\boldsymbol{x})$ 所属函数类的经验 Rademacher 复杂度

$$\hat{R}_l((A-1)\circ\hat{F})\leqslant 2\hat{R}_l(\hat{F})=\frac{4B}{l}\sqrt{\sum_{i=1}^{l}\langle\boldsymbol{x}_i,\boldsymbol{x}_i\rangle} \tag{6.24}$$

而

$$\begin{aligned}\hat{E}[A(f(\boldsymbol{x},y))]&=\hat{E}[(1-yg(\boldsymbol{x}))_+]\\&\leqslant\hat{E}[1-yg(\boldsymbol{x})]=1+\hat{E}[-y(\langle\boldsymbol{w},\boldsymbol{x}\rangle+b)]\\&\leqslant 1+\sum_{i=1}^{l}b_i/l+\hat{E}(\|\boldsymbol{w}\|\|\boldsymbol{x}\|)\leqslant 1+\frac{1}{l}\sum_{i=1}^{l}b_i+\frac{B}{l}\sum_{i=1}^{l}\|\boldsymbol{x}_i\|\end{aligned}$$

$$=1+\frac{1}{l}\sum_{i=1}^{l}b_i+\frac{B}{l}\sqrt{\sum_{i=1}^{l}\langle \boldsymbol{x}_i,\boldsymbol{x}_i\rangle} \tag{6.25}$$

将式(6.24)、式(6.25)代入式(6.23)，得

$$E_D[H(f(\boldsymbol{x},y))]\leqslant 1+\frac{1}{l}\sum_{i=1}^{l}b_i+\frac{5B}{l}\sqrt{\sum_{i=1}^{l}\langle \boldsymbol{x}_i,\boldsymbol{x}_i\rangle}+3\sqrt{\frac{\ln(2/\delta)}{2l}} \tag{6.26}$$

定理 6.4 得证。

6.3.2 Bayes 分类函数的模式稳定性

在第 2 章已经证明了线性分类函数是 Bayes 分类函数在数据呈指数分布时的一种特殊形式，并说明了 Bayes 分类函数的分类性能优于线性分类函数的原因，因此，本书的分类决策均采用 Bayes 分类函数。对于这种非线性形式的分类函数，除了在计算上比线性分类函数复杂，其模式的稳定性也是需要认真考虑的问题。下面我们将推导 Bayes 函数类的 Rademacher 复杂度的界。

给定训练集 S，考虑函数类

$$F_B=\{\boldsymbol{x}\rightarrow\langle \boldsymbol{w},\boldsymbol{x}\rangle^{\mathrm{T}}\cdot\boldsymbol{S}_j^{-1}\cdot\langle \boldsymbol{w},\boldsymbol{x}\rangle:\|\boldsymbol{w}\|\leqslant B\} \tag{6.27}$$

其中，$\boldsymbol{S}_j$ 是第 j 类的方差矩阵。

定理 6.5 如果 $S=\{\boldsymbol{x}_1,\boldsymbol{x}_2,\cdots,\boldsymbol{x}_l\}$ 是一个来自 X 的样本，那么 F_B 的经验 Rademacher 复杂度

$$\hat{R}_l(F_B)\leqslant\frac{2\|\boldsymbol{S}_j^{-1/2}\|_F^2\cdot B^2}{l}\sum_{i=1}^{l}\langle \boldsymbol{x}_i,\boldsymbol{x}_i\rangle=\frac{2\|\boldsymbol{\Lambda}^{-1}\|_F\cdot B^2}{l}\sum_{i=1}^{l}\langle \boldsymbol{x}_i,\boldsymbol{x}_i\rangle \tag{6.28}$$

其中，$\boldsymbol{\Lambda}$ 为 $\boldsymbol{S}_j$ 矩阵的特征值组成的对角阵。

证明 由于

$$\begin{aligned}&\langle \boldsymbol{w},\boldsymbol{x}\rangle^{\mathrm{T}}\cdot\boldsymbol{S}_j^{-1}\cdot\langle \boldsymbol{w},\boldsymbol{x}\rangle\\&=(\boldsymbol{S}_j^{-1/2}\langle \boldsymbol{w},\boldsymbol{x}\rangle)^{\mathrm{T}}\cdot(\boldsymbol{S}_j^{-1/2}\langle \boldsymbol{w},\boldsymbol{x}\rangle)\end{aligned} \tag{6.29}$$

设

$$\boldsymbol{z}(\boldsymbol{x})=\boldsymbol{S}_j^{-1/2}\langle \boldsymbol{w},\boldsymbol{x}\rangle \tag{6.30}$$

则

$$\|\boldsymbol{z}(\boldsymbol{x})\|_2\leqslant\|\boldsymbol{S}_j^{-1/2}\|_F\langle \boldsymbol{w},\boldsymbol{x}\rangle \tag{6.31}$$

$$\begin{aligned}\sum_{i=1}^{l}\sigma_i\boldsymbol{z}(\boldsymbol{x}_i)&=\boldsymbol{S}_j^{-1/2}\langle \boldsymbol{w},\sum_{i=1}^{l}\sigma_i\boldsymbol{x}_i\rangle\\&\leqslant\|\boldsymbol{S}_j^{-1/2}\|_F B\sqrt{\langle\sum_{i=1}^{l}\sigma_i\boldsymbol{x}_i,\sum_{j=1}^{l}\sigma_j\boldsymbol{x}_j\rangle}\end{aligned} \tag{6.32}$$

根据 Rademacher 复杂度的定义

$$\begin{aligned}\hat{R}_l(F_B)&=E_\sigma\left[\sup_{f\in F_B}\left|\frac{2}{l}\sum_{i=1}^{l}\sigma_i f(\boldsymbol{x}_i)\right|\right]\\&=E_\sigma\left[\sup_{f\in F_B}\left|\frac{2}{l}\sum_{i=1}^{l}\sigma_i\langle \boldsymbol{z}(\boldsymbol{x}_i),\boldsymbol{z}(\boldsymbol{x}_i)\rangle\right|\right]\\&=E_\sigma\left[\sup_{\|w\|\leqslant B}\left|\langle \boldsymbol{z}(\boldsymbol{x}),\frac{2}{l}\sum_{i=1}^{l}\sigma_i\boldsymbol{z}(\boldsymbol{x}_i)\rangle\right|\right]\end{aligned}$$

应用式(6.31)和式(6.32)

$$\begin{aligned}\hat{R}_l(F_B)&\leqslant\frac{2}{l}E_\sigma\left[\sup_{\|w\|\leqslant B}\|\boldsymbol{z}(\boldsymbol{x})\|_2\cdot\left\langle\sum_{i=1}^{l}\sigma_i\boldsymbol{z}(\boldsymbol{x}_i),\sum_{j=1}^{l}\sigma_j\boldsymbol{z}(\boldsymbol{x}_j)\right\rangle^{1/2}\right]\\&\leqslant\frac{2}{l}\|\boldsymbol{S}_j^{-1/2}\|_F\cdot B\cdot\|\boldsymbol{x}\|_2\cdot\|\boldsymbol{S}_j^{-1/2}\|_F\cdot B\cdot\left[E_\sigma\sum_{i,j=1}^{l}\sigma_i\sigma_j\langle\boldsymbol{x}_i,\boldsymbol{x}_j\rangle\right]^{1/2}\\&=\frac{2\|\boldsymbol{S}_j^{-1/2}\|_F^2\cdot B^2}{l}\left[\|\boldsymbol{x}\|_2\sqrt{\sum_{i=1}^{l}\langle\boldsymbol{x}_i,\boldsymbol{x}_i\rangle}\right]\\&=\frac{2\|\boldsymbol{S}_j^{-1/2}\|_F^2\cdot B^2}{l}\sum_{i=1}^{l}\langle\boldsymbol{x}_i,\boldsymbol{x}_i\rangle\end{aligned}\tag{6.33}$$

由于第 j 类的方差矩阵 $\boldsymbol{S}_j$ 为对称矩阵,对其进行 SVD 分解,得

$$\boldsymbol{S}_j=\boldsymbol{U}\boldsymbol{\Lambda}\boldsymbol{U}^{\mathrm{T}}\tag{6.34}$$

其中,$\boldsymbol{U}$ 为酉矩阵;$\boldsymbol{\Lambda}$ 为对角阵。

$$\bar{\boldsymbol{S}}_j^{-1/2}=\boldsymbol{U}\boldsymbol{\Lambda}^{-1/2}\boldsymbol{U}^{\mathrm{T}}\tag{6.35}$$

则

$$\|\boldsymbol{S}_j^{-1/2}\|_F^2=\|\boldsymbol{\Lambda}^{-1/2}\|_F^2=\|\boldsymbol{\Lambda}^{-1}\|_F\tag{6.36}$$

将式(6.36)代入式(6.33),得

$$\hat{R}_l(F_B)\leqslant\frac{2\|\boldsymbol{S}_j^{-1/2}\|_F^2\cdot B^2}{l}\sum_{i=1}^{l}\langle\boldsymbol{x}_i,\boldsymbol{x}_i\rangle=\frac{2\|\boldsymbol{\Lambda}^{-1}\|_F\cdot B^2}{l}\sum_{i=1}^{l}\langle\boldsymbol{x}_i,\boldsymbol{x}_i\rangle$$

式(6.28)得证。

与 6.1.1 小节定理 6.4 类似,可得到下面的定理。

定理 6.6　如果函数 $g(\boldsymbol{x})=\langle\boldsymbol{w},\boldsymbol{x}\rangle^{\mathrm{T}}\cdot\boldsymbol{S}_j^{-1}\cdot\langle\boldsymbol{w},\boldsymbol{x}\rangle\in F_B$,$\|\boldsymbol{w}\|\leqslant B$,线性分类函数 $h(\boldsymbol{x})=\mathrm{sgn}(g(\boldsymbol{x}))\in\{\pm1\}$,$\hat{F}_B=\{(\boldsymbol{x},y)\rightarrow -yg(\boldsymbol{x}):g\in F_B,y\in\{1,-1\}\}$,$f(\boldsymbol{x},y)\in\hat{F}_B$,设 $S=\{(\boldsymbol{x}_1,y_1),(\boldsymbol{x}_2,y_2),\cdots,(\boldsymbol{x}_l,y_l)\}$ 是根据概率分布 D 独立抽取的样本,并固定 $\delta\in(0,1)$。那么至少在 $1-\delta$ 的概率下,在大小为 l 的样本上有

$$\begin{aligned}P_D(y\neq\mathrm{sgn}(g(\boldsymbol{x}))&=E_D[H(f(\boldsymbol{x},y))]\\&\leqslant1+\frac{1}{l}\sum_{i=1}^{l}b_i+\frac{5\|\boldsymbol{\Lambda}^{-1}\|_F\cdot B^2}{l}\sum_{i=1}^{l}\langle\boldsymbol{x}_i,\boldsymbol{x}_i\rangle+3\sqrt{\frac{\ln(2/\delta)}{2l}}\end{aligned}\tag{6.37}$$

6.3.3 正则化 FDA 模式稳定性的变化

由前面结论可知，无论是采用线性分类函数还是 Bayes 分类函数，发生错误分类的概率都与最优向量 $\boldsymbol{w}$ 的大小 B 密切相关，B 越大，误分概率的界越大。那么，正则化 Fisher 判别式的模式稳定性将如何变化呢？

已经知道，Fisher 判别式的最优向量可以表示为

$$\boldsymbol{w} = \boldsymbol{S}_w^{-1}(\boldsymbol{m}_1 - \boldsymbol{m}_2) \tag{6.38}$$

相应地，正则化 Fisher 判别式的最优向量

$$\boldsymbol{w}_\mu = (\boldsymbol{S}_w + \mu\boldsymbol{I})^{-1}(\boldsymbol{m}_1 - \boldsymbol{m}_2) \tag{6.39}$$

其中，μ 为正则参数。

根据范数理论，有

$$\|\boldsymbol{w}\| \leqslant \|\boldsymbol{S}_w^{-1}\|_F \|(\boldsymbol{m}_1 - \boldsymbol{m}_2)\|, \quad \|\boldsymbol{w}_\mu\| \leqslant \|(\boldsymbol{S}_w + \mu\boldsymbol{I})^{-1}\|_F \|(\boldsymbol{m}_1 - \boldsymbol{m}_2)\| \tag{6.40}$$

根据矩阵理论，可对实对称阵 $\boldsymbol{S}_w$ 进行 SVD 分解，得

$$\boldsymbol{S}_w = \boldsymbol{U\Lambda U}^{\mathrm{T}} \tag{6.41}$$

其中，$\boldsymbol{U}$ 为酉矩阵；$\boldsymbol{\Lambda}$ 为对角阵。则

$$\boldsymbol{S}_w^{-1} = \boldsymbol{U\Lambda}^{-1}\boldsymbol{U}^{\mathrm{T}}, \quad (\boldsymbol{S}_w + \mu\boldsymbol{I})^{-1} = \boldsymbol{U}(\boldsymbol{\Lambda} + \mu\boldsymbol{I})^{-1}\boldsymbol{U}^{\mathrm{T}} \tag{6.42}$$

将式(6.42)代入式(6.40)得到

$$\begin{aligned}\|\boldsymbol{w}_\mu\| &\leqslant \|\boldsymbol{U}(\boldsymbol{\Lambda} + \mu\boldsymbol{I})^{-1}\boldsymbol{U}^{\mathrm{T}}\|_F \|(\boldsymbol{m}_1 - \boldsymbol{m}_2)\| = \|(\boldsymbol{\Lambda} + \mu\boldsymbol{I})^{-1}\|_F \|(\boldsymbol{m}_1 - \boldsymbol{m}_2)\| \\ &\leqslant \|\boldsymbol{\Lambda}^{-1}\|_F \|(\boldsymbol{m}_1 - \boldsymbol{m}_2)\|\end{aligned} \tag{6.43}$$

所以，正则化后的最优向量的范数界小于原范数的界。根据定理 6.4 和定理 6.6，在样本长度和测试数据相同的情况下，正则化后，模式的稳定性增强了，即发生故障错误分类的概率减小了。

6.4 核 Bayes 分类函数的模式稳定性

6.4.1 线性函数类的模式稳定性

由于核化算法的函数类通常是由核定义的特征空间的线性函数，首先确定这些函数的 Rademacher 复杂度的界。给定训练集 S，考虑具有有界范数的线性函数

$$\left\{\boldsymbol{x} \to \sum_{i=1}^{l} \alpha_i k(\boldsymbol{x}_i, \boldsymbol{x}) : \boldsymbol{\alpha}^{\mathrm{T}}\boldsymbol{K\alpha} \leqslant B^2\right\} \subseteq \{\boldsymbol{x} \to \langle \boldsymbol{w}, \boldsymbol{\phi}(\boldsymbol{x})\rangle : \|\boldsymbol{w}\| \leqslant B\} = F_k \tag{6.44}$$

定理 6.7[6] 如果 $k: X \times X \to \mathbf{R}$ 是一个核，且 $S = \{\boldsymbol{x}_1, \boldsymbol{x}_2, \cdots, \boldsymbol{x}_l\}$ 是一个来自 X 的样本，那么 F_k 的经验 Rademacher 复杂度

$$\hat{R}_l(F_k) \leqslant \frac{2B}{l}\sqrt{\sum_{i=1}^{l} k(\boldsymbol{x}_i, \boldsymbol{x}_i)} = \frac{2B}{l}\sqrt{\mathrm{tr}(\boldsymbol{K})} \tag{6.45}$$

证明

$$\begin{aligned}
\hat{R}_l(F_k) &= E_\sigma\left[\sup_{f\in F_k}\left|\frac{2}{l}\sum_{i=1}^{l}\sigma_i f(\boldsymbol{x}_i)\right|\right] \\
&= E_\sigma\left[\sup_{\|w\|\leqslant B}\left|\left\langle \boldsymbol{w}, \frac{2}{l}\sum_{i=1}^{l}\sigma_i\phi(\boldsymbol{x}_i)\right\rangle\right|\right] \\
&\leqslant \frac{2B}{l}E_\sigma\left[\left\|\sum_{i=1}^{l}\sigma_i\phi(\boldsymbol{x}_i)\right\|\right] \\
&= \frac{2B}{l}E_\sigma\left\{\left[\left\langle\sum_{i=1}^{l}\sigma_i\phi(\boldsymbol{x}_i), \sum_{j=1}^{l}\sigma_j\phi(\boldsymbol{x}_j)\right\rangle\right]^{1/2}\right\} \\
&\leqslant \frac{2B}{l}\left[E_\sigma\sum_{i,j=1}^{l}\sigma_i\sigma_j k(\boldsymbol{x}_i, \boldsymbol{x}_j)\right]^{1/2} \\
&= \frac{2B}{l}\left[\sum_{i=1}^{l}k(\boldsymbol{x}_i, \boldsymbol{x}_i)\right]^{1/2} \\
&= \frac{2B}{l}\sqrt{\mathrm{tr}(\boldsymbol{K})}
\end{aligned} \tag{6.46}$$

式(6.45)得证。

若核函数采用高斯核，则式(6.45)简单地变成

$$\hat{R}_l(F_k) \leqslant 2B/\sqrt{l} \tag{6.47}$$

定理 6.7 给出了基于核的类的经验 Rademacher 复杂度上界，提供了衡量核算法模式稳定性的估算方法。

定理 6.8　如果函数 $g(\boldsymbol{x}) = \langle \boldsymbol{w}, \phi(\boldsymbol{x})\rangle \in F_k$，$\|\boldsymbol{w}\| \leqslant B$，线性分类函数 $h(\boldsymbol{x}) = \mathrm{sgn}(g(\boldsymbol{x})) \in \{\pm 1\}$，$\hat{F}_k = \{(\boldsymbol{x}, y) \rightarrow -yg(\boldsymbol{x}) : g \in F_k, y \in \{1, -1\}\}$，$f(\boldsymbol{x}, y) \in \hat{F}_k$，设 $S = \{(\boldsymbol{x}_1, y_1), (\boldsymbol{x}_2, y_2), \cdots, (\boldsymbol{x}_l, y_l)\}$ 是根据概率分布 D 独立抽取的样本，并固定 $\delta \in (0,1)$。那么至少在 $1-\delta$ 的概率下，在大小为 l 的样本上有

$$\begin{aligned}
P_D(y \neq \mathrm{sgn}(g(\boldsymbol{x}))) &= E_D[H(f(\boldsymbol{x}, y))] \\
&\leqslant 1 + \frac{1}{l}\sum_{i=1}^{l}b_i + \frac{5B}{l}\sqrt{\mathrm{tr}(\boldsymbol{K})} + 3\sqrt{\frac{\ln(2/\delta)}{2l}}
\end{aligned} \tag{6.48}$$

证明　选择与定理 6.4 相同的辅助函数，由 Rademacher 复杂度的性质(3)和定理 6.3 可知，分类函数 $h(\boldsymbol{x})$所属函数类的经验 Rademacher 复杂度

$$\hat{R}_l((A-1)\circ\hat{F}) \leqslant 2\hat{R}_l(\hat{F}) = \frac{4B}{l}\sqrt{\mathrm{tr}(\boldsymbol{K})} \tag{6.49}$$

而

$$\begin{aligned}\hat{E}[A(f(\boldsymbol{x},y))] &= \hat{E}[(1-yg(\boldsymbol{x}))_+] \\ &\leqslant \hat{E}[1-yg(\boldsymbol{x})] = 1+\hat{E}[-y(\langle \boldsymbol{w},\boldsymbol{\phi}(\boldsymbol{x})\rangle + b)] \\ &\leqslant 1+\sum_{i=1}^{l} b_i/l + \hat{E}(\|\boldsymbol{w}\| \|\boldsymbol{\phi}(\boldsymbol{x})\|) \leqslant 1+\frac{1}{l}\sum_{i=1}^{l} b_i + \frac{B}{l}\sum_{i=1}^{l}\|\boldsymbol{\phi}(\boldsymbol{x}_i)\| \\ &= 1+\frac{1}{l}\sum_{i=1}^{l} b_i + \frac{B}{l}\sqrt{\mathrm{tr}(\boldsymbol{K})} \end{aligned} \tag{6.50}$$

将式(6.49)和式(6.50)代入式(6.23),得

$$E_D[H(f(\boldsymbol{x},y))] \leqslant 1+\frac{1}{l}\sum_{i=1}^{l} b_i + \frac{5B}{l}\sqrt{\mathrm{tr}(\boldsymbol{K})} + 3\sqrt{\frac{\ln(2/\delta)}{2l}} \tag{6.51}$$

定理 6.8 得证。

6.4.2 基于核的 Bayes 函数类的模式稳定性

核多元统计方法的分类函数相应地采用基于核的 Bayes 分类函数。对于这种非线性形式的分类函数,除了计算上较之线性分类函数复杂之外,其模式的稳定性也是需要认真考虑的问题,下面我们将推导基于核的 Bayes 函数类的 Rademacher 复杂度的界。

给定训练集 S,考虑函数类

$$F_{kB} = \{\boldsymbol{x} \rightarrow \langle \boldsymbol{w},\boldsymbol{\phi}(\boldsymbol{x})\rangle^{\mathrm{T}} \cdot \boldsymbol{S}_j^{-1} \cdot \langle \boldsymbol{w},\boldsymbol{\phi}(\boldsymbol{x})\rangle : \|\boldsymbol{w}\| \leqslant B\} \tag{6.52}$$

其中,$\boldsymbol{S}_j$ 是第 j 类的方差矩阵。

定理 6.9 如果 $k: X \times X \rightarrow \mathbf{R}$ 是一个核,且 $S=\{\boldsymbol{x}_1,\boldsymbol{x}_2,\cdots,\boldsymbol{x}_l\}$ 是一个来自 X 的样本,那么 F_{kB} 的经验 Rademacher 复杂度

$$\hat{R}_l(F_{kB}) \leqslant \frac{2\|\boldsymbol{S}_j^{-1/2}\|_F^2 \cdot B^2}{l}\mathrm{tr}(\boldsymbol{K}) = \frac{2\|\boldsymbol{\Lambda}^{-1}\|_F \cdot B^2}{l}\mathrm{tr}(\boldsymbol{K}) \tag{6.53}$$

其中,$\boldsymbol{\Lambda}$ 为 $\boldsymbol{S}_j$ 矩阵的特征值组成的对角阵。

证明 由于

$$\begin{aligned} &\langle \boldsymbol{w},\boldsymbol{\phi}(\boldsymbol{x})\rangle^{\mathrm{T}} \cdot \boldsymbol{S}_j^{-1} \cdot \langle \boldsymbol{w},\boldsymbol{\phi}(\boldsymbol{x})\rangle \\ &= (\boldsymbol{S}_j^{-1/2}\langle \boldsymbol{w},\boldsymbol{\phi}(\boldsymbol{x})\rangle)^{\mathrm{T}} \cdot (\boldsymbol{S}_j^{-1/2}\langle \boldsymbol{w},\boldsymbol{\phi}(\boldsymbol{x})\rangle) \end{aligned} \tag{6.54}$$

设

$$\boldsymbol{z}(\boldsymbol{x}) = \boldsymbol{S}_j^{-1/2}\langle \boldsymbol{w},\boldsymbol{\phi}(\boldsymbol{x})\rangle \tag{6.55}$$

则

$$\|\boldsymbol{z}(\boldsymbol{x})\|_2 \leqslant \|\boldsymbol{S}_j^{-1/2}\|_F \langle \boldsymbol{w},\boldsymbol{\phi}(\boldsymbol{x})\rangle \tag{6.56}$$

$$\begin{aligned} \sum_{i=1}^{l}\sigma_i \boldsymbol{z}(\boldsymbol{x}_i) &= \boldsymbol{S}_j^{-1/2}\langle \boldsymbol{w}, \sum_{i=1}^{l}\sigma_i\boldsymbol{\phi}(\boldsymbol{x}_i)\rangle \\ &\leqslant \|\boldsymbol{S}_j^{-1/2}\|_F B\sqrt{\left\langle \sum_{i=1}^{l}\sigma_i\boldsymbol{\phi}(\boldsymbol{x}_i), \sum_{j=1}^{l}\sigma_j\boldsymbol{\phi}(\boldsymbol{x}_j)\right\rangle} \end{aligned} \tag{6.57}$$

根据 Rademacher 复杂度的定义

$$\begin{aligned}\hat{R}_l(F_{kB}) &= E_\sigma\left[\sup_{f\in F_{kB}}\left|\frac{2}{l}\sum_{i=1}^{l}\sigma_i f(\boldsymbol{x}_i)\right|\right]\\ &= E_\sigma\left[\sup_{f\in F_{kB}}\left|\frac{2}{l}\sum_{i=1}^{l}\sigma_i\langle \boldsymbol{z}(\boldsymbol{x}_i),\boldsymbol{z}(\boldsymbol{x}_i)\rangle\right|\right]\\ &= E_\sigma\left[\sup_{\|w\|\leqslant B}\left|\langle \boldsymbol{z}(\boldsymbol{x}),\frac{2}{l}\sum_{i=1}^{l}\sigma_i\boldsymbol{z}(\boldsymbol{x}_i)\rangle\right|\right] \end{aligned}\tag{6.58}$$

应用式(6.56)和式(6.57)得

$$\hat{R}_l(F_{kB}) \leqslant \frac{2}{l}E_\sigma\left[\sup_{\|w\|\leqslant B}\|\boldsymbol{z}(\boldsymbol{x})\|_2\cdot\langle\sum_{i=1}^{l}\sigma_i\boldsymbol{z}(\boldsymbol{x}_i),\sum_{j=1}^{l}\sigma_j\boldsymbol{z}(\boldsymbol{x}_j)\rangle^{1/2}\right]\tag{6.59}$$

$$\begin{aligned}&\leqslant\frac{2}{l}\|\boldsymbol{S}_j^{-1/2}\|_F\cdot B\cdot\|\phi(\boldsymbol{x})\|_2\cdot\|\boldsymbol{S}_j^{-1/2}\|_F\cdot B\cdot\left[E_\sigma\sum_{i,j=1}^{l}\sigma_i\sigma_j k(\boldsymbol{x}_i,\boldsymbol{x}_j)^{1/2}\right]\\ &=\frac{2\|\boldsymbol{S}_j^{-1/2}\|_F^2\cdot B^2}{l}\left[\|\phi(\boldsymbol{x})\|_2\sqrt{\sum_{i=1}^{l}k(\boldsymbol{x}_i,\boldsymbol{x}_i)}\right]\\ &=\frac{2\|\boldsymbol{S}_j^{-1/2}\|_F^2\cdot B^2}{l}\mathrm{tr}(\boldsymbol{K})\end{aligned}\tag{6.60}$$

与式(6.34)和式(6.35)相似,可以得到

$$\|\boldsymbol{S}_j^{-1/2}\|_F^2=\|\boldsymbol{\Lambda}^{-1/2}\|_F^2=\|\boldsymbol{\Lambda}^{-1}\|_F\tag{6.61}$$

将式(6.61)代入式(6.60),得

$$\hat{R}_l(F_{kB})\leqslant\frac{2\|\boldsymbol{S}_j^{-1/2}\|_F^2\cdot B^2}{l}\mathrm{tr}(\boldsymbol{K})=\frac{2\|\boldsymbol{\Lambda}^{-1}\|_F\cdot B^2}{l}\mathrm{tr}(\boldsymbol{K})\tag{6.62}$$

式(6.53)得证。

与定理 6.8 相似,可得到下面的定理。

定理 6.10　如果函数 $g(\boldsymbol{x})=\langle\boldsymbol{w},\boldsymbol{x}\rangle^{\mathrm{T}}\cdot\boldsymbol{S}_j^{-1}\cdot\langle\boldsymbol{w},\boldsymbol{x}\rangle\in F_{kB}$, $\|\boldsymbol{w}\|\leqslant B$, 线性分类函数 $h(\boldsymbol{x})=\mathrm{sgn}(g(\boldsymbol{x}))\in\{\pm1\}$, $\hat{F}_{kB}=\{(\boldsymbol{x},y)\to -yg(\boldsymbol{x}):g\in F_{kB},y\in\{1,-1\}\}$, $f(\boldsymbol{x},y)\in\hat{F}_{kB}$, 设 $S=\{(\boldsymbol{x}_1,y_1),(\boldsymbol{x}_2,y_2),\cdots,(\boldsymbol{x}_l,y_l)\}$ 是根据概率分布 D 独立抽取的样本,并固定 $\delta\in(0,1)$。那么至少在 $1-\delta$ 的概率下,在大小为 l 的样本上有

$$\begin{aligned}P_D(y\neq\mathrm{sgn}(g(\boldsymbol{x}))&=E_D[H(f(\boldsymbol{x},y))]\\ &\leqslant 1+\frac{1}{l}\sum_{i=1}^{l}b_i+\frac{5\|\boldsymbol{\Lambda}^{-1}\|_F\cdot B^2}{l}\mathrm{tr}(\boldsymbol{K})+3\sqrt{\frac{\ln(2/\delta)}{2l}}\end{aligned}\tag{6.63}$$

6.4.3　算法模式稳定性分析

由定理 6.4、定理 6.6、定理 6.8 和定理 6.10 可以看出,对于相同的算法,采用

线性分类器的稳定性一般要好于采用 Bayes 分类器的情况；核化后的算法与核化前的稳定性相差不大。由于本书主要采用核 Bayes 分类器作为算法的分类函数，因而侧重分析定理 6.10。在式(6.63)不等式的右侧，起决定作用的是第三项。定理 6.10 说明采用核 Bayes 函数作为分类器的算法模式稳定性与样本长度、核矩阵的迹、投影向量范数的界以及类方差矩阵逆的范数等均有关系，下面将分析算法中的各种参数对算法模式稳定性的影响。

1. 与降维矩阵维数 a 的关系

由于在计算核 Bayes 函数时，第 j 类的方差矩阵需同时用降维矩阵降维，因而当降维矩阵维数 a 增大时，方差矩阵 $\boldsymbol{S}_j$ 的维数相应增大。随着其维数增大，矩阵 $\boldsymbol{S}_j$ 将会接近奇异，即含有接近 0 的特征值，导致其逆的范数剧烈增大，根据定理 6.10，这将使算法发生错误分类的概率的界增大，算法稳定性降低。

2. 与样本数的关系

样本数的增大会增大该类的方差，其逆的范数相应减小；对于 KFDA，样本数的增大一般会使投影向量 $\boldsymbol{w}$ 的范数的界 B 增大，但增大的速度远低于类方差矩阵逆的范数的减小；因而，样本数增大，算法的稳定性增强。

3. 与所选特征数量的关系

当特征数量减小时，第 j 类的方差矩阵逆的范数相应减小，但是 B 也同时增大了。注意到 B 增大的速度远小于方差矩阵逆的范数减小的速度，因而特征数量少对稳定性有利。

4. KPCA 与 KFDA 用核 Bayes 作为分类器时模式稳定性的比较

在样本数相同时，l 和 $\mathrm{tr}(\boldsymbol{K})$ 相同。由于 KPCA 在求取降维矩阵时经过了归一化处理，因而 $\boldsymbol{\alpha}^{\mathrm{T}}\boldsymbol{K}\boldsymbol{\alpha}$ 始终为 1，即 KPCA 的 B 始终为 1；且 KPCA 从原理上说是最大化方差，因而其方差矩阵逆的范数较 KFDA 小。因而在其他条件相同的情形下，KPCA 的模式稳定性较高。

6.5 模式稳定性指标

为了直观比较各种算法的模式稳定性，本节定义两个衡量算法稳定性的指标：一为误分差和百分比，一为误分均值偏离度。误分差和百分比比较来自同一训练集的不同样本对故障诊断结果的差异；误分均值偏离度则比较同一样本下核参数的变化对故障诊断结果的差异。

6.5.1　误分差和百分比

定义误分和为虚警(没有故障虚报为有故障)、漏报(有故障未能报出)和错分(错报为其他故障)数之和。总误分和定义为核参数 c 从 50 到 2000(间隔 50)变化时的每个误分和的总和。误分差和百分比定义为

$$\mathrm{nr} = \frac{\mathrm{sum}(n)}{\mathrm{sum}(n_1) + \mathrm{sum}(n_2)} \times 100\% \tag{6.64}$$

其中,n_1,n_2 分别代表两个不同样本起始时核参数 c 从 50 到 2000(间隔 50)变化时的误分和;n 代表两个不同样本起始时核参数 c 从 50 到 2000(间隔 50)变化误分和之差的绝对值总和,即

$$\mathrm{sum}(n_1) = \sum_{i=1}^{40} n_1(i), \quad i = c/50 \tag{6.65}$$

$$\mathrm{sum}(n_2) = \sum_{i=1}^{40} n_2(i), \quad i = c/50 \tag{6.66}$$

$$\mathrm{sum}(n) = \sum_{i=1}^{40} |n_1(i) - n_2(i)|, \quad i = c/50 \tag{6.67}$$

以上定义的误分和与总误分和反映了算法故障诊断的能力,误分和越小,算法的故障诊断能力越强;误分差和百分比体现了随样本的变化算法稳定程度,误分差和百分比越小,算法的稳定性越好。

6.5.2　误分均值偏离度

与 6.5.1 小节的误分和定义相同,找出核参数变化时(以间隔 50 变化)误分和最小的参数 c_m,以 c_m 为基点,找出其邻近误分和最小的连续 10 个点(即核参数变化范围为 500),计算该 10 个点误分和的平均值 $\bar{n}$,误分均值偏离度定义为

$$\mathrm{np} = \frac{\sum_i |n(i) - \bar{n}|}{\sum_i n(i)} \times 100\% \tag{6.68}$$

其中,n 为所选 10 个点的误分和,i 为所取的 10 个点。

误分均值偏离度反映了随核参数的变化算法故障诊断能力的变化,体现了算法对参数的依赖程度。误分均值偏离度越小,算法对核参数的依赖性越小,算法的稳定性越好。

6.6　算法模式稳定性仿真分析

6.6.1　KPCA 与 KFDA 算法的模式稳定性

从定理 6.10 可知,核化算法的稳定性与核矩阵的迹、样本长度及投影向量的

范数的界有关。为了比较 KPCA 与 KFDA 算法的稳定性,设样本长度在 20～200 不等间隔变化,降维矩阵维数 a 按间隔 3 变化;分别记录核参数 c 在 50～2000(间隔 50)变化、不同样本长度、不同主元(判别向量)数量变化、特征提取前后的误分和及误分差和百分比。仍然采用第 2 章介绍的 TEP 数据,以故障 0,1,2 的训练数据和测试数据来进行仿真实验。表 6.1～表 6.8 为两种算法在不同样本数和不同主元(判别向量)数量下特征提取前后的误分差和百分比及误分均值偏离度。

表 6.1 KPCA 在不提取特征情况下的误分差和百分比 (单位:%)

降维矩阵维数	发生故障	ss=20	ss=30	ss=40	ss=50	ss=70	ss=100	ss=200
$a=15$	故障 1	2.9	1.8	3.5	25.9	5.8	4.9	11.0
	故障 2	26.7	23.2	10.3	6.8	9.9	3.1	1.8
$a=12$	故障 1	3.8	3.8	8.2	25.8	9.6	3.0	13.2
	故障 2	17.2	26.6	17.4	4.8	6.1	3.2	2.8
$a=9$	故障 1	3.8	4.2	10.3	20.8	11.6	2.6	6.6
	故障 2	17.4	31.8	9.1	7.8	8.7	4.1	1.7
$a=6$	故障 1	3.8	0.6	6.8	15.7	8.2	2.4	6.2
	故障 2	56.5	13.8	13.8	6.0	8.7	7.2	1.2
$a=3$	故障 1	1.5	0.1	15.7	14.9	8.3	1.9	4.3
	故障 2	60.8	8.9	13.6	17.8	12.0	2.7	1.5

表 6.2 KFDA 在不提取特征情况下的误分差和百分比 (单位:%)

降维矩阵维数	发生故障	ss=20	ss=30	ss=40	ss=50	ss=70	ss=100	ss=200
$a=17$	故障 1	60.8	53.2	33.5	47.6	60.0	43.3	59.3
	故障 2	12.0	15.0	30.3	24.8	32.7	15.9	21.2
$a=14$	故障 1	52.2	52.6	37.5	51.3	56.4	37.1	43.1
	故障 2	15.0	13.7	29.6	22.6	27.1	14.7	18.5
$a=11$	故障 1	53.8	50.6	36.9	54.8	57.7	32.4	41.7
	故障 2	13.5	17.7	23.1	19.2	22.7	13.7	14.7
$a=8$	故障 1	41.3	49.1	38.1	63.7	66.4	38.8	49.5
	故障 2	12.4	11.5	22.8	18.9	19.6	13.9	15.4
$a=5$	故障 1	56.5	46.4	46.7	60.0	57.0	64.0	61.0
	故障 2	10.2	12.3	12.3	22.6	20.1	16.2	20.0
$a=2$	故障 1	8.4	9.3	27.7	12.1	9.1	5.0	2.5
	故障 2	11.5	11.2	12.7	16.7	5.5	2.3	3.6

表 6.3　KPCA 在显著性检验和优化准则结合选取特征情况下的误分差和百分比

（单位：%）

降维矩阵维数	发生故障	ss=20	ss=30	ss=40	ss=50	ss=70	ss=100	ss=200
$a=15$	故障 1	22.4	24.6	39.0	50.7	31.0	40.5	62.6
	故障 2	10.7	16.7	23.0	12.8	6.6	23.7	28.6
$a=12$	故障 1	46.8	25.8	43.8	42.7	24.7	45.9	34.8
	故障 2	28.4	14.7	19.0	27.3	16.2	5.9	13.5
$a=9$	故障 1	35.9	7.8	13.5	33.8	29.2	57.9	0.9
	故障 2	22.0	5.9	14.3	14.9	16.6	15.3	22.4
$a=6$	故障 1	28.2	68.2	1.7	8.8	6.8	2.4	2.0
	故障 2	8.2	34.4	6.8	8.0	4.7	5.8	4.7
$a=3$	故障 1	50.9	43.1	16.4	12.6	7.1	3.4	3.6
	故障 2	3.8	8.8	6.2	16.0	6.9	5.7	1.6

表 6.4　KFDA 在显著性检验和优化准则结合选取特征情况下的误分差和百分比

（单位：%）

降维矩阵维数	发生故障	ss=20	ss=30	ss=40	ss=50	ss=70	ss=100	ss=200
$a=17$	故障 1	8.2	13.0	6.0	4.3	0.3	1.3	1.8
	故障 2	7.9	5.2	5.9	11.9	7.8	6.9	4.5
$a=14$	故障 1	3.7	4.5	6.5	2.0	1.5	2.6	2.9
	故障 2	7.1	6.9	9.1	13.3	11.3	6.4	5.0
$a=11$	故障 1	6.3	35.4	18.6	2.0	1.4	4.8	2.8
	故障 2	8.4	10.5	9.0	11.4	12.6	7.4	7.1
$a=8$	故障 1	14.6	38.7	10.7	3.0	1.7	5.0	5.5
	故障 2	12.3	13.3	12.5	13.2	12.6	7.5	8.1
$a=5$	故障 1	41.9	47.2	38.6	21.9	10.0	15.0	9.9
	故障 2	30.2	32.5	32.3	29.4	39.3	24.8	10.7
$a=2$	故障 1	18.6	17.5	8.0	3.7	2.1	0.9	0.4
	故障 2	4.2	3.4	4.5	4.3	3.3	5.2	0.4

表 6.5　KPCA 在不提取特征情况下的误分均值偏离度　（单位：%）

降维矩阵维数	发生故障	ss=20	ss=30	ss=40	ss=50	ss=70	ss=100	ss=200
$a=15$	故障 1	6.6	0.6	0.7	9.3	13.6	14.4	16.5
	故障 2	20.6	5.3	5.8	1.6	0.8	0.6	1.1
$a=12$	故障 1	0.6	1.9	2.0	0.8	12.2	17.0	9.5
	故障 2	5.5	7.3	3.8	1.2	2.5	1.3	1.0
$a=9$	故障 1	1.5	0.5	0.2	0.8	34.7	3.5	20.2
	故障 2	29.7	16.5	1.3	1.0	2.4	0.7	1.2
$a=6$	故障 1	2.7	0.2	0.7	1.0	2.2	1.2	8.5
	故障 2	7.9	6.2	4.2	8.5	3.8	6.0	3.8
$a=3$	故障 1	0.1	0.4	0.2	7.5	4.2	3.3	15.0
	故障 2	17.3	21.2	5.2	50.8	7.1	3.1	3.5

表 6.6　KFDA 在不提取特征情况下的误分均值偏离度　（单位：%）

降维矩阵维数	发生故障	ss=20	ss=30	ss=40	ss=50	ss=70	ss=100	ss=200
$a=17$	故障 1	103.1	99.5	82.2	51.5	71.8	42.2	61.4
	故障 2	82.8	27.9	45.6	23.2	52.5	21.8	17.2
$a=14$	故障 1	75.7	71.7	86.4	94.3	81.5	47.7	67.4
	故障 2	23.4	43.7	51.6	33.2	44.6	20.6	15.1
$a=11$	故障 1	67.8	87.6	78.4	75.2	72.3	52.1	55.6
	故障 2	38.8	39.2	20.7	15.4	29.0	23.1	18.1
$a=8$	故障 1	64.1	80.4	78.0	121.1	77.8	50.1	61.4
	故障 2	25.6	23.0	25.4	11.5	18.0	28.0	19.2
$a=5$	故障 1	135.3	138.1	100.4	89.1	21.0	47.7	39.5
	故障 2	13.2	7.2	18.6	26.9	28.6	19.8	13.5
$a=2$	故障 1	15.7	0.9	19.6	20.4	2.3	13.7	5.5
	故障 2	18.5	20.0	36.9	6.5	2.8	6.3	1.3

表 6.7　KPCA 在显著性检验和优化准则结合选取特征情况下的误分均值偏离度

（单位：%）

降维矩阵维数	发生故障	ss=20	ss=30	ss=40	ss=50	ss=70	ss=100	ss=200
$a=15$	故障 1	0.0	8.6	5.5	0.0	0.0	4.83	0.0
	故障 2	0.0	5.0	5.0	1.4	3.7	0.0	3.3
$a=12$	故障 1	5.2	0.0	0.0	0.0	9.0	0.0	0.0
	故障 2	5.1	1.5	1.1	3.4	3.8	3.9	3.4
$a=9$	故障 1	5.5	6.3	0.0	0.0	9.1	2.0	0.0
	故障 2	2.3	6.1	0.0	2.9	4.8	5.0	3.3
$a=6$	故障 1	4.9	0.0	0.0	8.6	0.0	0.0	0.0
	故障 2	13.0	5.2	0.0	5.0	0.0	0.0	0.8
$a=3$	故障 1	0.0	0.0	6.7	0.0	0.0	0.0	0.0
	故障 2	0.0	0.0	0.5	0.0	2.6	1.6	3.3

表 6.8　KFDA 在显著性检验和优化准则结合选取特征情况下的误分均值偏离度

（单位：%）

降维矩阵维数	发生故障	ss=20	ss=30	ss=40	ss=50	ss=70	ss=100	ss=200
$a=17$	故障 1	6.2	3.5	3.5	0.0	0.0	7.4	6.7
	故障 2	10.4	9.5	5.5	2.9	7.8	7.3	7.3
$a=14$	故障 1	3.5	0.0	6.2	0.0	0.0	9.1	5.5
	故障 2	7.1	6.5	7.5	12.9	10.3	6.1	7.7
$a=11$	故障 1	6.9	3.7	0.0	0.0	0.0	5.5	3.1
	故障 2	13.3	5.4	8.9	6.1	12.5	6.3	8.6
$a=8$	故障 1	9.7	3.7	3.7	6.2	4.0	9.1	5.5
	故障 2	20.1	17.5	15.3	9.7	12.9	13.0	8.8
$a=5$	故障 1	14.7	28.4	13.8	6.7	41.9	7.4	8.7
	故障 2	38.8	16.6	27.0	34.8	42.2	20.7	10.4
$a=2$	故障 1	0.0	0.0	0.0	0.0	0.0	0.0	0.0
	故障 2	0.0	0.5	2.5	0.0	2.7	3.0	0.0

结果表明，无论是否提取特征，KPCA 的故障诊断稳定性均强于 KFDA；在特征提取后，KFDA 的诊断稳定性较不提取特征明显变好，但 KPCA 的稳定性没有明显改观；这些与理论分析的结果一致。结果还显示，虽然在一般情况下，随着样

本长度的增大，稳定性呈增强趋势；但在某些时候，仿真结果的稳定性反而随样本数增大而减小(尤其在样本数小于 40 时)；在特征提取后，稳定性随着 a 的减小呈上升再下降的趋势；这些与理论分析的结果并不一致。经研究发现，随着样本数减小和 a 的增大，类方差矩阵逆的范数都大大增加，但我们在计算时，为了避免矩阵病态问题导致的后果，采用了去除接近 0 的特征值的处理方法，这导致了直观指标与理论分析的不一致。这个结果同时也说明，可以通过改进数值计算方法达到改善算法稳定性的目的。

6.6.2 正则化 KFDA 算法的模式稳定性

从前面的分析已经知道，正则化 KFDA 是为了解决小样本问题，我们下面将从仿真实验的角度说明正则化 KFDA 如何影响模式稳定性，正则化参数会对模式稳定性产生什么影响。表 6.9～表 6.12 是随着正则化参数和样本数的变化 KFDA 的误分差和百分比。

表 6.9 正则化 KFDA 在显著性检验和优化准则结合选取特征时的误分差和百分比($\mu=0.01$)

(单位：%)

降维矩阵维数	发生故障	ss=20	ss=30	ss=40	ss=50	ss=70	ss=100	ss=200
$a=17$	故障 1	15.7	5.3	4.4	4.0	1.1	1.2	1.3
	故障 2	10.8	5.4	6.9	12.8	7.2	5.7	4.5
$a=14$	故障 1	10.1	12.6	11.0	1.1	0.3	2.8	2.7
	故障 2	7.5	7.6	10.0	14.0	8.1	6.3	6.0
$a=11$	故障 1	5.7	17.9	10.3	1.5	1.0	3.8	2.9
	故障 2	7.9	8.3	7.7	8.0	16.0	7.4	6.5
$a=8$	故障 1	43.1	32.1	27.4	6.8	1.4	4.8	9.3
	故障 2	15.3	15.6	11.8	22.5	15.7	8.2	8.9
$a=5$	故障 1	44.8	51.1	35.3	18.5	8.9	7.8	7.7
	故障 2	20.8	30.0	30.1	35.5	29.3	29.0	13.8
$a=2$	故障 1	18.9	14.8	6.6	3.7	2.2	0.9	0.4
	故障 2	4.3	3.8	4.3	4.8	3.8	5.3	0.4

表 6.10　正则化 KFDA 在显著性检验和优化准则结合选取特征时的误分差和百分比(μ=0.1)

(单位:%)

降维矩阵维数	发生故障	ss=20	ss=30	ss=40	ss=50	ss=70	ss=100	ss=200
a=17	故障 1	7.4	8.0	4.9	2.3	1.0	1.1	1.3
	故障 2	10.4	6.4	8.5	9.2	11.2	8.2	4.5
a=14	故障 1	12.7	13.0	8.1	5.9	0.9	2.6	3.8
	故障 2	9.2	6.3	6.3	12.5	13.1	10.0	5.8
a=11	故障 1	6.9	35.3	4.4	6.0	1.2	2.8	4.3
	故障 2	10.6	10.1	9.3	13.4	19.2	7.5	5.4
a=8	故障 1	12.2	40.5	24.8	5.1	6.8	3.1	4.3
	故障 2	16.6	19.4	14.0	14.6	17.8	12.9	7.5
a=5	故障 1	46.6	49.4	45.1	21.0	14.8	6.3	6.3
	故障 2	33.5	25.9	24.0	37.3	44.9	36.4	17.1
a=2	故障 1	15.5	10.3	6.4	0.5	1.7	0.6	0.3
	故障 2	4.1	5.3	5.7	5.8	4.4	6.8	0.3

表 6.11　正则化 KFDA 在显著性检验和优化准则结合选取特征时的误分均值偏离度(μ=0.01)

(单位:%)

降维矩阵维数	发生故障	ss=20	ss=30	ss=40	ss=50	ss=70	ss=100	ss=200
a=17	故障 1	6.2	6.2	0.0	0.0	0.0	0.0	3.3
	故障 2	3.6	9.5	8.0	7.1	9.3	6.3	7.1
a=14	故障 1	1.8	0.0	4.7	0.0	1.8	9.1	5.5
	故障 2	6.6	8.5	8.7	10.7	12.3	5.6	9.5
a=11	故障 1	7.4	0.0	3.5	0.0	0.0	8.1	7.4
	故障 2	11.3	9.4	6.8	17.9	12.2	11.7	7.7
a=8	故障 1	0.0	0.0	4.9	0.0	0.0	6.1	6.7
	故障 2	12.8	14.5	10.9	12.3	14.8	15.6	16.7
a=5	故障 1	6.7	12.0	0.0	11.1	3.7	11.0	14.1
	故障 2	25.2	24.7	17.6	36.2	17.4	18.5	32.8
a=2	故障 1	0.0	0.0	0.0	0.0	6.2	0.0	6.5
	故障 2	0.0	0.0	1.9	0.0	2.6	3.0	10.3

表 6.12 正则化 KFDA 在显著性检验和优化准则结合选取时的误分均值偏离度(μ=0.1)

(单位:%)

降维矩阵维数	发生故障	ss=20	ss=30	ss=40	ss=50	ss=70	ss=100	ss=200
a=17	故障 1	3.5	0.0	7.4	6.2	0.0	8.6	1.5
	故障 2	7.3	4.2	8.2	10.0	9.1	6.3	7.2
a=14	故障 1	6.2	7.6	6.2	1.8	1.8	6.1	8.9
	故障 2	10.6	11.9	7.4	7.6	10.6	5.5	8.6
a=11	故障 1	3.3	6.2	3.5	0.0	0.0	4.1	9.1
	故障 2	9.6	8.5	13.4	11.5	10.7	5.5	5.1
a=8	故障 1	7.9	7.6	6.2	3.5	3.5	0.0	9.1
	故障 2	19.9	20.0	16.9	12.5	24.0	11.7	9.2
a=5	故障 1	23.9	7.3	15.6	14.5	9.2	11.0	7.9
	故障 2	43.2	25.0	22.2	34.2	37.3	28.2	11.8
a=2	故障 1	6.2	0.0	7.3	0.0	0.0	0.0	0.0
	故障 2	0.0	0.0	2.7	0.0	0.5	4.1	0.6

由表中数据大概可以看出正则化参数 μ 越大,算法的模式稳定性越强;但这里也存在与 KFDA 同样的问题,即由于考虑了病态矩阵的求解而出现结果不符合实际的现象,尤其是降维矩阵维数较大时情况比较明显。实际上,正则化后类方差矩阵逆的范数减小了,因而,正则化后算法稳定性普遍增强了。但要注意 μ 的取值不可太大,一般在 0~0.1 选取。

6.7 核化算法参数的优化

在第 3 章我们介绍了核参数和主元(判别向量)数量的离线参数优化方法,本章我们在第 3 章优化方法的基础上再考虑模式稳定性因素,得到一种新的优化方法,步骤的前两步与第 3 章 3.6 节相同,这里不再重复,从步骤 3 开始:

步骤 3 找出误分最少的 20 个 n 所对应的核参数 c 和主元(判别向量)数量 a,并按误分数由少到多排序。

(1) 若 $mc = 50$,则取 $c = 5:5:50$,重新计算误分和;

(2) 若 $mc \neq 50$,则取 $c = (mc - 40):10:(mc + 40)$,重新计算误分和。

步骤 4 找出 20 个组合中主元(判别向量)数量 a 相同的情况,按照 a 相同的次数多少排序,次数相同的情况下按误分数由少到多排序。

步骤 5 找出 20 个组合中核参数 c 相同的情况,按照 c 相同的次数多少排序,次数相同的情况下按步骤 4 中先后排序。

步骤 6　步骤 5 中排在最前的 c 和 a 即为所求。

应用该方法得出各种样本数情况下最优核参数 c 和主元(判别向量)数 a 见表 6.13和表 6.14。表中黑体部分为所选参数与第 4 章不考虑模式稳定性不同的情况,这虽然可能牺牲了故障分类能力,但提高了故障诊断算法的稳定性。

表 6.13　KPCA 在显著性检验和优化准则结合选取特征时的最优参数及误分率

最优参数	ss=20	ss=30	ss=40	ss=50	ss=70	ss=100	ss=200
c	2000	2000	1800	500	1200	1050	1150
a	3	15	3	3	6	9	6
误分率/%	35.47	33.02	1.30	1.41	0.99	0.99	0.99

表 6.14　KFDA 在显著性检验和优化准则结合选取特征时的最优参数及误分率

最优参数	ss=20	ss=30	ss=40	ss=50	ss=70	ss=100	ss=200
c	1050	1600	450	1850	1850	1900	900
a	2	5	2	2	2	2	2
误分率/%	3.13	2.39	1.51	1.36	1.09	1.09	1.13

6.8　小　　结

本章着重分析和比较算法的模式稳定性,证明了以线性函数、Bayes 函数、核线性函数、核 Bayes 函数作为分类器的算法发生错误分类的概率的上界,以及正则化策略对稳定性的影响。这些提供了衡量算法模式稳定性的理论上的估算方法。提出了两种衡量模式稳定性的直观指标,误分差和百分比和误分均值偏离度。前者衡量算法对来自同一分布的不同训练样本的敏感程度,后者衡量算法对核参数变化的敏感程度。对特征提取前后 KPCA、KFDA 以及正则化 KFDA 的仿真结果表明,同等条件下 KPCA 的算法稳定性强于 KFDA;算法在特征提取后的稳定性普遍强于不提取特征的情况;随着样本数的增大,稳定性呈增强趋势;随降维矩阵维数增大稳定性降低;正则化参数大对稳定性有利。这些结论不仅验证了几个定理,也表明我们提出的衡量指标是可行的、有效的。同时,这些结论也为选择最优参数提供了增强稳定性的依据。

参 考 文 献

[1] Habib M, McDiarmid C, Ramirez-Alfonsin J, et al. Probabilistic Methods for Algorithmic Discrete Mathematics, Series: Algorithms and Combinatorics. Berlin :Springer-Verlag, 1998.

[2] 陈将宏．Rademacher 复杂性与支持向量机学习风险．湖北大学学报(自然科学版)，2005,27(2)：126-129.

[3] Mendelson S. A few notes on statistical learning theory//Lecture Notes in Computer Science. NewYork：Springer，2003：1-40.

[4] Mendelson S，Smola A J. Advanced lectures in machine learning//Volume 2600 of Lecture Notes in Computer Science. NewYork：Springer，2003.

[5] Bartlett P L，Mendelson S. Rademacher and Gaussian complexities：Risk bounds and structural results. Journal of Machine Learning Research，2002,3(11) ：463-482.

[6] Shawe-Taylor J，Cristianini N. Kernel Methods for Pattern Analysis. 北京：机械工业出版社，2005.

第 7 章　基于解析模型的故障诊断

7.1 引　　言

基于解析模型的故障检测和诊断方法又叫解析冗余方法，它是相对于硬件冗余而言的。“硬件冗余”法有着广泛的应用背景，一般用多套传感器或转换器实现冗余，因需要额外的设备以及额外的空间而限制了它的应用，一般在安全性要求非常高的系统，如空间飞行器和核电站等系统中应用。解析冗余法则是根据系统中变量之间的关系和实测数据来诊断故障，其基本思路是以数学模型为基础，根据系统的测量数据来生成一些与故障相关的特征，并与正常工况的特征比较以检测和诊断故障。通常基于解析模型的方法都是用残差(不同变量一致性检验的差异)作为诊断故障的特征，因而基于模型的故障诊断可以定义为根据系统的测量值和由系统的数学模型而得的先验信息，通过残差的产生及对其的分析、评价来确定系统故障的方法。基于解析模型的故障诊断方法充分利用了系统模型的深层知识，其进行故障诊断的前提是建立系统的解析模型。如图 7.1 所示为基于解析模型的故障诊断原理图[1]。

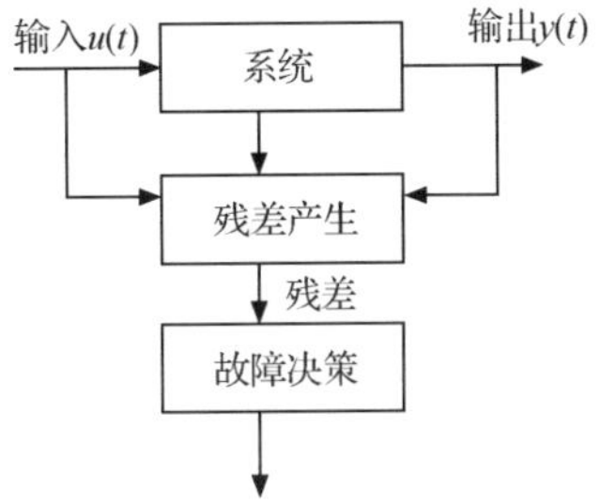

图 7.1　基于解析模型的故障诊断原理图

故障诊断步骤分两步：

(1) 残差产生(residual generation)。该部分为故障诊断的核心，用来检测系统行为与系统模型的一致性，任何的不一致性将产生残差，可用来故障检测和隔离。当没有故障发生时，残差为 0 或接近 0；当故障发生时，残差超过某一阈值。理想的说，残差应该只包含故障信息。对基于解析的故障诊断方法的分类可根据产生残差的方法不同，分为基于观测器或滤波器的方法、等价空间法和参数估计法三种，在 7.3 节将一一介绍。

(2) 残差评价(residual evaluation)或故障决策。对残差进行分析、评价，决定是否有故障发生。可以是简单的阈值测试或者统计决策理论，例如似然比测试或者序贯概率比测试等。因为决策部分相对比较容易，因而绝大多数工作都集中在残差产生部分，当然这并不意味着决策产生不重要。

解析方法的主要优点是具有较高的诊断性能，缺点是需要一个可靠的模型和比较复杂的设计过程，在故障诊断设计中，大部分的工作可能是要放在模型的建立上。

7.2 故障描述

对故障进行描述，是基于解析模型故障诊断的基础。这里针对传感器故障、执行器故障及其他设备故障基于状态空间法进行描述[2]。

设系统输入向量为 $\boldsymbol{u}\in\mathbf{R}^p$，输出向量为 $\boldsymbol{y}\in\mathbf{R}^q$，状态向量 $\boldsymbol{x}\in\mathbf{R}^n$，线性定常系统的状态空间模型为

$$\begin{cases}\dot{\boldsymbol{x}}(t)=\boldsymbol{A}\boldsymbol{x}(t)+\boldsymbol{B}\boldsymbol{u}(t)\\ \boldsymbol{y}(t)=\boldsymbol{C}\boldsymbol{x}(t)+\boldsymbol{D}\boldsymbol{u}(t)\end{cases}\tag{7.1}$$

其中，系统矩阵 $\boldsymbol{A}\in\mathbf{R}^{n\times n}$；输入矩阵 $\boldsymbol{B}\in\mathbf{R}^{n\times p}$；输出矩阵 $\boldsymbol{C}\in\mathbf{R}^{q\times n}$；前馈矩阵 $\boldsymbol{D}\in\mathbf{R}^{q\times p}$。

7.2.1 传感器故障模型

常见的传感器故障行为有卡死、恒偏差、恒增益变化等三种。设输出测量值为 $\boldsymbol{y}_m(t)$。系统传感器故障的一般描述形式为

$$\boldsymbol{y}_m(t)=\boldsymbol{y}(t)+\boldsymbol{f}_s(t)\tag{7.2}$$

其中，$\boldsymbol{f}_s(t)\in\mathbf{R}^q$。合理选择 $\boldsymbol{f}_s(t)$，可描述所有传感器故障。下面分别说明几种故障发生时的情形。

1. 传感器卡死

此时，测量值

$$\boldsymbol{y}_m(t)=a_i\mathbf{1}_i\tag{7.3}$$

其中，a_i 为常数；$\mathbf{1}_i$ 是第 i 个元素为 1 其余元素为 0 的向量，$i=1,2,\cdots,q$。故障向量选为

$$\boldsymbol{f}_s(t)=-\boldsymbol{y}(t)+a_i\mathbf{1}_i\tag{7.4}$$

2. 传感器恒偏差失效

测量值

$$\boldsymbol{y}_m(t)=\boldsymbol{y}(t)+\Delta_i\mathbf{1}_i\tag{7.5}$$

故障向量选为

$$\boldsymbol{f}_s(t)=\Delta_i\mathbf{1}_i\tag{7.6}$$

3. 传感器恒增益变化

此时

$$\boldsymbol{y}_m(t) = (1+\delta_i)\boldsymbol{y}(t) \tag{7.7}$$

故障向量选为

$$\boldsymbol{f}_s(t) = \delta_i \boldsymbol{y}(t) \tag{7.8}$$

7.2.2　执行器故障模型

与传感器故障类似，常见的执行器故障行为也有卡死、恒偏差、恒增益变化等三种。由于系统输入通常不能直接得到，对一个控制系统而言，$\boldsymbol{u}(t)$为已知控制输入 $\boldsymbol{u}_r(t)$的响应。系统执行器故障的一般描述形式为

$$\boldsymbol{u}(t) = \boldsymbol{u}_r(t) + \boldsymbol{f}_a(t) \tag{7.9}$$

其中，$\boldsymbol{f}_a(t) \in \mathbf{R}^p$。合理选择 $\boldsymbol{f}_a(t)$，可描述所有执行器故障。下面分别说明几种故障发生时的模型。

1. 执行器卡死

此时

$$\boldsymbol{u}(t) = b_i \mathbf{1}_i \tag{7.10}$$

其中，b_i 为常数；$\mathbf{1}_i$ 是第 i 个元素为 1、其余元素为 0 的向量，$i=1,2,\cdots,p$。故障向量选为

$$\boldsymbol{f}_a(t) = -\boldsymbol{u}_r(t) + b_i \mathbf{1}_i \tag{7.11}$$

2. 执行器恒偏差失效

测量值

$$\boldsymbol{u}(t) = \boldsymbol{u}_r(t) + \Delta_i \mathbf{1}_i \tag{7.12}$$

故障向量选为

$$\boldsymbol{f}_a(t) = \Delta_i \mathbf{1}_i \tag{7.13}$$

3. 执行器恒增益变化

此时

$$\boldsymbol{u}(t) = (1+\delta_i)\boldsymbol{u}_r(t) \tag{7.14}$$

故障向量选为

$$\boldsymbol{f}_a(t) = \delta_i \boldsymbol{u}_r(t) \tag{7.15}$$

要说明的是，如果系统的输入未知，可由输入传感器来测量执行器的输入，可描述为

$$\boldsymbol{u}_r(t)=\boldsymbol{u}(t)+\boldsymbol{f}_{rs}(t) \tag{7.16}$$

其中,$\boldsymbol{f}_{rs}(t)\in\mathbf{R}^p$ 为输入传感器故障向量。

7.2.3　系统状态故障模型

当第 i 个状态故障时,系统可描述为

$$\begin{cases}\dot{\boldsymbol{x}}(t)=\boldsymbol{A}(\boldsymbol{x}(t)+\Delta\boldsymbol{x}(t))+\boldsymbol{Bu}(t)=\boldsymbol{Ax}(t)+\boldsymbol{Bu}(t)+\boldsymbol{A}\Delta\boldsymbol{x}(t)\\ \boldsymbol{y}(t)=\boldsymbol{C}(\boldsymbol{x}(t)+\Delta\boldsymbol{x}(t))+\boldsymbol{Du}(t)=\boldsymbol{Cx}(t)+\boldsymbol{Du}(t)+\boldsymbol{C}\Delta\boldsymbol{x}(t)\end{cases} \tag{7.17}$$

其中,$\Delta\boldsymbol{x}(\mathrm{t})$为故障状态向量。可见,状态故障模型与执行器故障模型类似。当系统存在所有可能的传感器、执行器和元件故障时,系统模型为

$$\begin{cases}\dot{\boldsymbol{x}}(t)=\boldsymbol{Ax}(t)+\boldsymbol{Bu}(t)+\boldsymbol{R}_1\boldsymbol{f}(t)\\ \boldsymbol{y}(t)=\boldsymbol{Cx}(t)+\boldsymbol{Du}(t)+\boldsymbol{R}_2\boldsymbol{f}(t)\end{cases} \tag{7.18}$$

其中,$\boldsymbol{f}(t)\in\mathbf{R}^c$ 为故障向量,其每个元素 $\boldsymbol{f}_i(t)(i=1,2,\cdots,c)$ 对应一个特定的故障,从实用的角度,可以考虑故障为未知的时间函数。矩阵 $\boldsymbol{R}_1$ 和 $\boldsymbol{R}_2$ 为系统的故障矩阵。$\boldsymbol{u}(t)$ 为执行器的输入,$\boldsymbol{y}(t)$ 为测量输出,对故障诊断系统,这两个向量均为已知。这样,具有可能故障的系统输入输出传递矩阵可描述为

$$\boldsymbol{y}(s)=\boldsymbol{G}_u(s)\boldsymbol{u}(s)+\boldsymbol{G}_f(s)\boldsymbol{f}(s) \tag{7.19}$$

这里

$$\begin{cases}\boldsymbol{G}_u(s)=\boldsymbol{C}(s\boldsymbol{I}-\boldsymbol{A})^{-1}\boldsymbol{B}+\boldsymbol{D}\\ \boldsymbol{G}_f(s)=\boldsymbol{C}(s\boldsymbol{I}-\boldsymbol{A})^{-1}\boldsymbol{R}_1+\boldsymbol{R}_2\end{cases} \tag{7.20}$$

7.2.4　未知输入系统故障模型

实际系统一般都比较复杂,往往存在很多不确定因素。首先,完全精确地描述系统行为或者说建立其精确的数学模型是很困难的,因此往往会使用模型简化的方法,从而造成所建模型与实际系统之间存在一定的不匹配;其次,模型参数的不精确以及模型结构与参数变化等也会造成模型与实际系统有差异;另外,对各种干扰如负载扰动、机械噪声、电噪声等难以精确建模,加上测量信号中的噪声与干扰等等,都使得模型存在不确定性。在基于模型的故障诊断中,这些客观存在的不确定性只有通过改进设计,增强故障诊断系统自身的鲁棒性,使其在模型存在不确定性的情况下,仍能够正确完成故障诊断任务。

为了研究问题的方便,可以将各种形式的模型不确定性统一归结为系统的未知输入 $\boldsymbol{d}(t)$[1]。此时,系统模型描述为

$$\begin{cases}\dot{\boldsymbol{x}}(t)=\boldsymbol{Ax}(t)+\boldsymbol{Bu}(t)+\boldsymbol{E}_1\boldsymbol{d}(t)+\boldsymbol{R}_1\boldsymbol{f}(t)\\ \boldsymbol{y}(t)=\boldsymbol{Cx}(t)+\boldsymbol{Du}(t)+\boldsymbol{E}_2\boldsymbol{d}(t)+\boldsymbol{R}_2\boldsymbol{f}(t)\end{cases} \tag{7.21}$$

7.2.5　双水箱系统描述

串联双水箱系统构成如图 7.2 所示,它是两个串联在一起的水箱,水首先进入

水箱 1,然后通过阀门 1 流入水箱 2,再通过阀门 2 从水箱 2 中流出。水流入量 Q_i 由控制泵来加以调节,流出量 Q_2 由用户需要改变。

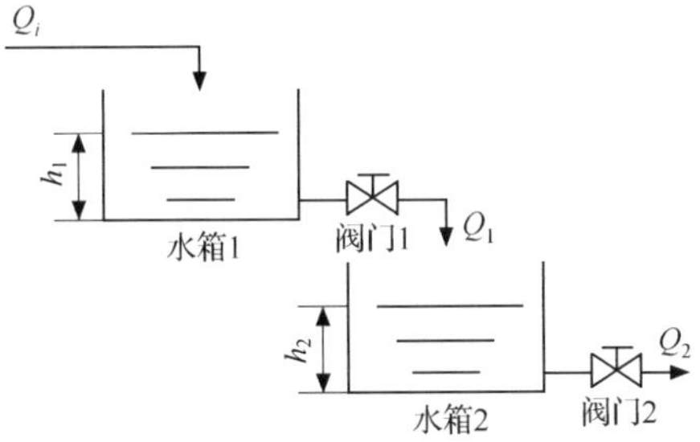

图 7.2　串联双水箱系统构成

可以写出两个水箱的平衡方程

水箱 1

$$\dot{h}_1 = \frac{1}{A_1}(Q_i - Q_1) \tag{7.22}$$

水箱 2

$$\dot{h}_2 = \frac{1}{A_2}(Q_1 - Q_2) \tag{7.23}$$

其中,h_1 和 h_2 分别为水箱 1 和水箱 2 的液位;A_1 和 A_2 分别为水箱 1 和水箱 2 的截面积;Q_i 和 Q_2 分别为入口流量和出口流量;Q_1 为水箱 1 的出口流量,也是水箱 2 的入口流量。$Q_i = u$,$Q_1 = h_1/R_1$,$Q_2 = h_2/R_2$,R_1 和 R_2 为阀门 1 和阀门 2 的线性化水阻,由其物理特性决定。将这些关系式代入式(7.22)和式(7.23),并写成状态空间表达式

$$\begin{cases} \dot{\boldsymbol{x}}(t) = \boldsymbol{A}\boldsymbol{x}(t) + \boldsymbol{B}u(t) \\ \boldsymbol{y}(t) = \boldsymbol{C}\boldsymbol{x}(t) \end{cases} \tag{7.24}$$

其中,$\boldsymbol{x}(t) = [h_1 \quad h_2]^{\mathrm{T}}$;$\boldsymbol{y}(t) = [Q_1 \quad Q_2]^{\mathrm{T}}$;$u(t) = Q_i$。

$$\boldsymbol{A} = \begin{bmatrix} -1/A_1R_1 & 0 \\ 1/A_2R_1 & -1/A_2R_2 \end{bmatrix}, \quad \boldsymbol{B} = \begin{bmatrix} 1/A_1 \\ 0 \end{bmatrix}, \quad \boldsymbol{C} = \begin{bmatrix} 1/R_1 & 0 \\ 0 & 1/R_2 \end{bmatrix}$$

设 $R_1 = 1/3$,$R_2 = 1/2$,$A_1 = A_2 = 1$,并假设所有测量信号都附加 $N(0,10^{-4})$ 的噪声

$$\begin{cases} \dot{\boldsymbol{x}}(t) = \begin{bmatrix} -3 & 0 \\ 3 & -2 \end{bmatrix}\boldsymbol{x}(t) + \begin{bmatrix} 1 \\ 0 \end{bmatrix}u(t) \\ \boldsymbol{y}(t) = \begin{bmatrix} 3 & 0 \\ 0 & 2 \end{bmatrix}\boldsymbol{x}(t) \end{cases} \tag{7.25}$$

为了验证各种算法对故障的诊断效果,这里我们设计两个故障。故障 1 为水流 1

发生 20%的泄漏，其相应的状态方程为

$$\dot{\boldsymbol{x}}(t)=\begin{bmatrix}-3 & 0\\ 3 & -2\end{bmatrix}\boldsymbol{x}(t)+\begin{bmatrix}1\\ 0\end{bmatrix}u(t)+\begin{bmatrix}-0.2\\ 0\end{bmatrix}\boldsymbol{f}_1(t) \tag{7.26}$$

故障 2 为传感器 2 恒偏差 20%失效，其对应的输出方程为

$$\boldsymbol{y}(t)=\begin{bmatrix}3 & 0\\ 0 & 2\end{bmatrix}\boldsymbol{x}(t)+\begin{bmatrix}0\\ -0.2\end{bmatrix}\boldsymbol{f}_2(t) \tag{7.27}$$

其中，$\boldsymbol{f}_1(t)$，$\boldsymbol{f}_2(t)$ 均为突变型故障，或者简单地说为阶跃信号。

对系统和故障模型采用零阶保持器方法离散化，取采样周期为 0.01s，可得原系统，故障 1，故障 2 的离散化状态空间表达式及传递函数矩阵。

原系统的离散化方程为

$$\begin{cases}\boldsymbol{x}(k+1)=\begin{bmatrix}0.9704 & 0\\ 0.0293 & 0.9802\end{bmatrix}\boldsymbol{x}(k)+\begin{bmatrix}0.0099\\ 0.0001\end{bmatrix}u(k)\\ \boldsymbol{y}(k)=\begin{bmatrix}3 & 0\\ 0 & 2\end{bmatrix}\boldsymbol{x}(k)\end{cases} \tag{7.28}$$

故障 1 情形系统的离散形式为

$$\begin{cases}\boldsymbol{x}(k+1)=\begin{bmatrix}0.9704 & 0\\ 0.0293 & 0.9802\end{bmatrix}\boldsymbol{x}(k)+\begin{bmatrix}0.0099\\ 0.0001\end{bmatrix}u(k)+\begin{bmatrix}-0.002\\ 0.0001\end{bmatrix}f_1(k)\\ \boldsymbol{y}(k)=\begin{bmatrix}3 & 0\\ 0 & 2\end{bmatrix}\boldsymbol{x}(k)\end{cases} \tag{7.29}$$

故障 2 情形系统的离散形式为

$$\begin{cases}\boldsymbol{x}(k+1)=\begin{bmatrix}0.9704 & 0\\ 0.0293 & 0.9802\end{bmatrix}\boldsymbol{x}(k)+\begin{bmatrix}0.0099\\ 0.0001\end{bmatrix}u(k)\\ \boldsymbol{y}(k)=\begin{bmatrix}3 & 0\\ 0 & 2\end{bmatrix}\boldsymbol{x}(k)+\begin{bmatrix}0\\ -0.2\end{bmatrix}f_2(k)\end{cases} \tag{7.30}$$

原系统的离散传递矩阵为

$$\boldsymbol{G}(z)=\frac{1}{z^2-1.5595z+0.60653}\begin{bmatrix}0.25918z-0.2122\\ 0.025444z+0.021538\end{bmatrix} \tag{7.31}$$

故障 1 情形系统的离散传递矩阵为

$$\boldsymbol{G}(z)=\frac{1}{z^2-1.5595z+0.60653}\begin{bmatrix}0.20735z-0.16976\\ 0.020355z+0.01723\end{bmatrix} \tag{7.32}$$

故障 2 情形系统的离散传递矩阵为

$$\boldsymbol{G}(z)=\frac{1}{z^2-1.5595z+0.60653}\begin{bmatrix}0.25918z-0.2122\\ -0.2z^2+0.33735z-0.099769\end{bmatrix} \tag{7.33}$$

7.3　状态估计法

状态估计法的一般步骤为：建立被控过程的数学模型；由实测输入输出数据估计系统状态；与正常工况比较得到偏差(残差)；由决策方法判断故障是否发生；若发生故障则进一步分离。若系统模型已知，通过实测数据估计系统的实时状态并与已知模型比较即可检测故障。这中间系统状态通常由 Luenberger 滤波器或 KF 来实现，在这种故障诊断方法中，当系统处于确定性条件时，可以使用线性或非线性的状态观测器；而在必须考虑噪声的随机情况下，可以使用 KF。由于扰动的特性在实际中不易得到，上述观测器和滤波器的应用受到一定的限制，因而研究含有未知输入干扰时的状态观测器显得尤为重要。本节一一介绍这三种基于状态估计的方法。

1971 年，麻省理工学院的 Beard 在他的博士论文 *Failure Accommodation in Linear Systems through Self-reorganization* 中第一次提出了线性系统故障检测观测器的设计和解析冗余故障检测的实现，这就是最早的基于状态观测器方法的故障诊断技术，随后由 Jones 等学者进一步发展与完善。

故障检测滤波器实际上是一类特殊的全阶状态估计器，它通过适当选择状态估计器的反馈增益矩阵，使残差对应于不同的故障位于残差空间的不同方向上或平面内。利用故障检测滤波器进行故障诊断时，不需要有关故障模式的知识，当在残差空间中对应于某一个故障方向或故障平面的残差足够大时，就可以检测到故障了。

7.3.1　观测器方法

基于状态观测器的故障诊断原理是：依据故障系统的模型建立相应的状态观测器，以原系统的输入和相应输出作为其输入，以状态观测器的状态和输出设计适当的残差来反映不同的故障，从而进行故障诊断。

设可控可观测的线性定常系统

$$\begin{cases}\dot{\boldsymbol{x}}(t)=\boldsymbol{A}\boldsymbol{x}(t)+\boldsymbol{B}\boldsymbol{u}(t)\\ \boldsymbol{y}(t)=\boldsymbol{C}\boldsymbol{x}(t)+\boldsymbol{D}\boldsymbol{u}(t)\end{cases}\tag{7.34}$$

其中，$\boldsymbol{u}\in\mathbf{R}^p$，$\boldsymbol{y}\in\mathbf{R}^q$，$\boldsymbol{x}\in\mathbf{R}^n$。假设系统的参数矩阵 $\boldsymbol{A}$、$\boldsymbol{B}$、$\boldsymbol{C}$、$\boldsymbol{D}$ 均为已知，那么，可以构造系统的观测器模型

$$\begin{cases}\dot{\hat{\boldsymbol{x}}}(t)=\boldsymbol{A}\hat{\boldsymbol{x}}(t)+\boldsymbol{B}\boldsymbol{u}(t)\\ \hat{\boldsymbol{y}}(t)=\boldsymbol{C}\hat{\boldsymbol{x}}(t)+\boldsymbol{D}\boldsymbol{u}(t)\end{cases}\tag{7.35}$$

为了保证观测器状态渐近等于原系统状态，设计输出反馈，观测器的动态方

程为

$$\begin{cases}\dot{\hat{\boldsymbol{x}}}(t)=\boldsymbol{A}\hat{\boldsymbol{x}}(t)+\boldsymbol{B}\boldsymbol{u}(t)+\boldsymbol{H}(\boldsymbol{y}(t)-\hat{\boldsymbol{y}}(t))\\ \hat{\boldsymbol{y}}(t)=\boldsymbol{C}\hat{\boldsymbol{x}}(t)+\boldsymbol{D}\boldsymbol{u}(t)\end{cases}\tag{7.36}$$

定义状态误差

$$\boldsymbol{e}(t)=\boldsymbol{x}(t)-\hat{\boldsymbol{x}}(t)\tag{7.37}$$

输出误差

$$\boldsymbol{\varepsilon}(t)=\boldsymbol{y}(t)-\hat{\boldsymbol{y}}(t)\tag{7.38}$$

则

$$\dot{\boldsymbol{e}}(t)=(\boldsymbol{A}-\boldsymbol{HC})\boldsymbol{e}(t)\tag{7.39}$$

$$\boldsymbol{\varepsilon}(t)=\boldsymbol{C}\boldsymbol{e}(t)\tag{7.40}$$

这样,带故障观测器的系统结构图如图 7.3 所示。

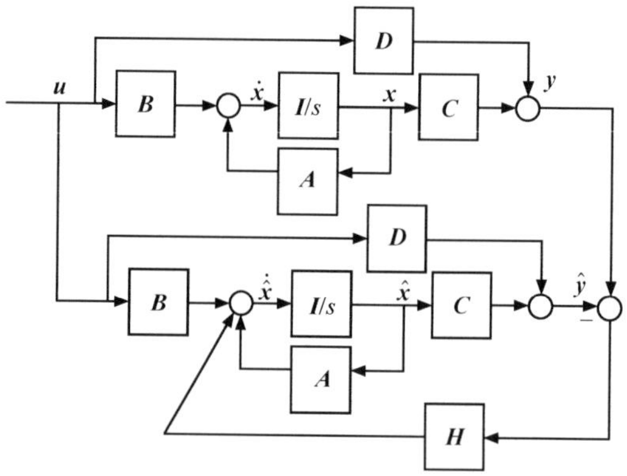

图 7.3 带观测器的系统结构图

由状态观测器的设计原理可知:当系统正常工作时,观测器系统的状态能渐近跟踪原系统的状态。而当系统出现故障时,由于观测器系统仍然是按照正常系统建立,所以观测器系统就不能再渐近跟踪原系统的相应状态,相应的状态之间的差即为残差。残差包含了系统的故障信息,基于状态观测器的故障诊断原理就是通过处理和分析状态残差达到故障诊断的目的。

以 7.2.5 所介绍的双水箱系统为例,以第二个输出的误差作为残差,比较正常工况,故障 1 和故障 2 的情形下采用相同观测器时残差的变化。首先设计观测器,使其极点位于(−5,−5)处,求得输出反馈阵 $\boldsymbol{H}=[2.5\quad 2/3]^{\mathrm{T}}$。分别得到正常工况、故障 1 和故障 2 情形残差变化如图 7.4～图 7.6 所示,其中,故障在第 35 个采样周期 3.5s 加入,输出噪声 0.0001。

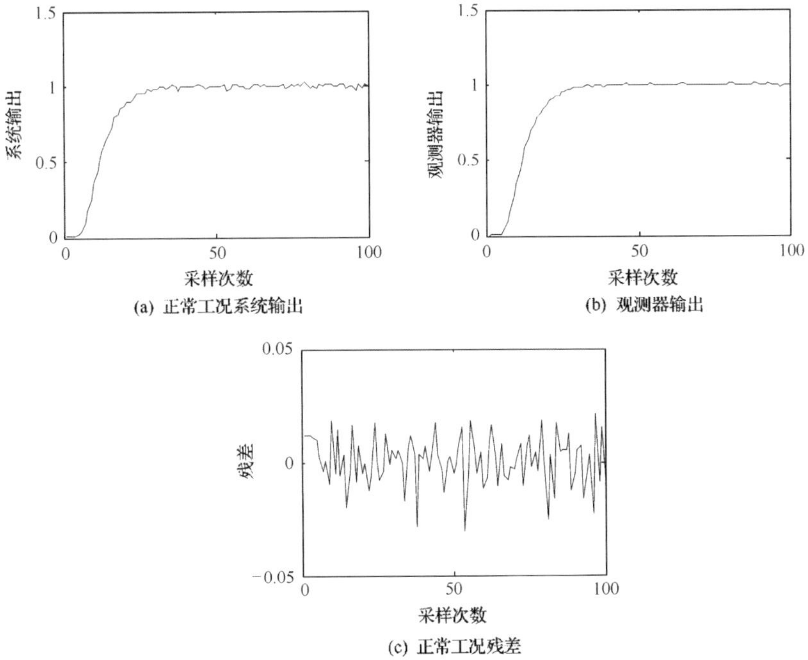

(a) 正常工况系统输出　(b) 观测器输出

(c) 正常工况残差

图 7.4　正常工况故障诊断图

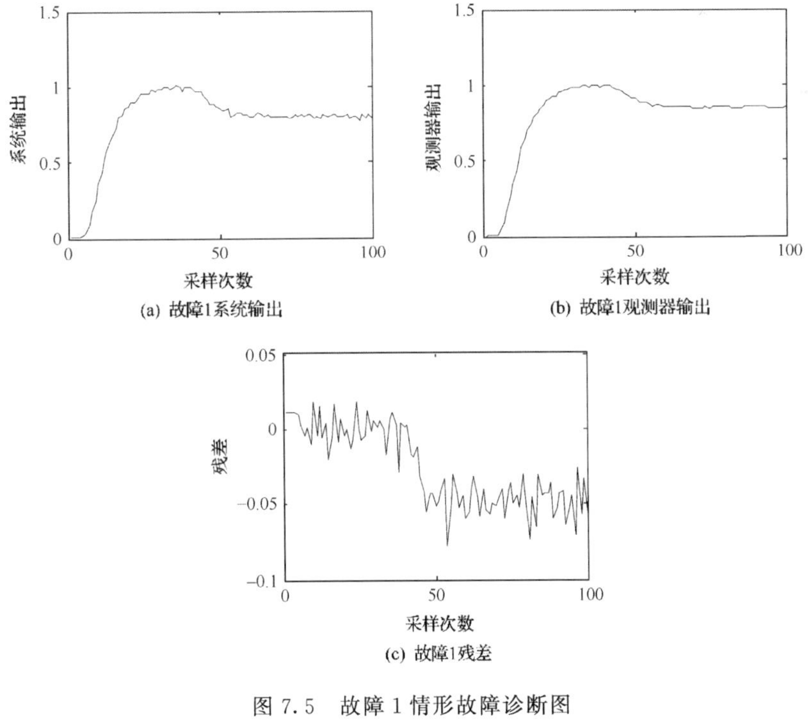

(a) 故障1系统输出　(b) 故障1观测器输出

(c) 故障1残差

图 7.5　故障 1 情形故障诊断图

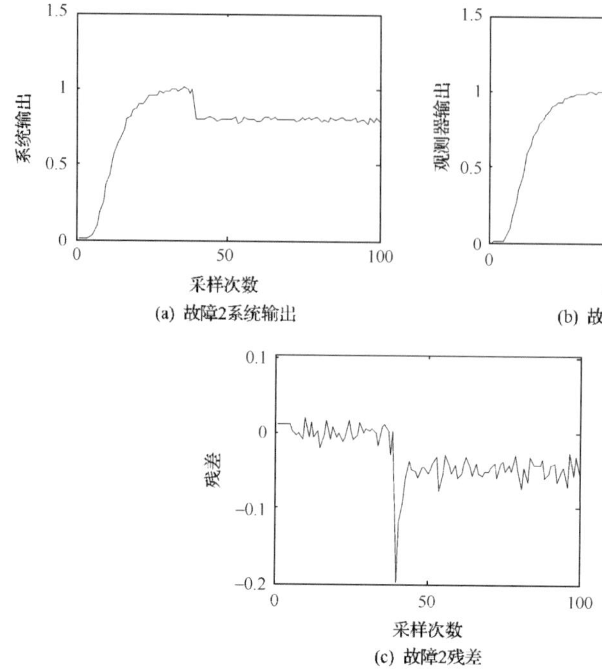

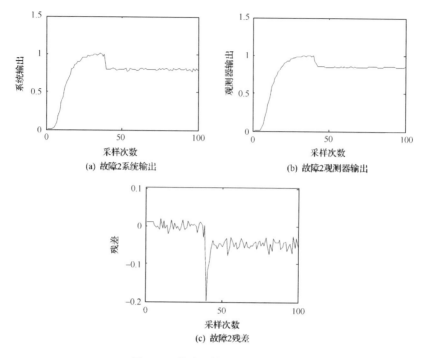

图 7.6　故障 2 情形故障诊断图

当取合适的阈值时，观测器方法可以诊断出所发生的故障。该观测器的设计未考虑系统参数的灵敏度问题，若系统参数由于长时间运行而发生变化，那该方法将无法区分参数变化还是故障引起了残差变化。周东华等[3]提出了双观测器故障检测方法，其中一个观测器对参数变动及故障不敏感，另一个观测器对系统参数不敏感，但对故障敏感；因此，两个观测器的差信号只对故障敏感。

另外，观测器方法对噪声敏感，当噪声水平较高时，容易引起误判，仍然以前面所述的双水箱系统为例，设输出噪声为 0.01，此时在正常工况、故障 1 和故障 2 情形仿真结果如图 7.7～图 7.9 所示。

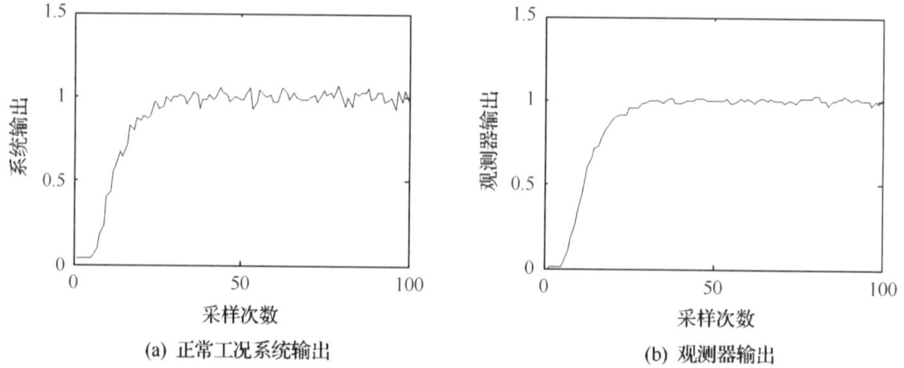

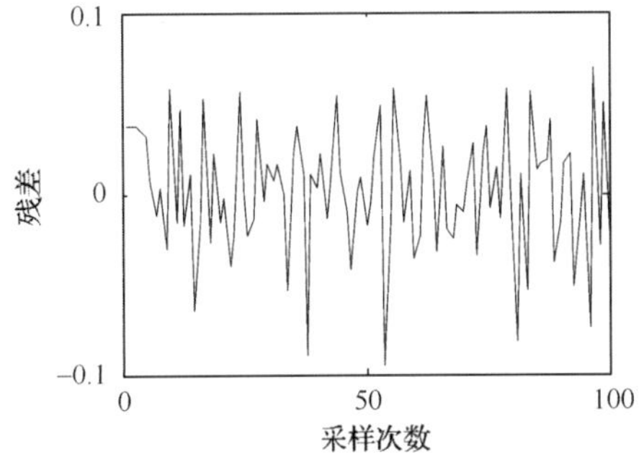

(c) 正常工况残差

图 7.7　正常工况故障诊断图

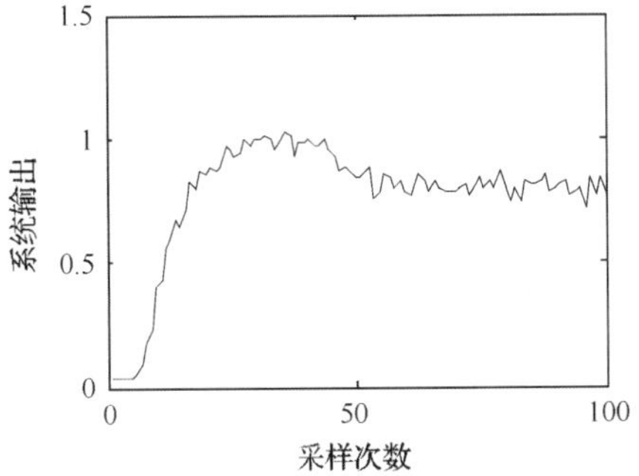

(a) 故障1系统输出

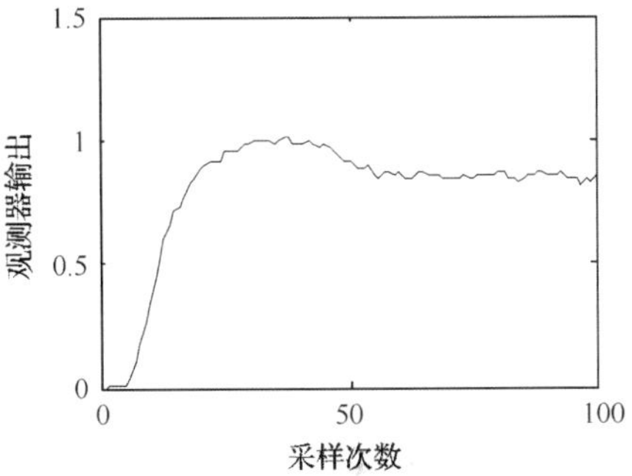

(b) 故障1观测器输出

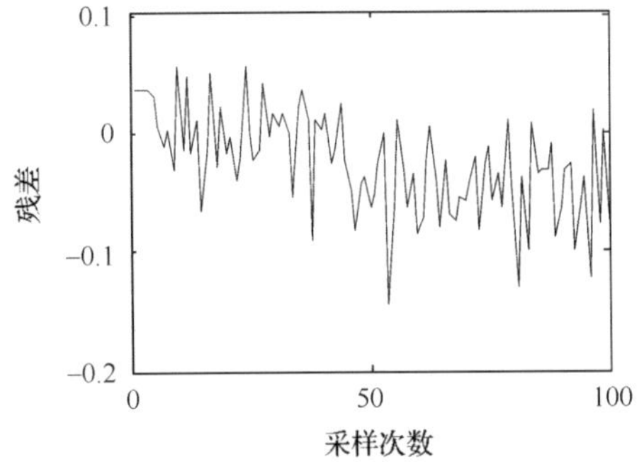

(c) 故障1残差

图 7.8　故障 1 情形故障诊断图

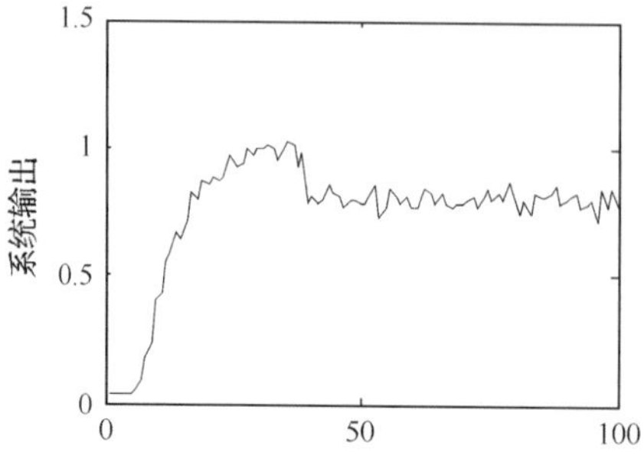

(a) 故障2系统输出

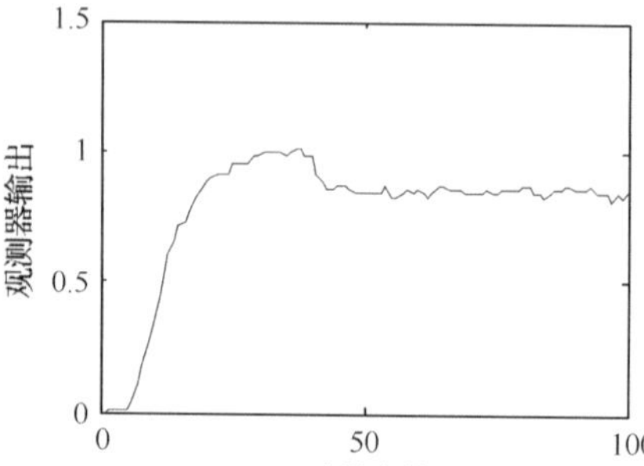

(b) 故障2观测器输出

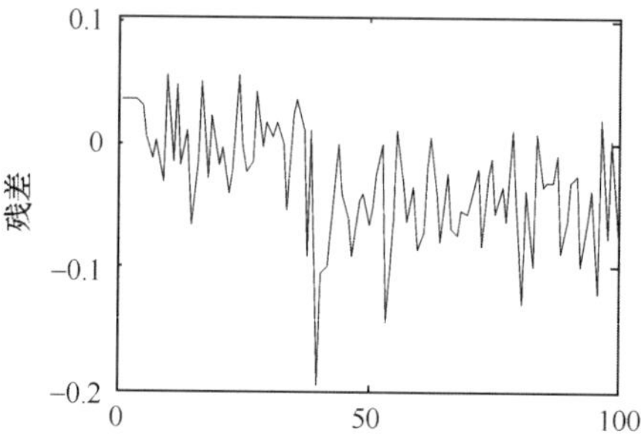

(c) 故障2残差

图 7.9　故障 2 情形故障诊断图

可见,此时无论是故障 1 还是故障 2 的情形,都无法找到合适的阈值使残差能区分故障与无故障状态,滤波器(KF)方法可有效解决噪声问题,下面作简单介绍。

7.3.2　滤波器方法

利用 KF 方法对随机系统进行故障诊断的思路是:KF 方法对系统的状态进行估计,从所估计状态获得对系统输出的估计值,与实测输出进行比较,从而得到残差。

它是根据上一状态的估计值和当前状态的观测值推出当前状态的估计值的滤波方法。它是用状态方程和递推方法进行估计的,因而卡尔曼滤波对信号的平稳性和时不变性不做要求。

设含动态噪声和输出噪声的系统方程为

$$\boldsymbol{x}(k+1)=\boldsymbol{A}(k)\boldsymbol{x}(k)+\boldsymbol{B}(k)\boldsymbol{u}(k)+\boldsymbol{E}(k)\boldsymbol{w}(k) \tag{7.41}$$

$$\boldsymbol{y}(k)=\boldsymbol{C}(k)\boldsymbol{x}(k)+\boldsymbol{v}(k) \tag{7.42}$$

其中,$\boldsymbol{w}(k)$ 为动态噪声向量;$\boldsymbol{v}(k)$ 为随机测量噪声向量;$\boldsymbol{A}(k)$ 为状态一步转移矩阵;$\boldsymbol{B}(k)$ 为控制一步转移矩阵;$\boldsymbol{E}(k)$ 为动态噪声一步转移矩阵;$\boldsymbol{C}(k)$ 为观测矩阵。

一般情况下，系统初始状态 $\boldsymbol{x}(0)$ 为随机向量，假设动态噪声、测量噪声和初始状态的统计特性满足以下条件：

$$\begin{cases}\boldsymbol{E}[\boldsymbol{w}(k)]=0\\ \mathrm{Cov}[\boldsymbol{w}(k),\boldsymbol{w}(j)]=\boldsymbol{E}[\boldsymbol{w}(k)\boldsymbol{w}^{\mathrm{T}}(j)]=\boldsymbol{Q}(k)\delta_{kj}\end{cases}\tag{7.43}$$

$$\begin{cases}\boldsymbol{E}[\boldsymbol{v}(k)]=0\\ \mathrm{Cov}[\boldsymbol{v}(k),\boldsymbol{v}(j)]=\boldsymbol{E}[\boldsymbol{v}(k)\boldsymbol{v}^{\mathrm{T}}(j)]=\boldsymbol{R}(k)\delta_{kj}\end{cases}\tag{7.44}$$

$$\mathrm{Cov}[\boldsymbol{w}(k),\boldsymbol{v}(j)]=\boldsymbol{E}[\boldsymbol{w}(k)\boldsymbol{v}^{\mathrm{T}}(j)]=0\tag{7.45}$$

其中，$\boldsymbol{Q}(k)$ 和 $\boldsymbol{R}(k)$ 分别为动态噪声和测量噪声的方差阵；$\delta_{kj}=\begin{cases}1, & k=j\\ 0, & k\neq j\end{cases}$。

$$\begin{cases}\boldsymbol{E}[\boldsymbol{x}(0)]=\bar{\boldsymbol{x}}(0)\\ \mathrm{Var}[\boldsymbol{x}(0)]=\boldsymbol{E}\{[\boldsymbol{x}(0)-\bar{\boldsymbol{x}}(0)][\boldsymbol{x}(0)-\bar{\boldsymbol{x}}(0)]^{\mathrm{T}}\}=\boldsymbol{P}(0)\end{cases}\tag{7.46}$$

$$\mathrm{Cov}[\boldsymbol{x}(0),\boldsymbol{w}(k)]=\boldsymbol{E}[\boldsymbol{x}(0)\boldsymbol{w}^{\mathrm{T}}(k)]=0\tag{7.47}$$

$$\mathrm{Cov}[\boldsymbol{x}(0),\boldsymbol{v}(k)]=\boldsymbol{E}[\boldsymbol{x}(0)\boldsymbol{v}^{\mathrm{T}}(k)]=0\tag{7.48}$$

利用 KF 计算残差可分为时间更新和测量更新两部分。设递推初值为 $\hat{\boldsymbol{x}}(0)=\bar{\boldsymbol{x}}(0)$，$\boldsymbol{P}(0)=\mathrm{Var}[\boldsymbol{x}(0)]$，其递推过程如下：

(1) 计算先验状态估计值，即状态的一步预报估计

$$\hat{\boldsymbol{x}}(k\mid k-1)=\boldsymbol{A}(k-1)\hat{\boldsymbol{x}}(k-1)+\boldsymbol{B}(k-1)\boldsymbol{u}(k-1)\tag{7.49}$$

(2) 计算测量估计

$$\hat{\boldsymbol{y}}(k\mid k-1)=\boldsymbol{C}(k)\hat{\boldsymbol{x}}(k\mid k-1)\tag{7.50}$$

(3) 计算预报误差，即残差

$$\boldsymbol{r}(k)=\boldsymbol{y}(k)-\hat{\boldsymbol{y}}(k\mid k-1)\tag{7.51}$$

其中，$\boldsymbol{y}(k)$为实际测量值。

(4) 计算先验误差方差阵 $\boldsymbol{P}(k\mid k-1)$

$$\boldsymbol{P}(k\mid k-1)=\boldsymbol{A}(k)\boldsymbol{P}(k-1)\boldsymbol{A}^{\mathrm{T}}(k)+\boldsymbol{E}(k-1)\boldsymbol{Q}\boldsymbol{E}^{\mathrm{T}}(k-1)\tag{7.52}$$

(5) 计算修正矩阵 $\boldsymbol{K}(k)$

$$\boldsymbol{K}(k)=\boldsymbol{P}(k\mid k-1)\boldsymbol{C}^{\mathrm{T}}(k)[\boldsymbol{C}(k)\boldsymbol{P}(k\mid k-1)\boldsymbol{C}^{\mathrm{T}}(k)+\boldsymbol{R}(k)]^{-1}\tag{7.53}$$

(6) 更新观测，即 k 时刻状态的最佳估计

$$\hat{\boldsymbol{x}}(k)=\hat{\boldsymbol{x}}(k\mid k-1)+\boldsymbol{K}(k)\boldsymbol{r}(k)\tag{7.54}$$

(7) 更新误差的方差阵

$$\boldsymbol{P}(k)=[\boldsymbol{I}-\boldsymbol{K}(k)\boldsymbol{C}(k)]\boldsymbol{P}(k\mid k-1)\tag{7.55}$$

以上步骤(1)～步骤(4)为时间更新，步骤(5)～步骤(7)为测量更新。当系统正常运行时，KF 方法所生成的预报误差即残差 $\boldsymbol{r}(k)$ 近似为一白噪声序列，$\boldsymbol{E}(\|\boldsymbol{r}(k)\|)$ 近似为 0；当故障发生时，$\boldsymbol{E}(\|\boldsymbol{r}(k)\|)$ 不为 0。设置检测阈值 T，故障的决策规则为当 $\boldsymbol{E}(\|\boldsymbol{r}(k)\|)<T$，无故障发生；当 $\boldsymbol{E}(\|\boldsymbol{r}(k)\|)\geqslant T$，发生故障。

例如对传感器故障的检测，可以选取阈值 $T=\left(\sum_{i=1}^{n} e_i^2\right)^{1/2}$，其中，$e_i$ 为第 i 个传感器的允许误差[4]。

仍然以双水箱系统为例，考虑两个测量输出。设动态噪声和测量噪声方差均为 0.01，以每一点残差的平方根为监测量，得到正常工况，故障 1、故障 2 的监测量变化如图 7.10～图 7.12 所示。$R=Q=0.01$，第 1000 点加故障。

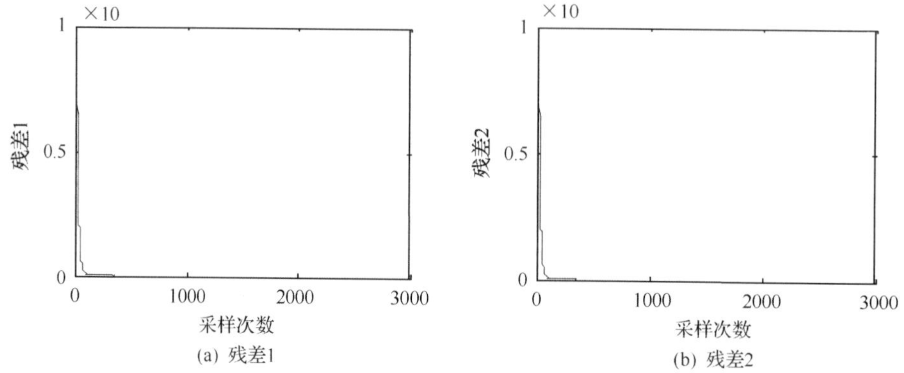

图 7.10　正常工况输出残差 1 和残差 2(对应两个输出)

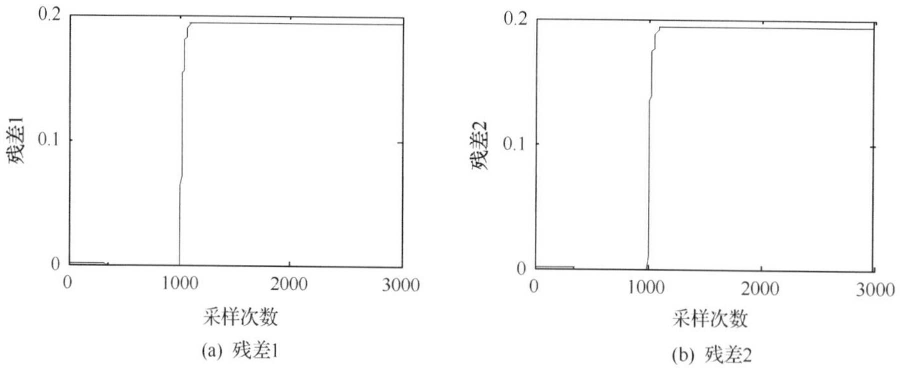

图 7.11　故障 1 情形输出残差 1 和残差 2(对应两个输出)

现在增加动态噪声和测量噪声到方差达到 0.1，得到正常工况，故障 1、故障 2 的残差变化如图 7.13～图 7.15 所示。$R=Q=0.1$，第 1000 点加故障。

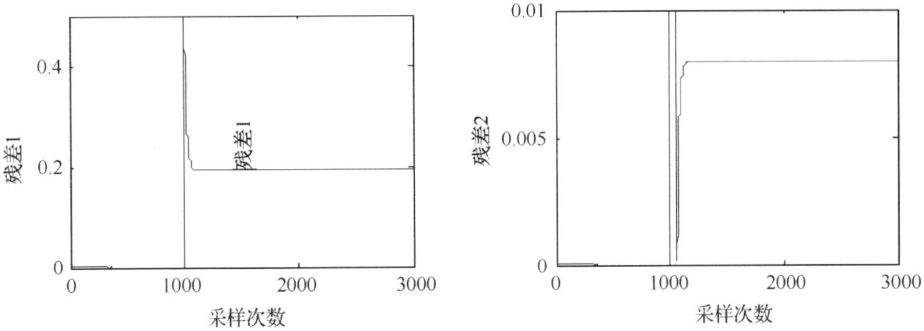

(a) 残差1　(b) 残差2

图 7.12　故障 2 情形输出残差 1 和残差 2(对应两个输出)

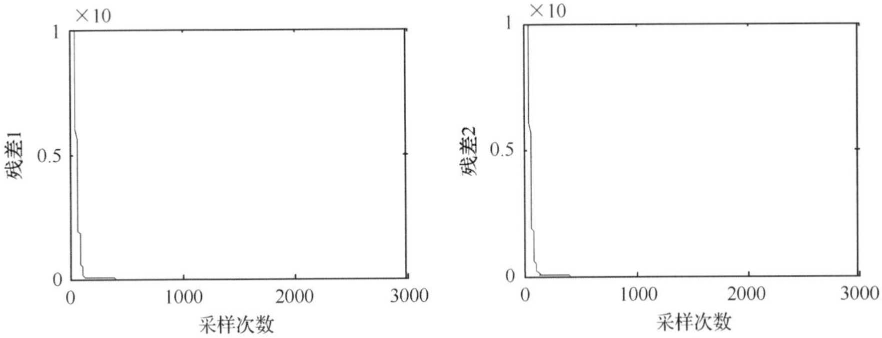

(a) 残差1　(b) 残差2

图 7.13　正常工况残差 1 和残差 2(对应两个输出)

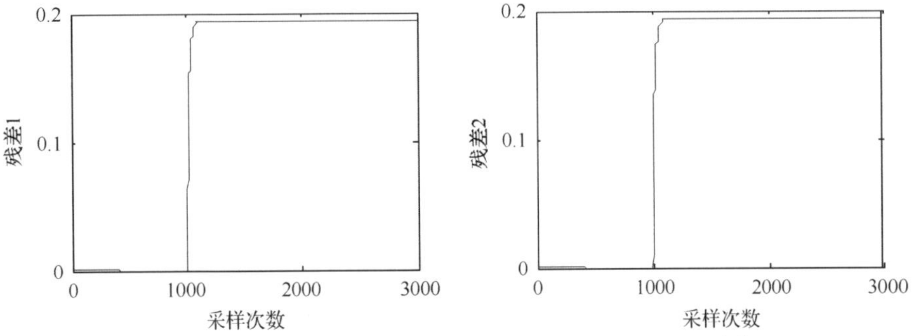

(a) 残差1　(b) 残差2

图 7.14　故障 1 残差 1 和残差 2(对应两个输出)

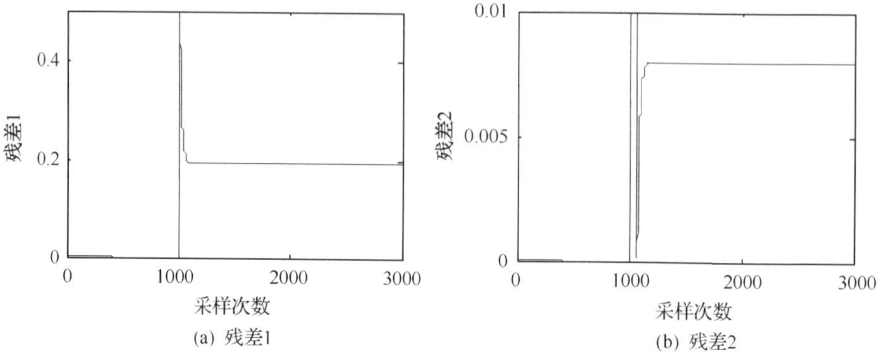

图 7.15　故障 2 残差 1 和残差 2(对应两个输出)

可以看出,KF 方法可有效地检测故障并有较强的抑制噪声作用。而 7.3.1 小节中采用观测器方法,在噪声方差为 0.01 时,已经几乎不能正常工作。

需要说明,这里我们给出的是离散 Kalman 滤波方程,对连续系统,同样可以采用连续 Kalman 滤波方程,感兴趣的读者可以参见文献[5]。

KF 方法非常有效,但其有严格的应用前提:精确的数学模型、噪声的统计特性已知、系统可观测或部分可观测等。另外,上述为基本 Kalman 滤波方程,仅适用于线性系统。若系统为非线性,则可以采用扩展卡尔曼滤波器(EKF)方法来实现状态估计。与基本 KF 方法一样,EKF 方法需要噪声的统计特性等先验知识。当这些噪声的统计特性无法确定时,可以采用自适应 EKF 方法,该方法在线估计状态的同时,对噪声的统计特性进行估计。EKF 方法对模型不确定性的鲁棒性较差,容易出现状态估计不准或造成滤波器发散。尤其是在系统达到平稳状态时,EKF 方法将丧失对突变状态的跟踪能力。为了克服上述缺陷,周东华[3]提出了强跟踪滤波器理论。如果将控制系统的各种故障,如系统故障、执行机构故障以及传感器故障都归于一种参数偏差型故障,那么可以利用强跟踪滤波器进行状态和参数联合估计,进而由估计得到的状态和参数判断是否发生故障。

7.3.3　基于未知输入观测器的方法

一般基于解析模型的方法都是在假设能得到系统精确模型的基础上进行的。但是实际中往往不可避免地存在各种模型中无法考虑的因素,使得不可能得到非常精确的系统,如噪声、线性化误差、未知输入、环境变化等。基于未知输入观测器(unknown input observer,UIO)的方法是一种比较经典的鲁棒故障检测诊断方法,其基本思想是将各种不确定性因素视为系统的未知输入(扰动),虽然这种输入(扰动)是未知的,但其分布矩阵认为已知。可利用未知输入观测器得到对未知输入(扰动)解耦的状态估计,之后基于该状态估计(或者其加权形式)形成的残差也相应实现了对未知输入的解耦。

在故障检测中需要的是观测器的输出估计，而非状态的估计，这样阶次比状态观测器少的函数观测器可以完成这个任务。我们用 Luenberger 观测器估计状态的线性函数 $\boldsymbol{Lx}(t)$，结构如下

$$\begin{cases}\dot{\boldsymbol{z}}(t)=\boldsymbol{Fz}(t)+\boldsymbol{Ky}(t)+\boldsymbol{Ju}(t)\\ \boldsymbol{w}(t)=\boldsymbol{Gz}(t)+\boldsymbol{Ry}(t)+\boldsymbol{Su}(t)\end{cases}\tag{7.56}$$

其中，$\boldsymbol{z}(t)\in\mathbf{R}^r$ 为该函数观测器的状态向量，为原状态 $\boldsymbol{x}(t)$ 的线性变化 $\boldsymbol{Tx}(t)$；$\boldsymbol{F}$、$\boldsymbol{K}$、$\boldsymbol{J}$、$\boldsymbol{G}$、$\boldsymbol{R}$、$\boldsymbol{S}$ 为相应维数的矩阵；观测器的输出 $\boldsymbol{w}(t)$ 为 $\boldsymbol{Lx}(t)$ 的估计。对于式(7.18)的系统，当没有故障时

$$\lim_{t\to\infty}[\boldsymbol{w}(t)-\boldsymbol{Lx}(t)]=0\tag{7.57}$$

设 $\boldsymbol{z}(t)=\boldsymbol{Tx}(t)$，要使式(7.56)产生估计 $\boldsymbol{Lx}(t)$，观测器在无故障时，除应满足 $\boldsymbol{F}$ 的特征值稳定外，还应满足

$$\begin{cases}\boldsymbol{TA}-\boldsymbol{FT}=\boldsymbol{KC}\\ \boldsymbol{J}=\boldsymbol{TB}-\boldsymbol{KD}\\ \boldsymbol{L}=\boldsymbol{RC}+\boldsymbol{GT}\\ \boldsymbol{S}+\boldsymbol{RD}=\boldsymbol{0}\end{cases}\tag{7.58}$$

对式(7.18)所示的系统，由式(7.56)所给出的观测器存在的充分必要条件是($\boldsymbol{C}$，$\boldsymbol{A}$)可观测，为了产生残差，我们需要估计系统输出，如果设

$$\boldsymbol{L}=\boldsymbol{C}\tag{7.59}$$

系统输出估计为

$$\hat{\boldsymbol{y}}(t)=\boldsymbol{w}(t)+\boldsymbol{Du}(t)\tag{7.60}$$

残差向量定义为

$$\begin{aligned}\boldsymbol{r}(t)&=\boldsymbol{Q}[\boldsymbol{y}(t)-\hat{\boldsymbol{y}}(t)]\\ &=\boldsymbol{Q}[\boldsymbol{y}(t)-\boldsymbol{Gz}(t)-\boldsymbol{Ry}(t)-\boldsymbol{Su}(t)-\boldsymbol{Du}(t)]\end{aligned}\tag{7.61}$$

记

$$\begin{cases}\boldsymbol{L}_1=-\boldsymbol{QG}\\ \boldsymbol{L}_2=\boldsymbol{Q}-\boldsymbol{QR}\\ \boldsymbol{L}_3=-\boldsymbol{Q}(\boldsymbol{S}+\boldsymbol{D})\end{cases}\tag{7.62}$$

则

$$\boldsymbol{r}(t)=\boldsymbol{L}_1\boldsymbol{z}(t)+\boldsymbol{L}_2\boldsymbol{y}(t)+\boldsymbol{L}_3\boldsymbol{u}(t)\tag{7.63}$$

这样，基于一般 Luenberger 滤波器的残差发生器如图 7.16 所示，由以下公式描述

$$\begin{cases}\dot{\boldsymbol{z}}(t)=\boldsymbol{Fz}(t)+\boldsymbol{Ky}(t)+\boldsymbol{Ju}(t)\\ \boldsymbol{r}(t)=\boldsymbol{L}_1\boldsymbol{z}(t)+\boldsymbol{L}_2\boldsymbol{y}(t)+\boldsymbol{L}_3\boldsymbol{u}(t)\end{cases}\tag{7.64}$$

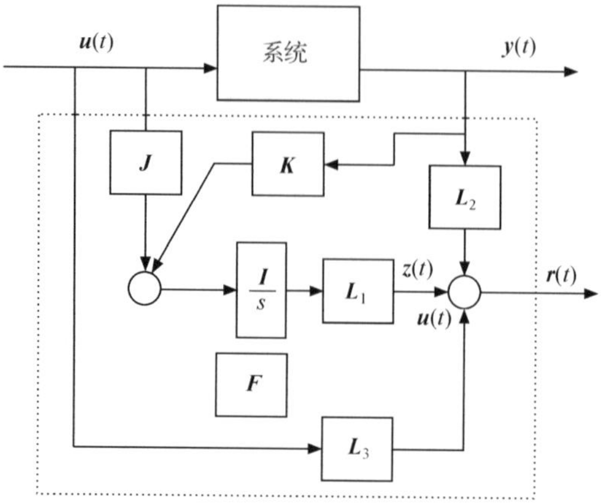

图 7.16　带未知输入观测器的系统结构

该方程中的矩阵应该满足以下条件(除 $\boldsymbol{F}$ 的特征值稳定外)

$$\begin{cases}\boldsymbol{TA}-\boldsymbol{FT}=\boldsymbol{KC}\\ \boldsymbol{J}=\boldsymbol{TB}-\boldsymbol{KD}\\ \boldsymbol{L}_1\boldsymbol{T}+\boldsymbol{L}_2\boldsymbol{C}=\boldsymbol{0}\\ \boldsymbol{L}_3+\boldsymbol{L}_2\boldsymbol{D}=\boldsymbol{0}\end{cases}\tag{7.65}$$

残差的拉普拉斯变换为

$$\boldsymbol{r}(s)=[\boldsymbol{L}_1(s\boldsymbol{I}-\boldsymbol{F})^{-1}\boldsymbol{K}+\boldsymbol{L}_2]\boldsymbol{y}(s)+[\boldsymbol{L}_1(s\boldsymbol{I}-\boldsymbol{F})^{-1}\boldsymbol{J}+\boldsymbol{L}_3]\boldsymbol{u}(s)\tag{7.66}$$

将式(7.62)的残差发生器应用到系统(7.18),并设 $\boldsymbol{e}(t)=\boldsymbol{z}(t)-\boldsymbol{Tx}(t)$,残差变为

$$\begin{cases}\dot{\boldsymbol{e}}(t)=\boldsymbol{Fe}(t)-\boldsymbol{TR}_1\boldsymbol{f}(t)+\boldsymbol{KR}_2\boldsymbol{f}(t)\\ \boldsymbol{r}(t)=\boldsymbol{L}_1\boldsymbol{e}(t)+\boldsymbol{L}_2\boldsymbol{R}_2\boldsymbol{f}(t)\end{cases}\tag{7.67}$$

可以看出,残差完全取决于故障。在基于观测器的残差发生器中,最简单的是全阶观测器。此时,观测器维数 r 与 n 相等,我们有

$$\begin{cases}\boldsymbol{T}=\boldsymbol{I}\\ \boldsymbol{F}=\boldsymbol{A}-\boldsymbol{KC},\\ \boldsymbol{J}=\boldsymbol{B}-\boldsymbol{KD}\end{cases}\quad\begin{cases}\boldsymbol{L}_1=\boldsymbol{QC}\\ \boldsymbol{L}_2=-\boldsymbol{Q}\\ \boldsymbol{L}_3=\boldsymbol{QD}\end{cases}\tag{7.68}$$

因而,基于全阶观测器的残差发生器传递函数矩阵为

$$\boldsymbol{H}_y(s)=\boldsymbol{Q}\{\boldsymbol{C}[s\boldsymbol{I}-(\boldsymbol{A}-\boldsymbol{KC})]^{-1}\boldsymbol{K}-\boldsymbol{I}\}\tag{7.69}$$

$$\boldsymbol{H}_u(s)=\boldsymbol{Q}\{\boldsymbol{C}[s\boldsymbol{I}-(\boldsymbol{A}-\boldsymbol{KC})]^{-1}(\boldsymbol{B}-\boldsymbol{KD})+\boldsymbol{D}\}\tag{7.70}$$

要改变残差的频率响应,残差加权矩阵可改为动态加权 $\boldsymbol{Q}(s)$。

以上 $\boldsymbol{F}$、$\boldsymbol{K}$、$\boldsymbol{J}$、$\boldsymbol{L}_1$、$\boldsymbol{L}_2$、$\boldsymbol{L}_3$ 等矩阵的设计除应该使 $\boldsymbol{F}$ 的特征值稳定外,还应该满足上述各方程。对隔离故障而言,基于观测器的方法可以用来设计结构残差组或者固定残差向量。这种类型的方程解存在的充要条件以及设计的具体方法可参见

文献[1]。

7.4　参数估计法

参数估计法的基本思路为：在线估计实际系统的参数，与无故障下由参考模型得到的参数比较，任何显著差异均提示故障。该方法基于这样的假设，即故障在物理系统的参数中反映。当故障对应于某个或某些参数的显著变化时，可由参数估计方法来检测故障信息，由实测数据估计出参数并与正常工况的参数值比较即可检测故障。其诊断步骤为：建立被控过程的数学模型；确定模型系数与过程物理参数之间的关系；由实测输入输出数据估计模型参数；与正常工况模型参数比较得到偏差(残差)；由决策方法判断故障是否发生；若发生故障根据模型参数与物理参数的关系判别故障类型。

设过程的输入输出模型为

$$\boldsymbol{y}(k) = -a_1\boldsymbol{y}(k-1) - \cdots - a_n\boldsymbol{y}(k-n) + b_1\boldsymbol{u}(k-1) + \cdots + b_m\boldsymbol{u}(k-m) \tag{7.71}$$

其中，$\boldsymbol{u}(k)$ 和 $\boldsymbol{y}(k)$ 分别为系统的输入输出在 k 时刻的值。如果以系统输入输出测量值代入方程，考虑测量噪声 $\boldsymbol{\xi}(k)$ 并写成向量方程的形式：

$$\begin{aligned} \boldsymbol{y}(k) &= \boldsymbol{x}^{\mathrm{T}}(k)\theta + \xi(k) \\ \boldsymbol{x}^{\mathrm{T}}(k) &= [-\boldsymbol{y}(k-1), \cdots, -\boldsymbol{y}(k-n), \boldsymbol{u}(k-1), \cdots, \boldsymbol{u}(k-m)] \\ \boldsymbol{\theta} &= [a_1, \cdots, a_n, b_1, \cdots, b_m]^{\mathrm{T}} \end{aligned} \tag{7.72}$$

类似地，将一系列测量数据代入方程式(7.71)可得到不同采样时刻输入与输出的关系方程，将它们写成矩阵-向量方程的形式

$$\boldsymbol{y} = \boldsymbol{X\theta} + \boldsymbol{\xi} \tag{7.73}$$

其中

$$\begin{aligned} \boldsymbol{y} &= [\boldsymbol{y}(k+1), \boldsymbol{y}(k+2), \cdots, \boldsymbol{y}(k+N)]^{\mathrm{T}} \\ \boldsymbol{X} &= [\boldsymbol{x}^{\mathrm{T}}(k+1), \boldsymbol{x}^{\mathrm{T}}(k+2), \cdots, \boldsymbol{x}^{\mathrm{T}}(k+N)]^{\mathrm{T}} \\ \boldsymbol{\xi} &= [\boldsymbol{\xi}(k+1), \boldsymbol{\xi}(k+2), \cdots, \boldsymbol{\xi}(k+N)]^{\mathrm{T}} \end{aligned}$$

这样，$\boldsymbol{X}$ 矩阵和 $\boldsymbol{y}$ 向量均由输入输出测量值组成，待辨识参数向量为 $\boldsymbol{\theta}$，通过最小化方程误差的平方和即

$$\min \boldsymbol{J} = \sum_{i=k+1}^{k+N} \boldsymbol{\xi}^2(i) = \boldsymbol{\xi}^{\mathrm{T}}\boldsymbol{\xi} \tag{7.74}$$

可得到参数的最小二乘估计

$$\hat{\boldsymbol{\theta}}_{LS} = (\boldsymbol{X}^{\mathrm{T}}\boldsymbol{X})^{-1}\boldsymbol{X}^{\mathrm{T}}\boldsymbol{y} \tag{7.75}$$

对于故障诊断而言，我们需要得到最小二乘估计的递推算法。设由 N 组数据

得到的最小二乘估计表示为$\hat{\boldsymbol{\theta}}_N=(\boldsymbol{X}_N^{\mathrm{T}}\boldsymbol{X}_N)^{-1}\boldsymbol{X}_N^{\mathrm{T}}\boldsymbol{Y}_N$，由 $N+1$ 组数据得到的最小二乘估计表示为 $\hat{\boldsymbol{\theta}}_{N+1}=(\boldsymbol{X}_{N+1}^{\mathrm{T}}\boldsymbol{X}_{N+1})^{-1}\boldsymbol{X}_{N+1}^{\mathrm{T}}\boldsymbol{Y}_{N+1}$。则

$$\boldsymbol{Y}_{N+1}=\begin{bmatrix}\boldsymbol{Y}_N\\ \boldsymbol{y}(N+1)\end{bmatrix},\quad \boldsymbol{X}_{N+1}=\begin{bmatrix}\boldsymbol{X}_N\\ \boldsymbol{x}^{\mathrm{T}}(N+1)\end{bmatrix}$$

设 $\boldsymbol{P}_N=(\boldsymbol{X}_N^{\mathrm{T}}X_N)^{-1}$，$\boldsymbol{P}_{N+1}=(\boldsymbol{X}_{N+1}^{\mathrm{T}}\boldsymbol{X}_{N+1})^{-1}$，则

$$\boldsymbol{P}_{N+1}=\left\{\begin{bmatrix}\boldsymbol{X}_N\\ \boldsymbol{x}^{\mathrm{T}}(N+1)\end{bmatrix}^{\mathrm{T}}\begin{bmatrix}\boldsymbol{X}_N\\ \boldsymbol{x}^{\mathrm{T}}(\boldsymbol{N}+1)\end{bmatrix}\right\}^{-1}=[\boldsymbol{P}_N^{-1}+\boldsymbol{x}(N+1)\boldsymbol{x}^{\mathrm{T}}(N+1)]^{-1}\tag{7.76}$$

根据矩阵求逆引理 $(\boldsymbol{A}+\boldsymbol{BCD})^{-1}=\boldsymbol{A}^{-1}-\boldsymbol{A}^{-1}\boldsymbol{B}(\boldsymbol{C}^{-1}+\boldsymbol{DA}^{-1}\boldsymbol{B})^{-1}\boldsymbol{DA}^{-1}$，可得

$$\boldsymbol{P}_{N+1}=\boldsymbol{P}_N-\boldsymbol{P}_N\boldsymbol{x}(N+1)\boldsymbol{x}^{\mathrm{T}}(N+1)\boldsymbol{P}_N/[1+\boldsymbol{x}^{\mathrm{T}}(N+1)\boldsymbol{P}_N\boldsymbol{x}(N+1)]\tag{7.77}$$

这就是 $\boldsymbol{P}_{N+1}$ 和 $\boldsymbol{P}_N$ 之间的递推关系。将式(7.77)代入 $\hat{\boldsymbol{\theta}}_{N+1}$ 表达式，化简可得 $\hat{\boldsymbol{\theta}}_{N+1}$ 和 $\hat{\boldsymbol{\theta}}_N$ 之间的递推关系

$$\hat{\boldsymbol{\theta}}_{N+1}=\hat{\boldsymbol{\theta}}_N+\boldsymbol{P}_N\boldsymbol{x}(N+1)[\boldsymbol{y}(N+1)-\boldsymbol{x}^{\mathrm{T}}(N+1)\hat{\boldsymbol{\theta}}_N]/[1+\boldsymbol{x}^{\mathrm{T}}(N+1)\boldsymbol{P}_N\boldsymbol{x}(N+1)]\tag{7.78}$$

写成完整的递推关系为

$$\boldsymbol{P}_{N+1}=\boldsymbol{P}_N-\gamma(N+1)\boldsymbol{P}_N\boldsymbol{x}(N+1)\boldsymbol{x}^{\mathrm{T}}(N+1)\boldsymbol{P}_N\tag{7.79}$$

$$\gamma(N+1)=1/[1+\boldsymbol{x}^{\mathrm{T}}(N+1)\boldsymbol{P}_N\boldsymbol{x}(N+1)]\tag{7.80}$$

$$\hat{\boldsymbol{\theta}}_{N+1}=\hat{\boldsymbol{\theta}}_N+\gamma(N+1)\boldsymbol{P}_N\boldsymbol{x}(N+1)[\boldsymbol{y}(N+1)-\boldsymbol{x}^{\mathrm{T}}(N+1)\hat{\boldsymbol{\theta}}_N]\tag{7.81}$$

对于时变系统，在递推次数很多时，会发生数据饱和现象，即新数据会被老数据淹没，而反映不出参数随时间变化的特性。这在故障诊断中是大忌，因而有必要采取一些措施来避免数据饱和现象的发生。一般可以采用遗忘因子法(渐消记忆法)和限定记忆法(数据窗法)来辨识时变参数。遗忘因子法的思路是对老数据增加遗忘因子，越老的数据给予越小的加权，以减小老数据的影响，增强新数据的作用。而限定记忆法则仅仅取最近的 L 组数据用于辨识，L 组以前的数据不考虑。

对于遗忘因子法，其目标函数取为

$$\boldsymbol{J}=\sum_{i=k+1}^{k+N}\lambda^{k+N-i}\xi^2(i)=[\sqrt{\lambda}^{N-1}\xi(k+1),\sqrt{\lambda}^{N-2}\xi(k+2),\cdots,\xi(k+N)][\cdot]^{\mathrm{T}}=\xi_\lambda^{\mathrm{T}}\xi_\lambda\tag{7.82}$$

其中，$0<\lambda<1$，相应的测量方程变为

$$\boldsymbol{y}_\lambda=\boldsymbol{X}_\lambda\boldsymbol{\theta}+\xi_\lambda\tag{7.83}$$

其中

$$\boldsymbol{y}_\lambda = \begin{bmatrix} \sqrt{\lambda}^{N-1}\,\boldsymbol{y}(k+1) \\ \sqrt{\lambda}^{N-2}\,\boldsymbol{y}(k+2) \\ \vdots \\ \sqrt{\lambda}^{N-N}\,\boldsymbol{y}(k+N) \end{bmatrix}, \quad \boldsymbol{X}_\lambda = \begin{bmatrix} \sqrt{\lambda}^{N-1}\,\boldsymbol{x}^{\mathrm{T}}(k+1) \\ \sqrt{\lambda}^{N-2}\,\boldsymbol{x}^{\mathrm{T}}(k+2) \\ \vdots \\ \sqrt{\lambda}^{N-N}\,\boldsymbol{x}^{\mathrm{T}}(k+N) \end{bmatrix}$$

最小二乘估计为

$$\hat{\boldsymbol{\theta}} = (\boldsymbol{X}_\lambda^{\mathrm{T}}\boldsymbol{X}_\lambda)^{-1}\boldsymbol{X}_\lambda^{\mathrm{T}}\boldsymbol{Y}_\lambda \tag{7.84}$$

增加一组测量后，目标函数为

$$\begin{aligned} \boldsymbol{J}_{N+1} &= \sum_{i=k+1}^{k+N+1}\lambda^{k+N+1-i}\boldsymbol{\xi}^2(i) = \sum_{i=k+1}^{k+N}\lambda^{k+N+1-i}\boldsymbol{\xi}^2(i) + \boldsymbol{\xi}^2(N+1) \\ &= \lambda\sum_{i=1}^{N}\lambda^{N-i}\boldsymbol{\xi}^2(i) + \boldsymbol{\xi}^2(N+1) = \lambda\boldsymbol{\xi}^{\mathrm{T}}\boldsymbol{\xi} + \boldsymbol{\xi}^2(N+1) \\ &= \begin{bmatrix} \sqrt{\lambda}\boldsymbol{\xi}_\lambda \\ \boldsymbol{\xi}(N+1) \end{bmatrix}^{\mathrm{T}} \begin{bmatrix} \sqrt{\lambda}\boldsymbol{\xi}_\lambda \\ \boldsymbol{\xi}(N+1) \end{bmatrix} \end{aligned} \tag{7.85}$$

相应的测量方程为

$$\begin{bmatrix} \sqrt{\lambda}\boldsymbol{Y}_\lambda \\ \boldsymbol{y}(N+1) \end{bmatrix} = \begin{bmatrix} \sqrt{\lambda}\boldsymbol{X}_\lambda \\ \boldsymbol{x}^{\mathrm{T}}(N+1) \end{bmatrix}^{\mathrm{T}} \boldsymbol{\theta}_{N+1} + \begin{bmatrix} \sqrt{\lambda}\boldsymbol{\xi}_\lambda \\ \boldsymbol{\xi}(N+1) \end{bmatrix} \tag{7.86}$$

设 $\boldsymbol{P}_N = (\boldsymbol{X}_{\lambda,N}^{\mathrm{T}}\boldsymbol{X}_{\lambda,N})^{-1}$，$\boldsymbol{P}_{N+1} = (\boldsymbol{X}_{\lambda,N+1}^{\mathrm{T}}\boldsymbol{X}_{\lambda,N+1})^{-1}$。与递推最小二乘类似，可以得到遗忘因子法递推方程

$$\hat{\boldsymbol{\theta}}_{N+1} = \hat{\boldsymbol{\theta}}_N + \gamma(N+1)\boldsymbol{P}_N\boldsymbol{x}(N+1)[\boldsymbol{y}(N+1) - \boldsymbol{x}^{\mathrm{T}}(N+1)\hat{\boldsymbol{\theta}}_N] \tag{7.87}$$

$$\boldsymbol{P}_{N+1} = \frac{1}{\lambda}[\boldsymbol{P}_N - \gamma(N+1)\boldsymbol{P}_N\boldsymbol{x}(N+1)\boldsymbol{x}^{\mathrm{T}}(N+1)\boldsymbol{P}_N] \tag{7.88}$$

$$\gamma(N+1) = 1/[\lambda + \boldsymbol{x}^{\mathrm{T}}(N+1)\boldsymbol{P}_N\boldsymbol{x}(N+1)] \tag{7.89}$$

采用参数估计法对双水箱系统进行故障诊断，遗忘因子取 $\lambda = 1$ 和 $\lambda = 0.95$ 的结果分别如图 7.17 和图 7.18 所示。

这里，遗忘因子法对故障的反映更强，残差大于一般递推算法；而由于数据量不大，在发生故障时仅递推 30 余步，未出现明显的数据淹没现象，因而这里遗忘因子法并没有显示出优势。但实际故障诊断过程中由于数据一直在递推，有必要采用遗忘因子法来解决数据淹没问题。

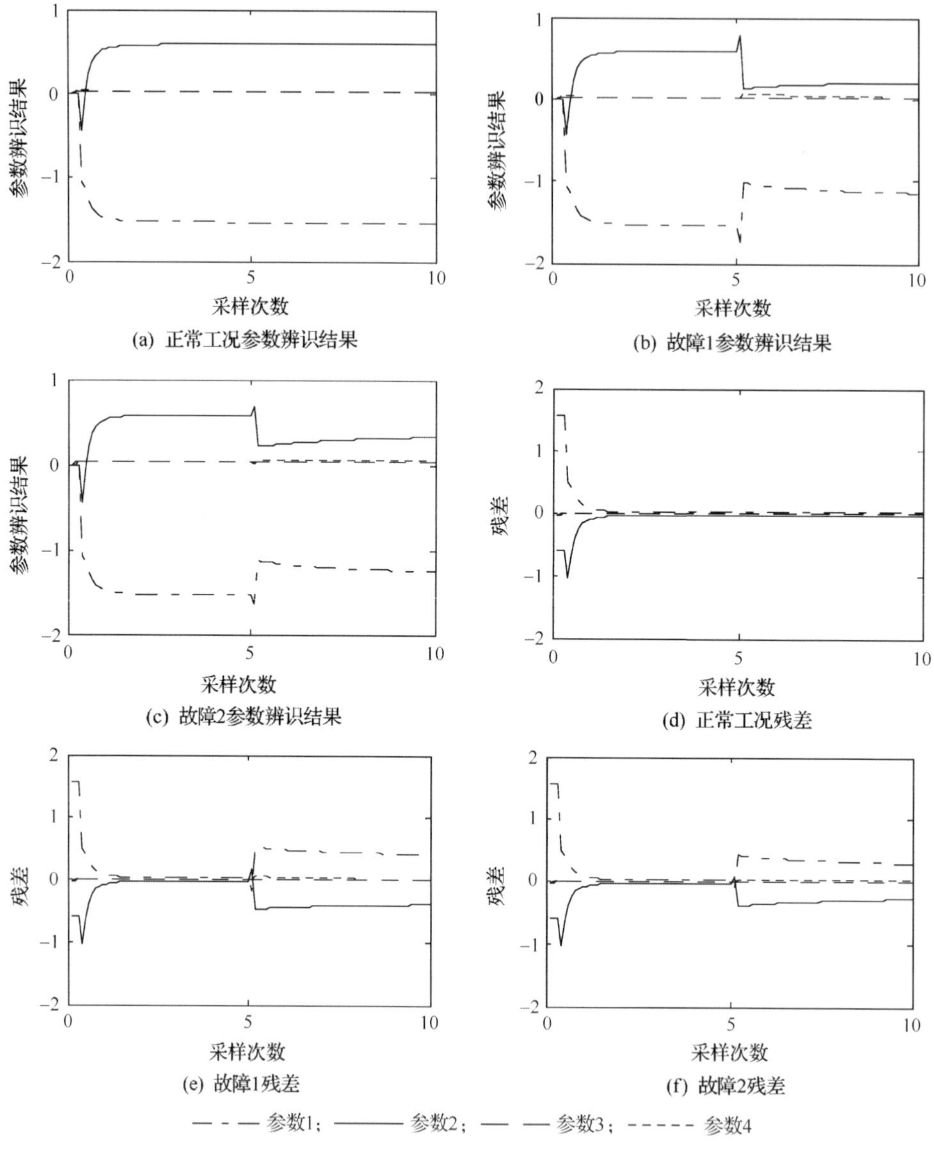

图 7.17　遗忘因子取 $\lambda=1$ 时参数估计法故障诊断图(无输出噪声)

为了说明参数估计方法在噪声情形的诊断效果，下面对系统加入方差为 0.0001 的输出噪声，取遗忘因子 $\lambda=0.95$，结果如图 7.19 所示。

可以看出，虽然所加噪声方差较小，但参数估计法已经无法检测故障，说明参数估计法对噪声非常敏感，实际应用时还应该采取一些改进方法以适应噪声环境。

再来与状态估计法比较，可以明显看到，状态估计法可以较快地检测故障，而

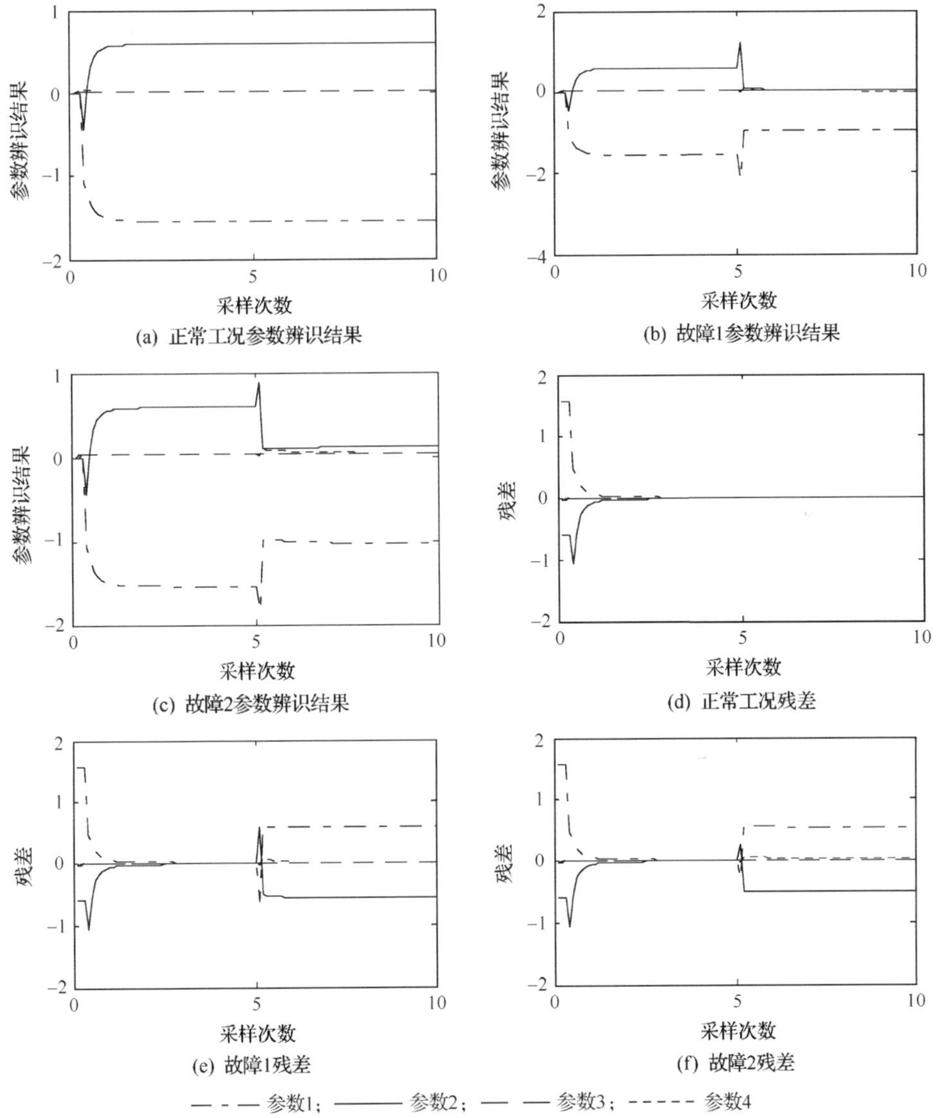

图 7.18　遗忘因子取 $\lambda=0.95$ 时参数估计法故障诊断图(无输出噪声)

参数估计法检测延迟较大。这是因为不论是常规的观测器还是 KF 方法都是呈指数型收敛的，具有较好的实时性，这在实际应用中有很大的价值；而参数估计法的收敛性要差一些，因而导致比较大的延时。而且状态估计法对系统输入信号的要求不是很严格，并不需要有连续不间断的激励信号存在，而参数估计法却总需要有激励信号存在，这一点也限制了参数估计法在实际中的应用。

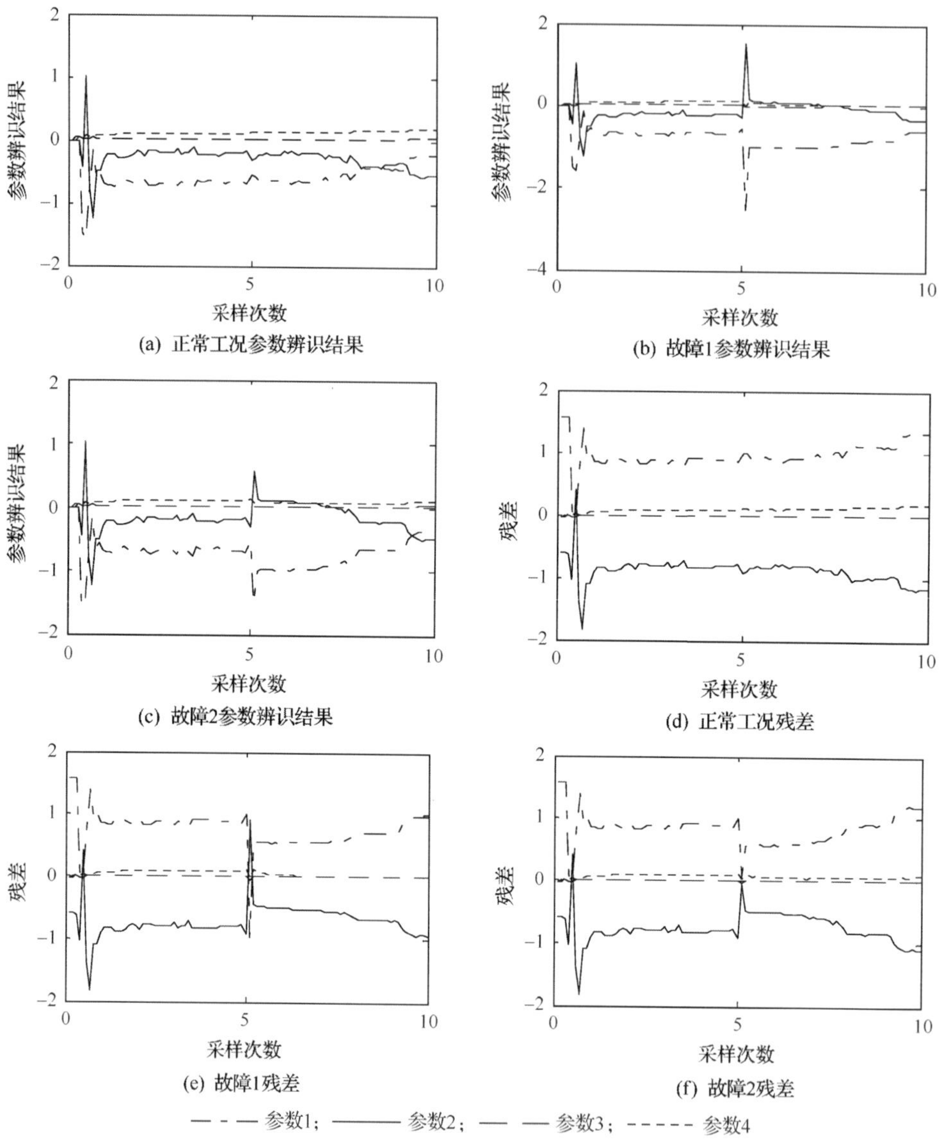

图 7.19　加输出噪声时参数估计法故障诊断图

对于连续系统，可以得到相似的辨识结果。由于输入输出的测量值是在一系列离散采样时刻获得，因而其求解通常要用到欧拉法、龙格-库塔等数值解法。赵明旺[6]讨论随机连续系统的连续时间最小二乘辨识的数值解法，给出了基于欧拉法和龙格-库塔法的实现方法。

应用参数估计法的前提是：精确的数学模型，参数与故障之间的关系，且要求过程被充分激励。这使得实际应用时通常会存在以下问题：利用模型参数和过程参数关系方程反推过程参数，对于实际系统该关系方程通常非线性，求解过程参数非常困难甚至不可能；故障发生时，不仅模型参数发生变化，模型结构也可能发生变化，需要同时辨识模型结构和参数的实时递推算法；故障所引起的模型结构或参数的变化形式未知，即是突变还是缓慢漂移？是参数变化还是结构变化？或者二者兼有？现有的辨识方法还难以解决这种不确定问题。

7.5　等价空间法

等价空间法的主要思想是通过系统的真实测量检查分析冗余关系的等价性，或者说是提供一个关于被测系统测量的奇偶性（一致性）的合适的检查。一旦超出预先设定的误差界限，就说明系统中已经发生了故障。其实质是把测量信息进行分类，得到最一致的冗余数据子集，用于系统的状态估计，并识别出最不一致的冗余数据，即可能发生故障的数据。等价空间法是一种无阈值的方法，需要较多的冗余信号，因此这种方法特别适于维数较低，冗余测量信号较多的过程以提高可靠性。

考虑一个 m 个传感器的 n 维系统，测量方程为

$$\boldsymbol{y}(k) = \boldsymbol{C}\boldsymbol{x}(k) + \boldsymbol{f}(k) + \boldsymbol{\xi}(k) \tag{7.90}$$

其中，$\boldsymbol{y}(k) = [y_1(k), y_2(k), \cdots, y_m(k)]^{\mathrm{T}} \in \mathbf{R}^m$ 为测量向量；$\boldsymbol{x}(k) = [x_1(k), x_2(k), \cdots, x_n(k)]^{\mathrm{T}} \in \mathbf{R}^n$ 为状态向量；$\boldsymbol{f}(k)$ 为传感器故障向量；$\boldsymbol{\xi}(k)$ 为噪声向量；$\boldsymbol{C}$ 为 $m \times n$ 维测量矩阵。

对故障诊断，向量 $\boldsymbol{y}(k)$ 可以与一组线性独立的奇偶方程结合来产生奇偶向量，即残差

$$\boldsymbol{r}(k) = \boldsymbol{V}\boldsymbol{y}(k) \tag{7.91}$$

基于直接冗余测量的残差发生原理如图 7.20 所示。

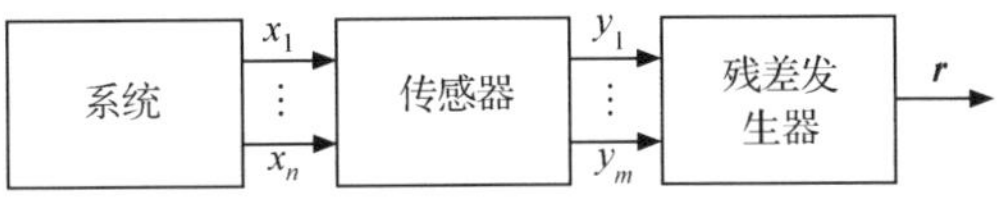

图 7.20　基于直接冗余测量的残差发生原理图

为了使 $\boldsymbol{r}(k)$ 满足残差的条件（无故障时为 0），矩阵 $\boldsymbol{V}$ 需满足以下条件：

$$\boldsymbol{V}\boldsymbol{C} = 0 \tag{7.92}$$

即 $\boldsymbol{V}$ 为 $\boldsymbol{C}$ 的零空间。当该条件成立时，残差（奇偶）向量仅包含故障和噪声信息

$$\boldsymbol{r}(k) = \boldsymbol{v}_1[\boldsymbol{f}_1(k) + \boldsymbol{\xi}_1(k)] + \cdots + \boldsymbol{v}_m[\boldsymbol{f}_m(k) + \boldsymbol{\xi}_m(k)] \tag{7.93}$$

其中，v_i 为 $\boldsymbol{V}$ 的第 i 列；$\boldsymbol{f}_i(k)$ 为 $\boldsymbol{f}(k)$ 的第 i 个元素，代表第 i 个传感器故障。

式(7.93)表明：奇偶向量仅包含故障和噪声的相关信息而与非测量状态 $\boldsymbol{x}(k)$

无关;奇偶空间(残差空间)由 $\boldsymbol{V}$ 的列张成,即 $\boldsymbol{V}$ 的列形成了该空间的基;还可以得到以下有吸引力的特性:第 i 个传感器的故障暗示残差 $\boldsymbol{r}(k)$ 在 $\boldsymbol{v}_i$ 方向的增大,这保证了第 i 个传感器的故障会使 $\boldsymbol{r}(k)$ 在 $\boldsymbol{v}_i$ 方向的范数增大。由 $\boldsymbol{V}$ 张成的空间叫做奇偶空间,通常记为 span$\{\boldsymbol{V}\}$,提供系统的故障指示信息。

设置检测阈值 $\boldsymbol{T}$,故障检测的决策规则为

$$\boldsymbol{r}(k)^{\mathrm{T}}\boldsymbol{r}(k) \geqslant \boldsymbol{T}$$

提示有故障发生;

$$\boldsymbol{r}(k)^{\mathrm{T}}\boldsymbol{r}(k) < \boldsymbol{T} \tag{7.94}$$

表示无故障。

相应的故障隔离决策函数为

$$\boldsymbol{\rho}_i(k) = \boldsymbol{v}_i^{\mathrm{T}}\boldsymbol{r}(k),\quad i = 1,2,\cdots,m \tag{7.95}$$

对一个给定的 $\boldsymbol{r}(k)$,通过 m 个 $\boldsymbol{\rho}_i(k)$,如果 $\boldsymbol{\rho}_j(k)$ 是 m 个中最大的,与其对应的传感器 j 最有可能发生故障。

从奇偶空间的角度,$\boldsymbol{V}$ 的列定义了与 m 个传感器故障相联系的 m 个不同故障方向,当故障发生,可通过比较奇偶向量的方向来区分 m 个故障信号从而隔离故障。为了可靠的隔离故障,故障方向间的角度应尽可能的大,也就是说,$\boldsymbol{v}_i^{\mathrm{T}}\boldsymbol{v}_j$ $(i \neq j)$ 尽可能小,这样,当满足以下条件时,将得到最优故障隔离性能:

$$\begin{cases} \min\{\boldsymbol{v}_i^{\mathrm{T}}\boldsymbol{v}_j\}, & i \neq j;i,j = 1,2,\cdots,m \\ \min\{\boldsymbol{v}_i^{\mathrm{T}}\boldsymbol{v}_i\}, & i = 1,2,\cdots,m \end{cases} \tag{7.96}$$

矩阵 $\boldsymbol{V}$ 的一种次优方案为 $\boldsymbol{V}$ 的行正交,即

$$\boldsymbol{V}\boldsymbol{V}^{\mathrm{T}} = \boldsymbol{I}_{m-n} \tag{7.97}$$

式(7.92)和式(7.97)的进一步结果是

$$\boldsymbol{V}^{\mathrm{T}}\boldsymbol{V} = \boldsymbol{I}_m - \boldsymbol{C}(\boldsymbol{C}^{\mathrm{T}}\boldsymbol{C})^{-1}\boldsymbol{C}^{\mathrm{T}} \tag{7.98}$$

对于式(7.92),$\boldsymbol{V}$ 存在的条件是 rank$(\boldsymbol{C})=n<m$,这说明 $\boldsymbol{C}$ 的行线性独立,即传感器由静态关系联系。

为了完整的得到 $\boldsymbol{V}$,Potter 和 Suman 采用上三角矩阵,其对角线元素为正,这样 Gram-Schmidt 正交策略可用来确定 $\boldsymbol{V}$,其步骤如下:

(1) $\boldsymbol{\Theta} = \boldsymbol{I} - \boldsymbol{C}(\boldsymbol{C}^{\mathrm{T}}\boldsymbol{C})^{-1}\boldsymbol{C}^{\mathrm{T}}$;

(2) $v_{11}^2 = \theta_{11}, v_{1j} = \theta_{1j}/v_{11}, j = 2,\cdots,m, v_{ij} = 0, i = 2,\cdots,m-n, j = 1,\cdots, i-1$;

(3) $v_{ii}^2 = \theta_{ii} - \sum\limits_{l=1}^{i-1} v_{li}^2, i = 2,\cdots,m-n$;

(4) $v_{ij} = (\theta_{ij} - \sum\limits_{l=1}^{i-1} v_{li}v_{lj})/v_{ii}, i = 2,\cdots,m-n, j = i+1,\cdots,m$。

7.6　鲁棒残差产生问题

故障诊断的可靠性必须比被监测系统的可靠性高，基于模型的故障诊断基于数学模型的应用，表达系统动态的模型越好，越有可能提高诊断系统的可靠性和性能。然而模型误差不可避免，因而需要发展鲁棒故障诊断算法。故障诊断系统的鲁棒性是指即使存在模型差异(参数变化、扰动、人为操作因素等)，也只对故障敏感。通常实际过程中的参数变化和扰动不可预知，因而设计对故障高度敏感而对未知因素不敏感的故障诊断系统比较困难。

设包含所有故障的系统动态方程为

$$\begin{cases}\dot{\boldsymbol{x}}(t)=(\boldsymbol{A}+\Delta\boldsymbol{A})\boldsymbol{x}(t)+(\boldsymbol{B}+\Delta\boldsymbol{B})\boldsymbol{u}(t)+\boldsymbol{E}_1\boldsymbol{d}(t)+\boldsymbol{R}_1\boldsymbol{f}(t)\\ \boldsymbol{y}(t)=(\boldsymbol{C}+\Delta\boldsymbol{C})\boldsymbol{x}(t)+(\boldsymbol{D}+\Delta\boldsymbol{D})\boldsymbol{u}(t)+\boldsymbol{E}_2\boldsymbol{d}(t)+\boldsymbol{R}_2\boldsymbol{f}(t)\end{cases} \tag{7.99}$$

系统输出的拉普拉斯变换为

$$\boldsymbol{y}(s)=[\boldsymbol{G}_u(s)+\Delta\boldsymbol{G}_u(s)]\boldsymbol{u}(s)+\boldsymbol{G}_d(s)\boldsymbol{d}(s)+\boldsymbol{G}_f(s)\boldsymbol{f}(s) \tag{7.100}$$

其中

$$\boldsymbol{G}_u(s)=\boldsymbol{D}+\boldsymbol{C}(s\boldsymbol{I}-\boldsymbol{A})^{-1}\boldsymbol{B}$$

$$\Delta\boldsymbol{G}_u(s)=\Delta\boldsymbol{D}+\Delta\boldsymbol{C}(s\boldsymbol{I}-\Delta\boldsymbol{A})^{-1}\Delta\boldsymbol{B}$$

$$\boldsymbol{G}_d(s)=\boldsymbol{E}_2+\boldsymbol{C}(s\boldsymbol{I}-\boldsymbol{A})^{-1}\boldsymbol{E}_1$$

$$\boldsymbol{G}_f(s)=\boldsymbol{R}_2+\boldsymbol{C}(s\boldsymbol{I}-\boldsymbol{A})^{-1}\mathrm{R}_1$$

$\boldsymbol{G}_d(s)$ 代表扰动的影响；$\Delta\boldsymbol{G}_u(s)$ 代表模型误差；$\boldsymbol{G}_d(s)$ 和 $\Delta\boldsymbol{G}_u(s)$ 一起描述模型不确定性。s 域的残差向量为

$$\boldsymbol{r}(s)=\boldsymbol{H}_y\boldsymbol{G}_f(s)\boldsymbol{f}(s)+\boldsymbol{H}_y\Delta\boldsymbol{G}_u(s)\boldsymbol{u}(s)+\boldsymbol{H}_y\boldsymbol{G}_d(s)\boldsymbol{d}(s) \tag{7.101}$$

可见，除故障之外，模型不确定性(扰动和模型误差)和故障均对残差产生影响。可以想象，如果存在模型不确定性时的残差大于没有模型不确定性时的残差，那么极有可能产生误报；反之，则有可能产生漏报。因此，常规的残差生成技术和固定阈值的方法难以适应。如何降低或消除不确定性对残差的影响或者区分不确定性与故障的影响将是鲁棒故障诊断问题的核心。

鲁棒故障诊断的任务就是产生对不确定性不敏感同时对故障敏感的残差。这一要求可以从不同的角度描述为不同的优化问题，相应地得到不同的残差生成方法。为了描述方便，将式(7.101)改写

$$\boldsymbol{r}(s)=\boldsymbol{H}_y\boldsymbol{G}_f(s)\boldsymbol{f}(s)+\boldsymbol{H}_y\widetilde{\boldsymbol{G}}_d(s)\widetilde{\boldsymbol{d}}(s) \tag{7.102}$$

其中，$\widetilde{\boldsymbol{G}}_d(s)=[\Delta\boldsymbol{G}_u(s)\quad \boldsymbol{G}_d(s)]$，$\widetilde{\boldsymbol{d}}(s)=[\boldsymbol{u}(s)\quad \boldsymbol{d}(s)]^{\mathrm{T}}$。

若在残差中完全消除未知输入的影响，即 $\widetilde{\boldsymbol{G}}_d(s)\widetilde{\boldsymbol{d}}(s)=0$，此时该问题称为完全解耦问题。

Chen 和 Patton [1] 提出了一种多指标约束问题的形式

$$\begin{cases} \|\boldsymbol{H}_y\widetilde{\boldsymbol{G}}_d(s)\|_\infty < \gamma \\ \|\boldsymbol{H}_y\boldsymbol{G}_f(s)\|_- > \beta \end{cases} \tag{7.103}$$

由此约束模型不确定性的最大影响同时保证对故障有足够的灵敏度。

Nazih 等提出[7]了一种商最小化的目标函数

$$\min J = \min \frac{\|\boldsymbol{H}_y\widetilde{\boldsymbol{G}}_d(s)\|_\infty}{\|\boldsymbol{H}_y\boldsymbol{G}_f(s)\|_\infty} \tag{7.104}$$

式(7.104)中准则函数的分子和分母分别代表模型不确定性和故障对残差的最大影响。最小化准则函数意味着增大故障影响的同时减小未知输入的影响。钟麦英等[8]将该指标应用于不确定性系统的鲁棒故障诊断问题，利用矩阵分解技术求得了问题的解。

也有学者对指标式(7.104)进行变形，得到

$$\min J = \min \frac{\|\boldsymbol{H}_y\widetilde{\boldsymbol{G}}_d(s)\|_\infty}{\|\boldsymbol{H}_y\boldsymbol{G}_f(s)\|_-} \tag{7.105}$$

其分母代表故障对残差的最小影响，最小化该准则函数意味着减小未知输入的影响同时确保对故障有足够的灵敏度。目前对 $\|\cdot\|_-$ 范数还没有统一的定义。彭涛等[9]应用该指标设计故障检测观测器，并迭代求得问题的解。

7.7　小　　结

本章主要介绍了几种基于解析模型的方法：状态估计法(观测器方法和滤波器方法)、参数估计法和等价空间法。以传感器故障、执行器故障、状态故障等故障模型为基础，以双水箱系统的两种故障作为仿真实例，说明几种基于解析模型方法的适用范围。

参考文献

[1] Chen J, Patton R J. Robust Model Based Fault Diagnosis for Dynamic System. London: Kluwer Academic Publishers, 1999.

[2] 吴彬．基于模型的故障诊断技术及其在电动舵机上的应用．湘潭：湘潭大学硕士学位论文，2008.

[3] 周东华，孙优贤．控制系统的故障检测与诊断技术．北京：清华大学出版社，1994.

[4] 闻新，张洪钺．控制系统的故障诊断和容错控制．北京：机械工业出版社，1998.

[5] 付梦印，邓志红，张继伟．Kalman 滤波理论及其在导航系统中的应用．北京：科学出版社，2003.

[6] 赵明旺．随机连续系统的连续时间最小二乘辨识的数值实现．控制与决策，1996，11(6)：654-658.

[7] Nazih M, Michel V. An approach to optimally robust fault detection and diagnosis. Proceedings of the 2001 IEEE International Conference on Control Applications CCA'01, Mexico City, 2001: 94-100.

[8] 钟麦英，张承慧，Ding S X. 模型不确定性线性系统的鲁棒故障检测滤波器设计．控制理论与应用，2003，20(5)：788-792.

[9] 彭涛，桂卫华，Steven X D 等．一种基于 LMI 的 H_/H∞故障检测观测器优化设计方法．中南大学学报，2004，35(4)：628-630.

第 8 章　基于信号处理的故障诊断

8.1 引　　言

设备运行状态信息监测是进行设备故障诊断的重要手段。设备运行过程中，往往不能直接通过传感器信号来判断运行状态，需要采用信号分析技术对传感器信号进行变换处理，以获取能够表征设备运动状态的信号特征，并依据故障诊断特征，进一步实现判断设备故障的性质、发生部位以及生成原因等，达到诊断设备工作运行状态的目的。本章将综合介绍设备故障诊断监测中的一些典型信号处理方法。

传统的故障诊断信号处理方法包括时域分析方法和频域分析方法。时域分析方法是直接采用传感器信号的幅值分析或相关分析来进行设备监测；频域分析方法则是通过傅里叶变换描述了传感器信号的频率分布情况，具有比时域波形更为直观的特征表示。但是传统方法主要针对的是平稳信号，所提取的信号特征具有一定的局限性。为了提高设备监测的准确性，小波分析、Hilbert-Huang 变换、盲源分离(BSS)等现代分析技术也得到很好的应用。小波分析方法克服了短时傅里叶变化的固定分辨率的问题，通过多分辨率分析方式来获得信号的时频信息。Hilbert-Huang 变换则克服了小波变换中的小波母函数选择问题，且能够获得更高分辨率的时频分布信息。BSS 技术是在多个源信号及其混合方式未知的情况下，仅通过传感器信号分析来获取隐含在其中的源信息，在单一振动源提取上具有明显的优势。

8.2 时域分析方法

在机械故障振动信号监测过程中，时域分析方法是最简单直接的，其通过对所监测信号的波形、幅值等时域特征参数分析来实现设备运行状态的跟踪与故障诊断。

对于信号 $x(t)$，典型的时域特征参数有[1~3]

峰值

$$X = \max | x(t) |$$

绝对均值

$$\overline{X} = \frac{1}{T}\int_0^T |x(t)| \mathrm{d}t$$

均方根值

$$X_{\mathrm{RMS}} = \sqrt{\frac{1}{T}\int_0^T x^2(t)\mathrm{d}t}$$

方根幅值

$$X_R = \left(\frac{1}{T}\int_0^T |x(t)|^{\frac{1}{2}} \mathrm{d}t\right)^2$$

偏度(skewness)

$$s = \int_{-\infty}^{\infty} x^3(t)p(x)\mathrm{d}x$$

峭度(kurtosis)

$$k = \int_{-\infty}^{\infty} x^4(t)p(x)\mathrm{d}x$$

其中，T 表示采样时间；$p(x)$ 表示信号 $x(t)$ 的概率密度函数。

对于振动信号，还常采用峰值来表征幅值变化范围，绝对均值表征信号中所包含的常量，均方根值表征信号的强度，偏度参数表征信号幅值在分布密度上的不对称性，峭度表征信号幅值变化的敏感程度。在机械故障发生和发展过程中，振动信号的均方根值、方根幅值、绝对均值、峭度等参数会呈增大变化，这特性有利于探测信号中的脉冲冲击故障信息。

此外，由于信号相关性分析可描述信号间的相互依赖关系，可利用相关分析方法从被噪声干扰的机械动信号中提取出周期成分，达到提取有用信息的目的。信号相关性分析包括两个方面[1,3]，即

(1) 自相关函数，反映信号本身在不同时刻的自相似性。信号 $x(t)$ 的自相关函数定义为

$$R_x(\tau) = \lim_{T\to\infty}\frac{1}{T}\int_0^T x(t)x(t+\tau)\mathrm{d}t \tag{8.1}$$

(2) 互相关函数，反映两个信号之间的相似程度。信号 $x(t)$ 与 $y(t)$ 的互相关函数定义为

$$R_{xy}(\tau) = \lim_{T\to\infty}\frac{1}{T}\int_0^T x(t)y(t+\tau)\mathrm{d}t \tag{8.2}$$

8.3　傅里叶分析方法

傅里叶分析能够描述信号中各个频率分量的分布情况。故障诊断中，相对时域特征信息而言，傅里叶分析能够提供更为直观有效的特征信息。

针对周期信号，通过傅里叶分析获得的是信号离散频谱。周期为 T 的周期信

号可表述为[1,3,4]

$$x(t)=x(t+nT),\quad n=1,2,3,\cdots \tag{8.3}$$

则该周期信号通过傅里叶级数可展开为

$$x(t)=\frac{a_0}{2}+\sum_{n=1}^{\infty}(a_n\cos n\omega_0 t+b_n\sin n\omega_0 t) \tag{8.4}$$

其中

$$\omega_0=\frac{2\pi}{T}$$

$$a_n=\frac{2}{T}\int_0^T x(t)\cos n\omega_0 t\mathrm{d}t$$

$$b_n=\frac{2}{T}\int_0^T x(t)\sin n\omega_0 t\mathrm{d}t$$

进一步地，通过三角函数计算，式(8.4)还可表示为

$$x(t)=A_0+\sum_{n=1}^{\infty}A_n\cos(n\omega_0 t-\varphi_n) \tag{8.5}$$

其中

$$A_0=\frac{a_0}{2}$$

$$A_n=\sqrt{a_n^2+b_n^2}$$

$$\varphi_n=\arctan\left(\frac{b_n}{a_n}\right)$$

可以看出，周期信号的傅里叶级数展开可表示为直流分量及其谐波分量之和。那么，结合横坐标的频率 ω 和纵坐标的幅值 A，便可获得信号 $x(t)$ 的幅值谱；相应地，结合横坐标的频率 ω 和纵坐标的相位 φ，便可获得信号 $x(t)$ 的相位谱。

针对非周期信号，可认为其周期为无穷大，通过傅里叶变换则可获得连续变化的频率(即连续谱)。对于信号 $x(t)$，其傅里叶变换与傅里叶反变换分别为

$$\begin{aligned}X(f)&=\int_{-\infty}^{\infty}x(t)\mathrm{e}^{-\mathrm{j}2\pi ft}\mathrm{d}t\\ x(t)&=\int_{-\infty}^{\infty}X(f)\mathrm{e}^{\mathrm{j}2\pi ft}\mathrm{d}f\end{aligned} \tag{8.6}$$

在此基础上，可获得信号的频谱表示，即

幅值谱

$$|X(f)|=\sqrt{\mathrm{Re}^2(X(f))+\mathrm{Im}^2(X(f))} \tag{8.7}$$

相位谱

$$\varphi(f)=\arctan\frac{\mathrm{Im}(X(f))}{\mathrm{Re}(X(f))} \tag{8.8}$$

结合幅值谱和相位谱，非周期信号的傅里叶变换可表示为

$$X(f) = |X(f)| e^{j\varphi(f)} \tag{8.9}$$

傅里叶分析将信号从时域表示形式转换为频域表示形式。对于旋转机械来说，振动信号中的很多频率分量与机械旋转情况有关，跟踪典型频率分量的变化是机械故障诊断的必要手段。

8.4 小波分析方法

从傅里叶变换的处理过程可以看出，它是对信号的整体分析，缺少对信号的局部分析能力，不能有效处理统计特征随时间变换的非平稳信号，但信号的局部特征恰恰又是许多实际应用所关心和需要的。这种情况下，希望能够将时域分析和频域分析结合起来，在获得信号的频率信息的同时又能获得信号频率信息随时间变化的情况，即获得信号的时频分布信息。

8.4.1 短时傅里叶变换

最基本的时频分布是在傅里叶变换的基础上通过加窗处理便可突出其中的局部特征，形成短时傅里叶变换(short time Fourier transform, STFT)。

利用窗函数 $g(t)$ 将测量信号 $x(t)$ 进行平稳化截断，对截断信号的傅里叶变换便是在某个时间段内的局部频谱。短时傅里叶变换就是使窗函数沿着信号的时间轴移动所获得的傅里叶结果[5]，即

$$\mathrm{STFT}(t,\omega) = \int_{-\infty}^{\infty} x(\tau) g^{*}(\tau - t) e^{-j\omega\tau} d\tau \tag{8.10}$$

其中，τ 为一时间变量；“ * ”为复数共轭。

在短时傅里叶变换中，当窗函数取定时，窗的形状和大小随之确定，这样，STFT 的时间分辨率和频率分辨率就不能同时进行调整，而只能在时频分辨率上进行折中处理，如果要改变分辨率就必须重新选择窗函数。特别地，当窗函数取单位为 1 的矩形窗且窗宽为无限大时，短时傅里叶变换就退化为时间分辨率为零的傅里叶变换[5]。

除短时傅里叶变换外，还有较 STFT 分辨率高的 Wigner-Ville、Choi-Williams 等时频分布，并可通过核函数利用 Cohen 类表达式统一起来，并将 Cohen 公式所表示的时频分布统称为“Cohen 类分布”[4]。

8.4.2 小波变换

小波变换的应用扩展了短时傅里叶变换的局部时频信息思想，能够在时域和频域上同时体现有效的局部化特性，其通过平移和伸缩等运算实现信号的多分辨率分析。小波变换所具备的“数学显微镜”功能能在低频部分具有较低的时间分辨

率和较高的频率分辨率，且在高频部分具有较高的时间分辨率和较低的频率分辨率。

1. 连续小波变换

对于时域信号 $x(t)$，其连续小波变换（continuous wavelet transform，CWT）的定义为[1,3,6]

$$\mathrm{CWT}(a,\tau)=\frac{1}{\sqrt{a}}\int_{-\infty}^{\infty}x(t)\phi^{*}\left(\frac{t-\tau}{a}\right)\mathrm{d}t \tag{8.11}$$

其中，“ * ”为复数的共轭；τ 为时间位移参数；a 为小波尺度参数并影响频率分辨率且 $a>0$；函数 $\phi(t)$ 为小波母函数。由母小波生成的小波函数簇可表示为

$$\phi_{a,\tau}(t)=\frac{1}{\sqrt{a}}\phi\left(\frac{t-\tau}{a}\right) \tag{8.12}$$

从式(8.11)和式(8.12)可以看出，小波变换是一种积分处理过程，这与傅里叶变换类似，但与傅里叶变换不同的是，小波函数簇 $\phi_{a,\tau}(t)$ 含有位移和尺度两个参数，因而可将信号投影到时间-尺度的二维空间，能有效分析信号的局部特征。

小波母函数的选取方面，当有平方可积函数 $\phi(t)\in L^{2}(\mathbf{R})$，如果其傅里叶变换 $\phi(\omega)$ 满足

$$\int_{-\infty}^{\infty}\frac{|\phi(\omega)|^{2}}{\omega}\mathrm{d}\omega<\infty \tag{8.13}$$

那么 $\phi(t)$ 就可作为一个小波母函数。式(8.13)即判断小波母函数是否成立的可容许性条件，并在此条件的基础上才能通过 CWT 逆变换反推出信号 $x(t)$。小波母函数 $\phi(t)$ 具有振幅衰减很快的特性且有 $\phi(\omega)|_{\omega=0}=0$，即函数 $\phi(t)$ 为紧支集或近似紧支集。CWT 常用的小波母函数有 Morlet 函数、Mexican 函数等。各种小波母函数由于特性有所不同，对同一信号选用不同小波母函数所得到的小波变换结果也就有所差异，因此对信号进行小波分析时的小波母函数选择就显得尤为重要。

2. 离散小波变换

CWT 过程中，母小波函数簇之间具有很大的相关性，从而在信号的 CWT 系数中引入了冗余信息量。为降低小波系数的冗余度，且为了在工程应用中的计算有效性，需要对连续小波及其变换进行离散化处理，即离散小波变换。

连续小波的离散化需要对尺度和平移参数进行处理。针对尺度参数，通常采用幂级数方式进行离散化，即 $a=a_0^m$（m 为整数，a_0 一般取为 2，且 $a_0\neq 1$）。针对平移参数，通常对 τ 进行均匀离散取值并用 n 表示。离散化后的母小波函数簇为[1,3,6]

$$\phi_{m,n}(t)=a_0^{-\frac{m}{2}}\phi(a_0^{-m}t-n),\quad m,n\in\mathbf{Z} \tag{8.14}$$

那么,信号 $x(t)$ 的离散小波变换为

$$\mathrm{WT}(m,n)=\int_{-\infty}^{\infty}x(t)\phi_{m,n}^{*}(t)\,\mathrm{d}t \tag{8.15}$$

特别地,如果仅在尺度上进行二进制处理,而在平移参数仍保持连续变化,此类小波称为二进小波。二进小波介于连续小波和离散小波之间,在奇异性检测等方面具有良好的应用价值。

3. 小波包变换

正交小波变换中,所进行的多分辨率分析仅是针对低频部分的分解,而信号的高频部分则予以保留。以两层正交分解为例,其多分辨率分析的结构示意如图 8.1 所示,其中,A 表示低频系数,D 表示高频系数。从图 8.1 还可以看出,信号 S 所具有的分解关系为 $S=A_2+D_2+D_1$,如果要作进一步的分解,则还需要对低频系数 A_2 分解为相应的低频系数 A_3 和高频系数 D_3,以下的分解再依此类推。

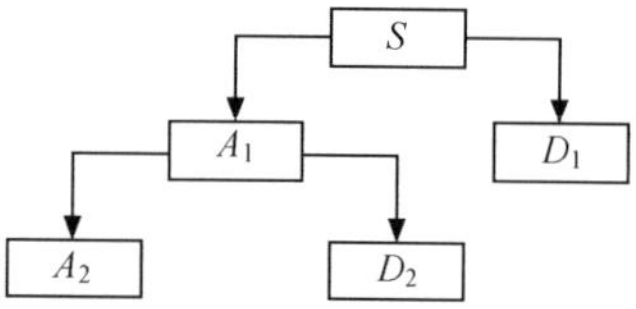

图 8.1　两层多分辨率分析结构示意

针对正交小波变换中多分辨率分析的不足,小波包分析提供了一种更加精细的分析方法,即在上述多分辨率分析的基础上,进一步对各层的高频系数进行分解,从而达到提高时频分辨率的目的,其分解结构示意如图 8.2 所示。从图 8.2 可以看出,信号 S 所具有的小波包分解关系为 $S=AA_2+DA_2+AD_2+DD_2$。随着分解层数的增加,通过小波包分解能够获得更高的频域分辨率[3,6]。

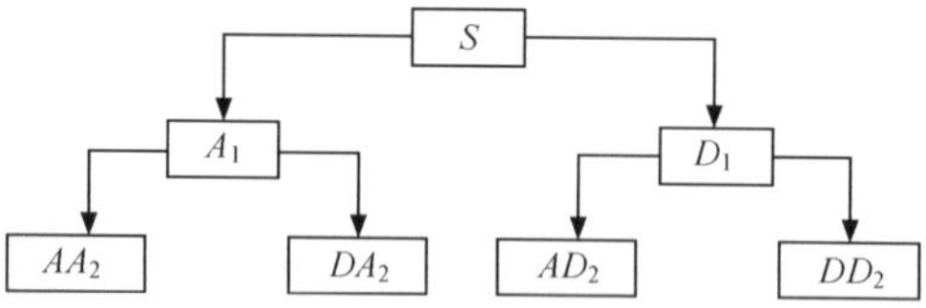

图 8.2　小波包分解结构示意

8.5　Hilbert-Huang 变换方法

Hilbert-Huang 变换的核心在于一种非线性与非平稳时间序列分析方法,即经验模态分解(empirical mode decomposition, EMD)。利用 EMD 实现复杂信号的平稳化处理,再进行 Hilbert 变换还可获取信号的瞬时频率等信息,即 Hilbert-

Huang 时频谱。

与传统的谱分析方法相比，傅里叶变换得到的是整体分布的谱图，不能描述频率随时间的变化情况且在分析非线性和非平稳信号时存在一定的局限性；小波变换存在母小波函数的选择问题；Wigner-Ville 时频分布则是存在交叉项干扰问题。EMD 方法使 Hilbert-Huang 时频分析克服了传统谱分析方法的缺点，使得其时频谱具有较高的分辨率[7~9]。

8.5.1　经验模态分解

EMD 的基本原理是通过局部时间特征分析将信号中不同尺度的波动或趋势分量逐级进行分解，从而产生一系列的内在模态函数(intrinsic mode function，IMF)，各个 IMF 分量具有完备性特点且是正交的，对于非平稳信号，这个过程可以认为是将其进行平稳化处理[7~10]。每个 IMF 分量表示信号内含的一个振动特征形式，需要满足两个生成条件：

(1) 在整个数据长度上，数据包含的极值点数目与过零点数相等或最多相差一个；

(2) 在数据中的任意位置，由局部极大值点和局部极小值点构成的上下包络线的均值为零，实际计算中，此均值趋近于零时即可认为符合这个条件。

EMD 方法的计算过程是不断将获取的 IMF 分量从信号消去，直到不能再分解出 IMF 分量为止，此过程被称为筛选过程。该方法在应用时有三个基本前提条件：

(1) 信号中至少有一个极大值点和一个极小值点；

(2) 信号极值点间的时间间隔决定了相关的特征时间尺度；

(3) 如果信号中仅有弯曲变化拐点而无极值点，则需要通过一阶或高阶微分计算来获取相关极值。

EMD 方法的筛选处理过程如图 8.3 所示，具体实现过程可描述为：首先检测出待分析信号 x 中的所有极大值点和极小值点，通过拟合方式做出信号的上包络和下包络曲线并得到它们的均值 m_1，从信号 x 中减去此均值得到一个新的时间序列，即 $h_1 = x - m_1$；进而判断 h_1 是否符合 IMF 分量的条件，如果不符合则再对数据 h_1 做同样的处理，即再通过极值点拟合出上下包络线并取得相应的均值 m_{11} 以及 $h_{11} = h_1 - m_{11}$。这样的过程可能需要重复 n 次，才能获取 IMF 分量 c_1，即

$$\begin{cases} h_{1n} = h_{1(n-1)} - m_{1n} \\ c_1 = h_{1n} \end{cases} \tag{8.16}$$

为获得有效的 IMF 分量，需设置针对上述重复过程的停止条件，这可以通过连续两次运算间的标准差来判定，即当标准差小于某一设定值(典型值为 0.2～0.3)，上述重复过程结束。该标准差参数计算的表达式为

$$\mathrm{SD} = \sum_{t=0}^{T} \frac{\left| h_{1(n-1)}(t) - h_{1n}(t) \right|^2}{h_{1(n-1)}^2(t)} \tag{8.17}$$

然后将第一个 IMF 分量从原始信号 x 中除去得到剩下的数据序列 $r_1 = x - c_1$，将 r_1 当做 x 并重复先前的处理过程，即 $r_2 = r_1 - c_2, \cdots, r_k = r_{k-1} - c_k$，以最终获得 k 个 IMF 分量。其中，EMD 方法筛选过程的停止条件为数据序列 r_k 不能再进行分解得到合适的 IMF 分量为止，即 r_k 为一单调的趋势变化过程或仅有一个极值点或为一个恒定值时 EMD 处理过程结束。

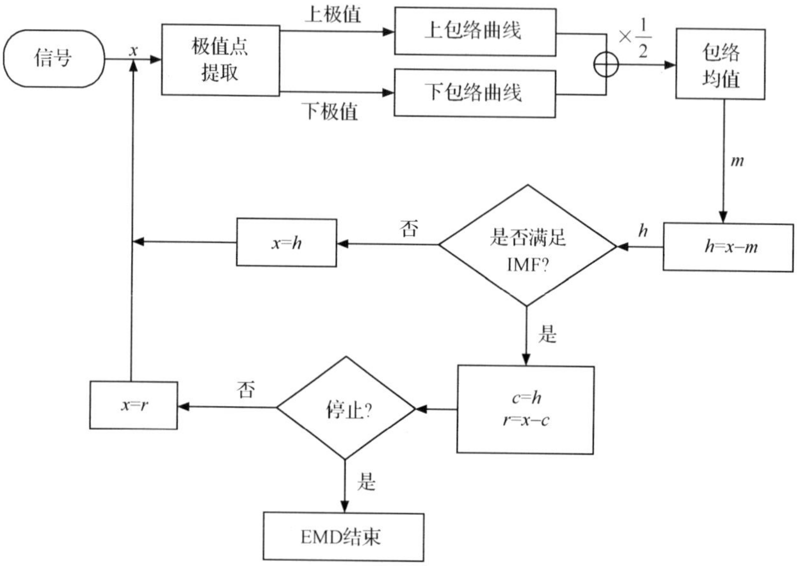

图 8.3　经验模态分解方法处理过程示意图

EMD 方法根据信号本身的局部特征进行分析，其分解过程是自适应的。各个 IMF 分量包含了信号中的不同频率段成分，且第一个至最后一个 IMF 分量的频率成分是依次降低的。另外，EMD 分析得到的所有 IMF 分量以及冗余值的叠加可以重构出原始信号 x，即

$$x = \sum_{i}^{k} c_i + r_k \tag{8.18}$$

实际计算中的重构信号与原信号存在一定误差，不过这个误差是趋于零的。

8.5.2　经验模态分解的特性

1. 自适应性

EMD 过程具有优异的自适应特性，该特性体现在母函数选择及多分辨率分析、滤波处理上[7,10]。

相对小波变换而言，EMD 分析过程避免了小波变换的母函数选择性问题，仅根据自身信息进行信号分解，即 EMD 方法的母函数是自动产生的。该特性使得 EMD 方法能够根据不同的信号自适应地形成不同的母函数。根据 EMD 的分解过程，各个 IMF 分量包含的是不同特征时间尺度信息，使得 EMD 方法具有了多分辨率的特性，可在不同分辨率上分析原始信号特征。

从频域上看，所获得的 IMF 分量包含了原始信号中的多个频率段成分。根据分解次序，各个 IMF 分量的频率成分是按从高到低方式分布的，所以，EMD 方法可看做一组自适应的滤波器。在时域重构过程中，利用该频率分布特性去掉最前面的若干个 IMF 分量就构成了低通滤波器；去掉最后的若干个 IMF 分量就构成了高通滤波器；去掉最前和最后的若干个 IMF 分量就构成了带通滤波器。

2. 完备性和正交性

EMD 过程满足具有完备性和正交性的特点[7,10]。所谓完备性是指分解后获得的各个分量之和可重建原始信号，这可通过公式(8.18)看出，原始信号 x 可由所有 IMF 分量与残余分量 r_k 的和来重构。所谓正交性是指信号之间相互正交的特性，即针对两函数 $f_1(t)$ 和 $f_2(t)$，如果满足

$$\int_{t_1}^{t_2} f_1(t) f_2(t) \mathrm{d}t = 0, \quad t_1 < t < t_2 \tag{8.19}$$

则称函数 $f_1(t)$ 和 $f_2(t)$ 是正交的。EMD 分析过程中，各个 IMF 分量所包含的是具有不同特征的时间尺度信息，所以各个 IMF 分量之间在局部是相互正交的，且该正交性可通过后验的数值方法来检验。

正交性检验过程中，式(8.18)中的信号 x 可进行重新表示，即

$$x = \sum_{i}^{k+1} c_i \tag{8.20}$$

其中，残余分量 r_k 被当做一附加分量 c_{k+1}。为检验 IMF 分量间的正交性，可对式(8.20)两边同时进行平方处理，则有

$$x^2 = \sum_{i}^{k+1} c_i^2 + 2\sum_{i=1}^{k+1}\sum_{j=1}^{k+1}(c_i \times c_j) \tag{8.21}$$

如果各个分量间是正交的，则式(8.21)中的交叉项值应为 0，那么，就可定义一指标参数来判断信号 x 的正交性特征(index of orthogonality, IO)，即

$$\mathrm{IO} = \sum_{t=0}^{T}\left[\sum_{i=1}^{k+1}\sum_{j=1}^{k+1}(c_i \times c_j)/x^2\right] \tag{8.22}$$

其中，参数 T 为信号的总时间长度。

当然，也可利用 IO 参数来判断任意 IMF 分量之间 c_i 和 c_j 的正交性，这样，式(8.22)可改写为

$$\mathrm{IO}_{ij} = \sum_{t} \frac{c_i \times c_j}{c_i^2 + c_j^2} \tag{8.23}$$

8.5.3 Hilbert 谱

根据瞬时频率的分析过程可以知道，并不是所有信号都能获取瞬时频率，而通过 EMD 处理获得的 IMF 分量则满足计算瞬时频率的单分量信号要求，从而使瞬时频率具有了相应的物理含义。

在获得信号的 IMF 分量基础上，对各个 IMF 分量进行 Hilbert 变换就可获得对应的瞬时频率信息，进而得到 Hilbert 谱[7,10]。

针对获得的 IMF 分量 c_i，其 Hilbert 变换为

$$h_i = \frac{1}{\pi}\int_{-\infty}^{\infty} \frac{c_i(\tau)}{t-\tau}\mathrm{d}\tau \tag{8.24}$$

那么，由 c_i 和 h_i 可构成相应的解析信号，即

$$z_i = c_i + \mathrm{j}h_i \tag{8.25}$$

并可进一步表示为指数形式

$$z_i = a_i \mathrm{e}^{\mathrm{j}\phi_i} \tag{8.26}$$

其中

幅值函数

$$a_i = \sqrt{c_i^2 + h_i^2}$$

相位函数

$$\phi_i = \arctan \frac{h_i}{c_i}$$

那么，得到的瞬时频率则可表示为

$$f_i = \frac{1}{2\pi}\omega_i = \frac{1}{2\pi} \times \frac{\mathrm{d}\phi_i}{\mathrm{d}t} \tag{8.27}$$

忽略 EMD 过程中的残余分量影响，信号 x 可表示为关于幅值和瞬时频率的函数，即

$$x = \mathrm{Re}\sum_{i=1}^{k} a_i \mathrm{e}^{\mathrm{j}\int \omega_i \mathrm{d}t} = H(\omega, t) \tag{8.28}$$

该函数即为 Hilbert 谱函数，记为 $H(\omega,t)$。

对 Hilbert 谱作积分处理便可获得相应的 Hilbert 边际谱，即

$$h(\omega) = \int_0^T H(\omega,t)\mathrm{d}t \tag{8.29}$$

其中，参数 T 为信号的总时间长度。

相对来说，Hilbert 谱描述了信号的幅值在整个频率段上随时间和频率的变化规律；而 Hilbert 边际谱是 Hilbert 时频谱对时间的积分，反映了信号幅值在整个

频率段上随频率的变化情况。

8.5.4　端点效应问题

Hilbert-Huang 变换虽然能有效获取非平稳非线性信号的时频变化情况，但是其处理过程中存在端点效应问题，一定程度上影响了分析的精度[7,10]。该端点效应问题主要体现为两个方面。

(1) 样条拟合过程引起的端点效应。Hilbert-Huang 变换在利用 EMD 方法进行信号分解过程中，对数据序列的极大值点和极小值点采用三次样条插值方法来获取相应的上下包络曲线。三次样条函数需要数据序列具备微分特性，但由于所分析数据是有限长度的且其两端端点不能确定为极值，这样，在进行三次样条函数插值时，会导致数据序列的上下包络曲线在两端位置处出现扭曲的发散现象，并且，该发散现象所引起的误差会逐渐向内“污染”整个数据序列，从而使得到的分解结果产生严重失真。

(2) Hilbert 变换引起的端点效应。在对 IMF 分量进行 Hilbert 变换时，由于使用数字方法实现过程中形成的频谱泄漏，时频谱图两端也会出现严重的端点效应问题。

如果不能得到有效抑制变换过程中的端点效应，则所获取结果不能反映原始信号特征，进而造成 Hilbert 谱的失效。为解决这个问题，Huang 给出了在数据序列两端增加特征波形的方式进行数据延拓。此外，多种端点效应抑制方法也得到了很好的应用，比如，神经网络方法、极值点延拓法、镜像闭合延拓、AR 模型序列预测法以及基于 SVM 的序列延拓法等。

8.5.5　Hilbert-Huang 分析示例

本小节通过例子来分析 Hilbert-Huang 变换的应用效果。这里利用正弦分量来模拟旋转机械振动信号，一段仿真振动信号的数学表达式描述为

$$x_1(t) = \sin(2\pi \times 4t + \pi/2) + 4\sin(2\pi \times 10t)$$

从式中可以看出，该仿真振动信号含有两个正弦分量，它们的频率分别为 4Hz 和 10Hz，该两正弦分量的叠加信号 $x_1(t)$ 如图 8.4 所示。其中，仿真过程中的信号采样率设置为 500Hz。

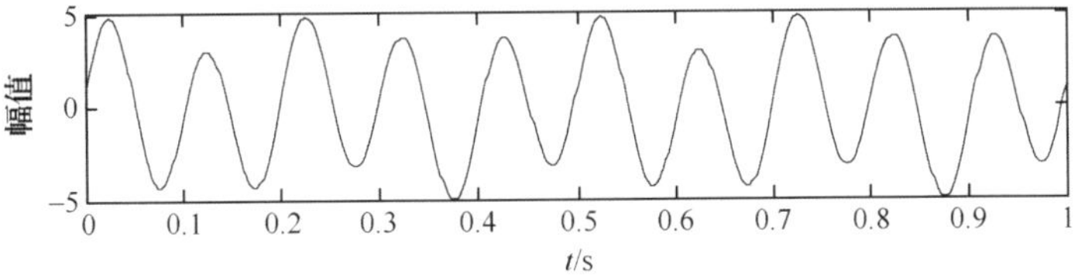

图 8.4　含有两分量的仿真信号

利用 EMD 方法对信号 x_1 进行分解，为克服 EMD 方法中的边界影响问题，这里采用基于 AR 模型的预测方法来进行时间序列的端点延拓[11]，获得的分解结果如图 8.5 所示。从图中可以看出，EMD 方法将叠加信号 x_1 分解为三个分量，其中第一、第二分量为 IMF 分量，第三分量为分解形成的冗余分量，且第一分量对应的是叠加信号中的 10Hz 振动分量，第二分量对应的是叠加信号中的 4Hz 振动分量。进一步获取的 Hilbert 谱如图 8.6 所示，从谱图中可以看出，信号频率与仿真设置的频率参数保持一致。

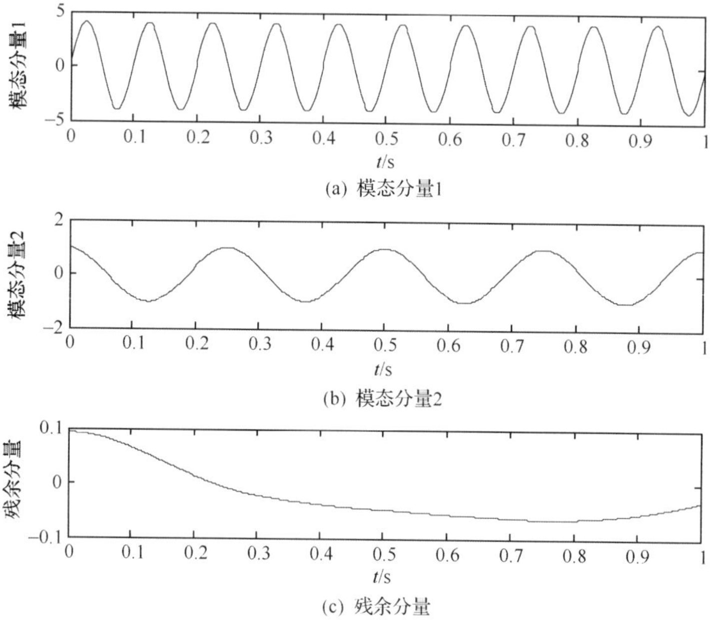

图 8.5　信号 $x_1(t)$ 的 EMD 结果

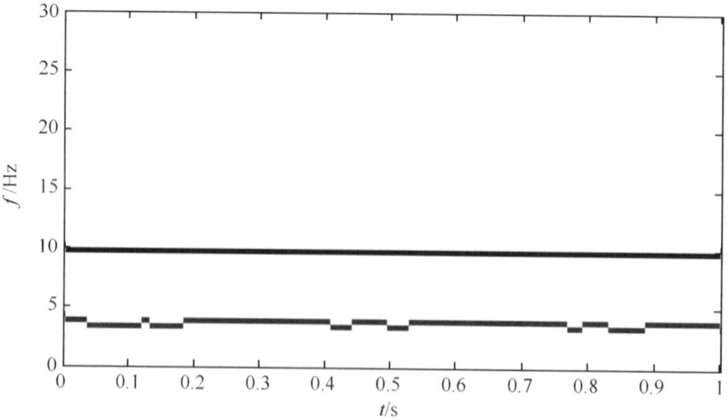

图 8.6　信号 $x_1(t)$ 的 Hilbert 谱图

从实验结果来看，通过 Hilbert-Huang 处理，能够将叠加信号中所包含的单一频率分量分离出来，使得到的 IMF 分量具有了相应的物理意义。根据 Hilbert-Huang 变换分析结果，就可实现故障的检测，也为监测旋转机械振动信号变化状态提供了有力的保障。

8.6　BSS 分析方法

BSS 分析方法是近年来得到迅速发展的一种信号处理技术，它可以从复杂的多导观测信号中提取隐含在其中的源信息，可应用于雷达信号、图像和语音分析、生物医学信号、机械设备振动信号等学科领域的研究。

所谓 BBS，就是在源信号及混合方式均未知的情况下，通过某种算法从测量信号信号把各个源信号分离出来。在机械设备振动信号分析与状态监测中，传感器获得的测量信号可能是由多个设备振动信号混合而成的，采用传统分析方法就难以准确获取单一设备的振动信息，而 BSS 技术则可有效解决这个问题，通过 BSS 技术从测量信号中分离出独立源信息，从而实现单一设备振动信号的提取。

根据 BSS 算法的理论基础及处理过程的不同，现有的 BSS 算法大致可以分为四类[12,13]，即根据评价信号非高斯性和独立性的 BSS，其通常采用高阶统计量信息，如 ICA 方法；如果源信号具有空间不相关但时域相关的特征时，相应降低了对各个源信号独立性的要求，采用二阶统计量方法就可从观测信号中估计出源信号，如 SOBI(second order blind identification)算法；如果源信号在空间域不相关但随时间变化具有不同的统计特征时，可综合利用信号的二阶统计量和非平稳信息来分离信号，如 SEONS(second order non-stationary source separation)算法；以及采用信号时域、频域或时频域特征信息的盲源分离，如基于时频分析的盲源分离(time-frequency based blind source separation，TFBSS)算法，该方法也能处理非平稳信号。

BBS 算法中，m 维观测信号 $\boldsymbol{x}(t)$ 可按如下形式进行描述

$$\boldsymbol{x}(t) = \boldsymbol{A}\boldsymbol{s}(t) + \boldsymbol{v}(t) \tag{8.30}$$

其中，$\boldsymbol{A}$ 为 $m \times n$ 的未知混合矩阵并假设为列满秩，表示源信号与观测信号之间的传输函数，这里示意的是瞬时混合过程，根据问题不同，也可调整为延时或卷积混合过程；$\boldsymbol{s}(t)$ 为混合过程中的 n 维未知源矢量；$\boldsymbol{v}(t)$ 是与源矢量统计独立的加性噪声信号；且通常假设观测矢量个数不小于源矢量个数，以确保能够较好地提取出源信号。简言之，BSS 方法就是在没有关于源信号及传输混合过程等先验知识前提下，寻求观测信号的解混矩阵 $\boldsymbol{W}$，使

$$\hat{\boldsymbol{s}}(t) = \boldsymbol{W}\boldsymbol{x}(t) \tag{8.31}$$

作为源矢量的估计[14~16]。

BSS 算法的处理过程可用图 8.7 来描述[9,12]，在瞬时混合 BSS 模型中，如果求得解混矩阵 $\boldsymbol{W}$ 且已知相关混合矩阵 $\boldsymbol{A}$，则源信号及其估计信号之间将有如下关系

$$\hat{\boldsymbol{s}}(t) = \boldsymbol{W}\boldsymbol{x}(t) = \boldsymbol{W}\boldsymbol{A}\boldsymbol{s}(t) + \boldsymbol{W}\boldsymbol{v}(t) \tag{8.32}$$

并可定义全局变换矩阵 $\boldsymbol{G}$ 来评价 BSS 算法效能，即

$$\boldsymbol{G} = \boldsymbol{W}\boldsymbol{A} = \boldsymbol{P}\boldsymbol{\Lambda} \tag{8.33}$$

其中，$\boldsymbol{P}$ 为置换矩阵；$\boldsymbol{\Lambda}$ 为非奇异的对角矩阵。理想情况下，矩阵 $\boldsymbol{G}$ 的每行和每列上只有一个非 0 元素时，就可认为分离信号 $\hat{\boldsymbol{s}}(t)$ 是源信号 $\boldsymbol{s}(t)$ 的有效估计，实际情况中，如果矩阵 $\boldsymbol{G}$ 的每行和每列上只有一个绝对值远大于 0 的元素，而其余元素绝对值均趋近于 0 时，也可将分离出的信号看成源信号的近似有效估计[13]。

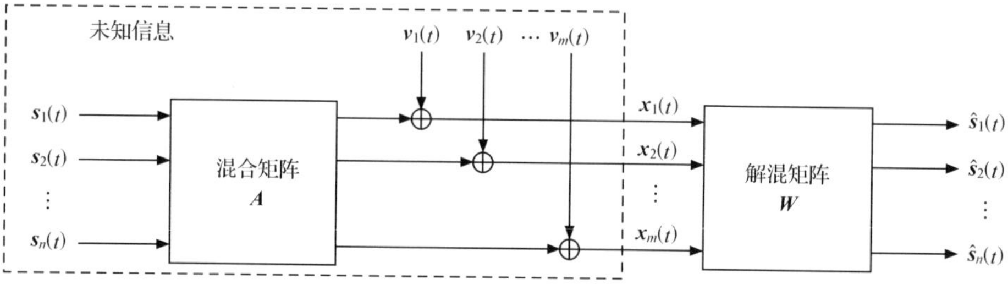

图 8.7 BBS 的一般处理模型

BBS 技术存在两个不确定性因素，即尺度和置换不确定性[12,15,17,18]。尺度不确定性是指 BBS 的输入和输出信号之间的幅值和相位存在不一致关系，这可根据式(8.30)来解释：

$$\boldsymbol{x}(t) = \boldsymbol{A}\boldsymbol{s}(t) + \boldsymbol{v}(t) = \sum_{i=1}^{n} \frac{\alpha_i}{k_i} k_i \boldsymbol{s}_i(t) + \boldsymbol{v}(t) \tag{8.34}$$

其中，α_i 为混合矩阵 $\boldsymbol{A}$ 的第 i 列向量；k_i 为相应的尺度因子且可为任意变量。式(8.34)表明将某导源信号乘以一个系数并将相应的混合矩阵列向量除以相同系数后不会改变所得到的混合信号。置换不确定性是指 BBS 输出的多导信号相互之间的排序与相位是不确定的，这是因为并不知道源信号和混合矩阵的先验知识，而 BSS 处理过程则可以轻易改变它们的排列次序，混合与解混矩阵间的符号变化也可使得源信号及其估计分量间的相位产生变化。事实上，这两个不确定性因素并不影响从观测信号中获取相关源信息。

根据代价函数以及优化算法的不同，BBS 算法有很多，这些算法均是为获取源信号估计来进行的，即 $\boldsymbol{y}(t) = \boldsymbol{W}\boldsymbol{x}(t)$。由于源信号为统计独立，那么，较为简单的方法是利用估计信号 $\boldsymbol{y}(t)$ 间的不相关性来确定代价函数[12,19,20]，即

$$J(\boldsymbol{W}) = \frac{1}{2}\left\{\sum_{i=1}^{n} \lg E[\boldsymbol{y}_i^2(t)] - \lg\det(E[\boldsymbol{y}(t)\boldsymbol{y}^{\mathrm{T}}(t)])\right\} \tag{8.35}$$

当且仅当 $E[\boldsymbol{y}_i(t)\boldsymbol{y}_j(t)] = 0(i,j = 1,\cdots,n,\text{且 } i \neq j)$ 时，该非负函数取得最小值。

下面,我们将分别介绍拟采用的几种 BSS 算法。

8.6.1　ICA

我们知道,根据线性代数的 PCA 和 SVD 是传统的多导信号分解技术。与 ICA 不同的是,PCA 与 SVD 并不要求分解信号间相互独立且仅要求互不相关,而 ICA 需要考虑信号的统计独立性;另外,PCA 与 SVD 的分解结果是按能量大小排序的,以说明分解信号的重要性,所以在数据压缩和降噪方面具有很好的应用效果,但分解信号缺乏实际的生理意义,而当观测信号为多个独立源混合而成时,ICA 的分解结果更具研究价值[16]。

PCA 是较为常用的 BSS 方法,需要满足两个假设条件:①各个源信号为统计独立的;②源信号中有且仅有一个高斯源信号,因为两个或多个高斯源信号经混合后仍然是高斯数据,以至于无法获取全部的源信息。

ICA 通过度量随机变量的非高斯性参数或独立性来分离信号,典型的是峭度和负熵等[15,16]。峭度是经典的非高斯性判定参数,对于随机变量 y,其峭度通过四阶累积量来定义,即

$$\mathrm{kurt}(y) = E[y^4] - 3\{E[y^2]\}^2 \tag{8.36}$$

根据峭度值的正负,可以将随机变量分为超高斯和亚高斯两类分布情况,而高斯信号的峭度值为零,峭度绝对值越大,相应随机变量的非高斯性也就越强。

负熵是另一种的非高斯性度量参数,熵代表随机变量所携带的信息量,可用来描述变量的不确定性,信号熵值越大,则该信号的不确定程度越高,而对于具有相同方差的随机变量而言,高斯型变量的熵值最大。负熵 $\mathrm{Ne}(y)$ 是通过随机变量的微分熵 $H(y)$ 来定义,即

$$\begin{cases} H(y) = -\int f(y)\lg f(y)\mathrm{d}y \\ \mathrm{Ne}(y) = H(y_{\mathrm{Gauss}}) - H(y) \end{cases} \tag{8.37}$$

其中,$f(y)$ 为随机变量的概率密度函数;y_{Gauss} 为与 y 具有相同协方差矩阵的高斯随机变量。

根据负熵的定义,其为非负值,当 y 为高斯分布变量时,相应的负熵值为零,且在相同方差的随机变量中,负熵值越大表示该变量的非高斯性越强。由式(8.37)知,负熵的计算需要知道信号的概率密度函数,但是在 BSS 处理中,并没有如此的先验知识,因此在实际应用中,通常采用近似方式来估计负熵,即

$$\mathrm{Ne}(y) \propto \{E[G(y)] - E[G(r)]\}^2 \tag{8.38}$$

其中,符号 G 为一激活函数,通常可选取为 $G(u) = [\lg\cos(au)]/a$(a 为常数,$1 \leqslant a \leqslant 2$)或 $G(u) = -\exp(-u^2/2)$ 等;r 为一标准的零均值且单位方差的高斯随机变量,假设 y 为零均值且单位方差的随机变量,那么当变量 y 满足或趋于高斯

分布时，其负熵值将等于或趋近于零。

此外，互信息极小判据可测试随机变量间相关关系，如果随机变量间是统计独立的，那么它们之间互信息的理想值为零。与互信息极小判据相似的是极大似然判据，其通过选择合适的混合矩阵 $\boldsymbol{A}$ 使 $\lg\hat{p}(\boldsymbol{x} \mid \boldsymbol{A})$ 为最大，并可以其期望值 $E[\lg\hat{p}(\boldsymbol{x} \mid \boldsymbol{A})]$ 作为优化的目标函数；针对解混过程 $\boldsymbol{y} = \boldsymbol{W}\boldsymbol{x}$，在给定 $\boldsymbol{W}$ 且各分解分量 y 独立的条件下 x 的对数似然估计为 $\lg p(\boldsymbol{x} \mid \boldsymbol{W})$，实际应用时需极大化计算的目标函数为[15,16]

$$L = \frac{1}{T}\sum_{t=1}^{T}\lg p(\boldsymbol{x} \mid \boldsymbol{W}) = \lg|\boldsymbol{W}| + \frac{1}{T}\sum_{t=1}^{T}\sum_{i=1}^{m}\lg[p(\boldsymbol{y}_i(t)] \tag{8.39}$$

由 Bell 和 Sejnowski 提出的 infomax 算法是一种基于信息极大化准则的 BSS 优化方法，该算法将合适的非线性函数引入到 BSS 算法的网络结构中，如 $g(u) = 1/(1+\mathrm{e}^{-u})$ 等，并将信息极大传输问题转化为信息熵最大输出问题，通过调整解网络连接权值(即混合矩阵权值)来使非线性函数输出矢量的熵值极大化，从而获取源估计信号，连接权值 $\boldsymbol{W}$ 的修正可按照 $\Delta\boldsymbol{W} \propto (\boldsymbol{W}^{\mathrm{T}})^{-1} + [1-2g(u)]\boldsymbol{x}^{\mathrm{T}}$ 等相关表达式来进行。

目标函数优化方面，典型的有批处理算法以及牛顿迭代和随机梯度等自适应算法，根据优化判据以及处理过程的不同有多种 ICA 实现方法，其中以 FastICA 算法较为常用[15,16]。FastICA 算法利用信号的非高斯性来分离信号，可以负熵为代价函数，使非高斯度量函数的极大值对应相应的独立分量和解混矩阵中的权向量。针对解混矩阵的单类权矢量 $\boldsymbol{w}_k(k = 1,\cdots,n)$，FastICA 算法的调整公式可表示为

$$\tilde{\boldsymbol{w}}_k = E\{\boldsymbol{x}\boldsymbol{G}'(\boldsymbol{w}_k^{\mathrm{T}}\boldsymbol{x})\} - E\{\boldsymbol{G}''(\boldsymbol{w}_k^{\mathrm{T}}\boldsymbol{x})\}\boldsymbol{w}_k \tag{8.40}$$

且需要对迭代过程中的权值进行更新处理，即 $\boldsymbol{w}_k = \tilde{\boldsymbol{w}}_k / \|\tilde{\boldsymbol{w}}_k\|$。在完成对一个独立分量权向量的迭代后，还需将已取得的权向量去除，以获得所有分离信号，即

$$\begin{cases} \boldsymbol{w}_{p+1} = \boldsymbol{w}_{p+1} - \sum\limits_{j=1}^{p}\boldsymbol{w}_{p+1}^{\mathrm{T}}\boldsymbol{w}_j\boldsymbol{w}_j \\ \boldsymbol{w}_{p+1} = \boldsymbol{w}_{p+1} / \sqrt{|\boldsymbol{w}_{p+1}^{\mathrm{T}}\boldsymbol{w}_{p+1}|} \end{cases} \tag{8.41}$$

其中，$\boldsymbol{w}_p$ 为已估计出的第 p 个独立分量权值。

8.6.2 基于二阶统计量的 BSS 算法

二阶统计量信息应用于信号的 BSS 处理时需满足四个假设条件[12,13]，即，混合矩阵是列满秩的；源信号是空域不相关且有不同自相关函数而时域相关的零均值随机矢量；源信号是平稳信号或(和)是方差时变的二阶非平稳信号；噪声信号是空域相关但时域白化的加性分量，并与源信号是统计独立的。与考察源信号统计独立性的 ICA 算法相比，基于二阶统计量信息的 BSS 算法对源信号统计特性和非

高斯性要求的限制要弱，且无需源信号概率密度分布或相关非线性激活函数，所以具有更好的应用前景。

Belouchrani 和 Cichocki 等深入探讨了二阶统计量信息在 BSS 算法中的理论及应用[12,13,17,21,22]，这里简要描述其相关理论。根据相关的假设条件，混合模型中的噪声分量满足

$$\boldsymbol{R}_v(0) = E[\boldsymbol{v}(t)\boldsymbol{v}^{\mathrm{T}}(t)] = \sigma_v^2 \boldsymbol{I}_m \tag{8.42}$$

其中，σ_v^2 为噪声分量的方差；$\boldsymbol{I}_m$ 为 $m \times m$ 的单位矩阵。对观测信号 $\boldsymbol{x}(t)$ 来说，其协方差矩阵为

$$\begin{cases}\boldsymbol{R}_x(0) = E[\boldsymbol{x}(t)\boldsymbol{x}^{\mathrm{T}}(t)] = \boldsymbol{A}\boldsymbol{R}_s(0)\boldsymbol{A}^{\mathrm{T}} + \boldsymbol{R}_v(0) = \boldsymbol{A}\boldsymbol{R}_s(0)\boldsymbol{A}^{\mathrm{T}} + \sigma_v^2\boldsymbol{I}_m \\ \boldsymbol{R}_x(\tau) = E[\boldsymbol{x}(t)\boldsymbol{x}^{\mathrm{T}}(t-\tau)] = \boldsymbol{A}\boldsymbol{R}_s(\tau)\boldsymbol{A}^{\mathrm{T}}, \quad \tau \neq 0\end{cases} \tag{8.43}$$

由于假设源信号为空域不相关，则协方差矩阵 $\boldsymbol{R}_s(0)$ 和 $\boldsymbol{R}_s(\tau)$ 满足非零元素对角分布即为对角阵。观测传感器个数多于源信号个数，即 $m > n$ 情况下，如果各导观测信号的噪声方差相似且具有较高的信噪比时，那么噪声方差 σ_v^2 的估计就可以通过 $\boldsymbol{R}_x(0)$ 奇异值分解的最小值或最小 $m-n$ 个奇异值的平均量来获取，进一步可将部分噪声分量从矩阵中去除，即 $\widetilde{\boldsymbol{R}}_x(0) = \boldsymbol{R}_x(0) - \sigma_v^2\boldsymbol{I}_m = \boldsymbol{A}\boldsymbol{R}_s(0)\boldsymbol{A}^{\mathrm{T}}$，结合式(8.43)中的第二式，对 $\widetilde{\boldsymbol{R}}_x(0)$ 和相应的 $\boldsymbol{R}_x(\tau)$ 进行同时对角化处理即可得到混合矩阵 $\boldsymbol{A}$ 的估计，这需要进行白化和酉变换(unitary transformation)正交处理。

白化处理可以消除观测信号间的二阶相关，以便于后续处理，它利用一个线性变换矩阵 $\boldsymbol{Q}$，使变换后信号的相关矩阵为单位阵。以 $m=n$ 为例，白化信号可以表示为 $\boldsymbol{z} = \boldsymbol{Q}\boldsymbol{x}(t)$，而白化矩阵 $\boldsymbol{Q}$ 可由信号相关矩阵 $\boldsymbol{R}_x(0)$ 的特征值分解来获得，即 $\boldsymbol{R}_x(0) = \boldsymbol{U}_1\boldsymbol{D}_1\boldsymbol{U}_1^{\mathrm{T}}$，其中 $\boldsymbol{D}_1$ 和 $\boldsymbol{U}_1$ 分别为特征值和特征向量矩阵，那么则有 $\boldsymbol{Q} = \boldsymbol{D}_1^{-1/2}\boldsymbol{U}_1^{\mathrm{T}}$，这样可得

$$\begin{cases}\boldsymbol{R}_z(0) = E[\boldsymbol{z}(t)\boldsymbol{z}^{\mathrm{T}}(t)] = \boldsymbol{Q}\boldsymbol{R}_x(0)\boldsymbol{Q}^{\mathrm{T}} = \boldsymbol{I} \\ \boldsymbol{R}_z(\tau) = E[\boldsymbol{z}(t)\boldsymbol{z}^{\mathrm{T}}(t-\tau)] = \boldsymbol{Q}\boldsymbol{R}_x(\tau)\boldsymbol{Q}^{\mathrm{T}}, \quad \tau \neq 0\end{cases} \tag{8.44}$$

再将正交变换应用于白化信号协方差矩阵 $\boldsymbol{R}_z(\tau)$ 的对角化处理，进一步对 $\boldsymbol{R}_z(\tau)$ 作特征值分解可得 $\boldsymbol{R}_z(\tau) = \boldsymbol{U}_2\boldsymbol{D}_2\boldsymbol{U}_2^{\mathrm{T}}$，另外根据前两式有 $\boldsymbol{R}_z(\tau) = (\boldsymbol{Q}\boldsymbol{A})\boldsymbol{R}_s(\tau)(\boldsymbol{A}\boldsymbol{Q})^{\mathrm{T}}$，进而结合广义置换矩阵就可得到混合矩阵估计 $\hat{\boldsymbol{A}} = \boldsymbol{Q}^{-1}\boldsymbol{U}_2$ 以及解混矩阵 $\boldsymbol{W} = \hat{\boldsymbol{A}}^{-1}$[12,13,17,22]。

1. 二阶盲辨识算法

上述是二阶统计量 BSS 算法的基本原理，但是当信噪比较低或不能正确计算噪声的协方差矩阵时，由于对先验知识的缺乏，在对 $\boldsymbol{R}_z(\tau)$ 作特征值分解时会存在单个非零时间延迟 τ 值的选取问题，且部分特征值也有可能比较接近，因而不能进行有效的源估计。针对这些不足，可以将方法中的同时对角化问题推广为多个矩

阵对角化处理即联合对角化(joint diagonalization, JD)问题。因为噪声分量被假设为时域白化过程,利用不同时间延迟值的协方差矩阵组可更加有效地降低噪声的影响,并改善分离效果。Belouchrani 等提出的二阶盲辨识(second order blind identification, SOBI)算法便是一种建立在 JD 基础上的 BBS 方法[17]。

针对由 K 个 $n\times n$ 矩阵组成的集合 $\boldsymbol{M}=[\boldsymbol{M}_1,\cdots,\boldsymbol{M}_k](1\leqslant k\leqslant K)$,第 k 个矩阵满足形式 $\boldsymbol{M}_k=\boldsymbol{U}_k\boldsymbol{D}_k\boldsymbol{U}_k^{\mathrm{T}}$,其中的 $\boldsymbol{U}_k$ 为酉阵且 $\boldsymbol{D}_k$ 为对角阵,相应的 JD 准则定义为

$$C(\boldsymbol{M},\boldsymbol{V})=\sum_{k=1}^{K}\mathrm{off}(\boldsymbol{V}^{\mathrm{T}}\boldsymbol{M}_k\boldsymbol{V}) \tag{8.45}$$

其中,操作符“off”表示方阵非对角元素的平方和,即对一个 $n\times n$ 矩阵 $\boldsymbol{H}$ 有

$$\mathrm{off}(\boldsymbol{H})=\sum_{1\leqslant i\neq j\leqslant n}|\boldsymbol{H}_{ij}|^2 \tag{8.46}$$

式(8.46)说明对矩阵 $\boldsymbol{H}$ 的对角化相当于是利用酉阵 $\boldsymbol{V}_H$ 使 $\mathrm{off}(\boldsymbol{V}_H^{\mathrm{T}}\boldsymbol{H}\boldsymbol{V}_H)$ 的值为零。对非负函数 $C(\boldsymbol{M},\boldsymbol{V})$ 来说,意思是指当其值为零时存在使矩阵集 $\boldsymbol{M}$ 中所有矩阵均对角化的联合对角化矩阵 $\boldsymbol{V}$,但实际情况是很难满足理论值的,因而需要进行联合近似对角化(joint approximate diagonalization, JAD)处理,即通过合适的优化算法来极小化 JD 准则函数,典型的有最小二乘(least square, LS)和数据旋转(Jacobi)等方法[12,23~26]。

LS 算法将联合对角化的目标函数构造为求解全局最小化问题,即可描述为 $\min\sum_{k=1}^{K}\|\boldsymbol{M}_k-\boldsymbol{U}\boldsymbol{D}_k\boldsymbol{U}^{\mathrm{T}}\|_F^2$,其中的各个矩阵对角元素值也是未知的,所以还需要估计各个对角阵 $\boldsymbol{D}_k$,因而还需针对单个矩阵进行最小化优化处理,即 $\sum_{k=1}^{K}\min\|\boldsymbol{M}_k-\boldsymbol{U}\boldsymbol{D}_k\boldsymbol{U}^{\mathrm{T}}\|_F^2$,这样交替计算就可估计得到一个联合对角化矩阵 $\hat{\boldsymbol{U}}$,Wax 和 Sheinvald 针对这个问题进行了深入探讨[25]。

Jacobi 算法是一种批处理方法,它是利用 Givens 旋转来最小化式(8.45)给出的 JD 判断准则,通过对 K 个矩阵 $\boldsymbol{M}_1,\cdots,\boldsymbol{M}_K$ 作连续的 Givens 旋转来获取相关参数并实现矩阵的对角化处理,从而得到联合对角化矩阵的估计 $\hat{\boldsymbol{U}}$。Cardoso 等针对这个问题进行了细致的推导[16,17,23,24],由于该算法的推导较为繁琐且相关文献对此 JAD 优化方法均作了详细的理论描述,所以这里不再赘述。

SOBI 算法的实现过程总结如下[17]:

步骤 1 计算观测信号 $\boldsymbol{x}(t)$ 去均值后的协方差矩阵 $\hat{\boldsymbol{R}}_x(0)$,并对其作特征值分解即 $\hat{\boldsymbol{R}}_x(0)=\boldsymbol{U}\boldsymbol{D}\boldsymbol{U}^{\mathrm{T}}$,记录相关的特征值和特征向量。

步骤 2 白化预处理,如果 $m=n$,那么白化矩阵为 $\boldsymbol{Q}=\boldsymbol{D}^{-1/2}\boldsymbol{U}^{\mathrm{T}}$;如果 $m>n$,那么选取 $\hat{\boldsymbol{R}}_x(0)$ 中的 n 个最大的特征值 $\boldsymbol{D}_{11}=\mathrm{diag}(d_1,\cdots,d_n)$,并选取特征值所

对应的特征向量 $\boldsymbol{U}_{11}=[u_1,\cdots,u_n]$，另外，根据 $m-n$ 个最小特征值的平均来作为噪声方差 $\hat{\sigma}^2$ 的估计，那么白化矩阵为 $\boldsymbol{Q}=(\boldsymbol{D}_{11}-\hat{\sigma}^2)^{-1/2}\boldsymbol{U}_{11}^{\mathrm{T}}$。

步骤 3　计算白化信号 $\boldsymbol{z}(t)=\boldsymbol{Q}\boldsymbol{x}(t)$ 的非零时间延迟协方差矩阵 $\hat{\boldsymbol{R}}_z(\tau_i)$ $(i=1,\cdots,K)$。

步骤 4　对 K 个协方差矩阵 $\hat{\boldsymbol{R}}_z(\tau_i)$ 作 JAD 处理，计算酉阵 $\hat{\boldsymbol{U}}$。

步骤 5　计算解混矩阵 $\boldsymbol{W}=\hat{\boldsymbol{U}}^{\mathrm{T}}\boldsymbol{Q}$，以及源估计信号 $\hat{\boldsymbol{s}}(t)=\boldsymbol{W}\boldsymbol{x}(t)$。

2. 二阶非平稳源分离算法

BSS 算法中，观测信号白化处理是重要的预处理过程，以去除信号间的相关性，并确保由白化处理生成的新混合矩阵正交，因此在分析二阶非平稳源分离算法(second order non-stationary source separation，SEONS)之前先介绍一种稳健白化(robust whitening)方法[12,13,21,22]。

一般的白化方法采用的是零时间延迟协方差矩阵，如 SOBI 算法中的白化处理，如果不能正确估计噪声分量的协方差矩阵，就不能有效降低噪声干扰，因此会影响分离算法性能。为降低噪声分量在 BSS 处理过程中的影响，稳健白化方法从统计的角度考虑，同时利用多个时间延迟协方差矩阵并计算生成一个线性组合矩阵，通过适当的参数选取来使得该线性组合矩阵为正定，进而对形成的目标矩阵作特征值分解来获取相关的白化矩阵，并获取白化信号。该稳健白化方法是一个迭代运算过程，对加性白噪声的影响不再敏感，从而能使对白化信号的 BSS 处理更加有效，其处理过程为[13]：

(1) 计算观测信号 $\boldsymbol{x}(t)$ 在不同时间延迟 τ_j 时的协方差矩阵 $\boldsymbol{R}_x(\tau_j)$，并调整为

$$\boldsymbol{M}_x(\tau_j)=\frac{1}{2}[\boldsymbol{R}_x(\tau_j)+\boldsymbol{R}_x^{\mathrm{T}}(\tau_j)] \tag{8.47}$$

其中，$j=1,2,\cdots,J$(J 为时间延迟量的个数)，将所得到的多个 $\boldsymbol{M}_x(\tau_j)$ 矩阵构造为一个 $m\times mJ$ 的矩阵 $\boldsymbol{M}$，并对该构造矩阵作奇异值分解，即

$$\begin{cases}\boldsymbol{M}=[\boldsymbol{M}_x(\tau_1),\cdots,\boldsymbol{M}_x(\tau_J)]\\ \boldsymbol{M}=\boldsymbol{U}\boldsymbol{\Sigma}\boldsymbol{V}^{\mathrm{T}}\end{cases} \tag{8.48}$$

其中，$\boldsymbol{U}$ 为 $m\times m$ 矩阵；$\boldsymbol{V}$ 为 $mJ\times mJ$ 矩阵，矩阵 $\boldsymbol{\Sigma}$ 中除了在 $(l,l)(l=1,\cdots,n)$ 位置处为非零值外其余元素值均为零，由于加性噪声分量的特征值相对较小，因而可通过对非零奇异值的判断来估计未知源信号个数 $n(n\leqslant m)$，从而可得到 n 列矩阵 $\boldsymbol{U}_s$。

(2) 随机初始化参数矩阵 $\boldsymbol{\alpha}=[\alpha_1,\cdots,\alpha_J]^{\mathrm{T}}$，对于每个时间延迟量 τ_j，计算

$$\boldsymbol{F}_j=\boldsymbol{U}_s^{\mathrm{T}}\boldsymbol{M}_x(\tau_j)\boldsymbol{U}_s \tag{8.49}$$

进而进行线性组合，即

$$\boldsymbol{F} = \sum_{j=1}^{J} \alpha_j \boldsymbol{F}_j \tag{8.50}$$

并判断矩阵 $\boldsymbol{F}$ 是否满足正定性。如果矩阵 $\boldsymbol{F}$ 是正定的，那么保留参数 $\boldsymbol{\alpha}$，并转到(4)；否则转到(3)。另外，如果源信号与观测信号的维数相同(即 $n = m$)，那么第一步可以略去，而可直接采用 $\boldsymbol{F}_j = \boldsymbol{M}_x(\tau_j)$。

(3) 根据式(8.50)矩阵 $\boldsymbol{F}$ 最小特征值所对应的特征向量 $\boldsymbol{u}$ 来调整参数 $\boldsymbol{\alpha}$，即

$$\boldsymbol{\alpha} = \boldsymbol{\alpha} + \frac{[\boldsymbol{u}^{\mathrm{T}}\boldsymbol{F}_1\boldsymbol{u} \cdots \boldsymbol{u}^{\mathrm{T}}\boldsymbol{F}_J\boldsymbol{u}]^{\mathrm{T}}}{\|[\boldsymbol{u}^{\mathrm{T}}\boldsymbol{F}_1\boldsymbol{u} \cdots \boldsymbol{u}^{\mathrm{T}}\boldsymbol{F}_J\boldsymbol{u}]\|} \tag{8.51}$$

然后转至(2)，直到矩阵 $\boldsymbol{F}$ 满足正定性为止。

(4) 由上述计算得到的参数 $\boldsymbol{\alpha}$ 计算目标矩阵 $\boldsymbol{C}$，并对其作特征值分解，即

$$\begin{cases} \boldsymbol{C} = \sum_{j=1}^{J} \alpha_j \boldsymbol{M}_x(\tau_j) \\ \boldsymbol{C} = [\boldsymbol{U}_1 \quad \boldsymbol{U}_2] \begin{bmatrix} \boldsymbol{D}_1 & \\ & \boldsymbol{0} \end{bmatrix} [\boldsymbol{U}_1 \quad \boldsymbol{U}_2]^{\mathrm{T}} \end{cases} \tag{8.52}$$

其中，$\boldsymbol{U}_1$ 包含了具有 n 个主要奇异值 $\boldsymbol{D}_1$ 所对应的特征矢量。

(5) 通过以上计算便可得到信号的白化矩阵 $\boldsymbol{Q} = \boldsymbol{D}_1^{-1/2}\boldsymbol{U}_1^{\mathrm{T}}$，则稳健白化信号为

$$\boldsymbol{z}(t) = \boldsymbol{Q}\boldsymbol{x}(t) \tag{8.53}$$

SEONS 算法即在此稳健白化预处理的基础上，利用信号的非平稳时序结构，将白化信号划分为互不重叠的多个数据块，并估计每个数据块的时间延迟协方差矩阵，再利用联合近似对角化方法来估计解混矩阵。根据前述对二阶统计量的分析，SEONS 算法对源信号的限制要求有所降低，并且该算法是对 SOBI 算法的有效改进，其实现过程为[12,13]：

步骤 1　利用稳健白化方法对观测信号作预处理，得到白化信号 $\boldsymbol{z}(t)$。

步骤 2　将信号 $\boldsymbol{z}(t)$ 划分为互不重叠的 K 个数据块，计算每个数据块在不同时间延迟下的协方差矩阵 $\boldsymbol{M}_z(t_k, \tau_j)$，其中，$k = 1, \cdots, K$ 且 $j = 1, \cdots, J$。

步骤 3　应用 JAD 方法来寻求一个酉矩阵 $\hat{\boldsymbol{U}}$，使满足 $\boldsymbol{U}^{\mathrm{T}}\boldsymbol{M}_z(t_k, \tau_j)\boldsymbol{U} = \boldsymbol{\Lambda}_{k,j}$，其中，$\boldsymbol{\Lambda}_{k,j}$ 为一组对角阵。

步骤 4　结合矩阵 $\boldsymbol{Q}$ 和 $\hat{\boldsymbol{U}}$，可得相应的解混矩阵，即 $\boldsymbol{W} = \hat{\boldsymbol{U}}^{\mathrm{T}}\boldsymbol{Q}$。

8.6.3　特征矩阵联合近似对角化算法

与基于二阶统计量信息的 BSS 方法不同的是，特征矩阵联合近似对角化(joint approximate diagonalization of eigenmatrices，JADE)算法采用高阶统计量信息，可以归为 ICA 方法中的一种，但根据其算法流程也可以看成二阶统计量 BSS 算法的扩展，即 JADE 算法的联合近似对角化过程使用的不是时间延迟协方差矩阵而是四阶累积量信息[12,16,23]。

与ICA算法相同，JADE算法需要满足源信号是相互统计独立的且最多仅有一个高斯源信号等条件。如果有n维白化预处理信号$\boldsymbol{z}(t)$，对于任意的$n\times n$矩阵$\boldsymbol{M}$，那么$\boldsymbol{z}(t)$的四阶累积量矩阵(cumulant matrix)定义如下：

$$\boldsymbol{C}_z(\boldsymbol{M}) = \sum_{k,l=1}^{n} \mathrm{Cum}(z_i, z_j, z_k, z_l) m_{kl}, \quad 1 \leqslant i,j \leqslant n \tag{8.54}$$

其中，m_{lk}为矩阵$\boldsymbol{M}$的元素。此累积量矩阵可分解为$\boldsymbol{C}_z(\boldsymbol{M}) = \lambda\boldsymbol{M}$，因而$\boldsymbol{M}$被称为$\boldsymbol{C}_z(\boldsymbol{M})$的特征矩阵，$\lambda$为相应的特征值。另外，此累积量矩阵也可表示为

$$\begin{cases} \boldsymbol{C}_z(M) = \boldsymbol{U}\boldsymbol{\Lambda}_M\boldsymbol{U}^{\mathrm{T}} \\ \boldsymbol{\Lambda}_M = \mathrm{diag}(k_4(s_1)u_1\boldsymbol{M}\boldsymbol{u}_1^{\mathrm{T}}, \cdots, k_4(s_n)\boldsymbol{u}_n\boldsymbol{M}\boldsymbol{u}_n^{\mathrm{T}}) \end{cases} \tag{8.55}$$

说明矩阵$\boldsymbol{U}$有对四阶累积量矩阵对角化的作用。但是仅一个矩阵$\boldsymbol{M}$所能使用到的四阶累积量信息不足以取得合适的对角化效果，所以需要进一步利用多个特征矩阵组$\boldsymbol{M}_p(1 \leqslant p \leqslant n)$来计算相应的四阶累积量矩阵，并采用联合近似对角化方法来对所有的$\boldsymbol{C}_z(\boldsymbol{M}_p)$矩阵寻求一个正交矩阵$\boldsymbol{U}$，从而达到有效估计源信号的目的。综合来说，该算法的实现除了相关的四阶累积量计算外的其余过程与SOBI算法类似[16,23]，描述如下：

步骤1　利用协方差矩阵对观测信号$\boldsymbol{x}(t)$作白化预处理，即$\boldsymbol{z}(t) = \boldsymbol{Q}\boldsymbol{x}(t)$。

步骤2　利用矩阵$\boldsymbol{M}_p$来计算$\boldsymbol{z}(t)$的四阶累积量矩阵组$\boldsymbol{C}_z(\boldsymbol{M}_p)$，$1 \leqslant p \leqslant n$。

步骤3　对矩阵组$\boldsymbol{C}_z(\boldsymbol{M}_p)$进行JAD处理，估计一个酉矩阵$\hat{\boldsymbol{U}}$使其能够联合近似对角化。

步骤4　估计得到解混矩阵$\boldsymbol{W} = \hat{\boldsymbol{U}}^{\mathrm{T}}\boldsymbol{Q}$。

8.6.4　基于时频分析的BSS算法

时频分析是信号处理中的常用方法，能够反映信号能量在时域和频域的分布情况，可以有效地描述非平稳信号特性[4]。在TFBSS算法研究中，无论源信号中是否存在高斯源，只要各个源信号具有不同的时频分布特征，就能利用信号间的空间时频分布信息从观测信号中估计出所包含的源信息[18,27~31]。与前述BSS算法相似，TFBSS算法采用式(8.30)给出的BSS瞬时混合模型并假设：混合矩阵$\boldsymbol{A}$为列满秩；源信号之间互不相关；噪声信号是统计独立于源信号且时域白化的零均值平稳随机过程。

观测信号$\boldsymbol{x}(t)$的空间时频分布(spatial time-frequency distribution，STFD)矩阵可表示为

$$\boldsymbol{D}_{XX}(t,f) = \sum_{l=-\infty}^{\infty}\sum_{k=-\infty}^{\infty} \phi(k,l)\boldsymbol{X}(t+k+l)\boldsymbol{X}^*(t+k-l)\mathrm{e}^{-\mathrm{j}4\pi fl} \tag{8.56}$$

其中，$\phi(k,l)$为时频分析核函数，且该矩阵中的元素即为信号自身以及两两信号

之间的时频分布情况，即有 $[\boldsymbol{D}_{XX}(t,f)]_{ij}=\boldsymbol{D}_{x_ix_j}(t,f)$ 且 $i,j=1,\cdots,m$。结合表达式(8.30)并令 $\boldsymbol{y}(t)=\boldsymbol{As}(t)$，可得

$$\boldsymbol{D}_{XX}(t,f)=\boldsymbol{D}_{YY}(t,f)+\boldsymbol{D}_{YV}(t,f)+\boldsymbol{D}_{VY}(t,f)+\boldsymbol{D}_{VV}(t,f) \tag{8.57}$$

由于噪声分量与源信号假设为统计独立，即有 $E[\boldsymbol{D}_{YV}(t,f)]=E[\boldsymbol{D}_{VY}(t,f)]=0$。在消除噪声影响的基础上，式(8.57)可以简单描述为

$$\boldsymbol{D}_{XX}(t,f)=\boldsymbol{AD}_{SS}(t,f)\boldsymbol{A}^{\mathrm{T}} \tag{8.58}$$

矩阵 $\boldsymbol{D}_{SS}(t,f)$ 对角元素表示各个源信号自身的时频分布，称为自项(auto-term)；而非对角元素表示两个源信号之间的时频分布，称为互项(cross-term)。由于源信号假设为互不相关，那么，其 STFD 矩阵的能量值集中在自项上，通过对观测信号的白化矩阵 $\boldsymbol{Q}$ 预处理，如果不考虑加性噪声或已消除噪声影响，那么，可进一步表述为

$$\boldsymbol{D}_{ZZ}(t,f)=\boldsymbol{QD}_{XX}(t,f)\boldsymbol{Q}^{\mathrm{T}}=(\boldsymbol{QA})\boldsymbol{D}_{SS}(t,f)(\boldsymbol{QA})^{\mathrm{T}}=\boldsymbol{UD}_{SS}(t,f)\boldsymbol{U}^{\mathrm{T}} \tag{8.59}$$

其中，$\boldsymbol{U}$ 为正交阵。根据式(8.59)，利用前述的 JADE 算法可以估计出观测信号的混合矩阵。

TFBSS 算法的一个关键问题在于自项或互项的选择判断，具体处理过程中可利用信号 STFD 矩阵的对角元素情况来判断[28,29,31]，即

$$\operatorname{trace}(\boldsymbol{D}_{ZZ}(t,f))=\operatorname{trace}(\boldsymbol{UD}_{SS}(t,f)\boldsymbol{U}^{\mathrm{T}})=\operatorname{trace}(\boldsymbol{D}_{SS}(t,f))\approx 0 \tag{8.60}$$

则表示相应的 (t,f) 项为互项，或采用以下规则来判断，即

$$CA_Z=\frac{\operatorname{trace}(\boldsymbol{D}_{ZZ}(t,f))}{\operatorname{norm}(\boldsymbol{D}_{ZZ}(t,f))}>(<)\quad \varepsilon \tag{8.61}$$

其中，ε 为一个数值较小的常数，即，当 $CA_Z>\varepsilon$ 时为自项，反之则为互项。对信号所有的 STFD 矩阵的遍历判别后就可获得所需要的自项或互项。

另外，Zhang 和 Amin 还使用阵列平均(array averaging)技术来减少自项选取时的计算量[31]

$$CA_Z=\frac{\sum_{i=1}^{n}\boldsymbol{D}_{z_iz_i}(t,f)}{\sum_{i=1}^{n}\left|\boldsymbol{D}_{z_iz_i}(t,f)\right|}=\frac{\operatorname{trace}(\boldsymbol{D}_{ZZ}(t,f))}{n\Delta_{ZZ}(t,f)} \tag{8.62}$$

$$\Delta_{ZZ}(t,f)=\frac{1}{n}\sum_{i=1}^{n}\left|\boldsymbol{D}_{z_iz_i}(t,f)\right|$$

并采用双阈值 $(\varepsilon_1>\varepsilon_2)$ 方法来作判决处理，当 $CA_Z>\varepsilon_1$ 时为自项，当 $CA_Z<\varepsilon_2$ 时为互项，而当 CA_Z 位于双阈值间时因表示均含有自项和互项信息而应去除。

由 STFD 矩阵的含义知，自项是需要利用的主要信息，互项也包含了一定的有用信息，可通过对其进行联合反对角化处理来辅助提高自项处理的性能。

Belouchrani 等在前期工作的基础上综合利用了自项和互项信息[29]，其实验结果表明，同时利用联合对角化和反对角化能够更有效地获取分离信号，不过要增加算法的计算量。TFBSS 算法的实现方法为[18,29~31]：

步骤 1　利用协方差矩阵对观测信号 $\boldsymbol{x}(t)$ 作白化预处理，即 $\boldsymbol{z}(t)=\boldsymbol{Q}\boldsymbol{x}(t)$。

步骤 2　计算白化信号的 STFD 矩阵 $\boldsymbol{D}_{ZZ}(t_i,f_i)(i=1,\cdots,K)$，并作自项选取（如需要还可确定互项）。

步骤 3　对选取的矩阵组作联合近似对角化处理（如需要还可嵌入联合反对角化处理），以获取酉矩阵 $\hat{\boldsymbol{U}}$。

步骤 4　得到解混矩阵 $\boldsymbol{W}=\hat{\boldsymbol{U}}^{\mathrm{T}}\boldsymbol{Q}$。

8.6.5　卷积混合 BSS 方法

在一些实际应用情况中，由于环境等多种因素的影响，传感器测量到的信号往往不是针对源信号的简单线性混合，而是因为源信号与测量信号之间存在有一定的时间延迟以及多条传输路径而具有卷积混合形式，那么，就可利用卷积混合盲源分离方法（blind source separation of convolved mixtures）来获取源信号。

卷积混合 BSS 方法中，各个源信号间的混合过程可用有限脉冲响应（FIR）矩阵来描述，即针对 n 个相互独立的源信号 $\boldsymbol{s}(t)$，由 m 个传感器获得测量信号的数学模型可表示为[1,32]

$$\boldsymbol{x}(t)=\boldsymbol{H}*\boldsymbol{s}(t)=\sum_{k=0}^{P-1}\boldsymbol{H}(k)\boldsymbol{s}(t-k) \tag{8.63}$$

其中，“$*$”为卷积运算；$\boldsymbol{H}$ 为源信号与测量信号间的 FIR 传输矩阵；P 为对应的滤波器长度。为了从测量信号中获得对源信号的最佳估计，需要通过盲解卷积寻求一个解混滤波器 W，使得输出的估计信号为统计独立，即使

$$\hat{\boldsymbol{s}}(t)=\sum_{l=0}^{L-1}\boldsymbol{W}(l)\boldsymbol{x}(t-l) \tag{8.64}$$

作为源信号 $\boldsymbol{s}(t)$ 的估计。其中，L 为解混滤波器的长度。

针对卷积混合 BSS 的数学模型，其求解过程可分为时域和频域两种方式。由于卷积混合 BSS 不仅需要考虑信号之间的统计独立性，还需要考虑信号延迟之间的统计独立性，因而使得时间域求解过程变得复杂。频率域求解过程能够将时域的卷积混合方式转换为频域的线性混合方式，从而使得求解过程方便有效。

对式(8.63)两边进行傅里叶变换，其在频域上的混合过程则可表示为[1]

$$\boldsymbol{X}(\omega)=\boldsymbol{H}(\omega)\boldsymbol{S}(\omega) \tag{8.65}$$

其中，$\boldsymbol{S}(\omega)$、$\boldsymbol{X}(\omega)$、$\boldsymbol{H}(\omega)$ 分别表示源信号、测量信号和混合过程的傅里叶变换函数。从式(8.63)和式(8.65)可以看出，时域的卷积混合过程转换为了频域的线性瞬时混合，这样，就可利用瞬时混合模型来恢复源信息，即

$$\hat{\boldsymbol{S}}(\omega)=\boldsymbol{W}(\omega)\boldsymbol{X}(\omega) \tag{8.66}$$

其中，$\boldsymbol{W}(\omega)$ 为时域解混滤波器的傅里叶变换矩阵；$\hat{\boldsymbol{S}}(\omega)$ 为分离的时域估计信号的傅里叶变换表示。那么，在式(8.66)的基础上再进行傅里叶反变换就可获取相应的时域估计信号。

综合来看，卷积混合 BSS 过程可分为四个步骤：

(1) 对测量信号进行短时傅里叶变换；

(2) 进行频域 BSS；

(3) 对频域分离信号进行调整；

(4) 对调整后的信号进行逆短时傅里叶变换，获取时域源信号。

8.6.6 BSS 分析示例

通过 BSS 处理可以从观测信号提取出所包含的源信息，本小节以典型的 ICA 为例来说明 BSS 方法的源信号提取功能。

仿真分析中，分别模拟了频率为 5Hz、10Hz、15Hz 的三通道正弦信号，并以此正弦信号来描述旋转机械振动信号，即

$$\begin{cases} s_1(t)=2\sin(2\pi\times 5t) \\ s_2(t)=\sin(2\pi\times 10t) \\ s_3(t)=0.5\sin(2\pi\times 15t) \end{cases}$$

并且模拟一通道均值为零的高斯白噪声信号来仿真正弦源信号在叠加过程中的噪声干扰。所构成的四通道原始信号如图 8.8 所示。观测信号生成过程中，假设源信号之间是呈瞬时混合过程，生成的观测信号如图 8.9 所示，其随机生成的混合矩阵为

$$\boldsymbol{A}=\begin{bmatrix} 0.8391 & 0.3206 & 0.6956 & 0.7985 \\ 0.0346 & 0.1617 & 0.7108 & 0.1690 \\ 0.0718 & 0.0529 & 0.2347 & 0.3817 \\ 0.0842 & 0.9817 & 0.7854 & 0.3732 \end{bmatrix}$$

从仿真混合的观测信号中可以看出，无法直接从观测信号提取出独立的源信息。为解决这个问题，利用 ICA 方法对观测信号进行分离，获得的分离信号如图 8.10所示。可以看出，分离信号中的 y_1、y_2 和 y_4 三导数据为单一正弦信号，而 y_3 导数据为噪声信号。结合图 8.8 和图 8.10 来看，y_1 为 s_3 的解混估计信号，y_2 为 s_2 的解混估计信号，y_4 为 s_1 的解混估计信号。另外，由于 BSS 方法存在的尺度和置换不确定性，使得分离出的源估计信号与原始信号在通道排列、幅值及相位上有所差异。

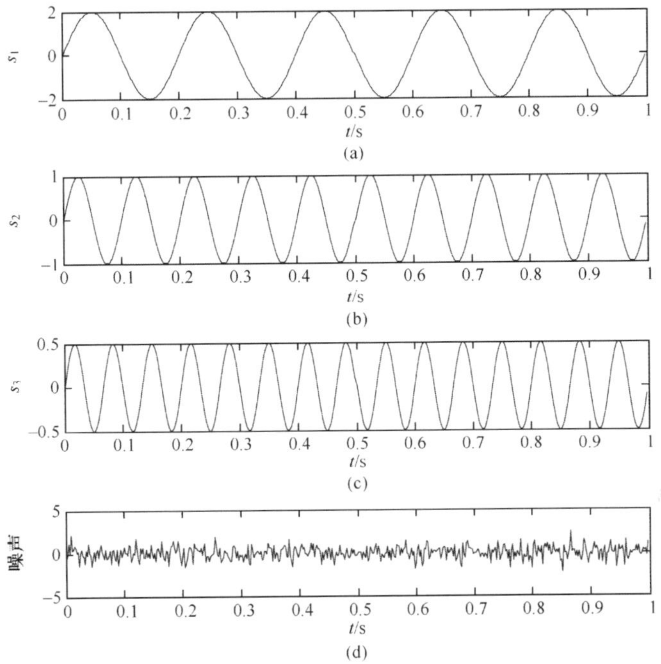

图8.8　仿真源信号

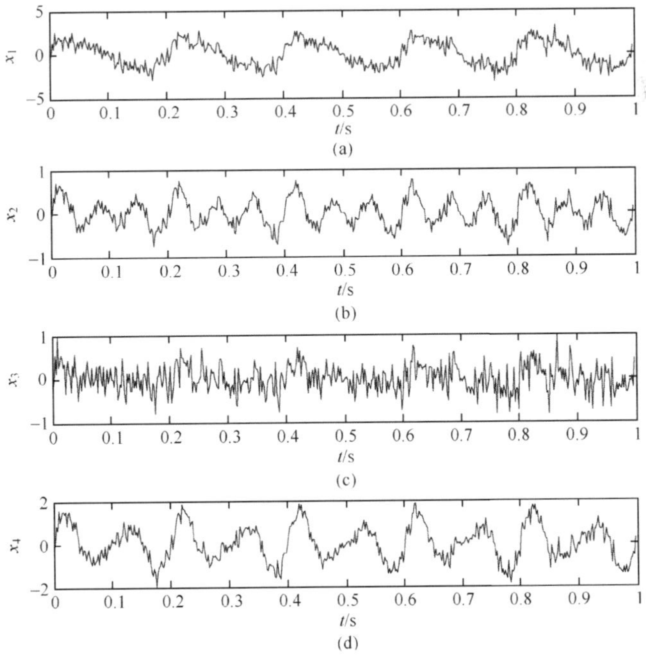

图8.9　仿真混合的观测信号

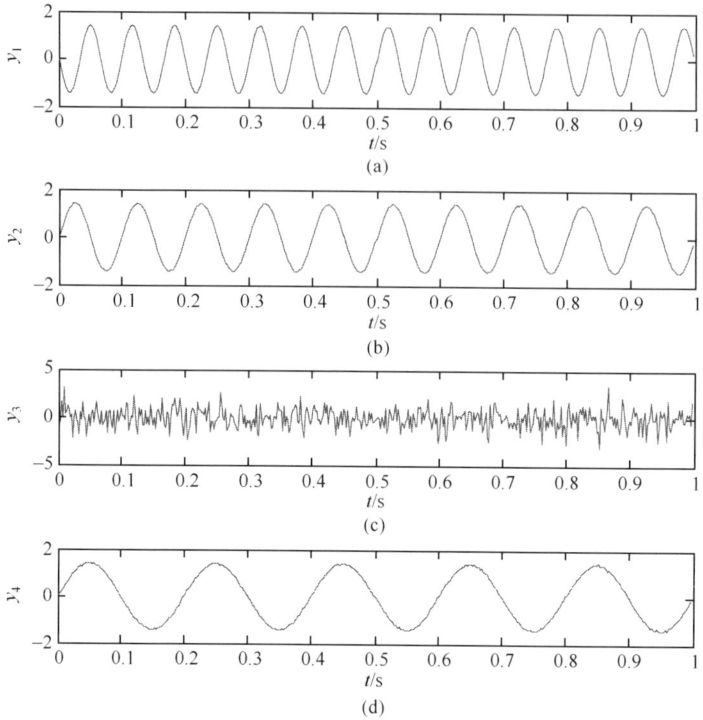

图 8.10　分离信号

从仿真结果来看,ICA 技术有效地实现了从受噪声干扰的观测信号中提取单一的源信号的目的。相应地,针对不同的 BBS 方法,还需要结合具体的实际应用情况来进行分析。再对获得的源信号进行分析,如果源信号出现异常,就可判断出相应的故障信息。

8.7　小　　结

本章介绍了故障诊断信号处理方法中的时域、频域分析方法以及小波分析、Hilbert-Huang 变换与 BBS 方法。其中,关于 EMD 和 BBS 的理论描述部分为前期工作积累[9]。

相对来说,传统的时域与频域分析方法所获得的信号特征较为简单,但当传感器信号较为复杂或呈现非平稳特性时,其就存在一定的缺陷。现代信号处理方法中的小波变换和 Hilbert-Huang 变换则能够提供高效的时频分布特征,BBS 技术还能够提供单一振动源信号的变化情况。综合来看,设备故障诊断的一个关键就是检测设备工作的状态信号,借助信号处理技术获取这些状态信号的特征信息,进而进行设备运动的故障监测与诊断。

参 考 文 献

[1] 樊永生. 机械设备诊断的现代信号处理方法. 北京：国防工业出版社，2009.

[2] 葛宪福. 振动信号分析在旋转机械故障诊断中的应用. 保定：华北电力大学工程硕士学位论文，2007.

[3] 马宏忠. 电机状态监测与故障诊断. 北京：机械工业出版社，2007.

[4] 胡广书. 数字信号处理——理论、算法与实现. 北京：清华大学出版社，1997.

[5] 褚福磊，彭志科，冯志鹏，等. 机械故障诊断中的现代信号处理方法. 北京：科学出版社，2009.

[6] 彭玉华. 小波变换与工程应用. 北京：科学出版社，1999.

[7] Huang N E, Shen Z, Long S R, et al. The empirical mode decomposition and the Hilbert spectrum for nonlinear and non-stationary time series analysis. Proceedings of the Royal Society of London, 1998, 454: 903-995.

[8] Huang N E, Wu M L C, Long S R, et al. A confidence limit for the empirical mode decomposition and Hilbert spectral analysis. Proceedings of the Royal Society of London, 2003, 459: 2317-2345.

[9] 李强. 表面肌电信号的运动单位动作电位检测. 合肥：中国科学技术大学博士学位论文，2008.

[10] 于德介，程军圣，杨宇. 机械故障诊断的 Hilbert-Huang 变换方法. 北京：科学出版社，2006.

[11] 张郁山，梁建文，胡聿贤. 应用自回归模型处理 EMD 方法中的边界问题. 自然科学进展，2003, 13(10): 1054-1059

[12] Cichocki A, Amari S. 自适应盲信号与图像处理. 吴正国，唐劲松，章林柯，等译. 北京：电子工业出版社，2005.

[13] Choi S, Cichocki A, Belouchrani A. Second order nonstationary source separation. Journal of VLSI Signal Processing, 2002, 32(1-2): 93-104.

[14] Cao X R, Liu R W. General approach to blind source separation. IEEE Transactions on Signal Processing, 1996, 44(3): 562-571.

[15] Hyvarinen A, Oja E. Independent component analysis: Algorithms and applications. Neural Networks, 2000, 13(4-5): 411-430.

[16] 杨福生，洪波. 独立分量分析的原理与应用. 北京：清华大学出版社，2006.

[17] Belouchrani A, Abed-Meraim K, Cardoso J F, et al. A blind source separation technique using second-order statistics. IEEE Transactions on Signal Processing, 1997, 45(2): 434-444.

[18] Belouchrani A, Amin M G. Blind source separation based on time-frequency signal representations. IEEE Transactions on Signal Processing, 1998, 46(11): 2888-2897.

[19] Matsuoka K, Ohya M, Kawamoto M. A neural net for blind separation of nonstationary signals. Neural Networks, 1995, 8(3): 411-419.

[20] Choi S, Cichocki A, Amari S. Equivariant nonstationary source separation. Neural Networks, 2002, 15(1): 121-130.

[21] Belouchrani A, Cichocki A. Robust whitening procedure in blind source separation context. Electronics Letters, 2000, 36(24): 2050-2051.

[22] Choi S, Cichocki A, Belouchrani A. Blind separation of second-order nonstationary and temporally colored sources. Proceedings of the 11th IEEE Signal Processing Workshop on Statistical Signal Processing, Singapore, 2001: 444-447.

[23] Cardoso J F, Souloumiac A. Blind beamforming for non-Gaussian signals. IEE Proceedings F, 1993,

140(6): 362-370.

[24] Cardoso J F, Souloumiac A. Jacobi angles for simultaneous diagonalization. SIAM Journal on Matrix Analysis and Applications, 1996, 17(1): 161-164.

[25] Wax M, Sheinvald J. A least-squares approach to joint diagonalization. IEEE Signal Processing Letters, 1997, 4(2): 52-53.

[26] Moreau E. A generalization of joint-diagonalization criteria for source separation. IEEE Transactions on Signal Processing, 2001, 49(3): 530-541.

[27] Belouchrani A, Amin M G. On the use of spatial time frequency distributions for signal extraction. Multidimensional Systems and Signal Processing, 1998, 9(4): 349-354.

[28] Holobar A, Fevotte C, Doncarli C, et al. Single autoterms selection for blind source separation in time-frequency plane. Proceedings of 11th European Signal Processing Conference, Toulouse, 2002: 565-568.

[29] Belouchrani A, Abed-Meraim K, Amin M G, et al. Blind separation of nonstationary sources. IEEE Signal Processing Letters, 2004, 11(7): 605-608.

[30] Fevotte C, Doncarli C. Two contributions to blind source separation using time-frequency distributions. IEEE Signal Processing Letters, 2004, 11(3): 386-389.

[31] Zhang Y M, Amin M G. Blind separation of nonstationary sources based on spatial time-frequency distributions. EURASIP Journal on Applied Signal Processing, 2006: 1-13.

[32] Smaragdis P. Blind separation of convolved mixtures in the frequency domain. Neurocomputing, 1998, 22(1-3): 21-34.

第9章 总结与展望

9.1 全书总结

过程工业是国家的重要支柱产业，其发展状况直接影响国家的经济基础。由于过程工业的生产环境十分复杂，一旦发生故障，往往发生爆炸、毒气泄漏等重大事故，导致无法弥补的悲剧，因此受到世界各国有关部门及技术人员的高度关注。虽然基于解析模型的方法在航空航天等领域的故障诊断中发挥了重要作用，也已经有不少国内外学者对其进行了深入研究[1~6]，如姜斌等面向故障诊断及容错控制，从理论及实际应用的角度，介绍了故障诊断及容错控制方面最新的理论成果[7]，但对于复杂的工业过程来说，精确的数学模型往往很难得到，因而基于模型的故障诊断方法往往难以应用。基于信号处理的方法，从传统的谱估计方法到小波变换方法，以及近几年提出的 Hilbert-Huang 变换方法已经在旋转机械、液压系统及机械制造的质量控制等方面取得较好的应用效果[8~13]，但并不适用于过程工业。从经典的基于知识的方法，如因果图、故障树到专家系统等均已经在实际应用中取得了很好的效果。例如，由美国 Honeywell 公司联合包括七大石油公司、两个著名软件公司和两个著名大学，在美国国家标准和技术院资助下开发的国际上第一个实时和大型工业过程的诊断系统[14,15]，Vanderbih 大学的 Pdaalkar 和大阪石油公司开发的 PICS，以及麻省理工学院的 Oyelyee 等开发的 MIDAS 系统[16,17]等都是故障诊断领域成功应用的典范。模式识别方法也是一种基于知识的方法。第1章已经分析得到了模式识别方法与多元统计方法之间的关系，实际上，多元统计方法可以统一到统计模式识别的框架中，或者可以说一脉相承，而不同领域文献的表述不同可能是由于工业过程监控与模式识别或者机器学习等不同应用领域的研究人员之间缺乏沟通而造成的。本书将重点放在多元统计方法以及其改进算法。为了完整性起见，本书还介绍了基于解析模型的方法和基于信号处理的方法在故障诊断中的应用。

多元统计方法是一种基于数据驱动的方法，它通过对过程测量数据的分析和解释，判断过程所处的运行状态，在线检测和识别过程中出现的故障或异常，在过程工业的故障检测、诊断中得到了广泛应用[18]。但实践表明，当非线性因素比较突出时，其应用效果很不理想。近年来，核方法已经成为解决非线性问题的重要方法。张颖伟[19]引入了核多元统计方法，但没有对核化后产生的问题进行研究，而且只涉及了 KPCA 和 KICA 方法。基于此，本书以过程工业的故障检测、诊断为研究目标，着眼于解决核化多元统计分析方法在实际应用中所面临的一些问题，主要包括多类故障诊断问题、核参数选择问题、小样本问题、计算复杂度问题、算法稳定性问题等。全书的结构如图 9.1 所示。

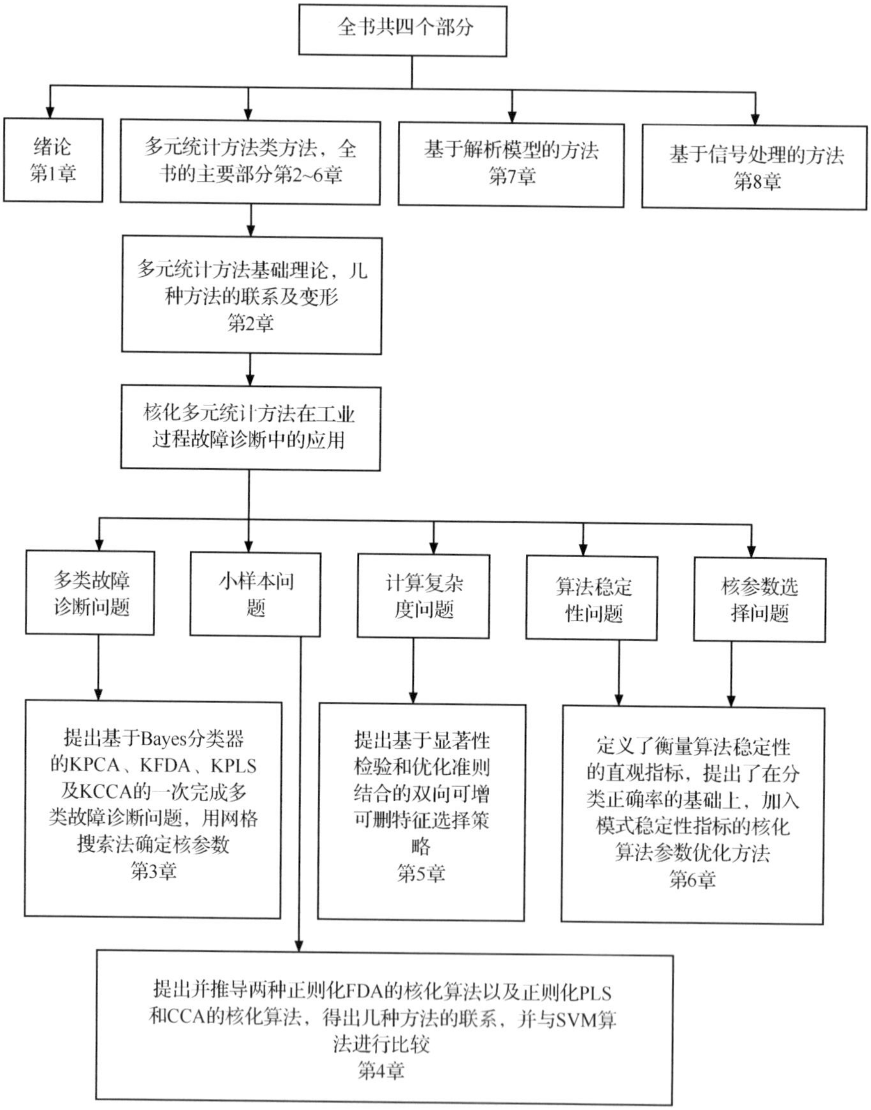

图 9.1　全书结构图

具体而言，本书的主要研究内容如下：

(1) 分析比较了 PCA、FDA、PLS、CCA、ICA 及其核化算法的优缺点及适用领域；将PCA、FDA、PLS和CCA等几种多元统计统一在一个理论框架下，分析了从故障分类的角度FDA优于PCA、CCA、PLS的原因，并进行了仿真验证；对CCA进行适当变形以适应故障分类问题，得出采用某种数值计算时，CCA与FDA等价；指出了无论PCA、FDA、PLS还是CCA在解决非线性问题时效果均不理想，从而引出核化多元统计方法；给出了算法可以核化的条件；推导了PCA、FDA、PLS、CCA和ICA的核化算法KPCA、KFDA、KPLS、KCCA以及两种核独立元分析KCOCO和KMI，其中KPLS给出了两种形式KPLS和KPLS2；针对分类问题，给出了KCCA、KMI和KCOCO的另一种形式，记为KCCA2、KMI2和KCOCO2，并分析了各种核化算法之间的关系，得出了KCOCO2与KPLS2等价、KMI2与KPCA等价的结论；给出了采用KPCA、KFDA、KPLS和KCCA等方法进行故障诊断的具体实现过程；对KPCA、KFDA、KPLS、KCCA、KCOCO和KMI进行了不同样本、不同参数条件下的仿真，结果显示，在样本数较少的情况下(这在过程工业中很常见)，KPCA、KFDA、KPLS、KCCA、KCOCO和KMI都不能很好地识别故障。

(2) 证明了线性分类函数与Bayes分类函数的关系，得出了线性分类函数是Bayes分类函数在数据呈指数分布时的一种特殊形式的结论；分析了Bayes函数分类效果优于线性分类函数的原因，即对于绝大多数高维数据来说，如果将其线性投影到低维空间，则投影数据趋向于正态分布，因而假设数据呈指数分布一般不符合实际情况，而假设正态分布的各类数据协方差矩阵相同显然也不太实际；为便于核算法的分类决策，推导了基于核的Bayes分类函数；以此为基础，为了解决多类故障的诊断问题，提出了基于核的Bayes分类函数的一次诊断算法，并给出了采用基于核的Bayes决策函数来进行故障分类和诊断的流程；由于核化Bayes分类函数在降维矩阵及各类的均值、方差得到后就可以使用，因而适用于所有可以得到降维矩阵的算法。而对于KFDA、KPCA、KPLS、KCCA、KCOCO和KMI等各种核化多元统计方法，都可以通过一次训练得到降维矩阵。因而无论从训练时间还是诊断时间，本书所提出的多类故障诊断算法都有很大优势。将该方法与常用的1对1算法的情况比较，结果表明所提出的多类故障诊断方法在诊断效果无明显变化的情况下，训练时间和诊断时间大大缩短。

(3) 对于过程工业，诊断实时性好坏关系企业的生产安全，如何及时检测、诊断故障显得十分重要。由于基于核的算法都涉及核矩阵的计算量问题，为了降低整个算法的计算复杂度，提高故障诊断的效率，将特征选取方法应用于故障诊断。本书提出了一种基于能量差异的小波包分解特征选取方法，该方法将不同故障数据分别作小波包分解，得到不同频段的能量差，将能量差最大的几个变量选为关键变量。然后，再考虑可分性准则，将其与B距离一起得到基于小波包和B距离的组合测度方法。这两种方法均通过排序而得，没有加入搜索环节，因而选取的速度很快，但是选取特征后的效果不是非常好。针对这个问题，本书以基于小波包和B

距离组合测度所选取的特征为候选集，提出了一种基于显著性检验和优化准则结合的双向可增删特征选取方法，该方法引入显著性检验和分类正确率准则，结合采用前向、后向的双向可增删策略，不仅提高了搜索能力，还能自动确定最终特征的个数。仿真结果表明所提出的方法故障诊断效果明显好于直接采用小波包选取特征的方法；在训练样本为 100 时，KPCA、KFDA、KPLS、KCCA、KCOCO、KMI 和 KCOCO2 的诊断正确率分别提高了 3.44%、3.39%、1.82%、1.88%、1.98%、1.77%和 1.67%；诊断出故障的时间平均提前了 10 个采样周期。

(4) 针对 KFDA、KCCA、KPLS 的小样本问题，本书分别推导了对应的正则方法的核化算法，推导了几种正则化 FDA 的核化算法：解方程组的方法和凸优化方法，并与通常的基于特征分解的正则化 FDA 的核化算法进行比较。解方程组的方法直接借鉴了对偶回归的思路，适用于 FDA 的各种改进算法的核化；凸优化方法将正则化 FDA 等价地表示成凸优化问题的求解，便于研究其与 SVM 算法的关系，得出了“正则化 KFDA 与经验风险取类内离散度矩阵的 SVM 等价”的结论。推导了正则化 CCA、CCA2 和 PLS 的核化算法，分析得出我们所得到的正则化 PLS 的核化算法与其他学者得到的正则化 CCA 的核方法等价。作为目前解决小样本问题的热点算法，SVM 得到了广泛研究。为了验证几种正则化核方法解决小样本问题的效果，比较了它们与 SVM 在小样本情形下故障诊断的结果。仿真结果表明几种正则化多元统计方法诊断效果明显好于 2 范数 SVM。

(5) 研究了核 Bayes 函数作为分类器的模式稳定性。本书考虑到函数类的容量与模式稳定性的关系，衡量类容量成为关键问题；引入 Rademacher 复杂度及有关“函数类的 Rademacher 复杂度决定了函数的经验值与真实值之差的界”定理；在此定理基础上，分别证明了以线性函数、Bayes 函数、核线性函数、核 Bayes 函数作为分类器的算法发生错误分类的概率的上界，以及正则化方法可以控制算法稳定性的原因；说明了算法稳定性与样本长度、降维矩阵的维数、选取特征的个数等参数的关系；提出了两种衡量模式稳定性的直观指标——误分差和百分比和误分均值偏离度。前者衡量算法对来自同一分布的不同训练样本的敏感程度，后者衡量算法对核参数变化的敏感程度。对特征提取前后 KPCA、KFDA 以及正则化 KFDA 的仿真结果不仅验证了“样本数量越大，稳定性越强；特征数量越少，稳定性越强；降维矩阵维数越小，稳定性越强”的结论，也表明我们提出的衡量指标是可行的、有效的。

(6) 提出了一种最优参数离线确定方法。该方法以网格搜索算法为基础，与最小化所提出的算法稳定性指标一起作为优化指标确定核参数及降维矩阵的维数，不仅考虑分类结果的优劣，还使算法稳定性得到一定提高。

(7) 介绍了基于解析模型和基于信号处理的故障诊断方法。本书简单介绍了几种基于解析模型的方法：状态估计法（观测器方法和滤波器方法）、参数估计法和等价空间法，并以双水箱系统的两种故障为例，说明几种方法的区别。对基于信号处理的方法，介绍了时域分析、频域分析、时-频分析等方法，包括傅里叶方法、小波变换方法和 Hilbert-Huang 变换方法并对 BSS 算法作了介绍，并给出了针对机械故障仿真算例。

9.2 展　　望

核方法是近 20 年来迅速发展起来的一种方法，已经为众多学者广泛研究。核化多元统计方法特别适用于变量多、非线性、耦合强的复杂过程工业，但其无论是理论研究还是应用方面都需要进行大量深入细致的工作。我们认为今后可以在以下几方面开展工作：

(1) 模式稳定性问题。算法的模式稳定性是衡量算法好坏的重要指标，它和算法的泛化能力之间有很强的相关性。进一步研究模式稳定性与样本长度、特征数量及降维矩阵的维数等的关系可以对实际运行中各种参数的选择提供理论指导，应该是值得期待的工作。

(2) 统计量的构造问题。对于核化多元统计方法，现有的统计量大多只能检测故障，而辨识故障则存在困难。如何构造新的统计量，使物理意义明显、易于实现，且可直接辨识故障应该是一个值得进一步研究的问题。

(3) 数值计算方法研究。核化多元统计方法很容易导致矩阵病态甚至奇异等问题，数值计算方法的好坏直接影响计算的可靠性和快速性，因此，研究合适的计算方法对算法的好坏至关重要。

(4) 与其他方法的结合。从基于模型、基于知识和基于数据的方法来看，不同的方法具有各自的优势和缺点。一般来说，当系统模型已知时，采用基于解析模型的方法可以获得最好的效果；当只有部分模型已知时，可结合采用基于模型的方法和其他两种方法。如何有效地综合各种方法的优势，形成可快速检测、隔离、辨识，能适应系统动态和非线性的方法，应该也很值得期待。

参考文献

[1] Chen J, Patton R J. Robust model-based fault diagnosis for dynamic systems. Boston/Dordrecht/London: Kluwer Academic Publishers, 1999.

[2] 胡昌华，许化龙. 控制系统故障诊断与容错控制的分析和设计. 北京：国防工业出版社，2000.

[3] 周东华，孙优贤. 控制系统的故障检测与诊断技术. 北京：清华大学出版社，1994.

[4] 闻新，张洪钺. 控制系统的故障诊断和容错控制. 北京：机械工业出版社，1998.

[5] 彭涛，桂卫华，Steven X D，等. 一种基于 LMI 的 $H\_/H\infty$ 故障检测观测器优化设计方法. 中南大学学报，2004，35(4)：628-630.

[6] 钟麦英，张承慧，Ding S X. 模型不确定性线性系统的鲁棒故障检测滤波器设计. 控制理论与应用，2003，

20(5):788-792.

[7] 姜斌,冒泽慧,杨浩．控制系统的故障诊断与故障调节．北京:国防工业出版社,2009.

[8] 温熙森,陈循,徐永成,等．机械系统建模与动态分析．北京:科学出版社,2004.

[9] 温熙森．模式识别与状态监控．北京:科学出版社,2007.

[10] 钟秉林,黄仁．机械故障诊断学．北京:机械工业出版社, 2007.

[11] 屈梁生,张西宁,沈玉娣．机械故障诊断理论与方法．西安:西安交通大学出版社,2009.

[12] 于德介,程军圣,杨宇．机械故障诊断的 Hilbert-Huang 变换方法．北京:科学出版社,2006.

[13] 黄志坚,高立新,廖一凡,等．机械设备振动故障监测与诊断．北京:化学工业出版社,2010.

[14] Vaidhyanathan R, Venkatasubramanian V. Experience with an expert system for automated HAZOP analysis. Computers and Chemical Engineering,1996,20(Suppl.):1589-1594.

[15] Venkatasubramanian V, Zhao J, Viswanathan S. Intelligent systems for HAZOP analysis of complex process plants. Computers and Chemical Engineering,2000,24(9):2291-2302.

[16] Mylaraswamy D, Venkatasubramanian V. A hybrid framework for large scale process fault diagnosis. Computers and Chemical Engineering, 1997,21(Suppl.):935-940.

[17] Dash S, Venkatasubramanian V. Challenges in the industrial applications of fault diagnostic systems. Computers and Chemical Engineering,2000,24(2):785-791.

[18] Chiang L H, Russell E L, Braatz R D. Fault Detection and Diagnosis in Industrial Systems. London: Springer Verlag, 2001

[19] 张颖伟．复杂工业过程的故障诊断．沈阳:东北大学出版社,2007.